工业和信息化部"十二五"规划教材
北京市高等教育精品教材立项项目
光电 & 仪器类专业教材

U0290503

光电检测技术与系统

（第4版）

王霞　李力　裘溯　编著

电子工业出版社

Publishing House of Electronics Industry

北京·BEIJING

内 容 简 介

综合利用近代各种先进技术,采用光电方法对多种光的、非光的物理量进行检测是光电检测技术的基本内容。全书从基本原理到工程应用,系统地介绍了光电检测技术的组成,主要组成部分的功能、实际应用和当前发展的情况。主要内容包括光电检测技术基础、光源及辐射源、光电探测器及其校正技术、光学系统及专用光学元件、光电信号的变换及检测技术、非光物理量的光电检测、现代光电检测技术与系统。

本书内容全面,叙述简明扼要,既重视理论性,也讲究实用性,可作为信息工程类本科生、研究生的教材,也可供相关领域科技工作者参考。

图书在版编目(CIP)数据

光电检测技术与系统/王霞等编著 . —4 版 . —北京:电子工业出版社,2021.8
ISBN 978-7-121-41689-7

Ⅰ . ①光⋯　Ⅱ . ①王⋯　Ⅲ . ①光电检测-高等学校-教材　Ⅳ . ①TP274

中国版本图书馆 CIP 数据核字(2021)第 151821 号

责任编辑:韩同平
印　　刷:北京虎彩文化传播有限公司
装　　订:北京虎彩文化传播有限公司
出版发行:电子工业出版社
　　　　　北京市海淀区万寿路 173 信箱　邮编　100036
开　　本:787×1092　1/16　印张:18.5　字数:592 千字
版　　次:1995 年 5 月第 1 版
　　　　　2021 年 8 月第 4 版
印　　次:2025 年 1 月第 5 次印刷
定　　价:65.90 元

凡所购买电子工业出版社图书有缺损问题,请向购买书店调换。若书店售缺,请与本社发行部联系,联系及邮购电话:(010)88254888,88258888。

质量投诉请发邮件至 zlts@ phei. com. cn,盗版侵权举报请发邮件至 dbqq@ phei. com. cn。

本书咨询联系方式:010-88254525,hantp@ phei. com. cn。

前　言

　　光电检测技术是建立在现代光、机、电、计算机等科技成果基础上的综合学科，它所涉及的基础理论和工程技术内容十分广泛，是对光量及大量非光物理量进行测量的重要手段。随着相关学科的进步和发展，光电检测技术领域也在不断地涌现出新思想、新器件、新方法，已渗透到军事技术、空间技术、环境科学、天文学、生物医学及工农业生产的许多领域，成为适应信息社会需求而迅速发展的新兴分支学科。

　　本书第 1~3 版分别于 1995 年、2009 年、2015 年出版，先后遴选为**北京市高等教育精品教材立项项目、工业和信息化部"十二五"规划教材**。本书自出版以来，得到不少高校师生的关心和厚爱，先后被数十所大学的有关专业选为教材或主要参考教材。

　　本书第 4 版在保持第 3 版基本特色、框架结构的基础上，结合目前光电检测技术发展现状，重点补充了光电三维测量技术和新型计算成像技术。

　　本书总体上具有以下几个方面的特色：

　　（1）体系完整，内容全面，既重视理论性，也讲究实用性；

　　（2）注重内容的先进性与科学性，理论方面力求简明易懂，选材方面力求紧跟技术发展动向；

　　（3）汲取国内外优秀教材精华，凝聚作者数十年教学科研经验，经多次修订锤炼，便于组织教学。

　　全书共 8 章。第 1 章绪论，介绍了光电检测系统的基本工作原理、主要应用范围和现代发展；第 2 章光电检测技术基础，介绍了检测量的误差及数据处理、辐射度量与光度量基础和光电检测器件的基本物理效应及其特性参数；第 3 章光源及辐射源，介绍了光源的基本要求及选用原则和常用光源的基本原理及特性；第 4 章光电探测器及其校正技术，介绍了常用光电探测器的基本原理及特性，阐述了光电探测器在应用中的校正技术；第 5 章光学系统及专用光学元件，介绍了光电检测系统中的常用光学系统、计量部件和专用元件；第 6 章光电信号的变换及检测技术，介绍了光电信号检测电路的噪声、常用电路、调制技术和光学图像的扫描；第 7 章非光物理量的光电检测，介绍了采用光强、脉冲、相位、频率和物理光学原理进行非光物理量的检测实例；第 8 章现代光电检测技术与系统，介绍了光谱仪器原理、光度量和辐射度量检测技术、光电三维测量技术、光电图像检测技术、光纤传感器及其应用。

　　本书第 1~3 章由王霞编写，第 4、5 章由李力编写，第 6、7 章由裘溯编写，第 8 章由王霞、裘溯编写，全书由王霞统稿。课程建议 48 学时，其中 36 学时为课堂讲授，12 学时为实验。本书可作为信息工程类本科生、研究生的教材，也可供从事光电检测技术研究的科技工作者参考。

　　本书在编写过程中参考了大量国内外优秀教材和文献，再次向被引文献作者表示衷心的感谢。本书在撰写过程中，得到北京理工大学教务处和光电学院有关老师和同学的支持与帮助，在此一并表示感谢。

光电检测技术是一门重要的工程基础学科，技术发展迅速，应用广泛并渗透到各个领域，因此，要编写一本全面、完整、成熟的教材是比较困难的。本书编著者水平有限，书中的缺点和错误在所难免，诚恳希望得到读者的批评指正，以及对本书的意见建议（wx_may@263. net）。

编著者

于北京理工大学

目　　录

第1章 绪 论

1.1 光电检测系统的基本工作原理

所谓光电检测系统是指对待测光学量或由非光学待测物理量转换成的光学量,通过光电变换和电路处理的方法进行检测的系统。光电检测技术是各种检测技术中的重要组成部分。特别是近年来,各种新型光电探测器件的出现,以及电子技术和微电子技术的发展,使光电检测系统的内容更加丰富,应用越来越广,目前已渗透到几乎所有工业和科研部门。

1. 光电检测系统实例

下面通过一些简单的例子来说明光电检测系统的主要构成和原理。

(1)红外防盗报警系统

这是一种利用行动中人体自身的红外辐射,经菲涅耳透镜产生调制光信号,再经光电变换及电路处理,从而获得信息,产生报警的装置。其原理框图如图1-1所示。人体红外辐射经红外菲涅耳物镜 L 会聚到光电探测器 GD 上,随着人的运动,转换为交变的电信号输出。电信号经放大、鉴别后,控制警灯、警铃等装置进行报警。同时也可以利用报警信号进行其他后处理的控制,如关门、摄像、开高压等。

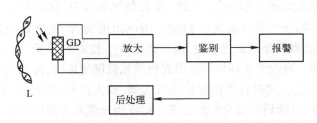

图1-1 红外防盗报警系统原理框图

(2)光电计数器

对需要进行连续计数的场合,均可采用光电计数器来完成。如统计进门参加会议的人数;统计传送带上产品的数量;路口汽车的流量等。图1-2所示为传送带上对产品进行计数的光电计数器的原理框图。将光源 GY 和光电探测器 GD 相对地安装在传送带的两侧,光源发出的光直接照射到光电探测器上。当有产品通过时,将上述光路切断,对应在光电探测器上产生暗脉冲,该脉冲信号经放大和整形后,由计数器计数并通过显示器输出。若需进行定量计数,如每100件

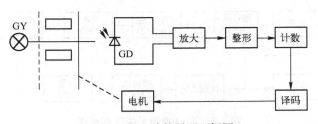

图1-2 光电计数器原理框图

打1包,则可将计数信号通过译码器产生规定量的信号,用该信号去控制打包和换空包的动作。

（3）锅炉水位的光电控制

在标志锅炉水位的玻璃管的两侧,在所要求的最高和最低水位处,安装两组光源——光电器件对。由于水能透过可见光,所以常用水吸收很强的红外光源和对红外敏感的探测器。其工作原理框图如图1-3所示。当水位高过上限时,挡住了光源 GY_1 射向光电探测器 GD_1 的红外光束,产生控制信号,该信号经放大后,控制进水阀门使之关闭。相反,水位低于下限时,光源 GY_2 发出的红外光束照到光电探测器 GD_2 上,产生另一个控制信号,该信号经放大后,控制出水口关闭并打开进水阀门。

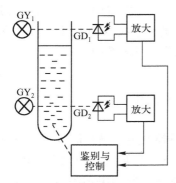

图1-3　光电控制水位的原理框图

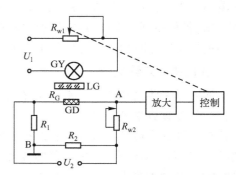

图1-4　稳定光源发光强度自控系统原理框图

（4）稳定光源发光强度的自控系统

该系统工作原理框图如图1-4所示。光源 GY 在外加电压 U_1 驱动下工作,R_{w1} 可调整光源的发光强度。光源发光的一部分经特征滤光片 LG 后,由电阻值为 R_G 的光敏电阻 GD 所接收,R_1、R_2、R_{w2} 和 R_G 构成电桥,在达到所要求的光强时,通过调整 R_{w2},使电桥平衡,$U_A = U_B$,$R_G = (R_1/R_2)R_{w2}$,这时无信号输入放大器。当由于某种外界原因光源发光强度增加时,光敏电阻 R_G 的值减小,使 $R_G < (R_1/R_2)R_{w2}$,对应 $U_A < U_B$。这时有负信号输入放大器,放大信号经控制器调整 R_{w1},使之增大,同时相应光源发光强度减小,回到所要求的稳定值。同样当光源发光强度变小时,经与上述相反的调整过程,使之恢复到要求的稳定值,起到稳定光源发光强度的作用。

2. 光电检测系统组成

从上述几个简单的光电检测系统的例子中,可以大致归纳出这类系统的基本组成,其原理框图如图1-5所示。按照不同的需要,实际的光电检测系统可能简单些,也可能还要增加某些环节。在有些系统中可能前后排列不同,或者几个环节是合在一起的,很难把它们分开。总之,图1-5只表征基本原理,而实际系统的形式是多样的,复杂的。

为了对光电检测系统有个大致的认识,下面对图1-5中主要部分给予简单说明。

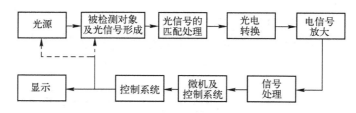

图1-5　光电检测系统原理框图

（1）光源

光源是光电检测系统中必不可少的部分。在许多系统中按需要选择一定辐射功率、一定光谱范围及一定发光空间分布的光源，以此发出的光束作为携带待测信息的物质，如图1-2和图1-3所示的系统。有时光源本身就是待测对象，如图1-1和图1-4所示的系统。这里所指的光源是广义的，它可以是人工光源，也可以是自然光源。如图1-1的系统中，人体辐射就是光源。此外光源也可以是其他非光物理量，通过某些效应转换出来的发光体，例如利用荧光质来完成将电子束或各种射线转换为发光的过程，通过对发光功率等特性的测量，将达到对电子射线或各种射线特性检测的目的。这里的荧光质也就是该系统的光源。

（2）被检测对象及光信号的形成

被检测对象即待测物理量，它们是千变万化的。这里所指的是上述光源所发出的光束在通过这一环节时，利用各种光学效应，如反射、吸收、折射、干涉、衍射、偏振等，使光束携带上被检测对象的特征信息，形成待检测的光信号。例如，利用散射测定某气体中的含尘量，其原理示意图如图1-6所示。光源 GY 发出的光束经物镜 L$_1$ 形成平行光束，在光束经过待测含尘气体时，光与尘埃作用产生各方向的散射光，利用物镜 L$_2$ 和光电探测器检测其散射光的量，就可测定气体中含尘量的大小。该装置中含尘气体就是被检测对象，光束通过这一环节后，使散射光携带了被测对象的特征信息。图1-2和图1-3的例子其实质也是这样的过程，这时检测对象的待测物理量是传送带上的产品和水位的高低。

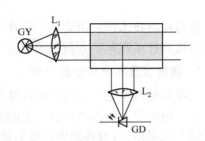

图 1-6　利用散射测定含尘量原理示意图

光通过被检测对象这一环节，能否使光束准确地携带上所要检测量的信息，是决定所设计检测系统成败的关键。

（3）光信号的匹配处理

这一工作环节的位置可以设置在被检测对象前面，也可设在其后部，应按实际要求来决定。通常在检测中表征待测量的光信号可以是光强度的变化、光谱的变化、偏振特性的变化、各种干涉和衍射条纹的变化，以及脉宽或脉冲数等。要使光源发出的光或产生携带各种待测信号的光与光电探测器等环节间实现合理的甚至是最良好的匹配，经常需要对光信号进行必要的处理。例如，利用光电探测器进行光度检测时，需要对探测器的光谱特性按人眼视见函数进行校正；当光信号过强时，需要进行中性减光的处理；当入射信号光束不均匀时，则需要进行均匀化的处理；当进行交流检测时，需要对信号光束进行调制处理等。归纳起来可以说，光信号匹配处理的主要目的是为了更好地获得待测量的信息，以满足光电转换的需要。光信号的处理主要包括：光信号的调制、变光度、光谱校正、光漫射，以及会聚、扩束、分束等。

以上讨论的三个环节往往紧密结合在一起，目的是把待测信息合理地转换为适于后续处理的光信息。

（4）光电转换

该环节是实现光电检测的核心部分。其主要作用是将光信号转换为电信号，以利于采用目前最为成熟的电子技术进行信号的放大、处理、测量和控制等。光电检测不同于其他光学检测的本质就在于此。完成这一转换工作主要是依靠各种类型的光电和热电探测器，各类探测器的发展和新型探测器的出现，都为光电检测技术的发展提供了有力的基础。

（5）电信号的放大与处理

这一部分主要由各种电子线路组成。为实现各种检测目的，可按需要采用不同功能的电路来完成,对具体系统进行具体分析。应当指出,虽然电路处理方法多种多样,但必须注意整个系统的一致性。也就是说,电路处理与光信号获得、光信号处理,以及光电转换均应统一考虑和安排。

(6) 微机及控制系统

通常把显示系统也包括在这一环节当中。许多光电检测系统只要求给出待测量的具体值,即将处理好的待测量电信号直接经显示系统显示。

在需要利用检测量进行反馈后去实施控制的系统中,就要附加控制部分。如果控制关系比较复杂,则可采用微机系统给以分析、计算或判断等处理后,再由控制部分执行。这样的系统又可叫做智能化的光电检测系统。目前随着单片机和小型微机的迅速发展,对稍复杂的光电检测系统都考虑尽可能实现智能化的检测。

1.2 光电检测技术的主要应用范围

光电检测技术已应用到各个科技领域中,它是近代科技发展中最重要的方面之一。下面介绍光电检测技术在某些方面的应用。

1. 辐射度量和光度量的检测

光度量的测量是以平均人眼视觉为基础,利用人眼的观测,通过对比的方法可以确定光度量的大小。但由于人与人之间视觉上的差异,即使是同一个人,由于自身条件的变化,也会引起视觉上的主观误差,这都将影响光度量检测的结果。至于辐射度量的测量,特别是对不可见光辐射的测量,是人眼所无能为力的。在光电方法没有发展起来之前,常利用照相底片感光法,根据感光底片的黑度来估计辐射量的大小。这些方法手续复杂,只局限在一定光谱范围内,且效率低、精度差。

目前大量采用光电检测的方法来测定光度量和辐射度量。该方法十分方便,且能消除主观因素带来的误差。此外光电检测仪器经计量标定,可以达到很高的精度。目前常用的这类仪器有光强度计、光亮度计、辐射计,以及光测高温计和辐射测温仪等。

2. 光电元器件及光电成像系统特性的检测

光电元器件包括各种类型的光电、热电探测器和各种光谱区中的光电成像器件。它们本身就是一个光电转换器件,其使用性能是由表征它们特性的参量来决定的。例如,光谱特性、光灵敏度、亮度增益等。而这些参量的具体值则必须通过检测来获得。实际上,每个特性参量的检测系统都是一个光电检测系统,只是这时被检测的对象就是光电元器件本身罢了。

光电成像系统包括各种方式的光电成像装置,如直视近红外成像仪、直视微光成像仪、微光电视、热释电电视、CCD 成像系统,以及热成像系统等。在这些系统中,各自都有一个实现光电图像转换的核心器件。这些系统的性能也是由表征系统的若干特性参量来确定的,如系统的亮度增益、最小可分辨温差等。这些光电参量的检测也是由一个光电检测系统来完成的。

3. 光学材料、元件及系统特性的检测

光学仪器及测量技术中所涉及的材料、元件和系统的测量,过去大多采用目视检测仪器来完成,它们是以手工操作和目视为基础的。这些方法有的仍有很大的作用,有的存在着效率低和精度差的缺点。这就要求用光电检测的方法来代替,以提高检测性能。随着工程光学系统的发展,还有一些特性检测很难用手工和目视方法来完成。例如,材料、元件的光谱特性,光学系统的调制传递函数,大倍率的减光片等。这些也都需要通过光电检测的方法来实现测量。

此外,随着光学系统光谱工作范围的拓宽,紫外、红外系统的广泛使用,对这些系统的性能及其元器件、材料等的特性也不可能再用目视的方法来检测,而只能借助于光电检测系统来实现。

光电检测技术引入光学测量领域后,许多古典光学的测量仪器正得到改造,如光电自准直仪、光电瞄准器、激光导向仪等,使这一领域产生了深刻的变化。

4. 非光物理量的光电检测

这是光电检测技术当前应用最广、发展最快且最为活跃的应用领域。

这类检测技术的核心是如何把非光物理量转换为光信号。主要方法有两种:

(1)通过一定手段将非光物理量转换为发光量,通过对发光量的光电检测,实现对非光物理量的检测。

(2)使光束通过被检测对象,让其携带待测非光物理量的信息,通过对含有待测信息的光信号进行光电检测,实现对待测非光物理量的检测。

这类光电检测所能完成的检测对象十分广泛。例如,各种射线及电子束强度的检测;各种几何量的检测,其中包括长、宽、高、面积等参量;各种机械量的检测,其中包括重量、应力、压强、位移、速度、加速度、转速、振动、流量,以及材料的硬度和强度等参量;各种电量与磁量的检测;以及对温度、湿度、材料浓度及成分等参量的检测。

在上述的讨论中,涉及的应用范围只是光电检测的对象,而检测的目的并未涉及,因为这又是一个更为广泛的领域。有时对同一物理量的检测,由于目的不同,就可能成为完全不同的光电检测系统。例如,对红外辐射的检测,在红外报警系统中,检测的作用是发现可疑目标及时报警;在红外导引系统中,检测的作用是通过对红外目标,如飞机喷口的光电检测,控制导弹击中目标;在测温系统中,检测的作用是测定辐射体的温度。可见结合光电检测的应用目的,其内容将更为丰富。

以上讨论并未包括全部的光电检测技术的应用范围,有些工作还在迅速发展之中。

1.3 光电检测技术的现代发展

现代检测技术是一切科技及工业部门正常运转的基础之一。而光电检测技术不仅是现代检测技术的重要组成部分,而且随着发展其重要性越来越明显。主要原因是光电检测技术的特点完全适应了近代检测技术发展的方向和需要。

(1)近代检测技术要求向非接触化方向发展。这就可以在不改变被测物性质的条件下进行检测。而光电检测的最大优点是非接触测量。光束通过被测物,不会改变其特性(当然也有例外)。这是人们更多地注意这种检测方式的重要原因。

(2)现代检测技术要求获得尽可能多的信息量。而光电检测中的光电成像型检测系统,恰能提供待测对象信息含量最多的图像信息。

(3)现代检测技术所用电子元件及电路向集成化方向发展;检测技术向自动化方向发展;检测结果向数字化方向发展;检测系统向"智能"化方向发展。所有这些发展方向也正是光电检测技术的发展方向。可见光电检测技术完全满足现代技术发展的需要,因此有着广阔的前景。

总的来说光电检测系统可与人的操作功能相比较,其对应关系如图 1-7 所示。光电传感部分相当于人身的感觉器官;将传感部分获得的信息经计算机处理,这一功能相当于人脑分析、判断过程。微机输出的控制信号驱动执行机构,使之完成所要求的动作或控制被测对象,这一过程相当于手控动作。这只是功能上的比较,实际上光电检测系统比人工控制系统在速度、精度及功能等方面都要强得多。

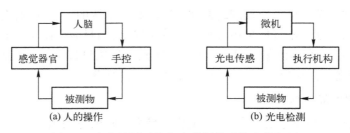

图 1-7　光电检测系统与人的操作功能比较框图

　　为了使光电检测技术的应用面不断扩大,使其能检测更多的被测对象,这就要求光电传感器的品种不断增多,同时要求检测光信号的获得方式不断增加。这将涉及有关物理学原理的应用和现代科技成果的应用。光电检测技术的另一个重要发展方面是各种微机在系统中的应用,这不仅可极大地提高检测效率,也使十分复杂的计算、修正和控制关系变得轻而易举。调节和执行机构的发展,使控制方式变得多种多样,将完成许多高难度的控制过程。总之,光电检测技术的发展离不开现代科技的发展,而光电检测技术的发展必将进一步促进现代科技的发展。

　　本书将重点介绍实现光电检测的各个主要部分。其主要内容包括:检测量的数据处理、光源及辐射源、光电及热电探测器、信号处理和常用电路、探测器的校正、光电检测中的光学系统、探测器的辅助光学系统及光学附件、光纤技术及其应用、光调制技术、光电检测的基本方法及各种类型检测系统举例等。

习题与思考题

　　1-1　简述光电检测系统的基本组成,各部分的主要作用。

第2章 光电检测技术基础

2.1 检测量的误差及数据处理

在光电检测技术中,许多情况下需要检测出待测量的具体数值。例如,对光度量和辐射度量的测量;光学零件透射比、反射比或漫射特性的测量;光电或热电器件灵敏度、增益等参量的测量;零件几何尺寸的测量;运动物体的线速度、转速及流体的流速等的测量。而在有些光电检测系统中,检测量作为控制的信号,看起来并不需要直接给出检测量的具体大小,但在控制系统的工作范围、控制精度及可靠性的估算中,也离不开具体量值的隐含检测。所以不论是隐含还是显含,检测量的测量都是必需的。

要获得检测量就要通过检测器具来进行,这就不可避免地要带进检测误差。因此在光电检测技术中必须讨论和分析有关检测量的误差,从中得到检测数据的一般处理方法。

2.1.1 检测过程及误差分类

本节主要介绍检测过程、检测标准、误差的产生、置信限和置信概率等问题。

1. 检测过程及标准

光电检测过程与一般物理量的测量过程相类似,是用待测量直接或间接与另一个同类已知量相比较,并以同类已知量的单位为单位,测定出待测量的具体值。例如,使用照度计测定某受光面的照度,这是直接测量法的例子,待测量是受光面的照度,而已知量及单位隐含在经标定后的照度计读数之中。又如,测定某像管的增益 G,它是荧光屏亮度 L_a 与阴极面照度 E_k 的比值,即 $G=L_a/E_k(\mathrm{cd/m^2 \cdot lx})$。具体检测时,用照度计直接测定 E_k,用亮度计直接测定 L_a,通过计算得到待测量 G 的大小,这是间接测量的例子。

由检测过程可知,必须有已知量作为比较或参考的标准,才能进行检测工作。比较标准通常有以下三类:

(1) 真值 A_0。

真值是指某物理量的理论值或定义值。例如,真空中的光速;某元素某谱线的波长等。这种参考标准只存在于纯理论之中,而不存在于实际检测之中。要检测这些标准量(如光速),则又必须以其他参考量作为标准。所以可以认为在检测技术中,绝对的真值是不可知的,但是随着技术的发展,又可以获得逐步逼近真值的测量值。

(2) 指定值 A_s。

指定值是由国家设立的各种尽可能维持不变的实物基准或标准原器所规定的值。例如,长度实物基准、国家黑体光度标准器等。指定值作为国家标准,常在国际间进行比对和修正,成为各检测量比较的基准。

(3) 实用值 A。

实际检测过程中不可能都直接与国家基准进行比较测量。因此采用计量标准传递的方法将指定值、基准量逐级传递到各级计量站,以及具体的检测仪器中。各级计量站或检测仪器在进行比较测量时,把上一级标准器的量值当做近似的真值,把它们都叫做实用值、参考值或传递值。

例如照度值的传递,由国家光度标准器的发光强度作为指定值,转移传递并寄存到各级计量站的标准光源中,标准光源通过光轨转换为不同距离上的照度标准。一般照度计在上级计量站的光轨上进行标定,而照度的测量又是用标定好的照度计进行的。在上述序列中,每传递一次都把传递者所具有的值叫做实用值。如一级站向二级站传递时,把一级站的值叫实用值;二级站向照度计传递时,二级站的值也叫实用值;照度计进行测量时,照度计的指示值仍叫实用值。

2. 误差的产生及分类

在各种检测过程中,不可避免地存在着误差。这是由于在检测过程中各种不稳定因素综合影响的结果。例如,测量方法存在原理性误差;被测物由于测量本身带来变化;各种检测量的无规则起伏和一些意外的原因等。由此造成各瞬间所测结果不同。即在条件相同的情况下,多次测量的结果也不相同。

设某被测量的真值为 A_0,而测得值为 x,于是有

$$\Delta x = x - A_0 \tag{2-1}$$

式中,Δx 为检测的绝对误差或误差。

$$A_0 = x - \Delta x \tag{2-2}$$

当 Δx 很小时,可以认为 $A_0 = x$。所谓很小是相对于检测目的和允许精度范围而言的。

检测误差可按不同属性进行分类。

(1)误差按检测结果分类

可分为绝对误差和相对误差。绝对误差 $\Delta x = x - A_0$。相对误差通常又可用两种表示方法。一种叫做实际相对误差,表达式为

$$\frac{\Delta x}{x} \approx \frac{\Delta x}{A_0} \times 100\%$$

另一种叫做额定相对误差,表达式为

$$\frac{\Delta x}{x_{max}} \times 100\%$$

式中,x_{max} 为最大测量值。例如在电工仪表中,表头的误差就采用额定相对误差表示。例如,电表为 0.5 级,是指该电表各示值的误差值不超过满度值的 0.5%。

通常鉴定某种测量仪表的精度或误差,是在一系列附加工作条件下得出的,如环境温度、相对温度、大气压强和外磁场大小等。按鉴定测量仪表的不同要求,相应规定具体的检测条件。

(2)误差按它们的基本特性分类

可分为系统误差、随机误差和过失误差。其中过失误差在认真的检测中只是偶然出现,通常可以避免。即使它们偶然出现,也可以按一定准则给以剔除,其方法将在后面给以介绍。这里着重讨论前两种误差。

① 系统误差

在检测过程中产生恒定不变的误差(叫恒差),或者按一定规律变化的误差(叫变差),统称为系统误差。系统误差产生的原因有工具误差、装置误差、方法误差、外界误差和人员误差等。

在任何一个检测系统中,都必须估计这类误差的可能来源,并尽力消除它们;或者估计它们的可能值,并在结果中给以修正。检测系统的准确度或叫精确度,即测量值与真值间的偏差在一定条件下由系统误差决定。系统误差越小,表明仪器检测的准确度越高。

系统误差的处理一般来说是技术处理问题,通过采用适当的方法,可以消除或减小这类误差。

② 随机误差

在尽力消除并改正了一切明显的系统误差之后,对同一待测量进行反复多次的等精度测量,

每次测量的结果都不会完全相同,而呈现出无规则的随机变化,这种误差称为随机误差。所谓多次等精度测量是指在实验环境、实验方法、实验设备等条件相同或相对稳定的条件下,对处于相对稳定状态下的同一对象进行的具有同一标准误差的多次测量。

随机误差产生的原因大多数与系统误差产生的原因相同,只是由于变化因素太多,或者由于各种因素的影响太微小、太复杂,以至无法掌握它们出现的具体规律,也无法有针对性地消除这一误差。

随机误差的处理一般采用概率统计的方法。通常一个检测系统的精密度或检测值的重复性在一定条件下是由随机误差的大小来决定的。小误差产生的概率越高,大误差产生的概率越低,则说明该检测系统的精密度越高,或重复性越好。

由于系统误差和随机误差产生的原因相类似,因此两者之间并无绝对的界线。同一原因造成的误差有时可以明确地归结为系统误差,而无法明确归属的就列为随机误差。在处理时依情况不同而确定。当检测系统的系统误差很大时,应按系统误差的处理准则明确其原因,给予尽可能的消除。当无明显的系统误差时,其误差应按处理随机误差的方法给予处理。

在光电检测系统中,常遇到的检测量既不是物理学的基本量,也不是一般的导出量,而是通过几个导出量的测量之后,按物理关系计算得到的待测量。例如前面提到的像管亮度增益 G 的检测,这种待测量的检测比基本量,如长度、重量等简单量的测量要复杂得多。同时各种误差的影响也很复杂,完全消除系统误差有时是很困难的。因此常用标准样品比对的方法来综合确定检测仪器的系统误差,或加以消除,或在检测值中给以修正。而检测过程的随机误差就成了研究的主要内容。这就是常用随机误差或精密度来标志检测仪器优劣的原因。

3. 置信限和置信概率

由于待测量的真值 A_0 是不可知的,由式(2-2)可知,虽可测出测量值 x,但误差 Δx 的具体值也不可能准确得到,但是我们可以按照一些依据和手段来估计误差 Δx 的值或称不确定度的大小。这种估计的误差范围或误差限叫做置信限。

置信限的估计将涉及概率问题。常将置信限估计把握的大小用置信性或置信概率来表示。于是在检测中,误差的估计常用置信限和置信概率这两个量来表示。置信限取得大,则置信概率就高;反之亦然。当置信限取无穷大时,置信概率为1;反之当置信限取零时,则概率也是零,这些都是没有实际意义的。通常的做法是在要求一定置信概率的条件下,讨论置信限的大小,从而确定检测系统或检测值可能达到的精度。

2.1.2　随机误差

本节主要介绍随机误差的性质、处理方法和估计。

1. 随机误差的性质和标准偏差

随机误差不可能像系统误差那样一一找到产生的原因,并逐个给予消除。它只能通过仔细地设计测量所采用的具体方案,精密地准备测试设备,从而尽可能减小随机误差对检测结果的影响。

在检测过程中,利用概率统计的方法对随机误差进行处理,估计最终残留的影响。应当注意,这种处理是在完全排除系统误差的前提下进行的。

通过大量实际检测的统计,总结出随机误差遵守正态分布的规律。设在一定条件下对真值为 μ 的某量 x 进行多次重复的测量,也就是进行一列 N 次等精度的测量,其结果是: $x_1, x_2, \cdots, x_n, \cdots, x_N$,各测得值出现的概率密度分布 $p(x)$ 遵守正态函数或高斯函数分布的规律:

$$p(x) = \frac{1}{\sigma\sqrt{2\pi}}\exp\left[\frac{-(x-\mu)^2}{2\sigma^2}\right] \tag{2-3}$$

如果用每个测得值 x 离真值 μ 的偏差 ξ，即真误差来表示，$\xi = x - \mu$，则有

$$p(\xi) = \frac{1}{\sigma\sqrt{2\pi}}\exp\left(\frac{-\xi^2}{2\sigma^2}\right) \tag{2-4}$$

式中，σ 为正态分布的标准偏差，也就是各测得值 x 的均方差，或称均方根差。

$$\sigma(\xi^2)^{1/2} = \langle(x-\mu)^2\rangle^{1/2} \tag{2-5}$$

式中，符号"$\langle\ \rangle$"表示统计平均的意思。例如：

$$\langle Z \rangle = \lim_{N\to\infty}\frac{1}{N}\sum_{n=1}^{N}Z_n \tag{2-6}$$

即无穷多次抽样的平均，显然对应有

$$\sigma = \lim_{N\to\infty}\sqrt{\frac{1}{N}\sum_{n=1}^{N}\xi_n^2} = \lim_{N\to\infty}\sqrt{\frac{1}{N}\sum_{n=1}^{N}(x_n-\mu)^2} \tag{2-7}$$

只有 $\sigma > 0$，函数 $p(x)$ 或 $p(\xi)$ 才有意义，该函数关系如图2-1所示，这就是正态分布曲线。由此可知，测得值 x 出现在区间 (a, b) 内的概率，在图中表示为该区间曲线下的面积。而用公式表示为

$$P\{x_a \le x \le x_b\} = \int_{x_a}^{x_b}p(x)\mathrm{d}x = P\{a \le \xi \le b\} \tag{2-8}$$

$$= \int_a^b p(\xi)\mathrm{d}\xi$$

当区间为正负无穷大时，则有

$$\int_{-\infty}^{\infty}p(x)\mathrm{d}x = \int_{-\infty}^{\infty}p(\xi)\mathrm{d}\xi = 1 \tag{2-9}$$

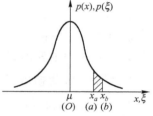

图2-1　正态分布曲线

按照以上讨论可知，随机误差的分布即正态分布有以下特点：

（1）绝对值相等的正误差和负误差出现的概率相同。

（2）曲线的钟形分布使绝对值小的误差出现的概率大，而绝对值大的误差出现的概率小。

（3）绝对值很大的误差出现的概率接近于零，也就是说误差值有一定的极限。

（4）由于曲线为左右对称的分布，所以在一列等精度的测量中，其误差的代数和有趋于零的趋势。

正态分布曲线的形状在很大程度上取决于对应的标准偏差 σ 值的大小，而 σ 的大小又是由检测仪器和检测过程的精度决定的。曲线形状随 σ 大小变化的关系如图2-2所示，其中 $\sigma_1 < \sigma_2 < \sigma_3$。由于总概率均为1，所以三条曲线下所包含的面积相等。从概率分布可知，σ 越小分布越集中，说明小误差的概率增大而大误差的概率减小。由此可见，标准偏差虽不是一个具体误差，却反映了检测误差的分布，从而也表征了检测的精密度。

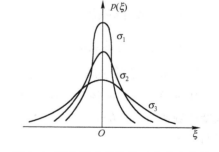

图2-2　不向标准偏差的正态分布曲线

从数学角度来看，当对正态分布函数取二阶导数并为0时，即 $\mathrm{d}^2p(\xi)/\mathrm{d}\xi^2 = 0$，恰可求出解 $\xi = \pm\sigma$。可见标准偏差恰是曲线拐点的变量坐标。可以说 σ 确定了曲线的平陡和误差的概率分布。

x 或 ξ 在某区域中的概率可用式（2-8）求出。当以 $x = \mu$ 或 $\xi = 0$ 的点作为中心对称取区间时，则因曲线是左右对称的偶函数，所以有

$$P\{-a \leqslant \xi \leqslant a\} = P\{|\xi| \leqslant a\} = \int_{-a}^{a} p(\xi)\mathrm{d}\xi = 2\int_{0}^{a} p(\xi)\mathrm{d}\xi \tag{2-10}$$

由于 σ 的特殊物理意义,在实际估计误差时,通常对讨论区间的取法采用 σ 的倍数 k 来表示,即把误差特征量与区间联系起来,使区间的取法更具有物理意义,并把 k 定义为置信系数。

令 $a = k\sigma, k = a/\sigma$,于是有

$$P\{|\xi| \leqslant k\sigma\} = P\left\{\left|\frac{\xi}{\sigma}\right| \leqslant k\right\} = 2\int_{0}^{k} \frac{1}{\sqrt{2\pi}}\exp\left[\frac{-\xi^2}{2\sigma^2}\right]\mathrm{d}\left(\frac{\xi}{\sigma}\right) \tag{2-11}$$

如令 $\xi/\sigma = t = \sqrt{2\tau}$,则有

$$P\{|\xi| \leqslant k\sigma\} = \frac{2}{\sqrt{2\pi}}\int_{0}^{k} \mathrm{e}^{-t^2/2}\mathrm{d}t = \mathrm{erf}(k) = \frac{1}{\sqrt{\pi}}\int_{0}^{k/\sqrt{2}} \mathrm{e}^{-\tau^2}\mathrm{d}\tau = \Phi\left(\frac{k}{\sqrt{2}}\right) \tag{2-12}$$

式中,$\mathrm{erf}(k)$ 称为误差函数,或概率积分。$\Phi(k/\sqrt{2})$ 叫做拉普拉斯函数。这两个特殊形式的函数值与变量间的关系,在有关讨论"测量与误差"的手册或书籍中有表可查,因此大大地减少了计算工作量。由于采用的术语在定义上可能稍有差异,因此查表时以下述关系式为准

$$\mathrm{erf}(1) = 0.6827 = \Phi(1/\sqrt{2}) \tag{2-13}$$

$$\Phi(1) = 0.8427 = \mathrm{erf}(\sqrt{2}) \tag{2-14}$$

此外还应指出,以上两种特殊形式的函数均为奇函数。

2. 算术平均值及其标准误差

利用高斯分布处理随机误差的关系是利用一列等精度 N 次测量的结果,估计真值 μ 和标准偏差 σ。下面分别讨论这两个量的估计方法。

在具体的测量中,μ 是不可知的,但是根据概率理论可以对它进行估计。

对 μ 的最佳估计就是 N 次检测结果 $x_1, x_2, \cdots, x_n, \cdots, x_N$ 的算术平均值。可用下式表示

$$(\overline{x}) = \frac{1}{N}\sum_{n=1}^{N} x_n = \frac{1}{N}(x_1 + x_2 + \cdots + x_n + \cdots + x_N) \tag{2-15}$$

式中,符号"$^-$"是指有限次抽样的平均值,即上述统计平均值 $(\overline{x}) = \mu$,叫做数学期望,其值等于真值。实际检测中,不可能对检测量进行无穷多次测量,因此也无法得到真值。

当然有限 N 次抽样的算术平均值不等于真值,即 $(\overline{x}) \neq \mu$。因而在等精度条件下,每进行 N 次抽样所得到的算术平均值之间也都略有不同,就是说 $(\overline{x})$ 也具有随机性,它的分布也应是正态分布。可以用正态分布的有关性质来讨论算术平均值的分布。用 $\sigma_{\overline{x}}$ 表示 $(\overline{x})$ 的标准偏差,或叫标准误差。从而说明 $(\overline{x})$ 的误差分布。利用方差运算法则有

$$\sigma^2(\overline{x}) = \sigma^2\left(\sum_{n=1}^{N} x_n\right) = \frac{1}{N^2}\sigma^2(x_1 + x_2 + \cdots + x_n + \cdots + x_N)$$

$$= \frac{1}{N^2}[\sigma^2(x_1) + \sigma^2(x_2) + \cdots + \sigma^2(x_N)] = \frac{1}{N^2}[\sigma^2 + \sigma^2 + \cdots + \sigma^2]$$

$$= \frac{1}{N^2}[N\sigma^2] = \frac{1}{N}\sigma^2 \tag{2-16}$$

所以有
$$\sigma_x = \sigma/\sqrt{N} = s \tag{2-17}$$

为与 x 的标准偏差 σ 相区别,有时用 s 表示用 $(\overline{x})$ 代替真值 μ 所产生的标准偏差或均方差。

由上式可知,当检测次数 N 增大时,s 就相应减小,也就是说 $(\overline{x})$ 的标准偏差减小,这时把算术平均值 $(\overline{x})$ 作为真值 μ 的估计值的误差也就减小。但是,这一关系是非线性的,即 $s \propto 1/\sqrt{N}$。N 从 1 开始增加时,s 下降较快;随着 N 的进一步增大,s 下降变得缓慢。而检测次数 N 的增大会给测量工作带来很多困难。所以综合了需要和可能,在实际检测中常取 $N < 50$,一般取 4~20 次即可。

3. 标准偏差的估计和它的均方差

标准偏差 σ 与真值 μ 一样要在 $N=\infty$ 时才能获得,这是难以实现的。因此也要利用有限次抽样的结果,来估计标准偏差。

在一列有限 N 次等精度测量中,求得真值 μ 的估计值 $\bar{x}$,而每次测量中所得的 x_n 与 $\bar{x}$ 间的剩余误差或残差为 $v_n = x_n - \bar{x}$,那么 N 不论为何值,v_n 的总和为

$$\sum_{n=1}^{N} v_n = \sum_{n=1}^{N} (x_n - \bar{x}) = \sum_{n=1}^{N} x_n - \sum_{n=1}^{N} \bar{x} = N\bar{x} - N\bar{x} = 0 \qquad (2\text{-}18)$$

可见,残差的总和为零。这说明不能用残差的总和估计误差。式(2-18)的用途只是检查 x_n 的算术平均值 $\bar{x}$ 的计算是否有误。

可用残差的平方 v_n^2 代替真误差的平方 ξ^2 来进行误差或标准偏差的估计。同时由残差总和为零的关系可知,在已知 $N-1$ 个残差时,第 N 个残差就能求得,因此存在着一个约束条件,即它们的自由度是 $N-1$,而不是 N。用 v_n 来估计 σ 的方法如下,从求其方差开始,引入式(2-17)有

$$\sigma^2(v_n) = \sigma^2(x_n) - \sigma^2(\bar{x}) = \sigma^2 - \frac{1}{N}\sigma^2 = \frac{N-1}{N}\sigma^2 \qquad (2\text{-}19)$$

通过换项则有 $\qquad \sigma^2 = \frac{N}{N-1} \sum_{n=1}^{N} \frac{1}{N} v_n^2 = \frac{1}{N-1} \cdot \frac{1}{N} \sum_{n=1}^{N} (v_n^2 - \langle v \rangle)^2$

残差的统计平均值应等于零,即 $\langle v \rangle = 0$,则

$$\sigma^2 = \frac{1}{N-1} \sum_{n=1}^{N} v_n^2 = \frac{1}{N-1} \sum_{n=1}^{N} (x_n - \bar{x})^2 \qquad (2\text{-}20)$$

$$\sigma = \sqrt{\frac{1}{N-1} \sum_{n=1}^{N} (x_n - \bar{x})^2} \qquad (2\text{-}21)$$

上式叫做贝塞尔公式。由式中可见当 $N \to \infty$ 时,$\bar{x} \to \mu$,$N-1 \to N$,与式(2-7)相同。上述公式是有限次抽样的结果,为与式(2-7)中的 σ 有所区别,贝塞尔公式的偏差估计值有时用 $\hat{\sigma}$ 表示。

同样由于式(2-20)是有限 N 次抽样的结果,其本身也是一个随机变量,因而也存在着偏差,可用 σ_σ 来表征用 $\hat{\sigma}$ 代替 σ 的标准误差,其值可按下式估计

$$\sigma_\sigma = \hat{\sigma} / \sqrt{2N} \qquad (2\text{-}22)$$

可用具体数字代入上式,计算标准偏差估计值 $\hat{\sigma}$ 的误差。当 $N=50$ 时,$\sigma_\sigma = 0.1\,\hat{\sigma}$;当 $N=4$ 时,$\sigma_\sigma = 0.35\,\hat{\sigma}$。可见进行了 50 次的等精度测量,$\hat{\sigma}$ 的标准误差为本身的 1/10;如少于 50 次的测量,其误差还要大。所以说标准偏差的估计值 $\hat{\sigma}$ 的精密度并不高。实际工作时 $\hat{\sigma}$ 常取一位有效数字,最多取两位有效数字,再多的位数是没有意义的。

按照正态分布的理论,通过对概率分布密度函数的积分,可以获得以标准偏差为倍数误差区间中的概率值。

$|\xi| \leqslant 0.675, P\{|\xi| \leqslant 0.675\} = 0.50$;$|\xi| \leqslant \sigma, P\{|\xi| \leqslant \sigma\} = 0.682689$

$|\xi| \leqslant 2\sigma, P\{|\xi| \leqslant 2\sigma\} = 0.954500$;$|\xi| \leqslant 3\sigma, P\{|\xi| \leqslant 3\sigma\} = 0.9973002$

下面通过一个实例说明数据处理的方法和结果。光纤面板积分漫射光透射比的 7 次检测结果为 0.842,0.845,0.841,0.838,0.844,0.842 和 0.839,处理以上数据。

算术平均值 $\qquad\qquad \bar{x} = \frac{1}{N} \sum_{n=1}^{N} x_n = 0.8416$

均方差或标准误差 $\qquad \hat{\sigma} = \sqrt{\frac{1}{N-1} \sum_{n=1}^{N} (x_n - \bar{x})^2} = 0.0025$

算术平均值的标准偏差 $\qquad \sigma_x = s = \sigma / \sqrt{N} = 0.00095$

均方差的标准误差 $\qquad\qquad \sigma_\sigma = \sigma/\sqrt{2N} = 0.00067$

通过以上的计算,按照概率统计的术语可以说明测量的结果。

(1) 待测面板的透射比为 84.16%,这是通过检测对该面板透射比真值的估计,但不是真值。在完全相同的条件下再进行一组检测,其结果一般不是上述估计值;而多组检测的结果形成平均值的正态分布,该分布的标准偏差是 0.00095。

(2) 如果以上述算术平均值 84.16% 作为面板透射比,那么这一检测结果的置信限和置信概率可以按下述取得。

置信限	测量值及偏差值	置信概率
$\pm\sigma$	84.157±0.25%	68.2%
$\pm2\sigma$	84.157±0.50%	95.4%
$\pm3\sigma$	84.157±0.75%	99.7%

以上置信限可以有各种取法,依实际要求的置信概率来定。实际上不论对测量结果的处理还是对某台检测仪器精密度的鉴定,严格地讲所提的要求都应包括置信概率和置信限两个方面。

(3) 对标准偏差的估计,在不同组的检测中将有不同的结果。多组检测的结果也形成正态分布,该分布的标准误差为 0.067%。可见 $\bar{x}$ 和 $\hat{\sigma}$ 都是随机变量,本身还有一定的误差分布,所以在概率统计的处理过程中,为使所得数据更加保险,应向降低精度的方向进行统计。

有时对检测结果还要进行最大误差 $\Delta\bar{x}$ 和测量精度 J_D 的计算。最大误差表征用平均值 $\bar{x}$ 代替真值 μ 所带来误差的一种估计,可用下式定义

$$\Delta\bar{x} = k\sigma_{\bar{x}} \qquad\qquad (2\text{-}23)$$

式中,k 为置信系数。按测量要求一般取值为 2~3。

测量精度一般采用相对偏移量来定义,即

$$J_D = \frac{\Delta\bar{x}}{\bar{x}} \times 100\% \qquad\qquad (2\text{-}24)$$

前述面板透射比的例子中,如取 $k=2.5$,则有 $\Delta\bar{x} = 0.002375$,$J_D = 0.28\%$。

4. 间接测量的误差传递

在光电检测中,待检测量有时并不是通过直接检测就能获得的。例如前面例子中提到的像管增益测试,直接测量只能测出阴极面的输入照度 E_k 和荧光屏的输出亮度 L_a,而增益 $G = L_a/E_k$ 要通过计算才能获得。因此,如何利用测量 E_k 和 L_a 的误差来估计 G 的误差,这就是间接测量的误差传递要解决的问题。

设某间接测量的量 y 与各直接测量的量 $x_1, x_2, \cdots, x_n$ 之间的关系为 $y = f(x_1, x_2, \cdots, x_n)$,各量的误差分别是 $\Delta x_1, \Delta x_2, \cdots, \Delta x_n$,间接测量量的误差计算可按下式进行

$$\Delta y = \sqrt{\left(\frac{\partial f}{\partial x_1}\Delta x_1\right)^2 + \left(\frac{\partial f}{\partial x_2}\Delta x_2\right)^2 + \cdots + \left(\frac{\partial f}{\partial x_n}\Delta x_n\right)^2} = \sqrt{\sum_{i=1}^{n}\left(\frac{\partial f}{\partial x_i}\Delta x_i\right)^2} \qquad (2\text{-}25)$$

$$\sigma_y = \sqrt{\sum_{i=1}^{n}\left(\frac{\partial f}{\partial x_i}\right)^2 \sigma_{x_i}^2} \qquad\qquad (2\text{-}26)$$

几种简单函数关系的误差传递计算法如下。

(1) $y = kx$ 时,其中 k 为常数,有

$$\Delta y = k\Delta x \qquad\qquad (2\text{-}27)$$

$$\sigma_y = \sqrt{k^2 \sigma_x^2} \qquad\qquad (2\text{-}28)$$

(2) $y = x_1 \pm x_2$ 时,有

$$\Delta y = \sqrt{\Delta x_1^2 \pm \Delta x_2^2} \qquad\qquad (2\text{-}29)$$

$$\sigma_y = \sqrt{\sigma_{x_1}^2 \pm \sigma_{x_2}^2} \tag{2-30}$$

（3）$y = x_1 x_2$ 时，有

$$\Delta y = \sqrt{(x_2 \Delta x_1)^2 + (x_1 \Delta x_2)^2} \tag{2-31}$$

$$\sigma_y = \sqrt{x_1^2 \sigma_{x_2}^2 + x_2^2 \sigma_{x_1}^2} \tag{2-32}$$

（4）$y = x_1 / x_2$ 时，有

$$\Delta y = (1/x_2)^2 \sqrt{(x_2 \Delta x_1)^2 + (x_1 \Delta x_2)^2} \tag{2-33}$$

$$\sigma_y = (1/x_2)^2 \sqrt{x_2^2 \sigma_{x_1}^2 + x_1^2 \sigma_{x_2}^2} \tag{2-34}$$

例如，在检测像增强器增益 G 时，直接测得阴极照度 $\overline{E}_k = 2 \times 10^{-5} \text{lx}$，$\sigma_{E_k} = 1 \times 10^{-7}$；阴极亮度 $\overline{L}_a = 4 \times 10^{-1} \text{cd/m}^2$，$\sigma_{L_a} = 4 \times 10^{-3}$。则可计算出增益 $\overline{G} = 2 \times 10^4 \text{cd/m}^2 \cdot \text{lx}$，$\sigma_G = 223.61$；如取置信限为 3σ，则测量结果应表示为 $G = 2 \times 10^4 \pm 671 \text{cd/m}^2 \cdot \text{lx}$。

在检测技术中为了对真值和标准偏差进行快速估计，还有一些其他简单的方法可供使用。例如，对真值快速估计有中数法、二点法、三点法和五点法等；对标准偏差快速估计有平均偏差法、标准变程法、九点变程法和四点变程法等。随着计算技术及各种计算机的发展，这些快速方法用得越来越少，这里不再做介绍。

5. 检测灵敏阈对标准偏差估值的影响

在前述标准偏差的估计中，实际上都认定检测仪器的分辨力是无限的，或者说检测灵敏阈趋于零。实际检测仪器的灵敏度都受到一定的限制，用 ω 来表示它们的灵敏阈。当 $x_n - \dfrac{\omega}{2} \leqslant x \leqslant x_n + \dfrac{\omega}{2}$ 或 $\xi_n - \dfrac{\omega}{2} \leqslant \xi \leqslant \xi_n + \dfrac{\omega}{2}$ 时，x 的各检测值没有差异，都指示为 x_n 或 ξ_n。因此用贝塞尔公式计算出的 $\hat{\sigma}$ 值并不是 σ 的真正最佳估值，可用谢泼德修正式来进行修正

$$\sigma^2 = \hat{\sigma}^2 + \frac{\omega^2}{12} \tag{2-35}$$

例如，在面板透射比一例中，假设 $\omega = 0.005$ 时，σ 的估计值应修正为

$$\sigma^2 = (0.0025)^2 + 0.005^2 / 12 = 8.33 \times 10^{-6}，即 \sigma = 0.0029$$

在实际测量中，如果 $\omega \leqslant \hat{\sigma}$ 或 $\omega \leqslant \hat{\sigma}/3$，而 σ 的取值又不超过两位数时，则可不进行这一修正计算。

6. 大误差测值出现的处理

在实际检测过程中，由于过失或其他偶然的原因，有时会出现大误差的测值，这对检测结果影响很大，必须给予慎重处理。其主要方法是：

（1）认真检查有无瞬时系统误差产生，及时发现并处理。

（2）增加检测的次数，以减小大误差测值对检测结果的影响。

（3）利用令人信服的判据，对检测数据进行判定后，将不合理数据给予剔除。

下面重点介绍两种处理数据的判据。

（1）3σ 的莱特准则

该准则是按检测的全部数据计算其标准偏差的估计值 σ，判据规定，当发现个别数据的残差为 $|v_n| > 3\sigma$ 时，将该数据剔除。在这一方法中，$\hat{\sigma}$ 通常是在检测次数 N 很大的前提下取得的，所以在 N 较小时这一判据并不一定可靠。

（2）肖维涅判据

在一列 N 次等精度的检测中，如不出现 $|\xi| > a$ 的误差，那就是说在该条件下测值出现的概

率很小，$P\{|\xi|>a\}$ 很小。当检测次数 N 足够大时，概率 P 与频率 $\hat{P}=M/N$ 很接近或认为近似相等，式中 M 是在 N 次检测中误差绝对值大于 a 的次数，于是概率很小的意思就是

$$M/N \approx P\{|\xi|>a\} \rightarrow 0 \qquad (2\text{-}36)$$

或

$$M \approx NP\{|\xi|>a\} \rightarrow 0 \qquad (2\text{-}37)$$

因为检测过程必须按整数次进行，所以 M 的出现必然是整数。为使 $NP\{|\xi|>a\}$ 的值在凑整后，M 值实际上仍视为零的条件是

$$M=NP\{|\xi|>a\} \leqslant 1/2 \qquad (2\text{-}38)$$

或

$$P\{|\xi|>a\} = 2\int_a^\infty P(\xi)\mathrm{d}\xi = \frac{1}{2N} \qquad (2\text{-}39)$$

上式表示是以 a 为界在外区间中的总概率。而以 a 为界内区间的总概率可用下式表示

$$P\{|\xi| \leqslant a\} = 2\int_0^a P(\xi)\mathrm{d}\xi = 1 - 2\int_a^\infty P(\xi)\mathrm{d}\xi = 1 - \frac{1}{2N} = \frac{2N-1}{2N} \qquad (2\text{-}40)$$

式中，有 $a=k\sigma$ 的关系。

所谓肖维涅判据是：在一列 N 次等精度测量中，某个检测值 x_n 的残差的绝对值 $|v_n| = |x_n-\bar{x}|$，超过由式(2-39)和式(2-40)所决定的界限值 a 时，就可认为 v_n 是异常的误差值，对应测值 x_n 应给予剔除。

表 2-1 给出了肖维涅判据，即 N 与 $k = a/\sigma$ 之间的关系。具体使用方法是：根据检测次数 N，按表 2-1 查出 $k = a/\sigma$ 之值，根据测值计算的 σ 值，利用 $a=k\sigma$ 的关系，计算出 a 的值，将每个测值的误差 v_n 与 a 比较，当出现 $v_n>a$ 时，将对应的测值 x_n 剔除。

在使用肖维涅判据时，如果发现多个测值的误差大于 a，那么只能将其中最大的一个剔除掉。然后重新计算 σ，再按新的条件进行判别。注意每次判别只能去除一个最大的超判据测值，直到测值全部在判据规定的范围内为止。

为正确使用肖维涅判据，还应注意以下事项：

（1）肖维涅判据是在频率接近概率的条件下获得的，所以在 $N<10$ 时，使用该判据比较勉强。

（2）当 $N=185$ 时，肖维涅判据与 3σ 莱特判据相当。当 $N<185$ 时，该判据比 3σ 判据窄。而当 $N>185$ 时，该判据比 3σ 判据宽。

（3）在判别过程中，如果剔除数太多时，则应怀疑误差是否按正态分布，或考察是否存在其他问题。

表 2-1 肖维涅判据

N	$k=a/\sigma$	N	$k=a/\sigma$	N	$k=a/\sigma$
5	1.65	18	2.20	35	2.45
6	1.73	19	2.22	40	2.50
7	1.79	20	2.24	50	2.58
8	1.86	21	2.26	60	2.64
9	1.92	22	2.28	80	2.74
10	1.96	23	2.30	100	2.81
11	2.00	24	2.32	150	2.93
12	2.04	25	2.33	185	3.00
13	2.07	26	2.34	200	3.02
14	2.10	27	2.35	250	3.11
15	2.13	28	2.37	500	3.29
16	2.16	29	2.38	1000	3.48
17	2.18	30	2.39	2000	3.66

2.1.3 系统误差

本节主要介绍系统误差的一般处理原则，消除或减弱系统误差的方法，以及处理中的一些问题。

1. 系统误差及一般处理原则

在 2.1.2 节的讨论中，发现无规则的随机误差可以按概率统计的方法给予恰当的处理。而对于有规律的系统误差的处理却找不到恰当的通用方法，通常只能从经验中归纳出一些带有普遍意义的原则，按照这些原则，尽可能地减弱系统误差对检测结果的影响。这些原则是：

（1）在进行某项参量的检测之前，应尽可能地预见到一切有可能产生系统误差的因素，并针

对这些不同因素,设法消除或减弱系统误差,使之达到可以接受的程度。

(2)采用一些有效的检测原理和检测方法,来消除或尽力减弱系统误差对检测结果的影响。

(3)在对检测数据进行处理时,设法检查是否有未被注意到的变值系统误差。如周期性的、渐增性的或渐减性的系统误差等。

(4)在精心采用检测设备和精心进行检测之后,应设法估计出未能消除而残留下的系统误差的大小,以及它们最终对检测结果的影响。也就是说估计出残余系统误差的数值范围以便进行必要的修正。

2. 消除或减弱系统误差的典型检测技术

为了说明在考虑检测原理时,如何尽力消除或减弱系统误差,下面以基本电量的一些直接检测为例,说明适当地选用合理的方法对减小系统误差是有利的。在光电检测技术中,也可类比应用。

(1)示零法

示零法的原理是将被检测量的作用和已知量的作用相互抵消,使它们的总效应为零。这时被测量等于已知量。

示零法测定未知电压的原理如图2-3所示。设未知电压为 U_x,已知标准电池的电动势为 E,通过可变电阻器 R 分压,经调整 R_1 和 R_2 之比,使得 A、B 两点电位相同,通过示零检流计的电流为零。则有

$$U_x = U = E \frac{R_2}{R} \tag{2-41}$$

这就是通用电位差计的工作原理。检流计 G 的作用只是判断 A 和 B 两点间有无电流,可选用灵敏度高的检流计。该方法中的误差主要取决于标准电池的误差,通常标准电池的误差可以做得很小。

电工测量中的惠斯登电桥也是利用示零法的原理,如图2-4所示。当检流计示零时,则有

$$R_x = R_1 R_3 / R_2 \tag{2-42}$$

在电阻测量的这一方法中,同样可采用高灵敏度的电流计。此外该检测的精度主要取决于标准电阻 R_1、R_2 和 R_3 的误差。

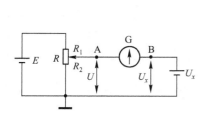
图2-3 示零法测电压原理

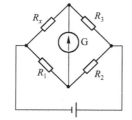
图2-4 示零法测电阻原理

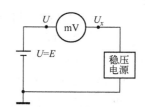
图2-5 微差法测电压原理

(2)微差法

微差法检测的原理是:检测待测量 x 与一个数值相近的已知量 N 之间的差值($N-x$),这时待测量 $x = N - (N-x)$。这种方法不是彻底的示零法,常叫做虚零法,在电桥中则称失衡电桥法。

图2-5所示用来测定某稳压电源输出电压微小变动的原理示意图。这时标准电源电压 U 维持不变,用毫伏表代替示零检流计 G 作为指示器,以测定两电源电压之差 U_o。

$$U_o = U - U_x \tag{2-43}$$

下面来估计该方法检测的相对误差。设微差或稳压电源的变动量 U_1 和稳压输出值 U_x 之比为 $U_1/U_x \approx 1\%$,即 $U_1 \approx 0.01U_x$。检测采用精度较低的毫伏表,设其相对误差为 $\Delta U_1/U_1 = \pm 5\%$,估算检测 U_x 的相对误差。

$$\frac{\Delta U_x}{U_x}=\frac{\Delta(U\pm U_1)}{U_x}=\frac{\Delta U\pm\Delta U_1}{U_x}=\frac{\Delta U}{U_x}\pm\frac{U_1}{U_x}\frac{\Delta U_1}{U_1} \tag{2-44}$$

设 $U_x\approx U$，并将有关数据代入上式，则有

$$\frac{\Delta U_x}{U_x}\approx\frac{\Delta U}{U}\pm 0.05\%$$

若标准电位的相对误差 $\Delta U/U\leqslant 0.05\%$，则有

$$|\Delta U_x/U_x|\leqslant 0.1\% \tag{2-45}$$

可见，检测中只用精度为 5% 的毫伏表，而检测结果的误差只有 0.1%。也就是说，在指示仪表上直接读出了比仪表本身精度更高的结果，从而减弱了系统误差带来的影响。此外，在非完全指零的微差法中，不用可调的标准器，从而减少检测的手续，也减小了可调部分可能带来的误差。

（3）代替法

代替法的工作原理是，采用可以调节的标准器，在检测回路中代替被检测量，并且不引起测量仪器示值的改变。这时可调标准器的量值等于待测量的大小，以达到减小系统误差的目的。

例如，图 2-4 所示的四臂电桥中，平衡时各电阻值之间的关系为 $R_x=R_1R_3/R_2$。R_1、R_2 和 R_3 都有一定误差，设分别为 Δ_1、Δ_2 和 Δ_3，待测量 R_x 相应的误差为 Δ_x，所以电桥平衡时参量间的实际关系是

$$R_x+\Delta_x\approx(R_1+\Delta_1)(R_3+\Delta_3)/(R_2+\Delta_2) \tag{2-46}$$

展开上式，并略去二阶以上的小量，则近似可得

$$R_x+\Delta_x\approx R_1R_3/R_2+(R_3/R_2)\Delta_1-(R_1R_3/R_2^2)\Delta_2+(R_1/R_2)\Delta_3 \tag{2-47}$$

所以误差为
$$\Delta_x\approx(R_3/R_2)\Delta_1-(R_1R_3/R_2^2)\Delta_2+(R_1/R_2)\Delta_3 \tag{2-48}$$

$$\Delta_x/R_x\approx\Delta_1/R_1-\Delta_2/R_2+\Delta_3/R_3 \tag{2-49}$$

这时检测值 R_x 的误差受到 R_1、R_2 和 R_3 误差的综合影响。

当采用代替法时，用可调标准器 R_N 代替 R_x，R_N 的误差为 Δ_N，电桥平衡时有

$$R_N+\Delta_N=(R_1+\Delta_1)(R_3+\Delta_3)/(R_2+\Delta_2) \tag{2-50}$$

取可调标准电阻器的阻值 $R_N+\Delta_N$ 作为待测电阻 R_x 的检测值，即

$$R_x+\Delta_x=R_N+\Delta_N \tag{2-51}$$

这时 R_x 的示值精度只受标准器 R_N 的误差 Δ_N 的影响，消除了各电阻误差所构成系统误差对检测结果的影响。而标准器的误差可做得很小。

（4）补偿法

补偿法也是利用标准器来进行测量的一种特殊形式的代替法。它的工作原理是进行两次测量。第一次测量平衡时的关系为 $R_N+R_x=R_1R_3/R_2$；第二次测量去掉 R_x，调整 R_N 至 R_N'，测量平衡时的关系为 $R_N'=R_1R_3/R_2$，待测量 $R_x=R_N'-R_N$。

引入误差，两次测量电桥平衡时的关系为

$$R_N+R_x=(R_1+\Delta_1)(R_3+\Delta_3)/(R_2+\Delta_2)$$
$$R_N'=(R_1+\Delta_1)(R_3+\Delta_3)/(R_2+\Delta_2) \tag{2-52}$$
$$R_x=R_N'-R_N$$

当电阻值为 R_N 时，设其误差为 $\Delta_0+\Delta_N$；当电阻为 R_N' 时，误差为 $\Delta_0+\Delta_N'$。所以有

$$R_x+\Delta_x=(R_N'+\Delta_0+\Delta_N')-(R_N+\Delta_0+\Delta_N)=(R_N'-R_N)+(\Delta_N'-\Delta_N) \tag{2-53}$$

$$\Delta_x=\Delta_N'-\Delta_N \tag{2-54}$$

由该结果可知,标准器误差中 Δ_0 部分的影响完全消除了,只剩下由于阻值变化带来的误差之差值,对检测结果的影响甚小。

（5）对照法

对照法检测的工作原理是:在同一检测系统中,通过改变测量的不同安排,测量出两个结果,把它们相互对照,从中检测出系统误差。有时也可求出系统误差的大小。

例如某比较电桥 $R_1/R_2=1$ 和一个可变标准电阻 R_N,用来检测未知标准电阻 R_x。第一次检测时把 R_N 放在四臂电桥的 R_3 处,则有

$$R_x=(R_1/R_2)R_N \tag{2-55}$$

第二次检测将 R_N 和 R_x 对换,设将 R_N 调至 R_N' 时,电桥平衡,则有

$$R_x=(R_2/R_1)R_N' \tag{2-56}$$

若 $R_N=R_N'$,那么有 $R_1/R_2=R_2/R_1=1$,说明两比较臂无系统误差,于是 $R_x=R_N=R_N'$。若 $R_N\neq R_N'$,则有 $R_1/R_2=1+\Delta\neq 1$,这时可将两次检测结果相对照,即把式(2-55)和式(2-56)等号两边各自相乘

$$R_x^2=(R_1/R_2)R_N\cdot(R_2/R_1)R_N'$$

$$R_x=\sqrt{R_N R_N'}\approx\frac{1}{2}(R_N+R_N') \tag{2-57}$$

上式中不出现 R_1 和 R_2,也就是说对照法消除了这两个电阻带来的误差。

如果把两次检测结果联系起来则有

$$R_x=(R_1/R_2)R_N=(R_2/R_1)R_N'$$

$$R_1^2/R_2^2=R_N'/R_N$$

$$R_1/R_2=(R_N'/R_N)^{1/2}=1+\Delta$$

所以有 $\qquad \Delta=(R_N'/R_N)^{1/2}-1=(R_N'/R_N)^{1/2}-(R_N^2)^{1/2}/(R_N^2)^{1/2}\approx(R_N'-R_N)/2R_N \tag{2-58}$

通过以上的推导,找到了计算该电桥误差的方法。

对非比较电桥来说,以下两式依然成立

$$R_x=(R_N R_N')^{1/2} \tag{2-59}$$

$$R_1/R_2=(R_N'/R_N)^{1/2} \tag{2-60}$$

对照法检测可以推广到呈现出某种对称性的检测系统中去。在系统中相应地进行两次略有不同的安排,通过互相对称的测量,从两次测量的结果和它们之间的物理关系求得最终结果。这就是所谓的对称观测法或交叉读数法。

3. 系统误差处理中的几个问题

系统误差完全消除往往是不可能的,有时因相互关系复杂也很难下手进行消除。这里只是讨论系统误差处理中的几个问题,并不是一套有效的处理方法。

（1）系统误差消除的准则

这一准则主要是讨论系统误差减弱到什么程度时就可以忽略不计。

如果某一项残余系统误差或几项残余系统误差的代数和的绝对值为 $|\delta_x|$,而当测量总误差时的绝对值为 $|\Delta x|$,那么当 Δx 是两位有效数字时,$|\delta_x|$ 满足下式要求,则可舍去。

$$|\delta_x|<\frac{1}{2}\times\frac{|\Delta x|}{10^2} \tag{2-61}$$

当 Δx 是一位有效数字时,$|\delta_x|$ 满足下式要求,则可舍去。

$$|\delta_x|<\frac{1}{2}\times\frac{|\Delta x|}{10} \tag{2-62}$$

上述条件的实质是,按照四舍五入的原则,上述$|\delta_x|$已不构成检测误差的有效数,再进一步消除系统误差已无意义。

如果系统误差大于上述条件,又无法进一步消除时,应估计残余误差的极限值。

（2）系统误差的改正

当系统误差既无法进一步消除又不能给予舍弃时,只能按其量的大小给以改正。

设无系统误差而有随机误差时的 N 次测量结果为:$x_1,x_2,\cdots,x_n,\cdots,x_N$,当有系统误差 Δn 时,该误差可以分为系统恒差 ξ_0 和系统对应 N 次测试的变差 $\xi_1,\xi_2,\cdots,\xi_n,\cdots,\xi_N$。这时对应 N 次测量结果为 $x'_1,x'_2,\cdots,x'_n,\cdots,x'_N$,其中

$$x'_n=x_n+\Delta n=x_n+\xi_0+\xi_n \tag{2-63}$$

N 次检测的平均值可按下式求出

$$\bar{x}'=\frac{1}{N}\sum_{n=1}^{N}x'_n=\frac{1}{N}\left(\sum_{n=1}^{N}x_n+N\xi_0+\sum_{n=1}^{N}\xi_n\right)=\bar{x}+\xi_0+\frac{1}{N}\sum_{n=1}^{N}\xi_n \tag{2-64}$$

根据这一推算结果,在改正系统误差时可分两部分进行。在改正系统恒差 ξ_0 时,可在每个检测量中减去,也可以在取得平均值后再减去恒差 ξ_0。在改正系统变差 ξ_n 时,可在每个测量数中按对应值进行改正。也可以在取得平均值后,按变差的平均值,即 $\frac{1}{N}\sum_{n=1}^{N}\xi_n$ 进行修正,这是与系统恒差改正的不同之处。

（3）系统误差存在与否的检验

系统误差可以分为系统恒差和系统变差,系统变差又有许多不同类型,如瞬发系统误差、非正态分布的系统误差等。后者又可分为周期性系统变差和累进性系统变差等。这些系统误差产生的原因和性质均不相同,所以只能用不同的方法或准则来判断有无某种系统误差的存在。

当检测系统存在系统恒差 ξ_0 时,实际测量的结果为

$$x'_n=x_n+\xi_0=\mu+\xi_n+\xi_0 \tag{2-65}$$

式中,μ 为待测量的真值;ξ_n 为随机误差量。

式（2-65）也可以写为 $\qquad x'_n=(\mu+\xi_0)+\xi_n=\mu'+\xi_n \tag{2-66}$

这时 x'_n 仍为正态分布。有可能把 μ' 认为是真值,ξ_n 为随机误差值,这样并不能发现系统恒差的严重性。因此通常判断有无系统恒差是采用与标准值比较的方法或用标准样品进行比对来确定。

当检测系统存在瞬发系统误差 ξ_t 时,可以利用肖维涅准则进行判断和处理。

对于存在非正态分布的系统误差时,可采用前面计算平均误差的方法进行判别。

此外,对于周期性误差可利用阿贝判据判定。而对于累进性系统误差可利用马利科夫判据来进行处理。

2.2　辐射度量与光度量基础

辐射度量是用能量单位描述辐射能的客观物理量。光度量是光辐射能为平均人眼接受所引起的视觉刺激大小的度量。即光度量是具有平均人眼视觉响应特性的人眼所接收到的辐射量的度量。因此,辐射度量和光度量都可定量地描述辐射能强度。但辐射度量是辐射能本身的客观度量,是纯粹的物理量;而光度量则还包括了生理学、心理学的概念在内。

2.2.1　辐射度量

1. 立体角

立体角 Ω 是描述辐射能向空间发射、传输或被某一表面接收时的发散或会聚的角度,如图 2-6

所示,其定义为:以锥体的基点为球心作一球表面,锥体在球表面上所截取部分的表面积 dS 和球半径 r 平方之比

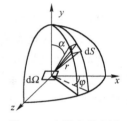

$$d\Omega = \frac{dS}{r^2} = \frac{r^2\sin\theta d\theta d\varphi}{r^2} = \sin\theta d\theta d\varphi \qquad (2\text{-}67)$$

式中,θ 为天顶角;φ 为方位角;$d\theta d\varphi$ 分别为其增量。立体角的单位是球面度(sr)。

在平面图形上,常用角度来描述两条或一束射线的发散和会聚的程度,而辐射能是以电磁波的形式向其所在的空间传输的,因此需要用立体角来描述辐射能在传输中发散和会聚的空间角度。

图 2-6　立体角的概念

对于半径为 r 的球,其表面积等于 $4\pi r^2$,所以一个光源向整个空间发出辐射能或者一个物体从整个空间接收辐射能时,其对应的立体角为 4π 球面度,而半球空间所张的立体角为 2π 球面度。在 θ,φ 角度范围内的立体角

$$\Omega = \int_{\theta}\int_{\varphi}\sin\theta d\theta d\varphi \qquad (2\text{-}68)$$

求空间一任意表面 s 对空间某一点 O 所张的立体角,可由 O 点向空间表面 s 的外边缘作一系列射线,由射线所围成的空间角即为表面 s 对 O 点所张的立体角。因而不管空间表面的凸凹如何,只要对同一 O 点所作射线束围成的空间角是相同的,那么它们就有相同的立体角。

2. 辐射度量的名称、定义、符号及单位(GB3102.6—82)

很长时间以来,国际上所采用的辐射度量和光度量的名称、单位、符号等很不统一。国际照明委员会(CIE)在 1970 年推荐采用的辐射度量和光度量单位基本上和国际单位制(SI)一致,并在后来为越来越多的国家(包括我国)所采纳。

表 2-2 列出了基本的辐射度量的名称、符号、定义方程及单位、单位符号。

表 2-2　基本辐射度量的名称、符号和定义方程

名　　称	符　号	定义方程	单　位	单位符号
辐(射)能	Q		焦(耳)	J
辐(射)能密度	w	$w = dQ/dv$	焦(耳)每立方米	Jm^{-3}
辐射通量,辐(射)功率	Φ, P	$\Phi = dQ/dt$	瓦(特)	W
辐射强度	I	$I = d\Phi/d\Omega$	瓦(特)每球面度	Wsr^{-1}
辐(射)亮度,辐射度	L	$L = d^2\Phi/d\Omega dA\cos\theta$ $= dI/dA\cos\theta$	瓦(特)每球面度平方米	$Wm^{-2}sr^{-1}$
辐射出射度	M	$M = d\Phi/dA$	瓦(特)每平方米	Wm^{-2}
辐(射)照度	E	$E = d\Phi/dA$	瓦(特)每平方米	Wm^{-2}
辐射发射率	ε	$\varepsilon = M/M_0$	—	—
吸收比	α	$\alpha = \Phi_a/\Phi_i$	—	—
反射比	ρ	$\rho = \Phi_r/\Phi_i$	—	—
透射比	τ	$\tau = \Phi_s/\Phi_i$	—	—

注:M_0 是黑体的辐射出射度;Φ_i 是入射辐射通量;Φ_a、Φ_r 和 Φ_s 分别是吸收、反射和透射的辐射通量。

(1)辐射能(Q)

简称辐能,描述以辐射的形式发射、传输或接收的能量,单位焦耳(J)。

当描述的辐射能量在一段时间内积累时,用辐能来表示。例如,地球吸收太阳的辐射能,又向宇宙空间发射辐射能,使地球在宇宙中具有一定的平均温度,则用辐能来描述地球辐射能量的

吸收辐射平衡情况。

为进一步描述辐射能随时间、空间、方向等的分布特性,分别用以下辐射度量来表示。

（2）辐能密度（w）

定义为单位体积元内的辐射能,即

$$w = dQ/dv \qquad (2-69)$$

（3）辐射通量（Φ, P）

定义为以辐射的形式发射、传输或接收的功率,用以描述辐能的时间特性。实际应用中,对于连续辐射体或接收体,以单位时间内的辐射能,即辐射通量表示。因此,辐能量是一个十分重要的辐射度量。例如,许多光源的发射特性;许多辐射接收器的响应值不取决于辐射能的时间积累值,而取决于辐射通量的大小。

$$\Phi = dQ/dt \qquad (2-70)$$

（4）辐射强度（I）

定义为在给定传输方向上的单位立体角内光源发出的辐射通量,即

$$I = d\Phi/d\Omega \qquad (2-71)$$

辐射强度描述了光源辐射的方向特性,且对点光源的辐射强度描述具有更重要的意义。

所谓点光源是相对扩展源而言的,即光源发光部分的尺寸比起其实际辐射传输距离小得多时,则近似认为它是一个点光源,在辐射传输计算,测量上不会引起明显的误差。点光源向空间辐射球面波。如果在传输介质内没有损失（反射、散射、吸收）,那么在给定方向上某一立体角内,不论辐射能传输距离有多远,其辐射通量是不变的。

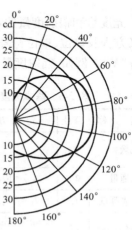

图 2-7 钨丝白炽灯辐射强度的空间分布

大多数光源向空间各个方向发出的辐射通量往往是不均匀的,因此辐射强度提供了描述光源在空间某个方向上发射辐射通量大小和分布的可能。图2-7是一种钨丝白炽灯的辐射强度的空间分布特性。

（5）辐亮度（L）

定义为光源在垂直其辐射传输方向上单位表面积、单位立体角内发出的辐射通量,即

$$L = \frac{d^2\Phi}{d\Omega dA\cos\theta} = \frac{dI}{dA\cos\theta} \qquad (2-72)$$

辐亮度在光辐射的传输和测量中具有重要的作用,是光源微面元在垂直传输方向辐强度特性的描述。例如,描述螺旋灯丝白炽灯时,由于描述灯丝每一局部表面（灯丝、灯丝之间的空隙）的发射特性常常是没有实用意义的,而把它作为一个整体,即一个点光源,描述在给定观测方向上的辐射强度;而在描述天空辐射特性时,希望知道其各部分的辐射特性,则用辐亮度来描述天空各部分辐亮度分布的特性。

（6）辐射出射度（M）

定义为离开光源表面单位面元的辐射通量,即

$$M = d\Phi/dA \qquad (2-73)$$

面元所对应的立体角是辐射的整个半球空间。例如,太阳表面的辐射出射度指太阳表面单位表面积向外部空间发射的辐射通量。

（7）辐照度（E）

定义为单位面元被照射的辐射通量,即

$$E = \mathrm{d}\Phi / \mathrm{d}A \tag{2-74}$$

辐照度和辐射出射度具有相同的定义方程和单位,但却分别用来描述微面元发射和接收辐射通量的特性。如果一个表面元能反射入射到其表面的全部辐射通量,那么该面元可看做是一个辐射源表面,即其辐射出射度在数值上等于照射辐照度。地球表面的辐照度是其各个部分(面元)接收太阳直射以及天空向下散射产生的辐照度之和;而地球表面的辐射出射度则是其单位表面积向宇宙空间发射的辐射通量。

由于辐射度量也是波长的函数,当描述光谱辐射量时,可在相应名称前加"光谱",并在相应的符号上加波长的符号"λ"作为下标。例如光谱辐射通量记为 Φ_λ 或 $\Phi(\lambda)$,等等。

2.2.2 光度量

光度量和辐射度量的定义、定义方程是一一对应的。表 2-3 列出了基本光度量的名称、符号、定义方程及单位、单位符号。有时为避免混淆,在辐射度量符号上加下标"e",而在光度量符号上加下标"V"。例如,辐射度量 Q_e, Φ_e, I_e, L_e, M_e, E_e 等,对应的光度量为 Q_V, Φ_V, I_V, L_V, M_V, E_V 等。

表 2-3　基本光度量的名称、符号和定义方程

名　　称	符号	定义方程	单　　位	单位符号
光量	Q_V		流明秒 流明小时	lm·s lm·h
光通量	Φ_V	$\Phi_V = \mathrm{d}Q_V / \mathrm{d}t$	流明	lm
发光强度	I_V	$I_V = \mathrm{d}\Phi_V / \mathrm{d}\Omega$	坎德拉	cd
(光)亮度	L_V	$L_V = \mathrm{d}^2\Phi_V / \mathrm{d}\Omega \mathrm{d}A\cos\theta$ $= \mathrm{d}I_V / \mathrm{d}A\cos\theta$	坎德拉 /平方米	cd·m^{-2}
光出射度	M_V	$M_V = \mathrm{d}\Phi_V / \mathrm{d}A$	流明 /平方米	lm·m^{-2}
(光)照度	E_V	$E_V = \mathrm{d}\Phi_V / \mathrm{d}A$	勒克斯 (流明/平方米)	Lx(lm·m^{-2})
光视效能	K	$K = \Phi_V / \Phi_e$	流明/瓦	lm·W^{-1}
光视效率	V	$V = K / K_m$	—	—

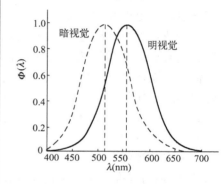

图 2-8　人眼的视见函数

光通量 Φ_V 和辐射通量 Φ_e 可通过人眼视觉特性进行转换,即

$$\Phi_V(\lambda) = K_m V(\lambda) \Phi_e(\lambda) \tag{2-75}$$

$$\Phi_V = K_m \int_0^\infty V(\lambda) \Phi_e(\lambda) \mathrm{d}\lambda \tag{2-76}$$

式中,$V(\lambda)$ 是 CIE 推荐的平均人眼光谱光视效率(或称视见函数)。图 2-8 给出了人眼对应明视觉和暗视觉的视见函数。对于明视觉,其对应为某波长 λ 能对人眼产生相同光视刺激的辐射通量 $\Phi_e(\lambda)$ 与 555nm 波长的辐射通量 $\Phi_e(555)$ 的比值。1971 年 CIE 公布的明视觉 $V(\lambda)$ 标准值已经国际计量委员会批准。K_m 是最大光谱光视效能(常数),对于波长为 555nm 的明视觉,$K_m = 683\mathrm{lm/W}$。对于波长为 507nm 的暗视觉,$K'_m = 1725\mathrm{lm/W}$。

为了描述光源的光度与辐度度的关系,通常引入光视效能 K,其定义为目视引起刺激的光通量与光源发出的辐射通量之比,单位为 lm/W。

$$K = \frac{\Phi_V}{\Phi_e} = \frac{K_m \int_0^\infty V(\lambda) \Phi_e(\lambda) \mathrm{d}\lambda}{\int_0^\infty \Phi_e(\lambda) \mathrm{d}\lambda} = K_m V \tag{2-77}$$

式中，$V=K/K_m$ 为光视效率，无量纲。在照明工程中，通常希望光源有高的光视效能，当然还要考虑到光的颜色。表2-4给出了常见光源的光视效能。

表2-4 常见光源的光视效能

光源类型	光视效能（lm/W）
钨丝灯（真空）	8~9.2
钨丝灯（充气）	9.2~21
石英卤钨灯	30
气体放电管	16~30
日光灯	27~41
高压水银灯	34~45
超高压水银灯	40~47.5
钠光灯	60

光度量中最基本的单位是发光强度——坎德拉（Cande-la），记为 cd，它是国际单位制中7个基本单位之一。其定义为：发出频率为 540×10^{12}Hz（对应在空气中 555nm 的波长）的单色辐射，在给定方向上辐强度为（$1/683$）W/sr 时，光源在该方向上的发光强度，规定为 1cd。

光通量的单位是流明（lm）。1lm 是光强度为 1cd 的均匀点光源在 1sr 内发出的光通量。

2.2.3 朗伯辐射体及其辐射特性

对于磨得很光或镀得很亮的反射镜，当一束光入射到它上面时，反射光具有很好的方向性。即当恰好逆着反射光线的方向观察时，感到十分耀眼，而在观察角度稍微偏离时，就看不到反射光。对于一个表面粗糙的反射体或漫射体，就观察不到上述现象。除了漫反射体以外，对于某些自身发射辐射的辐射源，其辐亮度与方向无关，即辐射源各方向的辐亮度不变。这类辐射源称为朗伯辐射体。

绝对黑体和理想漫反射体是两种典型的朗伯体。在实际问题的分析中，常采用朗伯体作为理想的模型。

1. 朗伯余弦定律

朗伯体反射或发射辐射的空间分布可表示为

$$d^2P = L\cos\theta dA d\Omega \tag{2-78}$$

按照朗伯辐射体亮度不随角度 θ 变化的定义，得

$$L = \frac{I_0}{dA} = \frac{I_\theta}{dA\cos\theta}$$

即

$$I_\theta = I_0\cos\theta \tag{2-79}$$

即在理想情况下，朗伯体单位表面积向空间规定方向单位立体角内发射（或反射）的辐射通量和该方向与表面法线方向的夹角 α 的余弦成正比——朗伯余弦定律。朗伯体的辐射强度按余弦规律变化，因此，朗伯辐射体又称为余弦辐射体。

2. 朗伯体辐射出射度与辐亮度的关系

如图2-9所示，极坐标对应球面上微面元 dA 的立体角为

$$d\Omega = \frac{dA}{r^2} = \sin\alpha\cdot d\alpha d\varphi$$

设朗伯微面元 ds 亮度为 L，则辐射到 dA 上的辐射通量为

$$d^2P = L\cos\alpha\sin\alpha ds d\alpha d\varphi$$

在半球内发射的总通量为

$$P = Lds\int_0^{2\pi}d\varphi\int_0^{\pi/2}\cos\alpha\sin\alpha d\alpha = \pi Lds \tag{2-80}$$

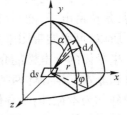

图2-9 朗伯体辐射空间坐标

按照出射度的定义得

$$M = P/ds = \pi L \quad 或 \quad L = M/\pi \tag{2-81}$$

对于处在辐射场中反射率为 ρ 的朗伯漫反射体（$\rho=1$ 为理想漫反射体），不论辐射从何方向

入射,它除吸收 $1-\rho$ 的入射辐射通量外,其他全部按朗伯余弦定律反射出去。因此,反射表面单位面积发射的辐射通量等于入射到表面单位面积上辐射通量的 ρ 倍。即 $M=\rho E$,故

$$L=\rho E/\pi \tag{2-82}$$

2.3 光电探测器的基本物理效应

半导体材料具有许多独特的物理性质,深入研究材料的这些特性是一个专门的学科。本节仅介绍一些与半导体光电器件有关的基本概念和理论。

2.3.1 能带理论

1. 原子能级与晶体能带

如图 2-10(a)所示,单个原子中的电子是按壳层分布的,且只能具有某些分立的能量,这些分立值在能量坐标上称为能级。晶体中由于原子密集,离原子核较远的壳层常常要发生彼此之间的交叠。这时,价电子已不再属于某个原子了,而是若干个原子所共有,这种现象称为电子共有化。电子共有化会使得本来处于同一能量状态的电子之间发生能量微小的差异。例如,组成晶体的大量原子在某一能级上的电子本来都具有相同的能量,现在它们由于处于共有化状态而具有各自不尽相同的能量。因为它们在晶体中不仅仅受本身原子势场的作用,而且还

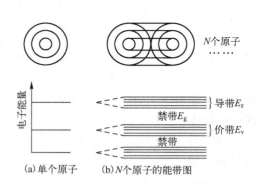

图 2-10 电子共有化,
能级扩展为能带示意图

受到周围其他原子势场的作用。这样,晶体中所有原子原来的每一个相同能级就会分裂而形成了有一定宽度的能带。图 2-10(b)给出了晶体中 N 个原子的能带图。

图 2-10 中,与价电子(最外层电子)能级相对应的能带称为价带 E_v(valence band),价带以上能量最低的能带称为导带 E_c(conduction band),导带底与价顶之间的能量间隔称为禁带 E_g(forbidden band)。其实,一切不允许电子存在的能量区域都可称为禁带,例如,图 2-10(b)中价带与下面相邻的(次外层电子)能带之间的禁带。只是由于晶体的物理、化学性质主要与价电子有关,所以要着重讨论价带至导带这一范围内的问题。也就是说,分析和讨论晶体的能带图时,仅考虑导带 E_c、价带 E_v 以及二者之间的禁带 E_g 这三个部分。

处于价带中的电子(价电子),受原子束缚,不能参与导电;而处于导带中的电子,不受原子束缚,是自由电子,能参与导电。价电子要跃迁到导带成为自由电子,至少要吸收禁带宽度的能量。所以,可用能带图来分析材料的导电性能。

半导体的导电性能介于绝缘体和金属之间,是制作光电器件的重要材料。它可分为本征半导体和非本征半导体两类。结构完整、纯净的半导体称为本征半导体,又称 I 型半导体,例如,纯净的硅称为本征硅;半导体中可人为掺入少量杂质形成杂质半导体,通常称它为非本征半导体。非本征半导体包括 N 型半导体和 P 型半导体。

2. 本征半导体的能带

以硅晶为例,如图 2-11(a)所示。Si 原子有 4 个价电子,分别与相邻的 4 个原子形成共价键。由于共价键上的电子所受束缚力较小,当温度高于绝对零度时,价带中的电子吸收能量跃过禁带到达导带,而成为自由电子,并在价带中留下等量的空穴。自由电子和空穴可在外加电场作

用下定向运动,形成电流。所以,在常温下,本征半导体出现电子–空穴对,具有导电性。

这种能参与导电的自由电子和空穴统称为载流子。单位体积内的载流子数称为载流子浓度。当温度高于绝对零度或受光照时,电子吸收能量摆脱共价键而形成电子–空穴对的过程,称为本征激发。

3. 杂质半导体的能带

（1）N 型半导体

如果在四价的锗（Ge）或硅（Si）组成的晶体中掺入五价原子磷（P）或砷（As）,就可以构成 N 型半导体。以硅掺磷为例,如图 2-11（b）所示,五价的磷用四个价电子与周围的硅原子组成共价键,尚多余一个电子。这个电子受到的束缚力比共价键上的电子要小得多,很容易被磷原子释放,跃迁成为自由电子,该磷原子就成为正离子,这个易释放电子的原子称为施主原子,或施主（Donor）。由于施主原子的存在,它会产生附加的束缚电子的能量状态。这种能量状态称为施主能级,用 E_d 表示,它位于禁带之中靠近导带底的附近。

施主能级表明,P 原子中的多余电子很容易从该能级（而不是价带）跃迁到导带而形成自由电子。因此,虽然只是掺入了少量杂质,但却可以明显地改变导带中的电子数目,从而显著地影响半导体的电导率。实际上,杂质半导体的导电性能完全由掺杂情况决定,掺杂百万分之一就可使杂质半导体的载流子浓度达到本征半导体的百万倍。

N 型半导体中,除杂质提供的自由电子外,原晶体本身也会产生少量的电子–空穴对,但由于施主能级的作用增加了许多额外的自由电子,使自由电子数远大于空穴数,如图 2-11（b）所示。因此,N 型半导体将以自由电子导电为主,自由电子为多数载流子（简称多子）,而空穴为少数载流子（简称少子）。

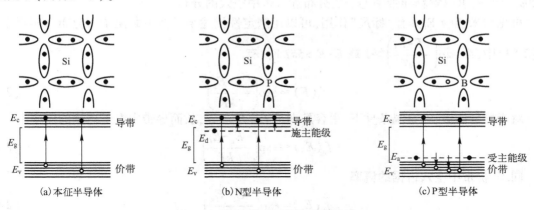

（a）本征半导体   （b）N型半导体   （c）P型半导体

图 2-11　半导体原子结构和能带图

（2）P 型半导体

如果在四价锗或硅晶体中掺入三价原子硼（B）,就可以构成 P 型半导体。以硅掺硼为例,如图 2-11（c）所示,硼原子的三个电子与周围硅原子要组成共价键,尚缺少一个电子。于是,它很容易从硅晶体中获取一个电子而形成稳定结构,这就使硼原子变成负离子而在硅晶体中出现空穴。这个容易获取电子的原子称为受主原子,或受主（Accepter）。由于受主原子的存在,也会产生附加的受主获取电子的能量状态。这种能量状态称为受主能级,用 E_a 表示,它位于禁带之中靠近价带顶附近。受主能级表明,B 原子很容易从 Si 晶体中获取一个电子形成稳定结构,即电子很容易从价带跃迁到该能级（不是导带）,或者说空穴跃迁到价带。

与 N 型半导体的分析同理,图 2-11（c）价带中的空穴数目远大于导带中的电子数目。P 型半导体将以空穴导电为主,空穴为多数载流子,而自由电子为少数载流子。

2.3.2 热平衡状态下的载流子

一个不受外界影响的封闭系统,其状态参量(如温度、载流子浓度等)与时间无关的状态称为热平衡态。下面讨论热平衡态下载流子的浓度。

根据量子理论和泡利不相容原理,半导体中电子的能级分布服从费米统计分布规律。即在热平衡条件下,能量为 E 的能级被电子占据的概率为

$$f_n(E) = \frac{1}{1+\exp\left(\dfrac{E-E_f}{kT}\right)} \tag{2-83}$$

式中,E_f 为费米能级;$k = 1.38 \times 10^{-23}$ J/K,为玻耳兹曼常量;T 为绝对温度。

空穴占据概率是不被电子占据的概率,即

$$f_p = 1 - f_n(E) = \frac{1}{1+\exp\left(\dfrac{E_f-E}{kT}\right)} \tag{2-84}$$

由式(2-83),当 $T > 0K$ 时,若 $E = E_f$,则 $f_n(E) = 0.5$;若 $E < E_f$,则 $f_n(E) > 0.5$;若 $E > E_f$,则 $f_n(E) < 0.5$。可见,E_f 的意义是电子占据率为 0.5 时所对应的能级。

以本征半导体为例,绝对温度为零时,由于没有任何热激发,电子全部位于价带;当温度高于绝对零度时,价带的部分电子由于热激发跃迁到导带成为自由电子。这两种情况下,价带中电子的分布可用式(2-83)来解释:价带能级低于费米能级,即 $E_v < E_f$,当 $T = 0$ 时,能量为 E_v 的能级被电子占据的概率为 100%。当温度高于绝对零度时,能量为 E_v 的能级被电子占据的概率小于100%。同理,可以解释导带中电子的分布和价带中空穴的分布。

可见费米能级 E_f 具有"标尺"作用,可以用来定性描述半导体中载流子的分布。实际上,在式(2-83)中,当 $\exp\left(-\dfrac{E-E_f}{kT}\right) \gg 1$ 或 $E - E_f > 5kT$ 时,有

$$f_n(E) \approx \exp\left(-\frac{E-E_f}{kT}\right) \tag{2-85}$$

对于导带能级,在室温条件下,很容易满足 $E_c - E_f > 5kT$,从而导带中电子占据的概率

$$f_n(E_c) \approx \exp\left(-\frac{E_c-E_f}{kT}\right) \tag{2-86}$$

同理,价带中空穴占据的概率

$$f_p(E_v) = \exp\left(-\frac{E_f-E_v}{kT}\right) \tag{2-87}$$

半导体物理学理论进一步指出,热平衡态下,在整个导带中总的电子浓度 n 和价带中的空穴浓度 p 分别为

$$n = N_c \exp\left(-\frac{E_c-E_f}{kT}\right) \tag{2-88}$$

$$p = N_v \exp\left(-\frac{E_f-E_v}{kT}\right) \tag{2-89}$$

式中,$N_c = 2\left(\dfrac{2\pi m_e^* kT}{h^2}\right)^{2/3}$,称为导带有效状态密度;$N_v = 2\left(\dfrac{2\pi m_p^* kT}{h^2}\right)^{2/3}$ 称为价带有效状态密度;m_e^* 为自由电子的有效质量;m_p^* 为自由空穴的有效质量,h 为普朗克常量。

利用(2-88)和式(2-89)可以得到热平衡态下本征和杂质半导体中的费米能级分布,如图 2-12 所示。本征半导体的费米能级 E_{fi} 大致位于禁带中线 E_i 处,如图 2-12(a)所示。N 型半导体的费

米能级 E_{fn} 位于禁带中央以上;掺杂浓度越高,费米能级离禁带中央越远,越靠近导带底,如图 2-12(b)所示。P 型半导体的费米能级 E_{fp} 位于禁带中央位置以下;掺杂浓度越高,费米能级离禁带中央越远,越靠近价带顶,如图 2-12(c)所示。

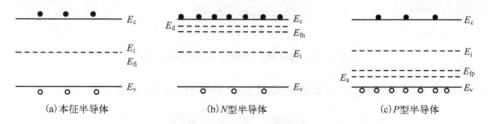

图 2-12　热平衡状态下本征和杂质半导体中的费米能级

2.3.3　半导体对光的吸收

1. 吸收定律

一束光入射在半导体上,有多少能量被吸收是由材料本身的性质和入射光波长决定的。如图 2-13 所示,当光垂直入射到半导体表面时,进入到半导体内的辐射通量为

$$\Phi(x) = \Phi_0(1-r)e^{-ax} \tag{2-90}$$

这就是吸收定律。式中 Φ_0 为入射辐射通量;$\Phi(x)$ 为距离入射光表面 x 处的辐射通量;r 为反射率,是入射光波长的函数,通常波长越短反射越强;α 为吸收系数,与材料、入射光波长等因素有关。

利用电动力学中平面电磁波在物质中传播时衰减的规律,可以证明吸收系数

$$\alpha = 4\pi\mu/\lambda \tag{2-91}$$

式中,μ 为消光系数,仅由材料决定,是与光波波长无关的常数。图 2-13(b)给出了温度为 300K 时硅和锗的吸收系数与波长的关系曲线。由此可见,半导体对光的吸收,在长波方向随波长急剧下降。

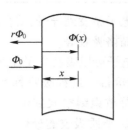
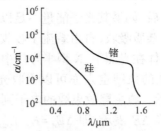

(a)半导体表面对光的反射和吸收　　　(b)300K时硅和锗的吸收系数与波长的关系曲线

图 2-13　半导体对光的吸收

2. 本征吸收和非本征吸收

根据入射光子能量的大小,半导体对光的吸收可分为本征吸收和非本征吸收。

如果入射光子能量足够大,使价带中的电子能激发到导带,这一过程称为本征吸收,如图 2-14所示。本征吸收的结果是在半导体内产生等量的电子与空穴。值得注意的是,本征吸收只决定于半导体材料本身的性质,与它所含杂质和缺陷无关。也就是说,本征半导体和杂质半导体内部都可能发生本征吸收。

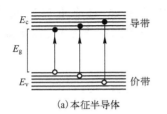 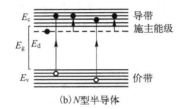 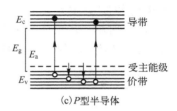

(a)本征半导体　　　　　　(b)N型半导体　　　　　　(c)P型半导体

图 2-14　本征吸收和杂质吸收能带示意图

产生本征吸收的条件是,入射光子的能量至少要等于材料的禁带宽度,即

$$hv \geqslant E_g \quad \text{或} \quad h\frac{c}{\lambda} \geqslant E_g \tag{2-92}$$

式中,h 是普朗克常量;c 是光速;λ 是光的波长。

可见,本征吸收在长波方向存在一个界限 λ_0,称为截止波长(cutoff wavelength),又称为长波限。本征吸收的截止波长为

$$\lambda_0 = \frac{hc}{E_g} = \frac{1.24}{E_g}(\mu m) \tag{2-93}$$

式中,E_g 的单位为 eV。

根据半导体不同的禁带宽度可算得相应的本征吸收截止波长。表 2-5 是常用半导体本征吸收截止波长与禁带宽度的对应关系。

表 2-5　常用半导体的禁带宽度和禁止波长

半导体	T/K	E_g/eV	$\lambda_0/\mu m$	半导体	T/K	E_g/eV	$\lambda_0/\mu m$
CdS	295	2.4	0.52	Ge	295	0.67	1.8
CdSe	295	1.74	0.68	PbS	295	0.37	2.9
CdTe	295	1.5	0.83	InAs	295	0.35	3.2
GaP	295	2.24	0.55	InSb	77	0.23	5.4
GaAs	295	1.35	0.92	$Pb_{0.83}Sn_{0.17}Te$	77	0.1	12
Si	295	1.12	1.1	$Hg_{0.83}SnCd_{0.17}Te$	77	0.1	12

半导体吸收光子后,如果其光子能量不足以使价带中的电子激发到导带,就会产生非本征吸收。非本征吸收包括杂质吸收、自由载流子吸收、激光吸收、晶格吸收等。

掺有杂质的半导体在光照下,N 型半导体中施主的束缚电子可以吸收光子而跃迁到导带;同样,P 型半导体中受主的束缚空穴亦可以吸收光子而跃迁到价带。这种吸收称为杂质吸收,如图 2-14(b)和(c)所示。施主释放束缚的电子到导带或受主释放束缚空穴到价带所需能量称为电离能,分别用 ΔE_d 和 ΔE_a 表示,即 $\Delta E_d = E_c - E_d$,$\Delta E_a = E_a - E_v$。杂质吸收的最低光子能量等于杂质的电离能 ΔE_d(或 ΔE_a),由此可得杂质吸收光子的截止波长为

$$\lambda_0' = \frac{hc}{\Delta E_d} = \frac{1.24}{\Delta E_d}(\mu m) \quad \text{或} \quad \lambda_0' = \frac{hc}{\Delta E_a} = \frac{1.24}{\Delta E_a}(\mu m) \tag{2-94}$$

由于杂质的电离能 ΔE_d、ΔE_a 一般比禁带宽度 E_g 小得多,杂质吸收的光谱也就在本征吸收的截止波长 λ_0 以外。例如,Ge:Li(锗掺锂),$\Delta E_d = 0.0095eV$,$\lambda_0' = 133\mu m$;Si:As(硅掺砷),$\Delta E_a = 0.0537eV$,$\lambda_0' = 23\mu m$。

本征吸收和杂质吸收都能直接产生载流子;而其他本征吸收,如自由载流子吸收、激光吸收、晶格吸收等在很大程度上是将能量转换成热能,增加热激发载流子浓度。

半导体对光的吸收主要是本征吸收。本征吸收均发生在截止波长 λ_0 以内,非本征吸收

均发生在截止波长 λ_0 以外,甚至发生在远红外区。对于硅材料而言,本征吸收的系数要比其他吸收的系数大几十倍到几万倍。所以一般照明条件下只考虑本征吸收即可。由于在室温条件下,半导体中的杂质均已全部电离,因此,可认为硅对波长大于 $1.15\mu m$ 的红外光是透明的。

2.3.4 非平衡状态下的载流子

1. 非平衡载流子的注入和复合

半导体在热平衡态下载流子浓度是恒定的,但是如果外界条件发生变化,例如,受光照、外电场作用、温度变化等,载流子浓度就要随之发生变化,这时系统的状态称为非平衡态。载流子浓度相对于热平衡时浓度的增量,则称为非平衡载流子,也称为过剩载流子。而由光照射产生的非平衡载流子又称为光生载流子。

例如,在一定温度下,当没有光照时,一块半导体中电子和空穴浓度分别为 n_0 和 p_0,假设是 N 型半导体,则 $n_0 \gg p_0$,其能带图如图 2-15 所示。当光照射该半导体时,只要光子的能量大于该半导体的禁带宽度,半导体内就能发生本征吸收,光子将价带电子激发到导带上去,产生电子空穴对,使导带比平衡时多出一部分电子 Δn,价带比平衡时多出一部分空穴 Δp,它们被形象地表示在图 2-15 的方框中。Δn 和 Δp 就是非平衡载流子浓度。

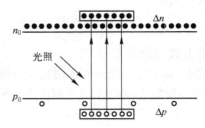

图 2-15 光照产生非平衡载流子

对半导体材料,施加外部的作用把价带电子激发到导带上去,产生电子-空穴对,使非平衡载流子浓度增加,这种运动称为产生;原来激发到导带的电子回到价带,电子和空穴又成对地消失,使非平衡载流子浓度减小,这种运动称为复合。单位时间单位体积内增加的电子-空穴对数称为产生率;单位时间单位体积内减少的电子-空穴对数称为复合率。

在光照过程中,产生与复合是同时存在的。半导体在恒定、持续光照下产生率保持在高水平,同时复合率也随着非平衡载流子的增加而增加,直至产生率等于复合率时,系统达到新的稳定态。光照停止时,光制产生率为零,但热制产生率仍存在,这时系统稳定态遭到破坏,复合率大于产生率。使非平衡载流子浓度逐渐减小,复合率也随之下降,直至复合率等于热制产生率时,非平衡载流子浓度降为零,系统恢复热平衡态。

非平衡载流子的复合过程主要有直接复合和间接复合等。直接复合是指晶格中运动的自由电子直接由导带回到价带与空穴复合,释放出多余的能量,电子-空穴对消失。间接复合是自由电子和空穴通过晶体中的杂质、缺陷在禁带中形成的局域能级(复合中心)进行的复合。

2. 非平衡载流子的寿命

理论和实验表明,光照停止后,半导体中光生载流子并不是立即全部复合(消失),而是随时间按指数规律减少,如图 2-16 所示。这说明光生载流子在导带和价带中有一定的生存时间,有的长些,有的短些。光生载流子的平均生存时间称为光生载流子的寿命,用 τ_c 表示。

现以 N 型半导体材料为例,分析和计算弱注入条件下本征吸收时光生载流子寿命。设热平衡时材料的电子浓度和空穴浓度分别为 n_0 和 p_0,光照后其浓度分别为 n 和 p。复合时,电子与空穴相

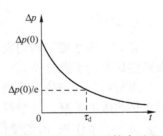

图 2-16 光生载流子符合过程

遇成对消失,因此复合率 R 与电子和空穴的浓度乘积成正比,即

$$R = rnp \tag{2-95}$$

式中,r 为比例系数,称为复合系数。另外,光照停止后,只要绝对温度大于零,价带中的每个电子都有一定的概率被激发到导带,从而形成电子–空穴对,这个概率称为载流子的热致产生率,用 G_0 表示。热平衡时,热致产生率必须等于复合率,即

$$G_0 = R_0 = rn_0 p_0 \tag{2-96}$$

于是,光生电子–空穴对的直接复合率(净复合率)可用材料中少子的变化率表示为

$$-\frac{\mathrm{d}p(t)}{\mathrm{d}t} = \frac{\mathrm{d}\Delta p(t)}{\mathrm{d}t} = R - G_0$$

$$= r[n_0 + \Delta n(t)] \cdot [p_0 + \Delta p(t)] - rn_0 p_0 \tag{2-97}$$

式中,$\Delta n(t)$、$\Delta p(t)$ 为瞬时非平衡载流子浓度。因 $\Delta n(t) = \Delta p(t) \ll n_0$(弱注入),于是式(2-97)又可写成

$$-\frac{\mathrm{d}p(t)}{\mathrm{d}t} = rn_0 \Delta p(t) \tag{2-98}$$

解上式的微分方程,得

$$\Delta p(t) = \Delta p(0) \mathrm{e}^{-rn_0 t} \tag{2-99}$$

式中,$\Delta p(0)$ 为光照刚停时($t = 0$)的光生载流子浓度。

由式(2-99)得到光生载流子的平均生存时间(载流子寿命)

$$\tau_{\mathrm{c}} = \bar{t} = \frac{\int_0^\infty t \mathrm{d}\Delta p(t)}{\int_0^\infty \mathrm{d}\Delta p(t)} = \frac{1}{rn_0} \tag{2-100}$$

即

$$\tau_{\mathrm{c}} = \frac{1}{rn_0} \tag{2-101}$$

式(2-101)表明,弱注入条件下,载流子寿命与热平衡时多子电子的浓度成反比,并且在一定温度下是一个常数。

将 τ_{c} 代入式(2-97),得到载流子复合率的一般表达式

$$-\frac{\mathrm{d}p(t)}{\mathrm{d}t} = \frac{\Delta p(t)}{\tau_{\mathrm{c}}} \tag{2-102}$$

以上是直接复合过程的计算。间接复合过程计算更复杂,读者可参考有关文献。可以证明,弱注入条件下,无论本征吸收还是杂质吸收,载流子寿命在一定温度下为常数,它决定于材料的微观复合结构、掺杂和缺陷等因素;而在强注入条件下,载流子寿命不一定为常数,它们往往是随着光生载流子浓度的变化而变化的。

载流子寿命是一个很重要的参量,它表征复合的强弱。τ_{c} 小表示复合快,τ_{c} 大复合慢。以后的讨论中还可以看到,τ_{c} 决定了线性光电导探测器的响应时间特性。

2.3.5 载流子的扩散与漂移

1. 扩散

载流子因浓度不均匀而发生的定向运动称为扩散。常用扩散系数 D 和扩散长度 L 等参量来描述材料的扩散性质。

当材料的局部位置受到光照时,材料吸收光子产生光生载流子,在这局部位置的载流子浓度就比平均浓度要高。这时载流子将从浓度高的点向浓度低的点运动,在晶体中重新达到均匀分布。由于扩散作用,流过单位面积的电流称为扩散电流密度,它们正比于光生载流子的浓度梯度,即

$$J_{nd} = eD_n \nabla n \tag{2-103}$$

$$J_{pd} = -eD_n \nabla p \tag{2-104}$$

式中,e 为电子电量;J_{nD}、J_{pD} 分别为 Δx 方向上的电子扩散电流密度矢量和空穴扩散电流密度矢量;D_n、D_p 分别是电子的扩散系数和空穴的扩散系数;∇n 和 ∇p 是指电子浓度梯度和空穴浓度梯度。

由于载流子扩散取载流子浓度增加相反方向,因此空穴电流是负的。由于电子的电荷是负值,扩散方向的负号与电荷的负号相乘,所以电子电流是正值。

设有如图 2-17 所示的一块半导体,入射的均匀光场全部覆盖它的一个端面,则光生载流子在材料中的扩散可作一维近似处理。考虑光生空穴沿 x 方向扩散。利用式(1-42)和边界条件:$x \rightarrow 0, \Delta p(x) = \Delta p(0); x \rightarrow \infty, \Delta p(x) = 0$,读者自行推导,可以得到任一位置 x 处,光生空穴浓度为

$$\Delta p(x) = \Delta p(0) \exp(-x/L_p) \tag{2-105}$$

式中,$L_p = \sqrt{D_p \tau_c}$ 为空穴扩散长度;τ_c 为载流子寿命。由式(2-105)可知,少数载流子的剩余浓度随距离呈指数规律下降。同样,可以导出非平衡电子的扩散长度 $L_n = \sqrt{D_n \tau_c}$。

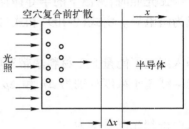

图 2-17 光注入时非平衡
载流子扩散示意图

2. 漂移

载流子受电场作用所发生的运动称为漂移。在电场中,电子漂移速度的方向与电场方向相反,空穴漂移速度的方向与电场的方向相同。

载流子在弱电场中的漂移运动服从欧姆定律,在强电场中的漂移运动因有饱和或雪崩等现象而不服从欧姆定律。这里只讨论服从欧姆定律的漂移运动。

欧姆定律的微分形式表示为漂移电流密度矢量 J_E,等于电场强度矢量 E 与材料的电导率 σ 之积,即

$$J_E = \sigma E \tag{2-106}$$

对于电子电流,按定义,漂移电流密度 J_E 又可写为

$$J_E = nev \tag{2-107}$$

式中,n 为电子浓度;e 为电子电量;v 为电子漂移的平均速度。v 与电场强度成线性关系,即

$$v = \mu_n E \tag{2-108}$$

式中,μ_n 为电子迁移率。联立式(2-107)~式(2-108),解得

$$\sigma_n = ne\mu_n \tag{2-109}$$

同理,对于空穴电流有

$$\sigma_p = pe\mu_p \tag{2-110}$$

在电场中,漂移所产生的电子电流密度矢量与空穴电流密度矢量分别为

$$J_{nE} = ne\mu_n E$$

$$J_{pE} = pe\mu_p E \tag{2-111}$$

2.3.6 半导体的光电效应

入射光辐射与光电材料中的电子相互作用,改变电子的能量状态,从而引起各种电学参量变化,这种现象统称为光电效应,也称光子效应。光电效应包括光电导效应、光伏效应、光子发射效应和光电磁效应等。本节着重介绍光电检测技术中最常用的光电导效应、光伏效应和光子发射效应及光电转换的基本规律。

1. 光电导效应

当半导体材料受光照时,由于对光子的吸收引起载流子的浓度变化,导致材料电导率的变化,这种现象称为光电导效应。当光子能量大于材料禁带宽度时,把价带中的电子激发到导带,在价带中留下自由空穴,从而引起材料电导率的变化,称为本征光电导效应;若光子激发杂质半导体,使电子从施主能级跃迁到导带或从价带跃迁到受主能级,产生自由电子或空穴,从而引起材料电导率的变化,则称为非本征光电导效应,也称杂质光电导效应。

由于杂质原子数比晶体本身的原子数小很多个数量级,和本征光电导相比,杂质光电导是很微弱的。尽管如此,杂质半导体作为远红外波段的探测器仍具有重要的作用。

下面讨论半导体材料的光电导(率)与载流子浓度的关系。

无光照时,常温下的半导体样品具有一定的热激发载流子浓度,因而样品具有一定的电导,成为暗电导。由式(2-109)和式(2-110)知,样品暗电导率为

$$\sigma_d = e(n_0 \mu_n + p_0 \mu_p) \tag{2-112}$$

当入射光子能量大于材料禁带宽度时,样品中发生本征光电导效应,产生光生电子-空穴对。设光生载流子浓度分别为 Δn 和 Δp,则光照稳定情况下的亮电导率为

$$\sigma = e[(n_0 + \Delta n) + (p_0 + \Delta p)] \tag{2-113}$$

从而得到光电导率为

$$\Delta\sigma = \sigma - \sigma_d = e(\Delta n \mu_n + \Delta p \mu_p) \tag{2-114}$$

可见,本征光电效应中,导带中的光生电子和价带中的光生空穴对光电导率都有贡献。

若入射光子能量大于杂质电离能,但不足以使价带中的电子跃迁到导带时,样品中发生本征光电导效应,只产生一种光生载流子,即光生自由电子(N 型半导体)或光生空穴(P 型半导体)。同理,得到光电导率为

$$\Delta\sigma = \sigma - \sigma_d = e\Delta n \mu_n \qquad (\text{N 型})$$
$$\Delta\sigma = \sigma - \sigma_d = e\Delta p \mu_p \qquad (\text{P 型}) \tag{2-115}$$

可见,非本征半导体效应中,对于 N 型半导体来说,只有导带中的光生电子对电导有贡献;P 型半导体只有价带中的光生空穴对电导有贡献。

从式(2-112)和式(2-114)还可以得到光电导率的相对值

$$\frac{\Delta\sigma}{\sigma_d} = \frac{\Delta n \mu_n + \Delta p \mu_p}{n_0 \mu_n + p_0 \mu_p} \tag{2-116}$$

对于本征光电导,$\Delta n = \Delta p$。引入 $b = \mu_n / \mu_p$,得

$$\frac{\Delta\sigma}{\sigma_d} = \frac{\Delta n (1+b)}{b n_0 + p_0} \tag{2-117}$$

从式(2-117)看出,要制成(相对)光电导率高的器件,应该使 n_0 和 p_0 有较小的值。因此,光电导器件一般由高阻材料制成或者在低温下使用。

2. 光伏效应

一块半导体,P 区与 N 区的交界面成为 PN 结。PN 接受光照时,可在 PN 结的两端产生电势差,这种现象称为光伏效应。

(1)PN 结的形成

由 2.3 节可见,P 型半导体中,多子是空穴,少子是电子;N 型半导体中,正好相反。当 P 型、N 型半导体结合在一起形成 PN 结时,载流子的浓度差引起扩散运动。P 区的空穴向 N 区扩散,剩下带负电的受主粒子;N 区的电子向 P 区扩散,剩下带正电的施主粒子。从而在靠近 PN 结界面的区域形成一个空间电荷区(也称离子区、耗尽区、阻挡层),如图 2-18 所示。空间电荷区的载流子很少,是高阻区,电场的方向由 P 区指向 N 区,成为内建电场(自建电场或结电场)。在内建

电场的作用下,载流子将产生漂移运动,漂移运动的方向与扩散运动的方向相反。漂移运动和扩散运动将会达到动态平衡状态,结区内建了相对稳定的内建电场,这就是 PN 结的形成过程。

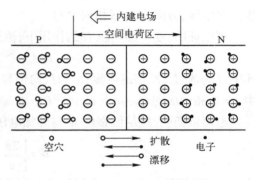

图 2-18　PN 结空间电荷区的形成

（2）PN 结的能带与势垒

P 型、N 型半导体的费米能级受各自掺杂的影响,在能带图中的高低位置不一致,如图 2-19（a）所示。当 P 型、N 型半导体结合为 PN 结时,按费米能级的意义,电子将从费米能级高的 N 区流向费米能级低的 P 区,空穴则从 P 区流向 N 区,因而 E_{fn} 不断下移,且 E_{pn} 不断上移,直至 $E_{fn}=E_{pn}$ 为止。这时 PN 结中有统一的费米能级 E_f,PN 结处于平衡状态,但处于 PN 结区外的的 P 区和 N 区中的费米能级 E_{fn} 和 E_{pn},相对于价带和导带的位置要保持不变,这就导致 PN 结能带发生弯曲,如图 2-19（b）所示。能带弯曲实际上是 PN 结区内建电场作用的结果,也就是说。电子从 N 区到 P 区要克服电场做功,越过一个“能量高坡”,这个势能“高坡”$e U_d$（U_d 为接触电势差）通常称为 PN 结势垒,其大小等于 P 区导带底能级与 N 区导带底能级之差,即 $e U_d = E_{cp} - E_{cn}$。

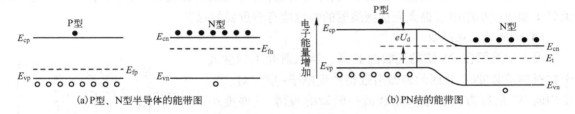

图 2-19　P 型、N 型和 PN 结的能带示意图

（3）PN 结电流方程、耗尽区宽度与结电容

热平衡状态下 PN 结中的漂移运动等于扩散运动,结界面的区域在一定宽度的耗尽区,净电流为零,如图 2-20 所示。但是,有外加电压时,结内的平衡即被破坏,耗尽区宽度会发生变化;依照外加电压的大小和方向,可形成流过 PN 结的正向电流或反向电流。

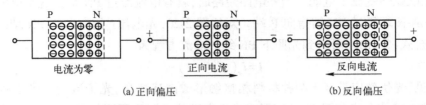

图 2-20　PN 结耗尽层宽度与偏压的关系示意图

若 P 区接正端、N 区接负端,成为正向偏置,如图 2-20（b）所示。在正向偏压的作用下,P 区的多子空穴和 N 区的多子自由电子向结区运动。结区靠 P 区一侧的部分离子获得空穴,而靠近 N 区一侧的部分正离子获得电子,二者都还原为中性的原子,从而使耗尽区宽度（结势垒）减小,并且随着正向偏压增大耗尽区宽度越来越小。当正向偏压等于 PN 结的接触电势差 U_d 时,耗尽区宽度为零。这时,如果正向偏压继续增大,P 区的空穴和 N 区的电子就会越过 PN 结,形成正向电流,方向由 P 区指向 N 区。

若 N 区接正端、P 区接负端,称为反向偏置,如图 2-20（c）所示。与正向偏置的分析相同,此时耗尽区宽度增大,并且 P 区的少子自由电子漂移到 N 区,N 区的少子空穴漂移到 P 区,从而形成反向电流,方向由 N 区指向 P 区。

可以证明,在外加电压 U 的作用下,流过 PN 结的电流为

$$I = I_0(e^{eU/kT} - 1) = I_0(e^{U/U_T} - 1) \tag{2-118}$$

式中,I 为流过 PN 结的电流;I_0 为反向饱和电流;U 为外加电压;$U_T = kT/e$ 为温度的电压当量,其中 $k = 1.38 \times 10^{-23} \text{J/K}$,$e = 1.6 \times 10^{-23} \text{C}$。在常温(300K)下,求得 $U_T = 26\text{mV}$。

也可以证明,耗尽区宽度 W 与外加电压之间的关系为

$$W = \left[\frac{2\varepsilon}{e} \frac{N_n + N_d}{N_n N_d}(U_d - U)\right]^{1/2} \tag{2-119}$$

式中,U_d 为接触电势差;ε 为材料的介电常数;N_n 和 N_d 分别为 P 型半导体和 N 型半导体的掺杂浓度。这就是说,外加偏置电压 U 对耗尽区 W 有影响。U 为正时,W 变窄;U 为负时,W 变宽,这与图 2-20 的描述是一致的。

PN 结两侧耗尽区是一个偶电层,正负电荷精确相等,可以看成一个电容器,称为结电容。如果用平板电容来类比,则单位面积的结电容为

$$C = \frac{\varepsilon}{W} = \left[\frac{e\varepsilon N_a N_d}{2(N_a + N_d)(U_d - U)}\right]^{1/2} \tag{2-120}$$

式(2-119)表明,外加正向偏置电压,结电容变大;外加反向偏置电压,结电容变小。这个结论对于如何减小结电容提高光伏探测器的响应度有着重要的意义。

(4)PN 结光电效应

设入射光照在 PN 结的光敏面 P 区。当入射光子能量大于材料禁带宽度时,P 区的表面附近将产生电子-空穴对。二者均向 PN 结区方向扩散。光敏面一般做的很薄,其厚度小于载流子的平均扩散长度(L_p,L_n),以使电子和空穴能够扩散到 PN 结区附近。由于结区内建电场的作用,空穴只能留在 PN 结区的 P 区一侧,而电子则被拉向 PN 结区的 N 区一侧。这样,就实现了电子-空穴对的分离,如图 2-21 所示。结果是

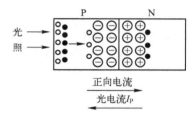

图 2-21　PN 结光电效应

耗尽区宽度变窄,接触电势差减小。这时的接触电势差和热平衡相比,其减小量即是光生电势差,入射的光能就转变成了电能。当外电路短路时,就有电流流过 PN 结。这个电流称为光电流 I_p,其方向是从 N 端经过 PN 结指向 P 端。对比图 2-20,光电流 I_p 的方向与 PN 结的正向电流方向相反。结合式(2-118),可得到光照下 PN 结的电流方程为

$$I = I_0(e^{eU/kT} - 1) - I_p \tag{2-121}$$

由此可见,光伏效应是基于两种材料相接触形成内建势垒,光子激发的光生载流子(电子、空穴)被内建电场拉向势垒两边,从而形成光生电动势。因为所用材料不同,这个内建势垒可以是半导体 PN 结、PIN 结、金属和半导体接触形成的肖特基势垒以及异质结势垒等。它们的光电效应也略有差异,但原理都是相同的。

3. 光电子发射效应

金属或半导体受到光照时,电子从材料表面逸出这一现象称为光电子发射效应。光电发射效应是真空光电器件中光电阴极工作的物理基础。

(1)光电子发射基本规律

物理学指出,光电发射的规律为:发射光电子的最大初动能随入射光频率的增加而线性增大,与光强无关;在满足光电发射的条件下,光电流与光强成正比。光电子所具有的最大初动能

由爱因斯坦定律给出,即

$$\frac{1}{2}m_e v_{max}^2 = h\nu - W \tag{2-122}$$

式中,m_e 为光电子的质量;v_{max} 为出射光电子的最大初速度;ν 为光频;W 为发射体材料的逸出功。

由式(2-122)可知,光子的最小能量必须大于光电材料的逸出功,否则电子就不会逸出物质表面。设这个最小能量为 $h\nu_0$,对应的波长为 λ_0,称为截止波长或长波限,则

$$h\nu_0 = hc/\lambda \geq W \tag{2-123}$$

即

$$\lambda_0 = hc/W \tag{2-124}$$

式中,$h = 4.13 \times 10^{15} \text{eV} \cdot \text{s}$;$c = 3 \times 10^{14} \mu\text{m/s}$。将它们代入式(2-124),得

$$\lambda_0 = 1.24/W \quad (\mu\text{m}) \tag{2-125}$$

式中,W 的单位是 eV。

(2)金属逸出功和半导体的发射阈值

① 电子亲和势

如图2-22所示,电磁真空中静止电子能量称为真空能级 E_0。真空能级与导带底能级 E_c 之差称为电子亲和势 E_A。

② 电子逸出功

电子逸出功是描述材料表面对电子束缚强弱的物理量,在数量上等于电子逸出表面的最低能量,也可以说是光电发射的能量阈值。

金属中有大量的自由电子,导带与价带连在一起,没有禁带,绝对零度时金属中自由电子在费米能级以下,如图2-23所示。所以金属材料的电子逸出功定义为 $T = 0\text{K}$ 时真空能级与费米能级之差,即

$$W = E_0 - E_f \tag{2-126}$$

式中,E_0 表示体外自由电子的最小能量,即电磁真空中一个静止电子的能量;E_f 表示费米能级。

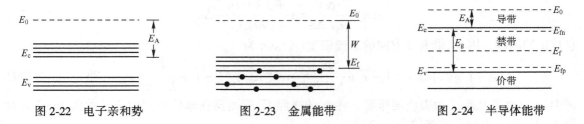

图2-22　电子亲和势　　　　图2-23　金属能带　　　　图2-24　半导体能带

③ 半导体的发射阈值

对于半导体材料,如图2-24所示,其自由电子较少,且有禁带,费米能级一般都在禁带当中。所以,半导体电子逸出功的定义是,$T = 0\text{K}$ 时真空能级与电子发射中心的能级之差,而电子发射中心的能级有的是价带顶,有的是杂质能级,有的是导带底,情况复杂。由于电子逸出功不管从哪算起,其中都包含了电子亲和势,半导体材料光电发射的阈值一般按真空能级与价带顶之差(电子亲和势加上禁带宽度)来计算,即

$$E_{th} = E_g - E_A \tag{2-127}$$

相应的截止波长

$$\lambda_0 = 1.24/E_{th} \quad (\mu\text{m}) \tag{2-128}$$

4. 光电转换的基本规律

如前所述,光子探测器是利用光电效应,改变探测器的电导或者产生光生电动势或者发射光

子,从而使入射光信号转变成电信号的器件。从这个意义上来说,光子探测器实质是一种光电转换器件。下面对光电转换的基本规律进行初步分析,其结论适用于光子探测器。

（1）量子效率

为了理解光电转换规律,这里引入量子效率的概念,用 η 表示。它是在某一特定波长下单位时间内产生的平均光电子数（或电子-空穴对数）与入射光子数之比,即

$$\eta(\lambda)=\frac{每秒产生的平均光子数}{每秒入射波长为 \lambda 的光子数} \tag{2-129}$$

显然,光子探测器的量子效率越高其性能越好。理想的量子效率只是波长的二值函数。例如,本征吸收时只要入射光子能量 $h\nu \geq E_g$,每个光子都能产生一个光电子,$\eta=100\%$;否则,产生的光电子数为 $\eta=0$。由于探测器对入射光子的反射、透射、折射等作用,即使入射光子能量 $h\nu \geq E_g$,而实际的量子效率 $\eta<100\%$。表 2-6 给出了常见光子探测器的量子效率值。

表 2-6　常见光子探测器的量子效率值

探测器类型	$\eta/\%$
光电导探测器（本征）	~60
光电导探测器（非本征）	~30
光伏探测器	~60
光电子发射探测器	~10

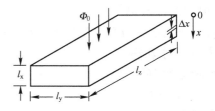

图 2-25　计算光子产生率示意图

如图 2-25 所示,设入射到探测器上的辐射通量（辐射功率）为 Φ_0,那么,每秒入射的光子数为 $\Phi_0/h\nu$。根据吸收定律,由式（2-90）,在距表面位置 x 处 Δx 的长度内,每秒吸收的光子数为

$$\Delta N=\alpha\frac{\Phi(x)}{h\nu}\Delta x=\alpha\frac{\Phi_0(1-r)\mathrm{e}^{-\alpha x}}{h\nu}\Delta x \tag{2-130}$$

式中,r 为反射率;α 为吸收系数,单位为 $1/\mathrm{cm}$;$\Phi(x)$ 为距表面位置 x 处的辐射通量。这样,单位体积内电子-空穴对的产生率（$\mathrm{m}^{-3}\mathrm{s}^{-1}$）为

$$g(x)=\frac{\Delta N}{l_y l_z \Delta x}=\alpha\frac{\Phi_0(1-r)\mathrm{e}^{-\alpha x}}{h\nu l_y l_z}\Delta x \tag{2-131}$$

它是 x 的函数。因此,沿着 x 方向的电流密度（$\mathrm{A/m^2}$）为

$$J=e\int_0^{l_x}g(x)\mathrm{d}x=(1-r)e\frac{\Phi_0}{h\nu l_y l_z}\int_0^{l_x}\alpha\mathrm{e}^{-\alpha x}\mathrm{d}x=(1-r)e\frac{\Phi_0}{h\nu l_y l_z}(1-\mathrm{e}^{-\alpha l_x}) \tag{2-132}$$

式中,e 为电子电量;l_x 为吸收层厚度。在 Φ_0 的光照下,探测器在单位时间内产生的电子-空穴对为 $J\cdot l_x l_y/e$。由量子效率的定义,有

$$\eta=\frac{J\cdot l_y l_z/e}{\Phi_0/h\nu}=(1-r)(1-\mathrm{e}^{-\alpha l_x}) \tag{2-133}$$

由此可见,要提高量子效率,就必须是反射率 r 低,吸收系数 α 大,吸收层厚度 l_x 要足够长以充分吸收光辐射。例如,可以在探测器入射面镀上高透射率的抗反射层以降低反射损耗,还可以利用微型谐振腔的光场谐振以增强吸收,在腔的谐振波长处获得高的量子效率。目前,已研发出量子效率高达 85.6% 的 GaN 基 PIN 结构紫外探测器。

（2）光子探测器的光电流

如果光照时每产生一个光电子,探测器的外电路都输出一个电子,则由式（2-132）和式（2-133）,在辐射通量为 Φ_0 的入射光照射下,探测器输出的光电流为

$$I_p=\frac{e\eta}{h\nu}\Phi_0 \tag{2-134}$$

不过某些探测器由于内部含有增益机构,其外电路中单位时间内输出的电子数大于甚至远大于单位时间内产生的光子数,两者的比值称为探测器的内增益,也称光电增益,用 M 表示。例如,光电倍增管的光电增益可达 10^6。这样,在考虑光电增益后,探测器输出的光电流为

$$I_{\mathrm{p}} = \frac{e\eta}{h\nu} M \Phi_0 \tag{2-135}$$

从式(2-134)或式(2-135)可以看出:

(1)光子探测器输出的光电流与入射光辐射通量成正比。入射光辐射通量越大,则光电探测器输出的光电流也越大。

(2)由于辐射通量与光电场强度振幅的平方成正比,光电探测器输出的光电流也与光电场强度的平方成正比,因此,通常称光电探测器为平方率器件。

这就是光电电子探测器光–电转换的基本规律。值得指出的是式(2-134)或式(2-135)仅仅在弱光条件下才能成立。

2.4 光电检测器件的特性参量

光电检测器件是利用物质的光电、热电效应把光辐射信号转换成电信号的器件。它的性能对光电检测系统影响很大,如缩小系统的体积、减轻系统的质量、增大系统的作用距离等。它在军事上、空间技术和其他科学技术,以及工农业生产等领域得到广泛应用。根据光电检测器件对辐射的作用形式的不同(或说工作机理的不同),可分为光电探测器与热探测器。常用的光辐射探测器分类如图 2-26 所示。

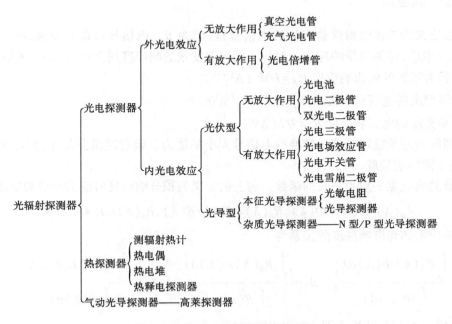

图 2-26　常见光辐射探测器的分类

光电探测器利用光电效应,把入射到物体表面的辐射能变换成可测量的电量。

(1)外光电效应

当光子入射到探测器阴极表面(一般是金属或金属氧化物)时,探测器把吸收的入射光子能

量($h\nu=hc/\lambda$)转换成自由电子的动能,当电子动能大于电子从材料表面逸出所需的能量时,自由电子逸出探测器表面,并在外电场的作用下,形成了流向阳极的电子流,从而在外电路产生光电流。基于外光电效应的光电探测器有真空光电管、充气光电管、光电倍增管、像增强器等。

（2）光伏效应

半导体 P-N 结在吸收具有足够能量的入射光子后,产生电子-空穴对,在 P-N 结电场作用下,两者以相反的方向流过结区,从而在外电路产生光电流。基于这类效应的探测器有以硒、硅、锗、砷化镓等材料做成的光电池、光电二极管、光电三极管等。

（3）光电导效应

半导体材料在没有光照下,具有一定的电阻,在接收入射光辐射能时,半导体释放出更多的载流子,表现为电导率增加(电阻值下降)。这类光电探测器有各种半导体材料制成的光敏电阻等。

热探测器利用热电效应。即探测器接收光辐射能后,引起物体自身温度升高,温度的变化使探测器的电阻值或电容值发生变化(测辐射热计),或表面电荷发生变化(热释电探测器),或产生电动势(热电偶、热电堆)等,通过这些探测器参量的变化,反映入射光辐射量。

对于光辐射探测器的应用,人们较关注的性能是：

① 探测器的输出信号值定量地表示多大的光辐射度量,即探测器的响应度大小。

② 对某种探测器,需要多大的辐射度量才能使探测器产生可区别于噪声的信号量,即与噪声相当的辐射功率大小。

③ 探测器的光谱响应范围、响应速度、线性动态范围等。与光辐射测量有关的还有表面响应度的均匀性、视场角响应特性、偏振响应特性等。

这里主要讨论前两方面的性能,后一方面问题在讨论具体探测器类型时介绍。

2.4.1 响应度

响应度定义为单位辐射度量产生的电信号量,记为 R。电信号可以是电流,称为电流响应度;也可以是电压,称为电压响应度。对应不同辐射度量的响应度用下标来表示,例如：

① 对辐射通量的电流响应度 $R_\Phi=I/\Phi$（AW^{-1}）

② 对辐照度的电流响应度 $R_E=I/E$（$AW^{-1}m^2$）

③ 对辐亮度的电流响应度 $R_L=I/L$（$AW^{-1}m^2sr$）

探测器的响应度描述光信号转换成电信号大小的能力。辐射度量测量中,测不同的辐射度量,应当用不同的响应度。

探测器的响应度一般是波长的函数。与上面定义的积分响应度对应的光谱响应度为

$$R_\Phi(\lambda)=I(\lambda)/\Phi(\lambda),R_E(\lambda)=I(\lambda)/E(\lambda),R_L(\lambda)=I(\lambda)/L(\lambda) \tag{2-136}$$

积分响应度和光谱响应度的关系为

$$R_\Phi=\frac{I}{\Phi}=\frac{\int_\lambda R_\Phi(\lambda)\Phi(\lambda)\,d\lambda}{\int_\lambda \Phi(\lambda)\,d\lambda}, \quad R_E=\frac{\int_\lambda R_E(\lambda)E(\lambda)\,d\lambda}{\int_\lambda E(\lambda)\,d\lambda}, \quad R_L=\frac{\int_\lambda R_L(\lambda)L(\lambda)\,d\lambda}{\int_\lambda L(\lambda)\,d\lambda} \tag{2-137}$$

式中,积分域 λ 为积分波长范围。

可以看到：积分响应度不仅与探测器的光谱响应度有关,也与入射辐射的光谱特性有关,因而,说明积分响应度时通常要求指出测量所用的光源特性。

光电探测器响应度可简单地推导如下：由普朗克量子理论可知,单个光子的入射能量为 $h\nu$,其中 h 为普朗克常数,$\nu=c/\lambda$ 为入射光的频率,则单位时间内入射到探测器表面的光子数为

$$\frac{\Phi(\lambda)}{h\nu} = \frac{\Phi(\lambda)\lambda}{hc}$$

探测器的量子效率为 $\quad \eta(\lambda) = \dfrac{\text{输出信号电子数}}{\text{探测器接收的光子数}} = [1-\rho(\lambda)]\eta_i(\lambda)$ （2-138）

式中，$\rho(\lambda)$ 为探测器表面的光谱反射比；$\eta_i(\lambda)$ 为探测器的内量子效率（等于输出信号电子数除以探测器吸收的光子数）。故单位时间内探测器的输出信号电子数为

$$Q(\lambda) = [1-\rho(\lambda)]\eta_i(\lambda)\frac{\Phi(\lambda)\lambda}{hc} \tag{2-139}$$

于是，探测器的辐射通量光谱电流响应度为

$$R_\Phi(\lambda) = \frac{I(\lambda)}{\Phi(\lambda)} = \frac{\eta(\lambda)\lambda q}{hc} = \frac{\eta(\lambda)\lambda}{1239.8} \quad (\text{A/W}) \tag{2-140}$$

式中，q 为一个电子的电量（$1.6022\times10^{-19}\text{C}$）；波长 λ 的单位为 nm。

对于光电探测器，由于受到材料能带之间的间隙（能隙）——禁带宽度 E_g 的限制，响应波长具有长波限，最大响应波长为

$$\lambda_{max} = \begin{cases} 1.24/E_g & \text{内光电效应} \\ 1.24/(E_g+E_A) & \text{外光电效应} \end{cases} \tag{2-141}$$

式中，E_A 是光电子逸出探测器表面所需的表面势垒。表 2-7 列出了几种半导体及掺杂半导体材料的 E_g 及最大响应波长 λ_{max}。表中掺杂半导体，如锗掺汞，记为 Ge:Hg 等。

在理想情况下，一个光量子在本征材料中能产生一个电子-空穴对，即量子效率为常数，且等于 1。故在理想情况下，光电探测器的光谱响应度曲线为图 2-27（a）中的实线。实际上，由于探测器抛光表面的镜面反射损失（菲涅耳反射，波长的函数）、探测器表面的电子陷阱，以及电子在扩散中与空穴的复合、探测器材料的吸收等因素，探测器的量子效率常小于 1，且在长波部分下降较快。因此，实际探测器的光谱响应曲线偏离其理想形状（见图 2-27（a）中的虚线）。

表 2-7　常见半导体及掺杂半导体的能隙 E_g 及最大响应波长 λ_{max}

材　料	E_g(eV)	λ_{max}（μm）	材　料	E_g(eV)	λ_{max}（μm）
InSb	0.22	5.5	Ge:Hg	0.09	13.8
PbS	0.42	3.0	Ge:Cu	0.041	30.2
Ge	0.67	1.9	Ge:Cd	0.06	20.7
Si	1/12	1.1	Si:As	0.0537	23.1
CdSe	1.8	0.69	Si:Bi	0.0706	16.3
CdS	2.4	0.52	Si:P	0.045	27.6
PbSe	0.23	5.4	Si:In	0.165	7.5
			Si:Mg	0.087	14.3

对于热探测器，为提高响应度，一般其表面都涂有一层吸收比很高的黑色涂层（炭黑、金黑等），吸收层的吸收比几乎与波长无关。此外，探测器探测的表面温度变化只与吸收辐射能的大小有关。因此，热探测器的响应度曲线近似为均匀的，且响应谱段包括几乎整个光辐射测量段（见图 2-27（b）），这使得热探测器被广泛用于光辐射测量中。

光辐射探测器本身也是一种阻抗元件，故在光电信号转换中有一定的时间常数。当入射光信号的调制频率 f 甚高时，探测器可能难以响应。尤其是热探测器，入射光辐射信号使光敏层的温度上升与下降都需要一定的时间，因此与光电探测器相比，热探测器的时间常数就较大（频率响应较差）。

可以用频率响应来描述探测器的频率响应特性，其典型曲线如图 2-28 所示。探测器的特征响应频率 f_c 定义为 $R(f_c) = 0.707R_{max}$ 所对应的频率。若 R、C 分别为探测器和负载电阻所构成等效电路的电阻和电容的值，则

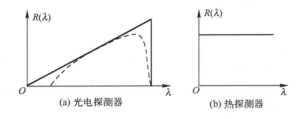

图 2-27 光辐射探测器的光谱响应曲线

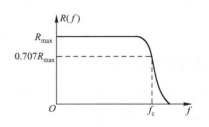

图 2-28 探测器的频率响应特性

$$f_c = 1/(2\pi RC) \tag{2-142}$$

因此,实用上可通过改变探测器的负载电阻 R 或等效电容 C 的方法改变频率响应特性。

2.4.2 噪声及其评价参数

1. 噪声

在系统中任何虚假的或不需要的信号统称为噪声。噪声的存在不仅干扰了有用信息,而且影响了系统信号的探测或传输极限。研究噪声的目的是探讨系统探测信息的极限,以及在系统设计中如何抑制噪声以提高探测本领。

系统的噪声可分为来自外部的干扰噪声和内部噪声。

来自外部的干扰噪声又可分为人为干扰噪声和自然干扰噪声。人为干扰噪声通常来自电器及电子设备,如高频炉、无线电发射、电火花和气体放电等,其会辐射出不同频率的电磁干扰。自然干扰噪声主要来自大气和宇宙间的干扰,例如雷电、太阳、星球的辐射等。外部干扰噪声可采用适当的屏蔽、滤波等方法减小或消除。

系统内部噪声也可分为人为噪声和固有噪声。人为噪声主要指工频(50H/60Hz)干扰和寄生反馈造成的自激干扰等,可以通过合理的设计和调整将其消除或降到允许的范围内。内部固有噪声是由于光电探测器中光子和带电粒子不规则运动的起伏所造成的,主要有散粒噪声、热噪声、产生-复合噪声、1/f 噪声和温度噪声等。这些噪声对实际器件是固有的,不可能消除,并表现为随机起伏过程。下面主要分析这些噪声源的性质。

(1) 散粒噪声

由于光子流以间断入射的形式投射到探测器表面,以及探测器内部光子转换成电子动能而产生的电子流具有统计涨落的特性,形成散粒噪声。这种噪声和入射信号的大小有关,例如来自待测光源、背景光产生的噪声,以及暗电流的散粒噪声等,在测量中无法消除。

假设入射光子服从泊松(Poisson)概率密度分布,则可导出

$$\overline{I_n^2} = 2q\,\overline{I_p}\Delta f \tag{2-143}$$

式中,$\overline{I_n^2}$ 为散粒噪声电流均方值(A);q 为电子电量(C);$\overline{I_p}$ 为平均电流(A);$\Delta f = \int_0^\infty R^2(f)\,\mathrm{d}f/R_{max}^2$ 为测量系统的噪声等效带宽(1/s);$R(f)$ 为探测器响应度的频率响应。

在没有入射光信号时,平均电流 I_p 等于暗电流。当暗电流较小时,I_p 基本与光信号成正比,故散粒噪声的均方值 $\overline{I_n^2}$ 与信号电流成正比,信号越大,散粒噪声亦随之增大。

散粒噪声属于白噪声,其频带宽度为无限大。实际上,通过系统的噪声电流与测量系统的频带宽度(由探测器的频带宽度和测量系统的频带宽度所决定的)成正比。这样,在满足测量系统

工作性能的前提下,Δf 应当尽可能窄。

在实验室进行光辐射测量时,可用一固定频率对信号进行调制。这样,系统的工作频带宽度可减小。锁频技术可使系统工作在一个很窄的通频带范围内,有利于减小系统噪声。

增加信号的积分时间,缩小测量系统的频带,也可以减小散粒噪声。

（2）产生–复合（G-R）噪声

光导型探测器的 G-R 噪声是由于半导体内的载流子在产生和复合过程中,自由电子和空穴数随机起伏所形成的,也属于白噪声,相当于光伏型探测器中单向导电 P-N 结内的散粒噪声,只是这类双向电导元件的 G-R 噪声比散粒噪声大 $\sqrt{2}$ 倍。

$$\overline{I_{G\text{-}R}^2} = 4q\,\overline{I_p}\Delta f = 4q^2 G^2 \eta_i E_p A_d \Delta f \tag{2-144}$$

式中,E_p 为入射光在探测器表面产生的辐照度;A_d 为探测器的工作面积;η_i 为探测器的内量子效率;G 为光电导器件的增益。

（3）热噪声（或 Johnson 噪声）

热噪声由电阻材料中离散的载流子（主要是电子）的热运动造成。只要电阻材料的温度大于热力学温度 0K,则不管材料中有无电流通过,都存在着热噪声。热噪声电流的均方值为

$$\overline{I_T^2} = 4kT\Delta f/R \tag{2-145}$$

式中,k 为玻耳兹曼常数;T 为元件的温度（K）;R 为探测器的电阻值。

使探测器制冷或者探测器及前置放大器一起制冷,可以减小热噪声电流。

（4）$1/f$ 噪声

$1/f$ 噪声的产生机制还不是很清楚,一般认为,它与半导体的接触及表面、内部存在的势垒有关,所以有时也叫做"接触噪声",其值随信号调制频率的增加而减小,即

$$\overline{I_f^2} = KI^\alpha \Delta f/f^\beta \tag{2-146}$$

式中,I 为通过探测器的直流电流;K 为比例系数;系数 α 为 1.5~4,一般 $\alpha = 2$;系数 β 为 0.8~1.5,一般 $\beta = 1$。则式（2-146）可写成

$$\overline{I_f^2} \approx KI^2 \Delta f/f \tag{2-147}$$

减小 $1/f$ 噪声的方法是使测量系统工作在较高的光调制频率下,这样 $\overline{I_f^2}$ 就会下降到可忽略不计的程度。

典型光导型探测器的噪声均方值频谱可用图 2-29 表示。当工作频率较低时,$1/f$ 噪声起着主要作用;增加光信号调制频率,$1/f$ 噪声迅速衰减,G-R 噪声成为主要的噪声源;当工作频率过高时,探测器工作在频率响应曲线的截止状态,这时探测器只有热噪声。很明显,探测器应当工作在 $1/f$ 噪声小、G-R 噪声为主要噪声的频段上。

图 2-29 典型光导型探测器
的噪声均方值频谱

（5）温度噪声

由热探测器和背景之间的能量交换所造成的探测器自身的温度起伏,称为温度噪声。

探测器的总噪声电流的均方值 $\overline{I_N^2}$ 等于各项互不相关噪声电流均方值 $\overline{I_k^2}$ 之和,即

$$\overline{I_N^2} = \sum_{k=1}^{K} \overline{I_k^2} \qquad (2\text{-}148)$$

只有信号电流足够强，才能与噪声电流区别开来。于是，用信号电流与噪声电流的均方根值之比——信噪比，作为表征探测系统探测能力和精度的一个十分重要的指标，记为 SNR。

$$\mathrm{SNR} = I_s \Big/ \sqrt{\overline{I_N^2}} \qquad (2\text{-}149)$$

例如，当测量系统的信噪比等于 100 时，系统的测量精度就不会高于 1%。

2. 噪声等效功率

噪声等效功率 NEP 是探测器产生与其噪声均方根电压相等的信号所需入射到探测器的辐射功率，即信噪比等于 1 时所需要的最小输入光信号的功率。

$$\mathrm{NEP} = \Phi / \mathrm{SNR} = \sqrt{\overline{I_N^2}} / R_\Phi \quad (\mathrm{W}) \qquad (2\text{-}150)$$

它是反映探测器的理论探测能力的一个十分重要的指标。一般情况下，入射光功率应大于 NEP 若干倍，即信噪比要大于一定的值（如 3~5），信号才能被检测出来。如果信号刚等于噪声（SNR = 1），信号将淹没在噪声之中，采用一般方法难以将信号与噪声区分开来，但采用一些特殊的信号处理技术（如强度相关检测技术等），则有可能把小于 NEP 的入射光功率信号检测出来。

用 NEP 描述探测器探测能力的一个不方便之处是数值越小，表示探测器的探测能力越强，相对缺乏直观性。为此一般引入 NEP 的倒数——探测率 D 来表示探测器的探测能力。

$$D = 1 / \mathrm{NEP} \qquad (2\text{-}151)$$

由于探测率与探测器面积，以及测量系统的带宽有关，对于比较不同类型、不同工作状态探测器的探测性能存在不便，为此，更常用的是采用比探测率 D^*（叫做 D 星）。

$$D^* = \sqrt{A_d \Delta f} \; D = \frac{R_\Phi}{\sqrt{\overline{I_N^2}} / (A_d \Delta f)} \quad (\mathrm{cmHz^{1/2}W^{-1}}) \qquad (2\text{-}152)$$

即用单位测量系统带宽和单位探测器面积的噪声电流来衡量探测器的探测能力。

需要注意：探测器的比探测率不是一个固有常量。首先，它和响应度成正比，随波长变化的规律与响应度的相同。其次，与各种影响响应度和噪声电流的因素（如测量时光源的光谱能量分布、测量立体角、信号调制频率、探测器的温度等）都有关，所以在给出探测器的比探测率时，一般需要注明测量的条件。例如，$D^*(500\mathrm{K}, 90\mathrm{Hz}) = 1.8 \times 10^9 \, (\mathrm{cmHz^{1/2}W^{-1}})$，表示 D^* 是在 500K 黑体为光源，调制频率为 90Hz 的情况下测得的。一些不在圆弧号内说明的可另加注释。例如，探测器温度为 77K，环境温度为 300K，视场角为 60° 条件下，$D^*(\lambda, 1000, 1)$ 表示测量的调制频率为 1kHz，频带宽度为 1Hz，测的是 D^* 随波长 λ 的变化曲线。

习题与思考题

2-1 直接测量、间接测量、真值、指定值、实用值各表示什么？

2-2 用标准重物检验磅称，用磅称称出物体的重量，用照度计测定夜天光的照度，用卡尺测定工件的尺寸，以上检测中哪些是实用值？

2-3 什么是系统误差、随机误差？它们产生的原因是什么？

2-4 什么是多次等精度测量？

2-5 什么是置信限和置信概率？它们之间的关系如何？

2-6 随机误差出现的概率密度公式中，s、μ 的数学、物理意义各是什么？

2-7 设 $\mu = 25$，$s_1 = 0.1$，$s_2 = 0.2$ 两高斯分布函数，计算 $X = 25$，$X = 25 \pm 0.1$，$X = 25 \pm 0.2$，$X = 25 \pm 0.3$，$X = 25 \pm 0.4$，$X = 25 \pm 0.5$ 时，$P_1(X)$ 和 $P_2(X)$ 的值，并画出这两条曲线。

2-8 什么是算术平均值？它与 μ 有什么不同？

2-9 什么是算术平均值的标准误差？

2-10 检测中如何估计标准偏差及其均方差？

2-11 $3s$ 的莱特准则和肖维涅判据各是什么？如何使用？

2-12 利用照度计检测某受光面的照度 E，其最小示值为 0.1lx，检测 8 次的结果为：37.4，38.3，37.1，36.9，37.7，38.0，37.8，37.5lx，试计算 $\overline{E}$、σ_E、σ、σ_σ 并以 2σ 估计最大误差 ΔE 和测量精度 J_D。

2-13 像管亮度增益 G 与阴极面照度 E_K、荧光屏输出亮度 L_A 之间的关系是 $G = \pi L_A / E_K$，设测量结果为：$E_K = 2 \times 10^{-5}$lx，$\sigma_{E_K} = 1 \times 10^{-7}$，$L_A = 4 \times 10^{-1}$ cd/m^2，$\sigma_{L_A} = 4 \times 10^{-3}$，试计算 G 与 σ_G。

2-14 简述发光强度、亮度、光出射度、照度等的定义及其单位。

2-15 试述辐射度量与光度量的联系和区别。

2-16 朗伯辐射体是怎样定义的？其有哪些主要特性？

第3章 光源及辐射源

光电检测是采用光电的方法对含有待测信息的光辐射的检测。因此,在任何光电检测系统中,都离不开一定形式的光源。在系统设计和应用过程中,正确合理地选择光源或辐射源,是检测成败的关键之一。

3.1 光源的基本要求和光源的选择

3.1.1 光源的基本特性参数

1. 辐射效率和发光效率

常用的光源大都是电光源(电能转化成光能)。在给定 $\lambda_1 \sim \lambda_2$ 波长范围内,光源发出的辐射通量与所需要的电功率之比称为该光源在规定光谱范围内的辐射效率,即

$$\eta_e = \frac{\Phi_e}{P} = \frac{\int_{\lambda_1}^{\lambda_2} \Phi_e(\lambda)\,d\lambda}{P} \tag{3-1}$$

光源发射的光通量与所需的电功率之比称为发光效率,即

$$\eta_v = \frac{\Phi_v}{P} = \frac{\int_{380nm}^{880nm} \Phi_v(\lambda)\,d\lambda}{P} \tag{3-2}$$

单位为 lm/W。实际应用时,根据工作要求选择效率高的光源。

表 3-1 给出了常见光源的发光效率。

表 3-1 常用光源的发光效率

光 源 种 类	发光效率/(lm/W)
普通钨丝灯	8～18
卤钨灯	14～30
普通荧光灯	35～60
三基色荧光灯	55～90
高压汞灯	30～40
高压钠灯	90～100
球形氙灯	30～40
金属卤化物灯	60～80

2. 光谱功率分布

自然光源和人造光源大都是由多种单色光组成的复色光。光源输出的功率与光谱有关,即与光的波长 λ 有关,称为光谱功率分布。令其最大值为 1,将光谱功率分布进行归一化,那么经过归一化后的光谱功率分布称为相对光谱功率分布。常见的有四种典型的分布,如图 3-1 所示。

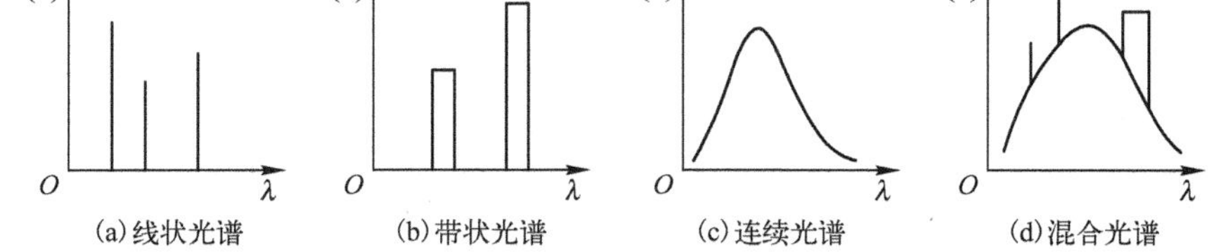

图 3-1 四种典型的光谱率分布

图 3-1 中,图(a)为线状光谱,如低压汞灯光谱;图(b)为带状光谱,如高压汞灯、高压钠灯光

谱;图(c)为连续光谱,如白炽灯、卤素灯光谱;图(d)为混合光谱,它由连续光谱与线、带谱混合而成,如荧光灯光谱。

3. 光强的空间分布

由于光源发出的光各向异性,许多光源的发光强度在各个方向上是不同的,若在光源辐射光的空间某一截面上,将发光强度相同的点进行连线,就得到该光源在该截面上的发光强度曲线,称为配光曲线。图 3-2 所示为超高压球形氙灯的光强分布。

为提高光的利用率,一般选择发光强度高的方向作为照明方向。为了充分发挥其他方向的光,可以用反光罩,反光罩的焦点应位于光源的发光中心。

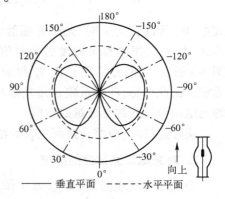

图 3-2 超高压球形氙灯光强分布

4. 光源的色温

黑体的温度决定了它的光辐射特性。对非黑体辐射,它的某些特性可以用黑体辐射特性来近似表示。通常,一般光源可用分布温度、色温或者相关温度表示。

(1) 分布温度

如果辐射源在一定波长范围内的光谱辐射出射度曲线和黑体成比例或近似成比例,那么黑体的这一温度就称为该辐射源的分布温度。可见,分布温度是一个描述辐射源光谱能量分布的物理量。例如,分布温度为 300K 的海水,表示它的光谱能量分布与黑体在该温度下的能量分布相同。用分布温度描述其光谱能量分布时,一般仅限于辐射源与黑体的光谱能量分布相差不大于 5% 的情况;否则,其分布温度并不具有实际意义。例如,具有线状光谱特征的光源,它们与黑体光谱能量分布相差甚大,就很难用分布温度来描述其光谱能量分布。

(2) 色温

如果辐射光源发光的颜色与黑体在某一温度下辐射光的颜色相同,则黑体的这一温度称为该辐射源的色温。例如色温为 2856K 的光源,表示它的辐射光的颜色与黑体在该温度下辐射的颜色相同,由色度学可知道,色温具有同色异谱的性质,也就是说,相同的颜色可以由不同的光谱能量分布构成。这样,色温就不能像分布温度那样能非常近似地说明光源的能量分布了。但是对于具有不连续光谱的发射体或具有连续光谱但光谱能量分布特性与黑体相差甚大的发射体,却可以用色温来描述。

(3) 相关色温

如果热辐射光源发光的颜色与任何温度下的黑体辐射的颜色都不同,就以与发光颜色相近的黑体温度作为它的相关色温。

从上面的叙述可以知道,分布温度实际上是色温的一个特例。当光源的光谱能量和黑体相近时,该光源的色温就和它的分布温度一致了。

3.1.2 光源选择的基本要求和光源的分类

为适应各种科技工作的实际需要,设计并生产了各种不同光学性质和结构特点的光源。在具体的光电检测系统中,应按实际工作的要求选择光源,这些要求综合起来主要包括以下几个方面。

1. 对光源发光光谱特性的要求

除去那些直接检测规定光源或辐射源特性的光电检测系统外,总是要求光源特性满足检测的需要。其中重要的要求之一,就是光源发光的光谱特性必须满足检测系统的需要。按照检测任务的不同,要求的光谱范围亦不同,如可见光区、紫外光区或红外光区等。有时要求连续的光谱,有时又要求几个特定的光谱段。系统对光谱范围的要求都应在选择光源时给以满足。

为增大光电检测系统的信号强度和信噪比,这里引入光源和光电探测器之间光谱匹配系数的概念,以此描述两光谱特性间的重合程度或一致性。光谱匹配系数 α 定义为

$$\alpha = A_1/A_2 = \int_0^\infty W_\lambda S_\lambda \,\mathrm{d}\lambda \Big/ \int_0^\infty W_\lambda \,\mathrm{d}\lambda \qquad (3\text{-}3)$$

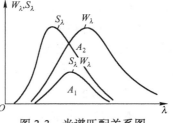

图 3-3 光谱匹配关系图

式中,W_λ 是波长为 λ 时,光源光辐射通量的相对值;S_λ 是波长为 λ 时,光电探测器灵敏度的相对值;A_1 和 A_2 的物理意义如图 3-3 所示,它们分别表示 $W_\lambda S_\lambda$ 和 W_λ 两曲线与横轴所围成的面积。由此可见,匹配系数 α 是光源与探测器配合工作时产生的光电信号与光源总通量的比值。

实际选择时,应综合兼顾二者的特性,使匹配系数尽可能大些。

2. 对光源发光强度的要求

为确保光电检测系统的正常工作,通常对系统所采用的光源或辐射源的强度有一定的要求。光源强度过低,系统获得信号过小,以至无法正常检测;光源强度过高,又会导致系统工作的非线性,有时可能损坏系统、待测物或光电探测器等,同时也可导致不必要的能源消耗而造成浪费。因此在系统设计时,必须对探测器所需获得的最大、最小光通量进行正确的估计,并按估计来选择光源。

3. 对光源稳定性的要求

不同的光电检测系统对光源的稳定性有着不同的要求。通常依据不同的检测量来确定。例如,脉冲量的检测,包括脉冲数、脉冲频率、脉冲持续时间等,这时对光源的稳定性要求可稍低一些,只要确保不因光源波动而产生伪脉冲和漏脉冲即可。对调制光相位的检测,稳定性要求与上述要求相类似。又如光量或辐射量中强度、亮度、照度或通量等的检测系统,对光源的稳定性就有较严格的要求。即使这样,按实际需要也有所不同,其关键是满足使用中的精度要求。同时也应考虑光源的造价,过分的要求会使设备昂贵,而对检测并无好处。

稳定光源发光的方法很多:对于一般要求,可采用稳压电源供电;当要求较高时,可采用稳流电源供电,所用光源应预先进行老化处理;当有更高要求时,可对发出的光进行采样,然后反馈控制光源的输出。计量用标准光源通常采用高精度仪器控制下的稳流源供电。

4. 对光源其他方面的要求

用于光电检测系统中的光源除上述基本要求外,还有一些具体要求。例如,灯丝的结构和形状;发光面积的大小和构成;灯泡玻壳的形状和均匀性;以及光源发光效率和空间分布等。这些方面均应按检测系统的要求给以满足。

广义来说,任何发出光辐射的物体都可以叫做光辐射源。这里所指的光辐射包括紫外光、可见光和红外光的辐射。通常把发出以可见光为主的物体叫做光源,而把发出以非可见光为主的物体叫做辐射源。上述分类方法也不是绝对的,有时只能按使用场合来确定。有时把它们统称为光源,在有些场合又把它们统称为辐射源。下面的介绍统称其为光源。

按照光辐射来源不同,通常将光源分成两大类:自然光源和人工光源。在光电检测系统中,

除对自然光源的特性进行直接测量外,很少将它们作为检测其他物理量的光源。

自然光源主要包括太阳、月亮、恒星和天空等。这些光源对地面辐射通常很不稳定,且无法控制。为了解各种自然光照在不同条件下的大致数量范围,给出了下面一些数据表,供使用时参考:表 3-2 列出了不同天空条件下地面景物的自然照度;表 3-3 列出了不同天空条件下近地天空的亮度;表 3-4 列出了各自然辐射源的星等和对地面产生的照度。为了进行比较,在该表中也列出了发光强度为 1cd 的点光源特性。星的亮暗程度用地面所接收到的照度来衡量,具体表示为星等数字的大小。星等数字越大,对地面的照度越弱,并规定零等星对地面的照度为 2.65×10^{-6}lx。各星等间每差五等,其照度差为 100 倍。所以相邻两等星的照度比为:$\sqrt[5]{100} = 2.512$(倍)。若有 m 等星和 n 等星,当 m 等星比 n 等星亮时,则有 $n > m$,而这两颗星对地面产生的照度比为

$$E_m / E_n = 2.512^{n-m} \qquad (3-4)$$

或

$$\lg E_m - \lg E_n = 0.4(n-m) \qquad (3-5)$$

应当注意,比零等星更亮的星等为负数,而星等数不一定是整数。

为了把自然光源和人工光源在其亮度上做比较,列出了表 3-5,表中给出了光源名称和测定的条件。

表 3-2 地面景物的自然照度

天空情况	照度(lx)	天空情况	照度(lx)
阳光直射	$1 \sim 1.3 \times 10^5$	暗晨昏朦影	1
日间晴天(无直射阳光)	$1 \sim 2 \times 10^4$	满月	10^{-1}
阴天	10^3	上、下弦月	10^{-2}
浓云白天	10^2	无月晴空	10^{-3}
晨昏朦影	10	无月阴空	10^{-4}

表 3-3 近地天空的亮度

天空情况	亮度(cd/m²)	天空情况	亮度(cd/m²)
晴天	10^4	晴天(日落后半小时)	10^{-1}
阴天	10^3	明亮月光	10^{-2}
阴沉天	10^2	无月晴空	10^{-3}
阴天(日落时)	10	无月阴空	10^{-4}
晴天(日落后一刻钟)	1		

表 3-4 各自然辐射源的星等和对地面的照度

辐射源	星等	对地面的照度(lx)
太阳	-26.73	1.30×10^5
点光源(1cd 距 1m 处)	-13.9	1.00
满月	-12.5	2.67×10^{-1}
金星(最亮时)	-4.3	1.39×10^{-4}
天狼星	-1.42	9.8×10^{-6}
零等星	0	2.65×10^{-6}
一等星	1	1.05×10^{-6}
六等星	6	1.05×10^{-8}

表 3-5 一些光源的光亮度

光源及条件	光亮度(cd/m²)	光源及条件	光亮度(cd/m²)
太阳(大气外测定)	1.9×10^9	2500K 黑体	5.3×10^6
太阳(在海平面测定)	1.6×10^9	200W 充气钨丝灯	1.33×10^7
月亮	2.5×10^3	碘钨灯	5×10^7
天空(夏天平均)	5×10^3	碳弧灯	1.8×10^8
天空(秋天平均)	3×10^3	超高压汞灯	$10^8 \sim 10^9$
氖灯	10^3	超高压氙灯	10^{10}
低压汞灯	$2 \sim 3 \times 10^4$	10000K 黑体	1.12×10^{10}
钠光灯	$1 \sim 2 \times 10^5$	球形脉冲氙灯	10^{11}
50W 钨丝灯	4.08×10^6	乙炔焰	8×10^4

在光电检测系统中,大量采用的是人工光源。按其工作原理不同,人工光源大致可以分为热光源、气体放电光源、固体光源和激光光源。其中气体放电光源又可分为开放式的电弧或电火花光源和封闭式的气体灯或气体放电管两种类型。

光源是一个专门的学科,其内容十分丰富。本章只对有关光电检测系统中常用的光源做简单分类及性能介绍。

3.1.3　标准照明体和标准光源

标准照明体和标准光源是为使光辐射测量标准化而引入的概念。在纺织、印刷、摄影、造纸、食品等许多光辐射测量的应用部门,需要进行定量的辐射测量且结果可相互比较。然而,由于大多数光探测器(人眼、光敏材料和光电探测元件)的光谱响应是波长的函数,故不同光谱辐射特性的光源或在其照射下表面的反射/透射光都会使光探测器的响应值、人眼的主观色感或者光敏材料的响应大小随之变化,例如日光下和灯光下人眼观看同一块色布的色感不同,灯光型彩色胶卷拍摄日光照射下的景物颜色失真,光电探测器接收辐射度量相同而光谱能量分布不同的景物反射光输出信号不同等。因此,为避免由于使用不同光源造成的变化,国际照明委员会推荐了光辐射度量和光度量测量上使用的标准照明体和标准光源。

标准照明体和标准光源不同,前者用于规定光谱能量分布;而后者是一种实在的光源,只是规定了这种光源的基本特性,以及光源的光谱能量分布与什么标准照明体相匹配。一种标准照明体有可能只用一种光源就可实现,也有可能要用一种光源的若干标准滤光器的组合才能实现,甚至只能近似地实现。标准照明体应当有良好的现实代表性,即是现有大量光源辐照特性的典型代表。

(1) CIE 推荐的标准照明体 A,B,C 和 E

标准照明体 A:代表绝对温度 2856K(1968 年国际实用温标)的完全辐射体的辐射。它的色品坐标落在 CIE 1931 色品图的黑体轨迹上。

标准照明体 B:代表相关色温大约 4874K 的直射日光,它的光色相当于中午的日光,其色品坐标紧靠黑体轨迹。

标准照明体 C:代表相关色温约 6774K 的平均昼光。其光色近似于阴天的天空光,其色品位于黑体轨迹的下方。

标准照明体 E:将在可见光波段内光谱辐射功率为恒定值的光刺激定义为标准照明体 E,亦称为等能光谱或等能白光。这是一种人为规定的光谱分布,实际中不存在这种光谱分布的光源。

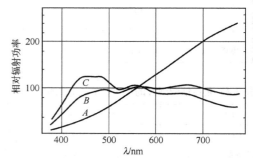

图 3-4　标准照明体 A,B,C 的相对光谱功率分布曲线

研究表明标准照明体 B 和 C 不能正确地代表相应时相的日光,预料将被淘汰而用标准照明体 D 代表日光。图 3-4 中 A,B,C 三条曲线为标准照明体 A,B,C 的相对光谱功率分布曲线。

(2) CIE 规定的标准光源 A,B,C

标准光源 A:分布温度 2856K 的充气钨丝灯。如果要求更准确地实现标准照明体的紫外辐射的相对光谱分布,推荐使用熔融石英壳或玻璃壳带石英窗口的灯。

标准光源 B:A 光源加一组特定的戴维斯-吉伯逊(Davis Gibson)流体滤光器(又称 DG 滤光器),以产生相关色温为 4874K 的辐射,代表中午直射阳光的光谱能量分布特性。

标准光源 C:A 光源加另一组特定的戴维斯-吉伯逊流体滤光器,以产生分布温度为 6774K 的辐射,代表平均阴天天空光的光谱能量分布特性。

(3) CIE 标准照明体 D

标准照明体 D 代表各时相日光的相对光谱功率分布,也叫做典型日光或重组日光。

前人在 1963 年进行了两类实验:①对不同地区、不同时相的太阳光和天空光进行了 622 例光谱测定,测出了它们的光谱分布;②对日光进行视觉色度测量。

综合分析两类实验数据,可确定典型日光的色品轨迹,其位于黑体轨迹的上方(图 3-5 的 D 线部分)。在 CIE x-y 色品图上典型日光 D 的色品坐标有以下关系式

$$y_D = -3.000x_D^2 + 2.870x_D - 0.275 \qquad (3-6)$$

式中,x_D 的有效范围为 0.250~0.380。

在相关色温 T_{cp} 已知的情况下,可通过计算典型日光的色品坐标 x_D。

$$x_D = \begin{cases} -4.6070\dfrac{10^9}{T_{cp}^3} + 2.9678\dfrac{10^6}{T_{cp}^2} + 0.09911\dfrac{10^3}{T_{cp}} + 0.244063, & 4000K \leqslant T_{cp} \leqslant 7000K \\ -2.0064\dfrac{10^9}{T_{cp}^3} + 1.9018\dfrac{10^6}{T_{cp}^2} + 0.24748\dfrac{10^3}{T_{cp}} + 0.237040, & 7000K \leqslant T_{cp} \leqslant 25000K \end{cases} \qquad (3-7)$$

对实际光谱分布测量结果进行的特征矢量统计分析得出了一个数学模型,可用来计算已知相关色温标准照明体 D 的相对光谱功率分布,这就是"重组日光"的含义。

标准照明体 D 的相对光谱功率分布可表示为

$$S(\lambda) = S_0(\lambda) + M_1 S_1(\lambda) + M_2 S_2(\lambda) \qquad (3-8)$$

式中,$S_0(\lambda)$,$S_1(\lambda)$,$S_2(\lambda)$ 为特征矢量,S_0 是从实测的不同相关色温的 622 例日光光谱分布曲线计算出的一条平均曲线;S_1 作为第一特征矢量,由实测的不同曲线与平均曲线偏离情况进行分析后,找出各条曲线偏离曲线的最突出特征;S_2 作为第 2 特征矢量,为偏离平均曲线的第二最突出特征。同理还可分析第 3、第 4、…特征矢量,但影响小,故式(3-7)中未考虑。

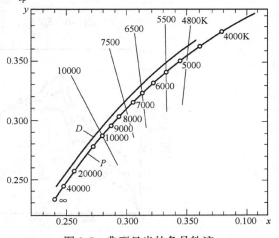

图 3-5 典型日光的色品轨迹

在已知标准照明体 D 的色品坐标情况下,M_1,M_2 可由下式确定:

$$\begin{cases} M_1 = \dfrac{-1.3515 - 1.7703x_D + 5.9114y_D}{0.0241 + 0.2562x_D - 0.7341y_D} \\ M_2 = \dfrac{0.0300 - 31.4424x_D + 30.0717y_D}{0.0241 + 0.2562x_D - 0.7341y_D} \end{cases} \qquad (3-9)$$

式中,x_D 和 y_D 可用式(3-7)和式(3-8)求得。

如图 3-6 所示,特征矢量 S_1 在光谱的紫外、紫和蓝段有较高的值,而在红波段有规律下降至较低的数值,将 S_1 和乘数 M_1 之积加至 S_0 曲线,可描述相关色温的日光光谱分布,即日光光色由黄色向蓝色相当于天空中有云到无云的变化,或是相当于测量时有直射阳光到无直射阳光的变化。特征矢量 S_2 在 400nm~580nm 波段有比较低的数值,而在紫外和红波段有较高的数值,与 M_2 乘积加在曲线 S_0 上,随着 M_2 由大变小,可得到从偏粉红色到偏绿色的光色,这种变化相当于大气中水分的变化,即 S_2 是与大气中水分多少相联系的。

典型日光与实际日光具有很近似的相对光谱功率分布,比标准照明体 B 和 C 更符合实际日光的色品。虽然对于任意相关色温的 D 照明体都可由公式求得,但是 CIE 优先推荐相当于相关色温为 5503K,6504K,7504K 的 D 照明体 D_{55},D_{65},D_{75} 作为代表日光的标准照明体(见图 3-7)。为了促进色度学的标准化,CIE 建议尽量应用 D_{65} 代表日光,在不能应用 D_{65} 时则尽量应用 D_{55} 和 D_{75}。

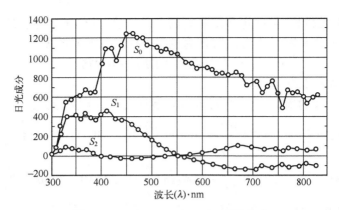

图 3-6　$S_0(\lambda), S_1(\lambda), S_2(\lambda)$ 光谱分布

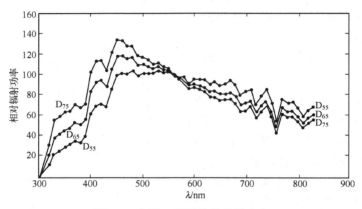

图 3-7　典型 D 照明体的光谱分布

对应于标准照明体 D,CIE 尚未推荐出相应的标准光源。但是由于工业生产中精细辨色与荧光材料的颜色测量,都需要日光中的紫外成分,而标准光源 B 和 C 都缺少这部分成分,故 D 照明体的模拟成为当前光源研究的重要课题之一。因为日光具有锯齿形光谱分布,加上校正滤光器也只能在一定程度上近似模拟日光的光谱分布,精确模拟比较困难。现在正在研制的模拟 D_{65} 的人工光源分别为带滤光器的高压氙弧灯、白炽灯和荧光灯三种。其中带滤光器的高压氙灯具有最好的模拟,图 3-8 为带滤光器高压氙灯的 D_{65} 光源相对光谱功率分布曲线,图 3-9 为带滤光器白炽灯的 D_{65} 光源相对光谱功率分布曲线。

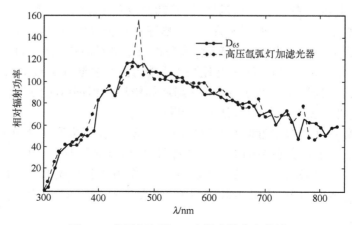

图 3-8　高压氙灯的 D_{65} 光源光谱分布曲线

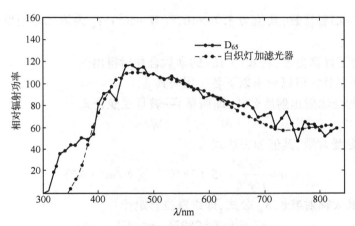

图 3-9   白炽灯的 D_{65} 光源光谱分布曲线

3.2   热 光 源

利用物体升温产生光辐射的原理制成的光源叫做热光源。在照明工程、光学和光电检测系统中,这类光源有着广泛的应用。常用热光源中主要是黑体源和以炽热钨发光为基础的各种白炽灯。

热光源发光或辐射的材料或是黑体,或是灰体,因此它们的发光特性,如出射度、亮度、发出通量的光谱分布等,都可以利用普朗克公式进行精确的估算。也就是说,可以精确掌握和控制它们发光或辐射的性质。这是热光源的第一个优点。

热光源的第二个优点是,它们发出的通量构成连续的光谱,且光谱范围很宽,因此使用的适应性强。但是它们在通常温度或炽热温度下,发光光谱主要在红外区域中,少量在可见光区域中。只有在温度很高时,才会发出少量的紫外线辐射,从这一特点来说,又限制了这类光源的使用范围。

热光源的另一个优点是,这类光源大多属于电热型,通过控制输入电量,可以按需要在一定范围内改变它们的发光特性。同时采用适当的稳压或稳流供电,可使这类光源的光输出获得很高的稳定度。这在检测中是很重要的。

热光源除用做照明或在各种光学和光电检测系统中充当一般光源外,还可用做光度或辐射度测量中的标准光源或标准辐射源。这时它们的作用是完成计量工作中的光波或辐射度标准的传递。这在光学和光电检测中是必不可少的。

3.2.1   黑体及黑体光强标准器

1. 黑体辐射的主要公式

在任意温度条件下,能全部吸收入射在其表面上的任意波长辐射的物体叫做绝对黑体,或简称黑体。自然界不存在具有绝对黑体性质的物质,但是,可以采用人工的方法制成十分接近黑体的模型。

研究黑体辐射的最基本公式是普朗克公式,它给出了绝对黑体在热力学温度为 T 时的光谱辐射出射度:

$$M_\lambda = \frac{2\pi c^2 h}{\lambda^5 (e^{hc/k\lambda T}-1)} \quad (\text{W/m}^3) \tag{3-10}$$

或
$$M_\lambda = c_1 \lambda^{-5} (e^{c_2/\lambda T}-1)^{-1} \tag{3-11}$$

式中,M_λ 为波长 λ 处的单色辐射出射度;λ 为波长(m);h 为普朗克常数,其值为 6.626×10^{-34}(J·s);c 为真空中光速,其值为 2.998×10^8(m/s);k 为玻耳兹曼常数,其值为 1.38×10^{-23}(J/K);T 为热力学

温度(K)；c_1 为第一辐射常数，其值为 $3.74\times10^{-16}(W\cdot m^2)$；$c_2$ 为第二辐射常数，其值为 $1.439\times10^{-2}(m\cdot K)$。

式(3-11)是为了计算方便，将式(3-10)的常数合并后得出的。

利用上述普朗克公式可以导出以下各实用公式。

① 绝对黑体的全辐射出射度公式，即斯蒂芬-玻耳兹曼公式

$$M = \sigma T^4 \quad (W/m^2) \tag{3-12}$$

式中，σ 称为玻耳兹曼常数，其值和表达式为

$$\sigma = \frac{2\pi^5 k^4}{15c^2 h^3} = 5.67\times10^{-8} \quad (W/m^2\cdot K^4) \tag{3-13}$$

② 绝对黑体最大辐射波长 λ_m 公式，即维恩位移定律

$$\lambda_m T = 2898(\mu m\cdot K) \tag{3-14}$$

③ 绝对黑体最大辐射波长处的辐射出射度公式

$$M_{\lambda_m} = BT^5 \tag{3-15}$$

式中，$B = 1.2867\times10^{-11}(W/m^2\cdot\mu m\cdot K^5)$。

黑体辐射的光谱分布如图3-10所示。为方便实际能量的估算，给出有关部分能量的分布，如表3-6所示。

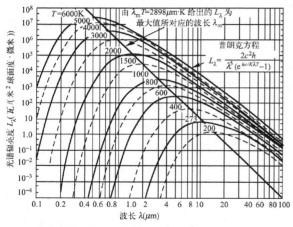

图3-10　黑体辐射的光谱特性曲线

表3-6　特征波长公式及能量分布

波　长	关　系　式	能量分布
峰值波长	$\lambda_m T = 2898$	$0\sim\lambda_m$，25%
		$\lambda_m\sim\infty$，75%
半功率波长	$\lambda' T = 1728$	$0\sim\lambda'$，4%
	$\lambda'' T = 5270$	$\lambda'\sim\lambda''$，67%
		$\lambda''\sim\infty$，29%
能量中心波长	$\lambda''' T = 4110$	$0\sim\lambda'''$，50%
		$\lambda'''\sim\infty$，50%

例如：标准光源 $T = 2856K$，则有 $\lambda_m = 1.015\mu m$，$\lambda' = 0.6232\mu m$，$\lambda'' = 1.845\mu m$，$\lambda''' = 1.439\mu m$。

在工程设计中常需对某波长间隔$(\lambda_1\sim\lambda_2)$内的辐射出射度 $M_{\lambda_1\sim\lambda_2}$ 进行计算，为此提供快速估算公式如下

$$M_{\lambda_1\sim\lambda_2} \approx \frac{c_1}{c_2/T}e^{-c_2 x/T}\left\{x^3 + \frac{3}{c_2/T}\left[x^2 + \frac{2}{c_2/T}\left(x + \frac{1}{c_2/T}\right)\right]\right\}_{x_1=1/\lambda_1}^{x_2=1/\lambda_2} \quad (W/cm^2) \tag{3-16}$$

式中，$c_1 = 3.7415\times10^4(W\cdot\mu m^4/cm^2)$，$c_2 = 1.4388\times10^4(\mu m\cdot K)$。

利用式(3-16)估算时还应注意，当 λ_c 为 λ_1 和 λ_2 之间的中心波长时，$\lambda_c T < 2714$ 则误差小于1%；$\lambda_c T < 4845$ 则误差小于10%。

2. 腔型黑体辐射源

按照物理学的原理可知，等温密闭空腔中的辐射是黑体辐射。在实际工作中，为了从腔内取出所需的辐射，在空腔上开有小孔，构成腔型黑体辐射源。在已知温度和开口面积的条件下，其辐射特性可利用有关公式精确计算。因此常把这种辐射源作为发光或辐射的标准器。在光电检测系统

中,特别是红外光电系统中把这类标准器作为定标、校准和探测器参数检测的标准光辐射源。

典型的腔型黑体辐射源的基本结构原理如图 3-11 所示,它主要由黑体芯子、加温绕组、测温计和温度控制器等部分组成。

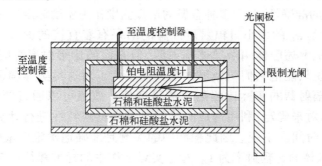

图 3-11 腔型黑体辐射源结构原理

常用的黑体芯子有四种基本结构,其断面如图 3-12 所示。设 L 是腔体的长度,$2R$ 是腔体的圆形开口直径。腔体结构的选择主要应考虑腔体开口的有效发射率、腔体加工的工艺性和腔体进行等温加热的难易程度。芯子材料的选择也很重要,通常希望所选用的材料使腔壁有高的热导率、强的抗氧化能力和大的辐射发射率。工作在 1400K 以上温度的黑体辐射腔,芯子材料常选用石墨或陶瓷;而工作在 1400K 以下时,芯子材料常选用铬镍不锈钢;在 600K 以下时,芯子材料常用黄铜。当要求腔体工作温度很高时,可用惰性气体给予保护。

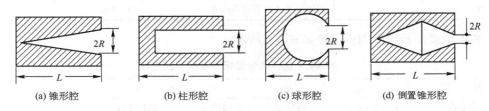

图 3-12 典型腔体结构断面示意图

加温绕组常用镍铬丝绕成线圈,并套在黑体腔的周围。由于腔体工作温度要求各处均匀,因此在设计时可适当改变芯子的外形或线圈的轴向密度,使腔体得到均匀加热。一般的原则是使每圈加热丝对应加热的芯子体积相等。

测温及控温系统的作用是,使黑体获得稳定的测量所要求的辐射温度。常用铂电阻温度计插入腔体中,用以测定温度。或者作为温度传感器,将温度的偏差信号传送给电子控温系统,通过对加温绕组电量的控制,达到温度控制的稳定度和精确度的要求。这一控制在很大程度上决定了该黑体辐射源的精度。

为了减小腔口边缘不均匀的影响和按需要选择辐射孔的大小,在腔口前装有限制光阑。计算辐射时,辐射面积用光阑孔的实际面积,而辐射距离的计算也应由光阑孔算起。

设某接收面置于黑体辐射轴的垂面上,距光阑的距离是 l。按照距离平方反比定律,该接收面上的辐照度 E 可用下式表示

$$E = \frac{M(T)A_s}{\pi} \cdot \frac{1}{l^2} = \frac{\varepsilon_0 \sigma T^4 A_s}{\pi l^2} \qquad (3\text{-}17)$$

式中,$M(T)$ 为黑体在热力学温度 T 条件下的辐射出射度;A_s 为光阑的实际面积;ε_0 为腔体口的比辐射率。

由该式可知,若 A_s 得到精确控制,那么影响辐射度量的只有黑体的温度 T 和腔体口比辐射率 ε_0。

黑体温度不准确的影响可用斯蒂芬–玻耳兹曼公式来估算,对式(3-6)微分并整理后有

$$dM/M = 4 \cdot dT/T \qquad (3\text{-}18)$$

由该式可知,要求温度的稳定性比要求辐射量输出的稳定性高四倍,所以控温的精确度要求很高。为保证黑体温度的准确性,常用多种金属的熔点温度作为温度标定的标准。

辐射腔口比辐射率 ε_0 的大小对辐射量计算的结果有着直接的影响。对于绝对黑体应有 $\varepsilon_0 = 1$ 的条件。虽然把上述腔体叫做黑体辐射源,但它们的比辐射率都略小于1,并可能与波长有关,因此严格地说只能把它们叫做黑体模型器。为了对这类黑体辐射器的辐射特性进行精确计算,必须确定辐射器的实际比辐射率或黑度值。该值可以通过两种方法确定:和已知比辐射率的黑体相比对来确定;利用构成腔体的参数和材料特性进行计算来确定。黑体辐射源的比辐射率在很长时间内不变。因此检测中的关键是准确地确定该值的大小。

综上所述,理想黑体的比辐射率为1。对于实际工作中的标准黑体应该做到:(1)比辐射率接近1并已知;(2)腔体内温度均匀;(3)温度可调,并可知调定的温度;(4)限制光阑的面积可调并可知调定的面积。黑体源的标准类别及特征如表3-7所示。

表 3-7　黑体源的标准类别及特征

类　　别	特　　征	温度范围
一级标准	金属的凝固点温度	金、银、锌、锡、铅、铂的凝固点温度
二级标准	倒置锥形腔体 温度非常均匀	10~3300K
工作标准	腔体可用各种形状和尺寸	10~3300K

各种纯金属的标准凝固点温度如表3-8所示。

表 3-8　各种纯金属标准凝固点的温度

材　　料	金	银	锌	锡	铅	铂
凝固点温度(℃)	1064.43	961.93	419.58	231.9681	327.502	1772.89

3. 面型黑体源

红外热成像系统的校准和红外辐射计量需要采用大面积的面型黑体辐射源。面型黑体源主要用于均匀性和系统响应等的测量或标定。此外,常采用差分黑体源(Differential Blackbody)方式作为热成像系统信号响应和性能测量的辐射源(见图3-13)。黑体源通常采用高导热性的材料制作面型黑体面,并在其表面涂高辐射率的涂料,并采用半导体帕尔帖效应实现黑体温度的控制;同样,靶标采用高导热性的金属制作,上面掏出相应的靶标形状;靶标处于环境温度中,通过靶标温度传感器测得靶标温度后,则可以根据设定的黑体温差设置黑体温度。由于测量靶标可以有各种形状或参量(见图3-14),因此,实际应用中常采用在靶标轮上安置多种靶标,实现多种靶标的快速调整或选择。

4. 黑体光强标准器

在各光度量中,发光强度是国际规定的七个基本物理量之一。其定义为,某光源发出频率为 $540 \times 10^{12} Hz$ 的单色辐射,在给定方向上的辐射强度为 $1/683$(W/sr)时,定义该光源在该方向上的发光强度为1cd。定义中的光源并不存在,而发光强度标准的实物基础是黑体光强标准器。这是一个被定义在铂熔点温度(2046.05K)的黑体辐射器,其结构如图3-15所示。辐射腔体由一个氧化钍材料的试管构成,管长45mm,内径2.5mm,壁厚0.2~0.3mm。管内装有氧化镁粉末,高度约15mm,试管插在铂块内。而铂块又封在氧化钍制成的坩埚内,其直径为20mm。用带

有直径为 15mm 小孔的盖子盖在坩埚上面,该小孔就是黑体辐射源的辐射腔孔。再把整个坩埚放在氧化钍粉末的圆形耐火容器内。

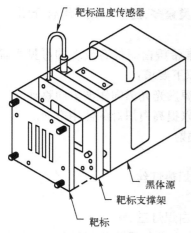

图 3-13 面型差分黑体源

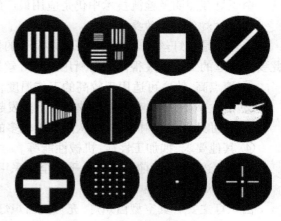

图 3-14 差分黑体源的靶标图案

光强标准器是采用 1MHz 高频感应炉来加热的,熔化铂需要 7kW 的电功率,铂在 2046.05K 的温度下熔化。该装置可维持铂转相的时间约 20 分钟以上,测量就在这段时间内进行。在这段时间中由于温度没有变化,腔口辐射量也应维持不变,这时小孔的亮度为 $60cd/cm^2$,对应发光强度为 $1.06\times10^{-4}cd$。

铂熔点温度是否准确主要由铂的纯度决定。因此在使用标准器的前后要对铂取样测定 100℃ 与 0℃ 的电阻比,用比值来确定其纯度。要求该比值达到最小值 1.390,这时相当于不纯度为万分之三。

使用光强标准器的程序是,首先升温到铂熔点以上,然后降温至凝固点时进行测量或引出标准发光量,因为凝固过程比熔化过程的发光更为稳定。这时温度若变化 10K,则光强度变化约为 0.5%~0.6%。

由光度标准器向外传递的光度标准将寄存在特制的钨丝白炽灯,即标准灯中。利用目视光度计进行传递,通过对标准灯的光强度校准,从而将标准通过标准灯传出。目视光度计工作原理如图 3-16 所示。在图 (a) 中光度标准器的发光和标准光源的发光分别由两入口 O_1 和 O_2 同时输入目视光度计,经光路调整后由目镜 L_0 处输出,人眼通过目镜观察到棱镜 P_3 和 P_4 界面处透射和反射过来的条状光带。在图 (b) 中的光带是由两光源发出光相间组成的。改变两光源至光度计的距离,使光带在光强度上相等,即光带消失。利用距离平方反比定律就可定出标准光源的发光强度。

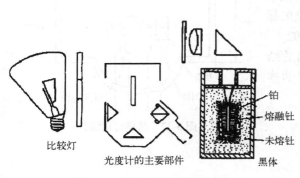

图 3-15 黑体光强标准器结构

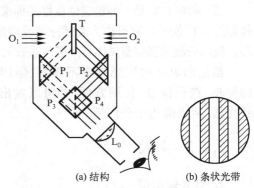

图 3-16 目视光度计工作原理

3.2.2 白炽灯

白炽灯在照明及检测技术中仍是应用最广的光源,种类繁多,这里只做一综合介绍。

（1）对灯丝材料的要求

白炽灯是指灯丝在电源供电下炽热发光的器件。通常希望白炽灯有较多的可见光辐射,因此要求灯丝的工作温度很高。对所用炽热灯丝材料应有以下要求：

① 熔点高,使之可适用于较高的工作温度,从而使光源发光光谱向短波方向移动。

② 蒸发率小,要求在高温炽热条件下蒸发越小越好,以提高白炽灯的使用寿命。

③ 对可见光的辐射效率高,从而产生较多的可见光辐射。

④ 其他要求,如加工性能、机械性能等。

按照上述要求,目前白炽灯几乎仍全部采用钨丝作为炽热灯丝。

（2）白炽灯的种类

白炽灯主要有真空型白炽灯、充气型白炽灯和卤钨型白炽灯三类。

目前使用最多的白炽灯是真空型白炽灯。泡壳内的真空条件是为了保护钨丝,使其不被氧化。一般情况下,当灯源电压增加时,其电流、功率、光通量和发光效率等都相应增加,但其寿命也随之迅速下降。所以真空型白炽灯的功率不能太大,其灯丝温度通常为 2400~2600K。

为提高白炽灯的发光效率和功率,而又不使灯丝损坏过快,早期采用了充气型的白炽灯。泡壳内充有氩、氮或氩和氮的混合气体。这些气体的作用是：当灯丝在高温下蒸发的钨原子与气体分子发生频繁的碰撞,从而将其中部分反射回灯丝的表面。在同真空型灯泡同样的寿命条件下,可将灯丝的温度提高到 2600~3000K。这就提高了发光效率和灯泡的功率。

为了进一步提高白炽灯的性能,研制了新型的卤钨灯。其主要原理是卤钨循环。高温下从灯丝蒸发出来的钨在温度较低的泡壳附近与卤素反应,生成具有挥发性的卤钨化合物。当卤钨化合物到达温度较高的泡壳处将挥发,于是它们又向回扩散到温度很高的炽热灯丝附近,在这里又分解为卤素和钨；释放出来的钨沉积到灯丝上,卤素则又扩散到温度较低的泡壳附近,再与蒸发出来的钨化合,这一过程称为卤钨循环,或称钨的再生循环。这样可大大提高灯丝的工作温度,可达 3000~3200K 以上,从而提高了灯泡的发光效率。这类灯泡的另一个优点是在点燃过程中泡壳不会因钨的蒸发而变黑,但由于卤元素蒸气的存在,对某些光谱区有些吸收。充入泡壳中的卤元素为碘或溴,可分别制成碘钨灯和溴钨灯。

除以上钨丝白炽灯外,还有以下两种在光电检测中用到的白炽光源。

① 钨带灯,它把钨带作为发光体,可作为条状平面光源和亮温、色温等工作标准灯泡；

② 黑体灯,它是一种稳定性良好的标准光源,其结构如图 3-17 所示。它可作为温度标准或传递温度的标准。我国研制的真空型黑体灯的黑度系数大于 0.92。

虽然白炽灯的发光效率不算高,但因它们的结构简单、造价低廉、使用方便,并可以发出较宽的连续光谱,所以应用十分广泛。

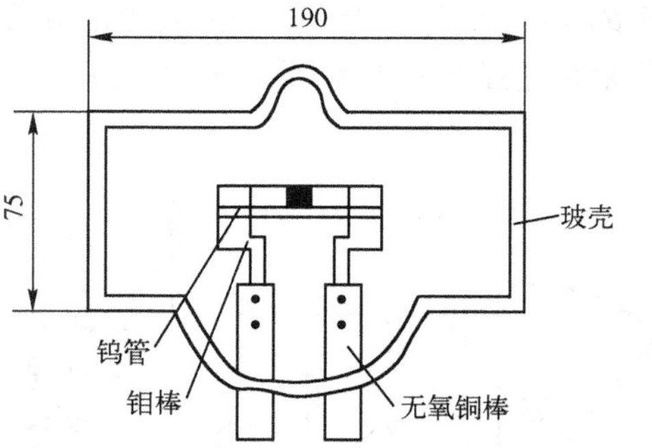

图 3-17 黑体灯的结构

3.2.3 其他

1. 红外辐射灯

随着光电检测技术工作向红外波段的扩展,各种系统、材料和元件的红外特性研究和检测都成了十分重要的课题。检测中必不可少地用到红外辐射灯。下面介绍常用的两种灯型。

（1）能斯特灯

它是一种条状的辐射源，是用 15% 的氧化钇粉末和锆粉压制成小棒，长约 25mm，直径约 2mm，可用直流或交流供电。在空气中可加热到 2000K 左右。它发出的连续光谱可从 0.3μm 一直延伸到远红外，其最大辐射波长约在 2μm 处。为使能斯特灯工作稳定，可采用直流蓄电池组供电。此外还应注意这种灯的材料具有较大的负电阻温度系数，所以工作时常外加电阻来进行补偿，这样就可通过稳定工作电流来达到稳定辐射的目的。

（2）硅碳棒

要获得波长更长的红外辐射，能斯特灯就不能胜任了。这时可采用硅碳棒作为红外辐射源。它的长度一般为 50 ~ 100mm，直径为 5 ~ 6mm。在空气中用直流或交流供电，加热温度一般在 1500K 以下。温度过高会引起自身燃烧。有时为提高它的耐温性，可在其外表面涂敷氧化钍层来进行保护，这样就可加热到 2500K 左右。

2. 火焰

火焰也是一种热光源，由于火焰分层又不稳定，因此不把它用做检测用光源。这里只列出常用火焰的最高温度，如表 3-9 中所示，不做进一步的讨论。

表 3-9　常用火焰的最高温度

燃　　料	温度（K）
灯用煤气–空气	2100
灯用煤气–氧气	3000
乙炔–空气	2600
乙炔–氧气	3300
丙烷–空气	2170
丁烷–空气	2160

3.3　气体放电光源

利用置于气体中的两个电极间的放电发光就构成了气体放电光源，这类光源又可分为开放式气体放电光源和封闭式电弧放电光源两种，下面分别给予介绍。

3.3.1　开放式气体放电光源

这类光源是将两电极直接置于大气中，通过极间放电而发光，所以称为开放式光源。

（1）直流电弧

它采用碳或金属作为工作电极，在外加直流电源供电下工作。点燃时需先将两电极短暂接触，然后松开而随之起弧。电弧的炽热阴极发出电子，电子在两电极间的电场作用下加速，并与极间气体原子和分子碰撞，使它们电离。所有这些带电粒子又被加速，再碰撞其他气体原子和分子，从而形成电弧等离子体，由于其温度甚高而发出光辐射。

直流电弧中有两个光辐射区，即极间等离子体的辐射和炽热电极的辐射。炽热电极的辐射为连续光谱。采用纯碳电极时，其辐射光谱可由 0.23μm 延伸到远红外。在等离子体中产生受激原子或离子的线状光谱，其光谱范围由可见光向短波延伸，直到大气吸收限 0.184μm 为止。

等离子体电弧发出的线状谱是由空气中各气体成分和杂质决定的。为了丰富电弧的线状谱，改善照明或工作特性，可在正电极的碳棒中加入适量的稀土金属（铈、钕、镧等）的氟化物。

当采用金属作为电极时，电弧可以很好地激发电极所含元素的谱线，可用于对材料成分的光谱分析。直流电弧的稳定性差，必要时需采用稳定措施。

（2）高压电容火花

利用高压在两电极间产生火花放电的原理如图 3-18 所示。在低压交流供电电路中接入 0.5 ~ 1kW 功率的变压器 T，将电压升高到 1×10^4 ~ 1.2×10^4V，在变压器的次级电路中，接入与火花隙 F 并联的电容 C，其值为 0.01 ~ 0.001μF。有时还串入电感 L，其值为 0.01 ~ 1mH，或利用导线本身的自感。

当极间电压升到某临界值时,F 处产生击穿,电流在极间产生火花使电容放电。由于电感的作用使电容器反复充电和放电形成振荡的形式。两电极间相互反复放电产生往返的火花。

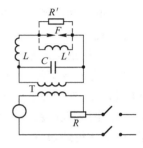

图 3-18　高压电容火花

高压电容火花的工作比直流电弧要稳定得多。为进一步提高其稳定性,可在火花隙间并联电阻 R′和电感 L′。

火花光谱为线状谱,主要是由激发离子引起的,所以其辐射虽有电极元素的发光,但主要是大气元素的发光。该光源可满意地用于研究吸收或发射光谱的分光光度计中。

（3）高压交流电弧

高压交流电弧的电路原理如图 3-19 所示。当次级回路电压升到 2~3kV,串联电阻为 2~3kΩ 时,在两电极间将产生交流电弧。实际电路要复杂得多。这种电弧的好处在于,只要适当选择电路中的参数,很容易使其发光,或以弧线光谱为主,或以火花线光谱为主。这一特性对发射光谱的分析有着很重要的意义。

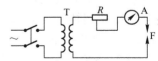

图 3-19　高压交流电弧电路原理

（4）碳弧

碳弧主要用于照明,按其发光类型不同又可分为普通碳弧、火焰碳弧和高强度碳弧。它们一般都采用直流供电,只有火焰碳弧可用交流供电。

由于放电时阳极剧烈发热引起炭的蒸发,在阳极中心形成稳定的喷火口（正坎）。如在碳弧电极中加入钙、钡、铁、镉等金属化合物,将增大发光强度。这时的发光主要不是碳电极的喷火口,而是金属蒸气电离发光,约占总量的 70%~90%。这时碳弧就像火焰那样,所以叫做火焰碳弧。它的主要优点是在加入不同元素时,可以获得所需光谱辐射的输出。

3.3.2　气体灯

气体灯是将电极间的放电过程密封在泡壳中进行的,所以又叫做封闭式电弧放电光源。

气体灯的特点是辐射稳定,功率大,且发光效率高。因此在照明、光度和光谱学中都起着很重要的作用。

气体灯是在封闭泡壳内的某种气体或金属蒸气中发生"封闭式电弧放电"。这里主要不是金属电极的辐射,而是电弧等离子体本身的辐射。所以气体灯的电极常用难熔金属材料制成。气体灯中除弧光放电灯外,也有利用辉光放电或辉光与弧光中间形式的光源。

辉光放电的原理大致如下:管内总有一些带电粒子,它们在电场作用下向相应电极运动并加速。被加速的粒子撞击管内气体分子使其电离,从而增加了管内自由电荷,其中一部分到达并撞击电极,从电极打出足以激发气体发光的二次电子;而另一部分则在自己的运行途中与气体分子相撞,或者将它们电离,或者使它们激发发光,从而形成辉光放电。

气体灯的种类繁多,灯内可充不同的气体或金属蒸气,如氩、氖、氢、氦、氙等气体和汞、钠、金属卤化物等,从而形成不同放电介质的多种灯源。充有同一材料时,由于结构不同又可构成多种气体灯。如汞灯就可分为:低压汞灯,管内气压低于 0.8Pa,它又可分为冷阴极辉光放电型和热阴极弧光放电型两类;高压汞灯,管内气压约为 1~5 个大气压,该灯的发光效率可达 40~50lm/W;超高压汞灯,管内气压可达 10~200 个大气压。又如氙灯中有长弧和短弧之分,它们都有自己的发光效率、发光强度、光谱特性、启动电路以及具体结构等。具体产品可查阅光源手册,这里不再详述。下面只介绍几种较为特殊的气体灯。

（1）脉冲灯

这种灯的特点是在极短的时间内发出很强的光辐射，其工作原理如图 3-20 所示。

直流电源电压 U_0 经充电电阻 R，使储能电容 C 充电到工作电压 U_c。U_c 一般低于脉冲灯的自击穿电压 U_s，而高于灯的着火电压 U_z。脉冲灯的灯管外绕有触发丝。工作时在触发丝上施加高的脉冲电压，使灯管内产生电离火花线，火花线大大减小了灯的内阻，使灯"着火"，使电容 C 中储存的大量能量可在极短的时间内通过脉冲灯，产生极强的闪光。除激光器外，脉冲灯是最亮的光源。

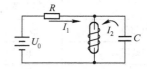

图 3-20 脉冲灯工作原理

由于这种灯的高亮度，所以广泛用做摄影光源、激光器的光泵和印刷制版的光源等。例如照相用的万次闪光灯就是一种脉冲氙灯，它的色温与日光接近，适于用做彩色摄影的光源。

在固体激光装置中，常把脉冲氙灯用做泵浦光源。这时的氙灯有直管形和螺旋形两种，发光时能量可达几千焦耳，而闪光时间只有几毫秒，可见有很大的瞬时功率。

（2）燃烧式闪光泡

这种灯泡只能使用一次，所以又叫做单次闪光泡，它的特点是瞬时光强大、耗电少、体积小而携带方便等。

闪光泡的结构及电路原理如图 3-21 所示。点燃前用 3～15V 的直流电流经电阻 R 和闪光泡内钨丝给电容 C 充电。需要点燃闪光泡时，将开关 S 闭合，电容 C 迅速通过钨丝放电，其放电电流很大，使钨丝升温并很快到达炽热状态。在钨丝发出的高温和引燃剂的同时作用下，使泡内铅丝在氧气中剧烈燃烧，放出的大量能量又把由锆和氧燃烧时产生的二氧化锆加热到白炽状态，从而使闪光泡产生耀眼的强光。

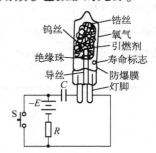

图 3-21 闪光泡结构及电路原理

（3）原子光谱灯

原子光谱灯又称空心阴极灯，其结构如图 3-22 所示。圆筒形阴极封在玻壳内，玻壳上部有一个透明的石英窗。工作时窗口透射出放电辉光，其中主要是阴极金属的原子光谱。空心阴极放电的电流密度可比正常辉光高出 100 倍以上，电流虽大但温度不高，因此发光的谱线不仅强度大，而且波长宽度很小。如金属钙的原子光谱波长为 4226.7 Å 时，光谱带宽为 3.3 Å 左右，同时它输出的光稳定。原子光谱灯可制成单元素型或多元素型，加之填充气体的不同，这种灯的品种很多。

原子光谱灯的主要作用是，引出标准谱线的光束，确定标准谱线的分光位置，以及确定吸收光谱中的特征波长等。它主要用于元素，特别是微量元素光谱分析装置中。表 3-10 列出了常用白炽灯和气体灯的一些性能参数，供使用时比较参考。

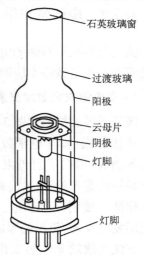

图 3-22 原子光谱灯结构

表 3-10 典型灯的特性参数

灯　　型	直流输入功率（W）	弧光尺寸（mm）	光通量（lm）	发光效率（lm/W）	平均亮度（cd/mm²）	温度（K）
短弧汞灯(高压)	200	2.5×1.8	9500	47.5	250	—
短弧氙灯	150	1.3×1	3200	21	300	—

灯 型	直流输入功率（W）	弧光尺寸（mm）	光通量（lm）	发光效率（lm/W）	平均亮度（cd/mm²）	温度（K）
短弧氙灯	2×10^4	1.25×6	1.15×10^6	57	3000	—
锆弧灯	100	$D=1.5$	250	25	100	—
氙弧灯	2.48×10^4	3×10	4.22×10^5	17	1400	—
钨丝灯	10	—	79	7.9	10~25	2400
钨丝灯	100	—	1630	16.3	10~25	2856
钨丝灯	1000	—	2.15×10^4	21.5	10~25	3000
标准色温白荧光灯	40	—	2560	64	—	—
非转动碳弧灯	2000	≈5×5	3.68×10^4	18.4	175~800	—
转动式碳弧灯	1.58×10^4	≈8×8	3.5×10^5	22.2	175~800	—
太阳	—	—	—	—	1600	5900

3.4　固体发光光源

电致发光是电能直接转换为光能的发光现象。实现这种发光的材料很多。利用电致发光现象制成的电致发光屏和发光二极管,将完全脱离真空,成为全固体化的发光器件。

3.4.1　电致发光屏

荧光材料在足够强的电场或电流作用下,被激发而发光构成电致发光屏。按激发电源不同,有交流和直流电致激发屏两种。

1. 交流粉末场致发光屏

该发光屏的结构如图 3-23 所示。其中铝箔和透明导电膜作为两个电极,透明导电膜通常用氧化锡制成;高介电常数的反射层常用搪瓷或钛酸钡等制成,用以反射光束,将光集中到上方输出。荧光粉层由荧光粉(ZnS)、树脂和搪瓷等混合而成,厚度很薄。玻璃板起支撑、保护和透光作用。为使发光屏发光均匀,每层的厚度都应十分均匀。

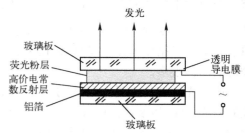

图 3-23　交流粉末场致发光屏的结构

交流场致发光屏的工作原理是:由于发光屏两电极间距离很小,只有几十微米,所以即使在市电电压的作用下,也可得到足够高的电场强度,如 $E=10^4V/cm^2$ 以上。粉层中自由电子在强电场作用下加速而获得很高的能量,它们撞击发光中心,使其受激而处于激发态。当激发态复原为基态时产生复合发光。由于荧光粉与电极间有高介电常数的绝缘层,自由电子并不导电,而是被束缚在阳极附近,在交流电的负半周时,电极极性变换,自由电子在高电场作用下向新阳极的方向,也就是向与正半周时相反的方向加速。这样重复上述过程,使之不断发光。

交流发光屏的工作特性与所加电压 U 和频率 f 有关。发光亮度的经验公式为

$$L = A\exp(-b/\sqrt{U}) \tag{3-19}$$

式中，A 和 b 为与 f 有关的常数。

发光屏随工作时间 t 的增大而老化，使光亮度下降，可用下述公式表示

$$L = L_0/(1+t/t_0) \tag{3-20}$$

式中，t_0 为与工作频率有关的常数；L_0 为发光屏最初的发光亮度。

目前市场上供应的发光屏材料主要是硫化锌（ZnS），所发出的光为绿色，峰值波长为 $0.48\sim0.52\mu m$，发光亮度下降到初始值的 $1/3\sim1/4$ 所对应的寿命约为 3000h。

交流粉末场致发光屏的优点是光发射角大、光线柔和、寿命长、功耗小、发光响应速度快、不发热、几乎无红外辐射和不产生放射线。其缺点是发光亮度低，驱动电压高和老化快。

这种发光屏主要用在仪表及暗环境下的特殊照明、仪表中数字与符号的显示，以及模拟显示等。此外在固体像转换器中也有应用。

2. 直流粉末电致发光屏

该发光屏依靠传导电流产生激发发光。目前实用的发光材料是 ZnS:Mn,Cu，所发出的光为橙黄色。这种发光屏结构与交流发光屏相类似。

直流发光屏具有光亮度较高，且亮度随传导电流的增大而迅速上升的特点。此外还具有驱动电路和制造工艺简单及成本低等优点。其主要缺点是效率低、寿命短。

这种发光屏的典型参数为：在 100V 直流电压的激发下，光亮度约为 $30cd/m^2$；光亮度下降到初始值一半所对应的寿命约上千小时；发光效率为 $0.2\sim0.5lm/W$。它适宜于脉冲激发下工作。主要用于数码、字符和矩阵的显示。

3. 薄膜电致发光屏

薄膜电致发光屏与粉末发光屏在形式上很相似，其结构如图 3-24 所示。在薄膜的两电极间施加适当的电压就可发光。可以制成交流或直流的薄膜电致发光屏。

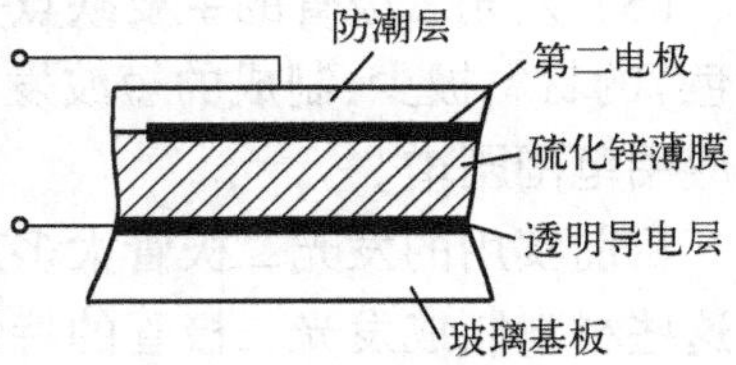

直流薄膜发光屏主要有橙黄和绿两种颜色。工作电压为 $10\sim30V$，电流密度为 $0.1mA/mm^2$，发光亮度为 $3cd/m^2$，发光效率为 $10^{-4}lm/W$，寿命大于 1000h，可直接用集成电路驱动。

交流薄膜发光只有橙和绿两种颜色。工作电压为 $100\sim$

图 3-24　薄膜电致发光屏结构

300V，频率为几十到几千赫兹，发光亮度可达几百 cd/m^2，发光频率为 $10^{-3}lm/W$，寿命在 5000h 以上。

薄膜电致发光屏的主要特点是致密、分辨力高、对比好，可用于隐蔽照明，固体雷达屏幕显示和数码显示等。

4. 标准发光屏

虽然标准发光屏不是一种电致发光屏，但有类似之处，所以在这里一起介绍。标准发光屏是用性能良好、寿命很长的白色荧光粉和具有极长半衰期的放射性物质，以及其他材料混合制成的。荧光质在放射性射线作用下发光，如果放射性物质的半衰期达几十年或百年以上，那么在几个月或一年时间内其发出的射线基本稳定，对应发光屏的发光也基本恒定。所以把它叫做标准发光屏。

在各种光度仪器中，常将标准发光屏作为自校准的标准。每次检测都可用它检查光度计工作是否正常，测值是否正确。而标准发光屏在光度仪器进行标定时，同时送计量部门标定。

3.4.2 发光二极管

发光二极管也叫做注入型电致发光器件。它是由 P 型和
N 型半导体组合而成的二极管,当在 PN 结上施加正向电压时
产生发光。其发光机理是:在 P 型半导体与 N 型半导体接触
时,由于载流子的扩散运动和由此产生内电场作用下的漂移
运动达到平衡而形成 PN 结。若在 PN 结上施加正向电压,则
促进了扩散运动的进行,即从 N 区流向 P 区的电子和从 P 区
流向 N 区的空穴同时增多,于是有大量的电子和空穴在 PN
结中相遇复合,并以光和热的形式释放出能量。

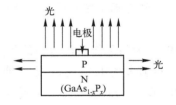

图 3-25　发光二极管的结构原理

发光二极管的结构原理如图 3-25 所示。为能将所发光引出,通常将 P 型半导体充分减
薄,于是结中复合发光主要从垂直于 PN 结的 P 型区发出,在结的侧面也能发出较少的光。

发光二极管的主要特点如下。

(1) 发光二极管的发光亮度与正向电流之间的关系如图 3-26 所示。工作电流低于 25mA
时,两者基本为线性关系。当电流超过 25mA 后,由于 PN 结发热而使曲线弯曲。采用脉冲工作
方式,可减小 PN 结发热的影响,使线性范围得以扩大。正是由于这种线性关系,使之可以通过
改变电流大小的方法,对所发光量进行调制。

(2) 发光二极管的响应速度极快,时间常数约为 $10^{-6} \sim 10^{-9}$s。也就是说它有着良好的频率
特性。因此上述调制频率可以很高。

(3) 发光二极管的正向电压很低,约为 2V,于是它能直接与集成电路匹配使用。

(4) 发光二极管还具有小巧轻便、耐震动、寿命长(大于 5000h)和单色性好等一系列优点,
使其应用越来越广泛。

(5) 发光二极管的主要缺点是发光效率低,有效发光面很难做大。另外,发出短波光(如蓝
紫色)的材料极少,制成的短波发光二极管的价格昂贵。克服这些缺点将使发光二极管的作用
及应用范围剧增。

目前实用的发光二极管大多用 Ⅲ ~ Ⅴ 族半导体材料制成。如磷化镓、砷化镓和磷砷化镓等。
用这些材料制成发光二极管的特性参数如表 3-11 所示。

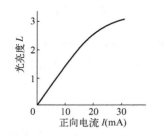

图 3-26　发光二极管的发光特性

表 3-11　各种材料制成的发光二极管的特性参数

材　　料	禁带宽度(eV)	峰值波长(μm)	结构	颜色	外部效率(%)
GaP(Zn,N_2)	2.24	0.565	PN	绿	0.1
GaP(Zn,O_2)	2.24	0.700	PN	红	1.0
GaP	2.24	0.585	PN	黄	—
GaAs$_{1-x}$P$_x$	1.84 ~ 1.94	0.62 ~ 0.68	PN	红	0.3
GaN	3.5	0.44	MIS	蓝	0.01 ~ 0.1
Ga$_{1-x}$Al$_x$As	1.80 ~ 1.92	0.64 ~ 0.70	PN	红	0.4
GaAs	—	0.94	PN	红外	—

下面介绍目前常用的几种发光二极管及特点。

1. 磷化镓 (GaP) 发光二极管

在磷化镓中掺入锌和氧时,所形成的复合物可发红光、发光中心波长为 0.69μm,其带宽
为 0.1μm。当掺入锌和氮时,器件可发绿光,其发光的中心波长为 0.565μm,而带宽约
为 0.035μm。

图 3-27 所示是磷化镓发光二极管的伏安特性曲线。正向电压上升到 1~2V 时,电流突然增加而产生发光。反向击穿电压为 −10~−15V。由此可见为使该发光二极管正常工作,反向电压不得超过 −10V。而且为控制二极管的电流,在工作电路中应加限流电阻,通过改变限流电阻控制电流,改变发光的亮度,也使器件不致因电流过大而烧毁。这同样适用于其他发光二极管。

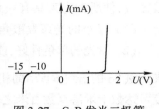

图 3-27　GaP 发光二极管
伏安特性曲线

2. 砷化镓（GaAs）发光二极管

砷化镓发光二极管的发光效率较高。反向耐压约为 −5V,正向交变电压约为 1.2V。该二极管发出近红外光,中心波长为 0.94μm,带宽为 0.04μm。当温度上升时,辐射波长向长波方向移动。这种发光二极管的最大优点是脉冲响应快,时间常数约为几十毫微秒,所以能产生高频调制的光束,这使它的应用十分广泛。如用于光纤通信、红外夜视等多种领域中。

3. 磷砷化镓（$GaAs_{1-x}P_x$）发光二极管

当磷砷化镓的材料含量比不同时,即 x 由 1~0 变化,其发光光谱可从 0.565μm 变化到 0.91μm。所以,可以制成不同发光颜色的发光二极管。一般取 $x \approx 0.4$,于是有 $\lambda_m = 0.65\mu m$,$\Delta\lambda = 0.04\mu m$。正向电流为 10mA,正向突变电压为 1.6V;反向耐压为 −3V,反向电流约 10μA。它可在 −55~100℃ 温度下工作,随着温度上升,工作电流下降,同时发光也减弱。为了使发光二极管降温,可使用散热器或冷却器。

这种发光二般管的特点是 PN 结制备比较简单,当电流升高时,发光曲线饱和现象不太明显。另外,这种光源也适用于高频调制,所以也有着广泛的应用。

发光二极管的部分商品型号与性能参数见表 3-12。

表 3-12　发光二极管型号与性能参数

型号	材料	发光颜色	封装颜色	极限参数			正向电压 U_F(V)		发光强度				峰值波长 λ_p(μm)
				P_M (mW)	I_{FM} (mA)	U_R (V)	I_F (max)	I_F (mA)	A (min)	B (min)	C (min)	I_F (mA)	
FG114000	GaAsP	红	红色散射	30	20	5	2	10	0.3	1.1	1.1	10	0.6600
FG114001	GaAsP	红	红色散射	100	50	5	2.0	20	0.5	1.5	2.5	20	0.6600
FG114002	GaAsP	红	红色散射	100	50	5	2.0	20	0.2		1.3	20	0.6600
FG314000	GaP	红	红色散射	50	20	5	2.8	20	0.4	0.8	1.2	10	0.7000
FG313001	GaP	红	红色散射	90	50	5	2.8	20	1	2	3	10	0.7000
FG344000	GaP	绿	绿色散射	50	20	5	2.8	20	0.5	1.5	3.0	10	0.5650
FG344001	GaP	绿	绿色散射	90	50	5	2.8	20	0.6	2.5	3.5	10	0.5650
FG334000	GaP	黄	黄色散射	50	20	5	2.8	20	0.4	1.0	1.5	10	0.5850
FG334001	GaP	黄	黄色散射	90	50	5	2.8	20	0.6	2.5	3.5	10	0.5850
FG324000	GaP	橙	橙色散射	50	20	5	2.8	20	0.4	1.0	1.5	10	0.6100
FG324001	GaP	橙	橙色散射	90	50	5	2.8	20	0.6	2.0	3	10	0.6100

3.5　激光光源

激光器作为一种新型光源,与普通光源有显著的差别。它利用受激发射原理和激光腔的滤

波效应,使所发光束具有一系列新的特点。这些特点主要是:

(1) 极小的光束发散角,即所谓方向性好或准直性好,其发散角可小到约 0.1mrad。

(2) 激光的单色性好,或者说相干性好。普通的灯源或太阳光都是非相干光,就是作为长度标准的氪 86 的谱线 6057Å 的相干长度也只有几十厘米。而氦氖激光器发出的谱线 6328Å,其相干长度可达数十米甚至数百米之多。

(3) 激光的输出功率虽然有限度,但光束细,所以功率密度很高,一般的激光亮度远比太阳表面的亮度大。

由于激光光源的这些特点,使它的出现成为光学中划时代的标志。作为光源已应用于许多科技及生产领域中。激光光源的应用促进了技术的新发展,已成为十分重要的光源。

按照受激发射量子放大器的原理,要产生激光必须满足两个重要条件。第一,要在非热平衡系统中找到跃迁能级。在那里寿命较长的上能级粒子数要大于下能级粒子数。也就是要找到实现能级粒子数反转的工作物质。第二,要建立一个谐振腔。当某一频率信号(外来的或腔内自发的)在腔内谐振,即在工作物质中多次往返时,有足够的机会去感应处于粒子数反转状态下的工作物质,从而产生激光。被感应的辐射具有和去感应的辐射同方向、同位相、同频率、同偏振态的特点。而这些被感应的辐射继续去感应其他粒子,造成连锁反应,雪崩似地获得放大,从而产生强烈的激光。

目前常用的激光器主要有气体激光器、固体激光器、染料激光器和半导体激光器等。下面分别给以介绍。

3.5.1　气体激光器

气体激光器采用的工作物质为气体。目前可采用的物质种类最多,激励方式多样,发射的波长也最多。

氦氖激光器中充有压强为 $1.32×10^2$Pa 的氦气和压强为 13.21Pa 的氖气,激光管用硬质玻璃或石英玻璃制成,管子的电极间施加几千伏的电压,使气体放电。在适当的放电条件下,氦氖气体成为激活介质。如果在管子的轴线上安装高反射比的反射镜作为谐振腔,则可获得激光输出。主要输出波长有 0.6328μm、1.15μm 和 339μm,而以 0.632μm 的性能最好。其波长不确定度在 10^{-6} 左右,采用稳频措施后,不确定度可达 10^{-12} 以下。它主要应用于精密计量、全息术、准直测量、印刷和显示等技术中。图3-28所示为三种不同腔式结构的氦氖激光器。外腔式谐振腔的反射镜便于调节和更换。两反射镜可同时用平面镜、凹面镜或一平面镜一凹面镜。如采用两个相同的凹形球面反射镜,并使二者间距离等于球面的曲率半径,这样构成的谐振腔叫做共焦腔。放电管两端窗口的法线与管轴成布儒斯特角,即全偏振角。这时虽然垂直于纸面方向振动的偏振光,经多次往返不断从窗口射出而损失,但是平行纸面振动的偏振光却极少损失,满足谐振要求,并发出线偏振的激光。

氦氖激光器的单色性好,相干长度可达十米以至数百米。氦氖激光器的主要类型及特性参数如表 3-13所示。

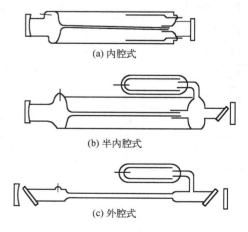

(a) 内腔式

(b) 半内腔式

(c) 外腔式

图 3-28　氦氖激光器示意图

表 3-13 氦氖激光器的特性参数

结构	激光器长度(mm)	功率(mW)	功率稳定度①(%h)	发散度(mrd)	横模	寿命(h)	光束直径(mm)
内腔式	185	0.5	<±10	1.5		2000	1
	210	1	<±10	1.5		3000	1
	250	1.5	<±5	1.5	TEM00	5000	1
	330	3	<±10	1.5		5000	1.5
	480	4	<±10	1.5		5000	1.5
半内腔式	150	0.5	<±1	1.5		5000	0.7
	200	0.2	<±1	2	TEM00	4000	0.7
	260	1.5	<±3	1.5		5000	1
外腔式	400	8	<±2.5	1		5000	0.7
	700	14	<±2.5	0.9		5000	0.9
	1000	25	<±2.5	0.7	TEM00	5000	1.1
	1500	40	<±5	0.7		5000	1.6
	2000	60					3

① 每小时不超过输出功率的百分比。

氩离子激光器是用氩气作为工作物质,在大电流的电弧光放电或脉冲放电的条件下工作的。输出光谱属线状离子光谱。它的输出波长有多个,其中功率主要集中在 $0.5145\mu m$ 和 $0.4880\mu m$ 两条谱线上。表 3-14 所示为国内生产的几种氩离子激光器的主要特性参数。

表 3-14 氩离子激光器特性参数

激光器长度(mm)	输出功率(W)	光束发散度(mrd)	光管外径(mm)	冷却方式
750	0.3	1.5	100	
1050	0.8	1.5	100	水冷
1250	2	1	100	
1450	4	1	100	

二氧化碳激光器中除充入二氧化碳外,还充入氦和氮,以提高激光器的输出功率,其输出谱线波长分布为 $9\sim11\mu m$,通常调整在 $10.6\mu m$。这种激光器的运转效率高,连续功率可达 10^4W 以上,脉冲能量可从 mJ 到 10kJ,小型 CO_2 激光器可用于测距,大功率 CO_2 激光器可用于工业加工和热处理等。国内生产的 CO_2 激光器的特性参数如表 3-15 所示。

表 3-15 CO_2 激光器的特性参数

激光器长度(mm)	输出功率(W)	工作电流(mA)	输出波长(μm)	横向间模	冷却方式
150	2	9			
250	5	10			
500	15	18			
800	35	22	10.6	低次模	水冷
1000	50	26			
1200	60	30			
1600	80	32			

其他气体激光器还有氮分子激光器、准分子激光器等,在化学、医学、荧光激励等方面都有广泛的应用。

3.5.2 固体激光器

目前可供使用的固体激光器材料很多,同种晶体因掺杂不同也能构成不同特性的激光器材料。下面介绍几种常见的固体激光器。

红宝石激光器是最早制成的固体激光器,其结构原理如图3-29所示。红宝石磨成直径为8mm、长度约为80mm的圆棒。将两端面抛光,形成一对平行度误差在1′以内的平行平面镜,一端镀全反射膜,另一端镀透射比为10%的反射膜,激光由该端面输出。脉冲氙灯为螺旋形管,包围着红宝石作为光泵。两端面间构成长间距的法布里–罗珀标准具,光在两端面间多次反射,两端面间的距离满足干涉加强原理,即

$$2nL = k\lambda \tag{3-21}$$

式中,n 为红宝石的折射率;L 为两端镜面间距离;λ 为被加强的波长;k 为干涉级。

两端面镜间形成谐振腔,它使轴向光束有更多的机会不断感应处于粒子数反转的激发态粒子,产生受激光,同时增加了被加强长光束的强度,并使谱线带宽变窄,从10%透射比的窗口输出激光。红宝石激光器输出激光的波长为 $0.6943\mu m$,脉冲宽度在 1ms 以内,能量约为焦耳数量级,效率不到 0.1%。脉冲工作单色性差,相干长度仅几毫米。

玻璃激光器常用钕玻璃作为工作物质,它在闪光氙灯照射下,在 $1.06\mu m$ 波长附近发射出很强的激光。钕玻璃的光学均匀性好,易做成大尺寸的工作物质,可做成大功率或大能量的固体激光器。目前利用掺铒(Er)玻璃制成的激光器,可产生对人眼安全的 $1.54\mu m$ 的激光。中小型固体激光器的典型结构如图3-30所示。

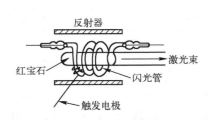

图 3-29　红宝石激光器结构原理

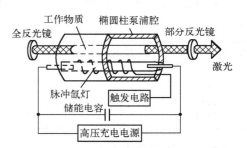

图 3-30　固体激光器典型结构

YAG 激光器是以钇铝石榴石为基质的激光器。随着掺杂的不同,可发出不同波长的激光。最常用的是掺钕(Nd)YAG,它可以在脉冲或连续泵浦条件下产生激光,波长约为$1.064\mu m$。其他工作物质还有:掺钕:铒的 YAG,发出 $1.06\mu m$ 和 $2.9\mu m$ 双波长的激光;掺铒 YAG,发出 $1.7\mu m$ 的激光;掺钬(Ho)YAG,发出 $2.1\mu m$ 的激光;掺铬(Cr):铱(Ir):钬 YAG 发出 $2\mu m$ 的激光;掺铬:铥(Tm):铒 YAG,发出 $2.69\mu m$ 的激光。

其他还有许多不同材料和不同结构的固体激光器,如色心激光器、可调谐晶体激光器、板条激光器、管状激光器和串联激光器等。

3.5.3　可调谐染料激光器

这种激光器是液体激光器的一种。其工作物质可分为两类:一类是有机染料溶液;另一类是含有稀土金属离子的无机化合物溶液。液体激光器多用光泵激励,有时也用另一个激光器作为激励源。

若旦明 6G 就是一种有机染料,它在氙灯闪光或其他激光激发下可发出激光。由于液体中能带宽,发出激光有的宽达 100Å。当采用如图 3-31 所示的调谐机构时,激光宽度可减到 1Å 左右;若再加一个标准具,则宽度可达 10^{-2}Å 以下。图中的反射镜与衍射光栅构成光腔,通过对光栅的调整又可对不同波长进行调谐,于是在所用材料能产生激光波长的范围内,输出所需波长的激光。更换其

他染料,可获得其他波长范围的激光。表 3-16 给出了各种染料所发激光的光谱范围。

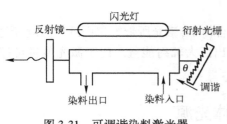

图 3-31　可调谐染料激光器

表 3-16　主要染料的激光波长范围

染 料	溶 剂	可调范围(μm)
Calcein 蓝	乙醇	0.449~0.490
二苯基苯并呋喃	乙醇	0.484~0.518
荧光素	碱性水溶液	0.527~0.570
若旦明 6G	乙醇、水	0.560~0.650
若旦明 B	乙醇、水	0.590~0.700
甲酚紫	乙醇	0.630~0.690

目前已可从 $0.32\sim1\mu$m 中获得所需要的任何波长的激光。由于染料液体可通过流动散热,它们的转换效率可高达 25%。这些都是这类激光器的优点。

3.5.4　半导体激光器

它们是以半导体材料作为工作物质的激光器。最常用的材料为砷化镓,其他还有硫化镉(CdS)、铅锡蹄(PbSnTe)等。其结构原理与发光二极管十分类似。如注入式砷化镓激光器,最常用波长为 0.84μm,如图 3-32 所示。将 PN 结切成长方块,其侧面磨成非反射面,二极管的端面是平行平面并构成端部反射镜。大电流由引线输入。当电流超过阈值时便产生激光辐射。

半导体激光器体积小,重量轻,寿命长,具有高的转换效率。如砷化镓激光器的效率可达 20%,寿命超过 10000h。

表 3-17　激光器的主要类型

大　类	小　类	具体例子
气体 激光器	中性原子激光器 离子激光器 分子激光器	氦氖激光器 氩离子激光器、氪离子激光器 二氧化碳激光器、氰化氢激光器
固体 激光器	晶体激光器 非晶体激光器	红宝石激光器、钇铝石榴石激光器 钕玻璃激光器
液体 激光器	无机液体激光器 有机液体激光器	二氯氧化硒激光器 染料激光器,螯合物激光器
半导体 激光器	PN 结激光器 电子束激励激光器 光激励半导体激光器	GaAs,CaSb 激光器 GdS,ZnS 激光器 GaAs,PbTe 激光器

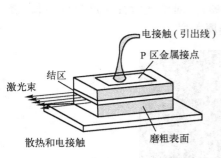

图 3-32　半导体激光器结构原理

半导体激光器是目前最被重视的激光器,它的商品化程度高。随着半导体技术的快速发展,新型的半导体激光器也在不断出现。目前可制成单模或多模、单管或列阵,波长为 $0.4\sim1.6\mu$m,功率可由 mW 数量级到 W 数量级的多种类型半导体激光器。它们可应用于光通信技术、光存储技术、光集成技术、光计算机和激光器泵浦等领域中。

以上介绍了四种不同类型的激光器,实用激光器的类型很多,不可能一一介绍,表 3-17 列出各主要类型的激光器,以供参考。

激光器除可作为检测光源外,还有着广泛的应用。其主要用途有:

(1) 激光用做热源。激光光束细小,且带着巨大的功率,如用透镜聚焦,可将能量集中到微小的面积上,产生巨大的热量。可应用于打细小孔、切割等工作;在医疗上做手术刀;大功率的激光武器等。

(2)激光测距。激光作为测距光源,由于方向性好、功率大,可测很远的距离,且精度很高。

(3)激光通信。

(4)受控核聚空中的应用。将激光射到氘与氚混合体中,激光所带给它们巨大能量,产生高压与高温,促使两种原子核聚合为氦与中子,并同时放出巨大辐射能量。由于激光能量可控制,所以该过程称为受控核聚变。

3.6 新型半导体光源

3.6.1 新型电调制红外光源

金属丝光源、钨灯、硅碳棒等都可作为红外光源。热漂移是测量误差之一。修正测量误差的方法有:通过简单地测量环境温度然后应用经验校正因子;使用机械调制盘斩断红外光源的能量,以便当红外光源被斩断时可以测量参照背景。

1. 脉冲红外光源(pulsIR®)的原理与特性

1997年以来,美国的 Ion Optics 公司制造了电脉冲红外光源,其发射体以灯丝的热滞极低为特征,既可以脉冲调制,又可以直流运行,因此有效地减少了对探测器、样品及光学系统的寄生热,既省去了机械调制及其附属的电子电路,又特别适合做成密封的光路。该光源带宽范围可达2~20μm,适合于光谱测量及校准、气体分析等领域。其技术核心包括两部分:

(1)红外灯丝技术

如图3-33所示,通过生成随机的表面纤维(亚微米尺度的条形和锥形),这些红外光源金属丝的发射率得到增强和控制。相对于相同材料的平面灯丝而言,这些纤维修正了其反射和吸收光谱。对于比特征尺度小的波长,表面将散射绝大部分入射光,因此其反射率较低(灯丝看起来为黑色),根据基尔霍夫定律,它也必然有较高的发射率(>80%)。对于比特征尺度长的波长,表面看起来与平面的金属一样,因此它具有低发射率,与平面金属一样。

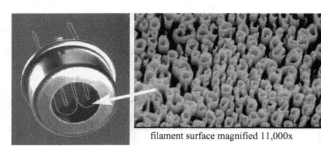

filament surface magnified 11,000x

图3-33 Ion Optics 公司的 pulsIR® 及其 SEM 显微图(其表面纤维深度为1~2μm)

(2)温度调制

离子束处理过的发射体表面的高发射率,使之可以经由热发射后有效而迅速地冷却。图3-34(a)所示的红外图像为 Ion Optics 光源由电脉冲驱动的红外图像;热灯丝在下一个脉冲到来之前,几乎冷却至背景温度,因此提供了数百度的温度调制。图3-34(b)显示的为一传统光源在电脉冲驱动下的红外图像,其运行温度比 Ion Optics 光源高出数倍;其包装体发热严重,在每一脉冲之间其表面温度仅相差几度。

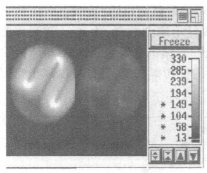

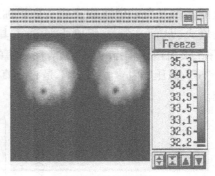

(a) Ion Optics 光源　　　　　　　　　(b) 传统红外灯丝光源

图 3-34　光源在脉冲调制下的红外热图比较

由于采用箔制灯丝,该光源在 2Hz 的脉冲频率下可以达到大于 82% 强度调制(代表 700℃的温度调制)。Ion Optics 公司使用离子束处理箔制灯丝表面,以改善其红外辐射特性。这种处理使得红外光源在较低温度(比钨丝灯泡低数倍)运行时,仍在所期望的 2~20μm 波段内产生有效的、高强度的脉冲辐射,其典型脉冲特性如图 3-35 所示(10Hz,50% 占空比,500℃)。较低的运行温度极大地减小了样品及其相关的热效应,减小了驱动能源供应,灯丝的寿命也因此可以长达 6 年。Ion Optics 公司对该种红外光源进行的测定表明,不仅其输出非常稳定,而且其监控也非常方便——可以通过监测其驱动电流的波形以电的方式监控。

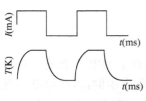

图 3-35　pulsIR® 光源的
脉冲调制特性

表 3-18　Ion Optics 电子调制脉冲红外光源主要参数

封　装	额定温度(℃)	最大功率*(W)	最大电压*(V)	最大电流*(A)
TO-5	850	2.0	2.6	0.77
TO-8	850	2.25	2.81	0.80
Parabola	1000	1.7	1.75	0.97

2. 脉冲红外光源(pulsIR®)的类型与参数

Ion Optics 现提供三种封装形式的脉冲红外光源,其主要参数如表 3-18 所示。Ion Optics 的 pulsIR® 在 2~20μm 波段范围内均有足够强的发射功率,所以其工作波段的限制主要由窗口材料决定。

3. 光源供电电路

对于大多数应用,Ion Optics 的 pulsIR® 的灯丝应当工作在小于 50% 占空比的条件下。尽管可以工作在各种占空比条件下(包括直流方式),但是大的占空比或频率导致的温度调制减弱通常会减小器件在许多场合应用中的效用。

通常,方波恒流或恒压驱动方案是最简单和实用的光源供电方式。对于恒流驱动,光源消耗的功率为 I^2R。由于随着光源温度的升高,光源的电阻会略有增大,这就会引起脉冲为"ON"期间给光源提供的功率上升。对于恒压驱动,光源消耗的功率为 U^2/R,因此脉冲为"ON"期间给光源提供的功率会略有下降。为了提高光源输出功率的稳定性,采用镇流电阻实现光源供电功率的恒定。

（1）恒压驱动

在恒压系统中,负载电阻消耗的功率为

$$P = U^2/R$$

给负载提供的功率与负载电阻成反比。如果加入一串联镇流电阻,负载上的压降会随着负载电阻的增大而增大,从而在很大程度上抵消了其消耗功率的波动,电路示意图如图 3-36 所示。图 3-37 为有无镇流电阻情况下,光源消耗功率的比较,镇流电阻为 3.5Ω,与脉冲红外光源相串联,供电为一 4V 恒压驱动。尽管这不是一个真正的恒功率系统,但是可以减小光源电阻变化对功率的影响。

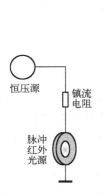

图 3-36　恒压驱动电路示意图

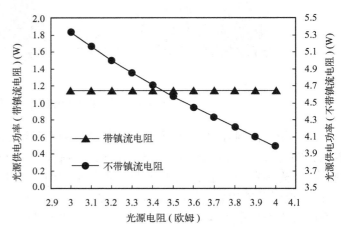

图 3-37　镇流电阻对恒压驱动下光源供电功率的影响

（2）恒流驱动

同理,在恒流系统中,负载电阻消耗的功率为

$$P = I^2 R$$

给负载提供的功率与负载电阻成正比。如果加入一并联镇流电阻,负载上的电流会随着负载电阻的增大而减小,从而在很大程度上抵消了其消耗功率因负载电阻变化产生的波动,电路示意图如图 3-38 所示。图 3-39 为有无镇流电阻情况下,光源消耗功率的比较,3.5Ω 镇流电阻与脉冲红外光源相并联,供电为一 1Amp 恒流驱动。

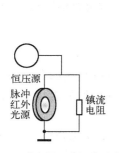

图 3-38　恒流驱动电路示意图

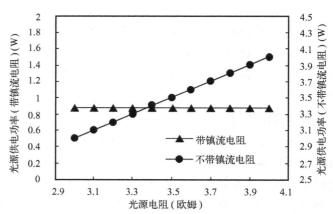

图 3-39　镇流电阻对恒流驱动下光源供电功率的影响

3.6.2　超辐射发光二极管

超辐射发光二极管(SLD)是 20 世纪 70 年代初发展起来的一种半导体光电器件。自 1971 年 Kurbativ 等人首次制备出 SLD 以来,SLD 得到了惊人的发展。特别是近年来,由于它在光纤陀螺仪(FOG)、光时域反射仪(OTDR)以及光纤传感等方面的重要应用,使得 SLD 的研制和开发已

成为人们相当感兴趣的研究课题。

SLD 作为一种具有内增益的非相干光光源,它的光学特性介于半导体激光器(LD)和发光二极管(LED)之间:和半导体激光器相比,SLD 有短的相干长度,可以显著降低由光纤圈中的瑞利背向散射和非线性克尔效应等引起的噪声以及光纤传输中的模式分配噪声等;和一般 LED 相比,SLD 的输出功率大、耦合效率高、光束发散角小,提高了耦合入尾纤的功率和系统的信噪比。正是由于 SLD 的这些特有性能,使 SLD 成为高灵敏光纤陀螺应用的标准光源。随着 SLD 性能的提高,使得它在中、短距离光通信,光存储读出和光学相干层析成像技术中也得到了广泛的应用。

1. SLD 的工作原理和基本构造

SLD 的工作原理基本上和 LED 相似:在正向电流的注入下,有源层内反转分布的电子从导带跃迁到价带或杂质能极时,与空穴复合而释放出光子,这种自发辐射的光子在给定腔体中传播时受增益作用而得到放大。在普通半导体激光器中,由于腔体两个端面的反射作用形成法布里-珀罗(F-P)谐振,当注入电流高于阈值时,输出端面的输出突然增大而形成激光。显然,光反馈产生谐振是形成激光的必要条件。而在 SDL 中,虽然通过人为的处理和工作条件的保证,在器件的后端面处存在一定的反射,但反射强度不足以提供光反馈,而且,在输出端面,理想的情况下反射率 $R=0$,因此不存在光反馈谐振,输出的是非相干光。在 SLD 中,由于光在传播过程中受到增益的作用,使得实际发射光谱和发散角变窄,调制带宽增大。

随着光纤陀螺技术的发展,对宽光谱光源性能要求也不断提高,即对其功率指标有较高要求的同时,也希望其光谱宽度越宽越好。为此,提高光谱宽度成为 SLD 研究的另外一个目标。方法有:叠加具有不同发光中心波长的有源层;级联各种不同发光中心波长的有源层;利用量子阱不同子能级之间的跃迁发射光谱的叠加来增加谱宽;采用不同阱宽双量子阱结构等。这些方法的基本思想都是利用不同发光波长介质的叠合来增加光谱宽度。

SLD 发展至今已提出了各种结构,报道了各自的特性。研究表明,实现 SLD 的关键是如何有效地抑制 F-P 振荡作用,减少光反馈。其主要技术大致可分为三种:导入光吸收区;降低介质膜引起的器件端面的反射率;调整器件端面的反射角度。由此,可把 SLD 的结构分为三种类型:①波导吸收区 SLD;②防反射(AR)涂层 SLD;③角度条形 SLD。

(1) 波导吸收区 SLD

① 直波导吸收区 SLD。直波导吸收区 SLD 是 SLD 的主要结构之一,现已趋于成熟。器件采用半导体激光器结构,吸收区主要有两种形式:质子轰击形成的高阻隔吸收区和常规光刻技术制作的非泵浦吸收区。质子轰击直波导吸收区 SLD 的结构如图 3-40 所示。质子轰击被用来产生一个靠近激光器后反射面吸收区,并在器件端面上蒸镀了 SiO_2 减反射涂层,以进一步抑制 F-P 振荡作用。

② 弯波导吸收区 SLD。虽然直波导吸收区 SLD 由于吸收区易实现且特性较好而倍受人们青睐,但是这种结构吸收区较长,并且是在一定电流范围内实现超辐射的,当驱动电流增加到一定数值时,吸收区就会失去抑制 F-P 的振荡作用,而使 SLD 转化成激光器的工作方式,驱动电流小,输出功率无法提高。为了提高输出功率,必须增加 SLD 的工作电流范围。后来,人们开发研究出了一种新型的超辐射吸收区波导结构——弯波导吸收区,如图 3-41 所示。在弯波导吸收区 SLD 中,当在泵浦区内传播的光在吸收区内传播时,由于入射角大于全反射的临界角,在光波到达弯形区的端面时,几乎所有的光都被透射出去,而被返回并向有源区波导界面传播的光已经很少,因此,弯波导吸收区 SLD 即使在很高的驱动电流和短的吸收区条件下,也能十分有效地抑制 F-P 振荡,实现超辐射。

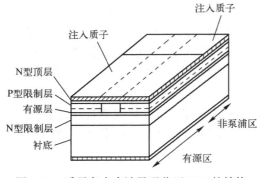

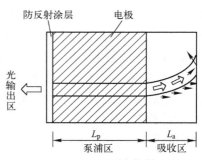

图 3-40　质子轰击直波导吸收区 SLD 的结构　　　图 3-41　弯波导吸收区 SLD 的结构

（2）防反射涂层 SLD

光学薄膜在半导体光电器件应用中的作用越来越重要：用作半导体激光器的保护膜可以提高器件的可靠性；对探测器光敏面增透后能提高其探测灵敏度；行波半导体激光放大器也是通过在半导体激光器的两解理面增透实现光信号放大的。如果在半导体激光器两端面上蒸镀高效防反射涂层，同样可实现 SLD，其结构如图 3-42 所示。在脊波导激光器前端面蒸镀防反射涂层，为了提高输出功率，在其后端面还蒸镀了一层高反射金膜。

蒸镀防反射涂层虽然同样可实现较好性能的 SLD，但由于半导体激光器自身的特点，给高效防反射涂层的镀制带来了一些困难；另外，在防反射涂层的蒸镀过程中，还需对膜厚进行监测，满足不了批量生产的要求。

（3）角度条形 SLD

有效地降低端面反射率，不但可以实现高功率 SLD，而且还可以获得较低的 F-P 调制深度。研究者又开发了如图 3-43 所示的角度条形 SLD 结构。该结构是在激光器上使用 5° 倾角的 5μm 条宽有源层制作而成。为了提高输出功率，又在前端面上蒸镀了 1/4 波长的防反射涂层。实现角度条形 SLD 的关键是必须选择合适的倾斜角度。一般情况下，倾斜角度要大于全反射的临界角。

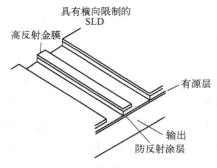

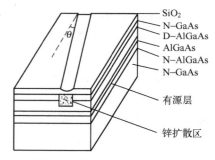

图 3-42　防反射涂层 SLD 的结构　　　　图 3-43　角度条形 SLD 的结构

2. SLD 的特性

（1）SLD 的电流-电压（I-U）特性

图 3-44 所示为一个 1.3μm 波长 InGaAsP/InP 的 SLD 的典型 I-U 特性曲线。由图可见，在正向电流为 1mA 时，器件导通电压为 0.7~0.8V；反向电流为 0.1mA 时，反向击穿电压大于或等于 2V。

（2）SLD 的光功率-电流（P-I）特性

图 3-45 所示为典型的 SLD 在室温连续工作条件下的光功率-电流（P-I）特性曲线。当注入电流大于某一值后，随着注入电流的增大，输出光功率呈线性增加。

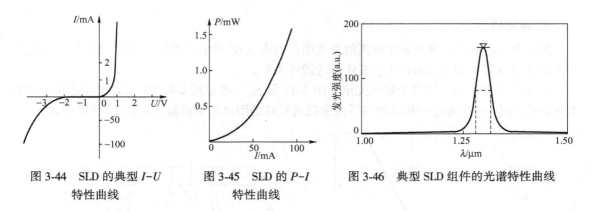

图 3-44　SLD 的典型 I-U
　　　　特性曲线

图 3-45　SLD 的 P-I
　　　　特性曲线

图 3-46　典型 SLD 组件的光谱特性曲线

（3）SLD 组件的光谱特性

图 3-46 所示为典型 SLD 组件的光谱特性曲线,组件峰值工作波长的典型值为 1.3μm,光谱宽度(FWHM)大于 30nm。

3.6.3　掺杂光纤超荧光宽带光源

在众多光纤传感器和光纤探测器中,一般都需要时间相干性低的宽带光源。随着光通信和光传感技术的发展,对光源提出了新的要求,尤其是波分复用网络,它需要宽带宽、高功率的光源,而现在的半导体激光器虽然有较高的功率,但线宽太窄。LED 虽然有较宽的光谱,其能量又太低。掺 Er^{3+} 或 Nd^{3+} 光纤的放大自发辐射(ASE)具有很好的温度稳定性,其荧光谱宽可达数十纳米,是一种很有前途的、可用于惯性导航级别光纤陀螺的低相干性、单横膜宽带光源,称之为宽带超荧光光纤光源(SFS)。由于光谱很宽,它可以减少系统的相干噪声、光纤瑞利散射引起的位相噪声以及克尔效应引起的位相漂移。与 SLD 相比,稀土掺杂光纤的 ASE 光源具有输出光谱稳定、受环境影响小、易于单模光纤传感系统耦合等优点。

1. 工作原理与结构

目前商业的宽带光源中,掺 Er^{3+} 超荧光光纤光源(Erbium‒doped Superfluorescent Fiber Source)具有温度稳定性强、荧光谱线宽、输出功率高、使用寿命长等特点,在光纤传感、光纤陀螺、掺铒光纤放大器(EDFA)测量、光纤探测器、光谱测试以及低成本接入网等很多领域得到了广泛的应用。

Wysocki 等已研究过掺 Er^{3+} 宽带 SFS 不同的结构,大致可分为单程后向、单程前向、双程后向和双程前向等类型。由于后向泵浦单程 SFS 结构可避免光反馈引起的附加噪声,即与其他 SFS 结构相比,光反馈引起的稳定性问题对它影响最小,故较为常见。用 1480nm 激光器作抽运源,波分复用器(WDM)将抽运光射入掺铒光纤中用于长程抽运(见图 3-47),由于介质中的 Er^{3+} 被激发,使得电子从能量较低的基态跃向较高的激发态,从而出现粒子数反转,并产生自发辐射。随着光波在掺铒光纤(EDF)介质中传播距离的增加,该自发辐射被放大,称为放大自发辐射(Amplified Spontaneous Emission,ASE)。ASE 辐射谱的中心波长接近 1550nm,谱宽达 40~50nm。

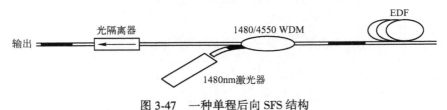

图 3-47　一种单程后向 SFS 结构

2. 输出特性

SFS 典型的输出功率与泵浦电流的关系曲线如图 3-48 所示。当泵浦电流超过某一阈值后，SFS 的输出功率 P 随泵浦电流 I 的变化呈现线性关系。

掺 Er^{3+} 的宽带 SFS 的典型输出光谱如图 3-49 所示，一般呈现双峰结构，谱宽可达几十纳米。在实际应用中，往往通过一些改进的手段来拉近双峰的距离拓展谱宽，以满足应用的要求。

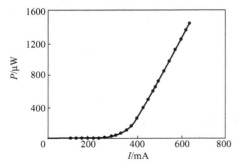

图 3-48　SFS 典型的输出功率
与泵浦电流的关系曲线

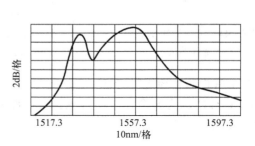

图 3-49　SFS 典型输出光谱

荧光频谱的变化是影响宽带光源工作性能的一个重要因素。目前国外对宽带光源研究测试表明，Er^{3+} 宽带 SFS 的稳定度已容易达到 10^{-6}RMS（均方根值），温度漂移约为 10^{-6}/℃。

习题与思考题

3-1　什么是光谱匹配系数？设光源功率分布为高斯分布，$\mu = 0.3$，$\sigma = 0.1$，探测器光谱灵敏度亦是高斯分布，$\mu = 0.4$，$\sigma = 0.1$，计算其匹配系数。

3-2　热光源的主要特点是什么？

3-3　飞机尾喷口的温度为 1000℃，坦克后盖的温度为 250℃，人体的表面温度为 27℃，假设都为黑体，试计算它们各自的最大辐射波长和总辐射出射度。

3-4　简述腔型黑体辐射源的组成及对主要部件的要求。

3-5　简述光强标准器的结构、工作原理及光度标准的传递方法。

3-6　简述发光二极管的工作原理、主要特性、优缺点及使用方法。

3-7　如习题 3-7 图所示，利用腔型黑体辐射源（$\varepsilon = 0.999$），在某接收面处欲获取峰值波长为 $4\mu m$、波长间隔 $3 \sim 5\mu m$ 的辐照度为 $5W/m^2$，试确定黑体的温度 T、圆形辐射出口直径 D 及与接收面之间的距离 L 等系统参数。

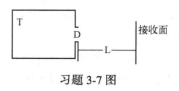

习题 3-7 图

第4章 光电探测器及其校正技术

4.1 概　述

光电及热电探测器是实现光电检测及各种光电技术的核心部件。通过探测器将带有待测物理量信息的光辐射转换为电信号,供电路及控制部分处理。由于各种光电及热电探测器的使用场合不同,有时又把它们叫做接收器或传感器。

光辐射探测器的种类很多,根据其工作原理的不同可分为光电探测器和热电探测器两大类。

光电探测器的工作原理是将光辐射的作用视为所含光子与物质内部电子的直接作用。也就是物质内部电子在光子作用下,产生激发而使物质的电学特性发生变化。这种变化主要有以下三类:

(1) 外光电效应

某些物质在光子的作用下,从其内部逸出电子的现象叫做外光电效应。逸出电子的动能可用下式表示

$$\frac{1}{2}mv^2 = h\nu - P_0 \tag{4-1}$$

式中,m 为电子质量;v 为电子逸出后所具有的速度;h 为普朗克常数;ν 为光子的频率;P_0 为该物质的逸出功。由上式可知,产生光电子的动能与光强无关,而与入射光的频率有关。当光子频率减小时,产生光电子的动能也减小;当光电子动能等于零时,对应光子的频率为

$$\nu_0 = P_0/h \tag{4-2}$$

对应的波长为
$$\lambda_0 = ch/P_0 \tag{4-3}$$

式中,c 为真空中的光速;λ_0 为产生外光电效应的最大波长,通常叫做红限波长。

利用外光电效应材料制成的光电探测器主要有光电管和光电倍增管。

(2) 内光电效应

某些物质在光子作用下,使物质导电特性发生变化,这种现象叫做内光电效应。该效应主要产生在半导体材料中,按照所利用载流子跃迁的能带或能级的位置不同,又有杂质光电导和本征光电导的区别。这些材料的禁带宽度或能级间隔的大小,决定了产生内光电效应的红限波长。

利用内光电效应材料制成的光电探测器主要是各种类型的光敏电阻。它们在光辐射的作用下,电阻值下降,所以又把这类器件叫做光电导探测器。

(3) 障层光电效应

在不同材料的接触面上,由于它们的电学特性不同而产生障层。如 N 型和 P 型半导体接触的界面附近产生的 PN 结就是一种障层。障层在光子的作用下,产生载流子。这些载流子在障层电动势的作用下,在外电路中产生电流,如果外电路开路则产生电动势。电流或电动势的大小与入射光辐射强度有关,而红限与光辐射的波长或频率有关。

利用障层光电效应制成的光电探测器主要有各种类型的光电池和光电二极管、光电三极管等。

热电探测器的工作原理不同于光电探测器,它是在光辐射作用下,首先使接收物质升温,由

于温度的变化而造成接收物质的电学特性变化;电学特性变化的种类又有多种,从而形成了多种热电探测器,如热敏电阻、热电偶、热电堆和热释电探测器等。

以上简单地介绍了各类光辐射探测器的大致原理。本章从光电检测技术出发,着重介绍常用的光辐射探测器的工作原理、主要特性和实际应用中的有关问题。

4.2 光电子发射探测器

4.2.1 光电倍增管

光电转换器件,主要有光电倍增管、光电导器件、光电池和光电二极管、CCD 图像传感器、热电探测器等。从本节起,逐一进行介绍。

利用外光电效应制成的光电器件主要有光电管和光电倍增管。光电管结构简单,如图 4-1 所示。它由光阴极 C 和阳极 A 组成,为使其能正常工作,把两极均置于真空或充氩气的泡壳中,它实际上相当于光电倍增管的一部分,所以这里不做专门介绍。但要指出的是工作电压问题。图 4-2 所示是真空光电管的伏安特性。当正向电压开始增大时,虽然光照一定,但光电流却随之增大。当电压增加到 U_0 以后,光电流不再增加,这说明一定光通量照射下产生的光电子全部被阳极收集。U_0 叫做饱和电压,在对光信号检测时,为使工作稳定和保证检测精度,光电管的工作电压一定要大于饱和电压。

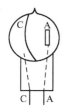 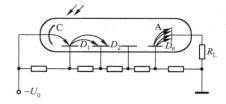

图 4-1 光电管结构示意图　　图 4-2 真空光电管的伏安特性　　图 4-3 光电倍增管的结构及偏置电路

由于光电管的灵敏度较低,在光电检测中用得不太多。而光电倍增管因其灵敏度高、噪声小,所以成为光电检测中最重要的光电探测器件之一。本节重点介绍光电倍增管的工作原理、特性及使用准则。

1. 光电倍增管的工作原理

光电倍增管是由封装在真空泡壳中的光阴极、阳极和若干中间二次(发射)极所组成的。它的结构及偏置电路如图 4-3 所示。分压器提供光电倍增管从阴极依次向各二次极直到阳极逐渐增高的电压。当光辐射输入光阴极 C 时,产生外光电效应,逸出相应的光电子。光电子被管内电场加速,并依次轰击各二次极使其产生大于 1 的二次电子发射,从而使光电流在管内增强或倍增。最后从阳极 A 输出倍增后的光电流。下面进一步说明光电倍增管各组成部分的工作原理。

(1) 光阴极

目前用于光电倍增管的光阴极材料主要有银氧铯、锑铯、锑钾钠铯和Ⅲ~Ⅴ族砷化镓等。它们的主要特性见表 4-1。光谱特性曲线如图 4-4 所示。光阴极在光电倍增管中有时制成半透明式,有时制成不透明的反射式。倍增管的管型为回转体,光阴极的光输入窗有时做在端部构成端窗式光电倍增管,多用于半透明光阴极;有时做在管子的侧面,构成侧窗式光电倍增管,多用于反射式光阴极。

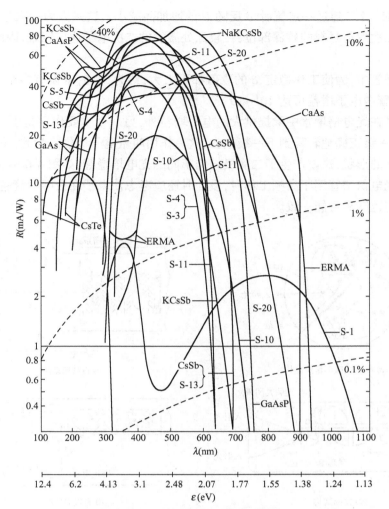

图 4-4　几种光阴极的光谱特性曲线

表 4-1　几种光阴极材料及主要特性

光阴极材料	峰值响应波长（μm）	典型灵敏度（μA/lm）	峰值波长处灵敏度（mA/W）	峰值波长处量子效率（%）	25℃下的暗发射（fA/cm²）
银氧铯 Ag-O-Cs(S-1)	0.80	30	2.8	0.43	900
锑铯 Sb-Cs(S-11)	0.44	70	56	15.7	3
锑钾钠铯 Sb-Na-KCs-Sb(S-20)	0.42	150	64	18.8	0.3
砷化镓 Ga-As	0.83	300	68	10	0.1

（2）二次发射极

二次发射极简称二次极,有时又叫做打拿极或倍增极。二次发射极的主要材料有锑铯（CsSb）、氧化铍（BeO）、银镁（AgMg）合金、磷化镓（GaP）和磷砷化镓等。

描述二次发射体的重要参数是二次发射系数 δ

$$\delta = n_2 / n_1 \qquad (4-4)$$

式中,n_1、n_2 分别是输入二次发射体的一次电子数和二次发射体对应发出的电子数。二次电子发射系数与材料本身特性、一次电子的动能或极间电压的大小有关,如图 4-5 所示。当极间电压 U 增

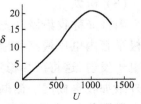

图 4-5　δ-U 关系曲线

加时,δ随之增加;当U超过一定值后,δ反随U的增加而减小。这是因为一次电子动能过大,它将快速穿入到二次发射材料的较深部位,在较深处激发的二次电子逸出困难,因而使二次发射系数反而下降。

在光电倍增管中,为使工作稳定,δ的取值都不太大,约为3~6,常设有多个二次极,如5~16个二次极,这样管内电子增益可达$10^3 \sim 10^7$。

二次发射极在光电倍增管中除提供大的电子增益外,另一个重要作用是引导管内电子的渡越,使电子从上一级正确地转移到下一级上去,这一作用叫做电子聚焦。为此,按不同设计,要求二次极做成所需的形状,这就产生了二次极结构不同的光电培增管,如图4-6中给出了四种结构的示意图。当光电倍增管用于高频工作时,设计时还应考虑使电子在极间的渡越时间尽可能短,而且全部电子的速度尽可能一致。

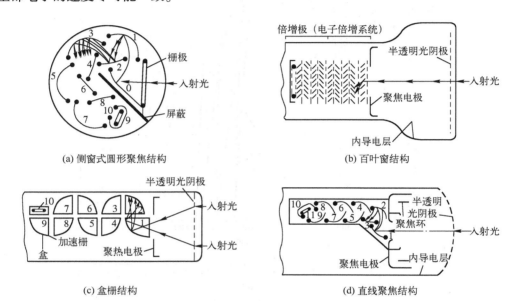

图4-6　几种光电倍增管的结构示意

在实际工作中,光电倍增管的电子增益和阳极灵敏度由阴极和各二次极的二次发射系数组合决定,而二次发射系数又由施加电压的大小决定。因此,通过调控电压,可按需要在很宽的范围内控制其总增益和阳极灵敏度。这一控制可通过调整总电压的大小来实现;也可以通过调整某一极的电压来实现。例如,在RCA931A型光电倍增管中,通过调整第五个二次极D_5的电位,使阳极电流发生变化,其关系如图4-7所示。电位在400~600V间变化时,相对阳极电流可变化100倍左右。

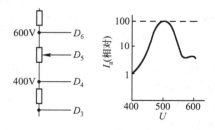

图4-7　D_5变化造成I_a变化

（3）阳极

阳极又称收集极。光电流经过各二次发射极倍增后,由阳极收集并形成信号电流输出。阳极是管内电压最高的地方,当最后一个二次极发出的电子飞到阳极上后,阳极也会产生二次电子发射,这将破坏稳定的输出。为此,阳极材料应选择二次发射系数小的物质,同时在阳极外附加收集栅网。栅网电位与阳极相同,由阳极因二次电子发射或反射等原因逸出的电子将由栅网收集,相当于又回到了阳极中。

（4）分压器

分压器本身不是光电倍增管的一部分，但为使其正常工作又是一个不可缺少的部分。它的作用是使光电倍增管中从光电阴极到依次各二次极，最后到阳极的电位逐渐升高，使光电子顺利完成电子倍增过程。在各种类型的分压器中，用得最多也最简单的是电阻分压器，按照各极间所需电压的比例采用相应的电阻值，使总电压分配到各极间去。

为使光电子能从光阴极全部渡越到第一个二次极上去，因此要求从光阴极到第一个二次极之间具有较高而且稳定的电压。为此，可用专门的稳压管来作为分压元件，以使工作稳定。

在最后一个二次极和阳极之间，电子经倍增后密度较大，为更好地收集这些电子，两极间也要求有较高而且稳定的工作电压。

2. 光电倍增管的主要特性

由于光电倍增管的种类繁多，很难以某一个典型的管子为例，现只能综合地讨论它们的特性和一些特殊的问题。

（1）光电倍增管的光谱特性

光电倍增管的光谱特性主要由光阴极和玻壳材料的特性来确定。实际上同一型号的管子的特性，包括光谱特性也不会完全相同。手册中给出的曲线和数据只是大致的平均值。

影响光电倍增管光谱特性的还有一些其他因素，如温度、受照点位置和磁场等。下面分别给予介绍。

图 4-8 为锑铯光阴极光谱特性随温度的变化曲线。图中纵坐标是光谱相对偏移，其定义为

$$\frac{S_{\lambda T} - S_{\lambda 20℃}}{S_{\lambda 20℃}} \times 100\% \tag{4-5}$$

式中，$S_{\lambda 20℃}$ 为 20℃时锑铯阴极的光谱灵敏度；$S_{\lambda T}$ 是温度为 T 时的光谱灵敏度。

由图 4-8 中可见，这一特性随温度有较大的变化。对于不同的光阴极材料，这一变化也有完全不同的规律。图 4-9 所示是多碱阴极的光谱特性随温度变化的曲线。由于温度影响的客观存在，在精确检测时，要采用恒温措施，并要求温度变化不超过 1℃。

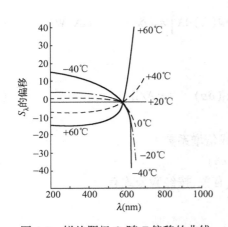

图 4-8　锑铯阴极 S_λ 随 T 偏移的曲线

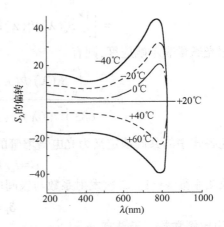

图 4-9　多碱阴极 S_λ 随 T 偏移的曲线

随着光照点在光阴极上的位置不同，其光谱特性也有所不同。如图 4-10 所示是 RCA6217 管不同受光点位置所对应的光谱特性曲线。对于有光谱要求的检测，必须重视这一影响。一种处理方法是固定光阴极的受光点、光束大小和光束中能量分布；另一种方法是附加漫射光器，使

整个阴极面上光照均匀。

在外磁场作用下,会使管内极间渡越的电子发生偏转,部分电子不能渡越到下一个电极上,使总增益发生变化。此外,运动电子所受洛伦兹力的大小与电子速度的快慢有关。如对 RCA6217 管来说,在有外磁场作用时,光阴极的光谱特性在长波处可上升 2%,而在短波处又可下降 2%。磁场的这些影响可用磁屏蔽的方法来减弱或克服。

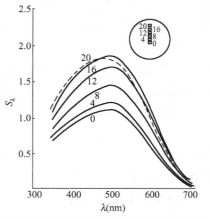

图 4-10　光阴极 S_λ 随光照点位置的变化曲线

（2）灵敏度

光电器件灵敏度的定义有许多种,而对光电倍增管常用阳极灵敏度来表征这一特性。当光阴极入射单色光通量为 $\Phi(\lambda)$,而光阴极的光谱灵敏度是 $S_c(\lambda)$ 时,阴极产生的光电流为

$$I_c(\lambda) = S_c(\lambda)\Phi(\lambda) \tag{4-6}$$

假设从光阴极到第一个二次极的电子收集系数是 ε_0,以后各极的二次发射系数是 δ_i,收集系数是 ε_i,那么产生的阳极电流为

$$I_a(\lambda) = S_c(\lambda)\Phi(\lambda)\varepsilon_0\delta_1\varepsilon_1\delta_2\cdots\varepsilon_n\delta_n \tag{4-7}$$

如果有

$$\varepsilon_1 = \varepsilon_2 = \cdots = \varepsilon_n = \varepsilon, \quad \delta_1 = \delta_2 = \cdots = \delta_n = \delta$$

则有

$$I_a(\lambda) = S_c(\lambda)\Phi(\lambda)\varepsilon_0(\varepsilon\delta)^n \tag{4-8}$$

定义阳极光谱灵敏度为

$$S_a(\lambda) = I_a(\lambda)/\Phi(\lambda) = S_c(\lambda)\varepsilon_0(\varepsilon\delta)^n \tag{4-9}$$

当入射光阴极的光为复合光时,则有

$$I_c = \int_0^\infty S_c(\lambda)\Phi(\lambda)\,\mathrm{d}\lambda$$

$$I_a = I_c\varepsilon_0(\delta\varepsilon)^n$$

所以阳极灵敏度为

$$S_a = I_a\Big/\int_0^\infty \Phi(\lambda)\,\mathrm{d}\lambda$$

$$= \left[\int_0^\infty S_c(\lambda)\Phi(\lambda)\,\mathrm{d}\lambda\Big/\int_0^\infty \Phi(\lambda)\,\mathrm{d}\lambda\right]\varepsilon_0(\delta\varepsilon)^n \quad (\mathrm{mA/W}) \tag{4-10}$$

如用光通量表示响应度,则有

$$S_a = \frac{\int_0^\infty S_c(\lambda)\Phi(\lambda)\,\mathrm{d}\lambda}{683\int_0^\infty V(\lambda)\Phi(\lambda)\,\mathrm{d}\lambda}\varepsilon_0(\delta\varepsilon)^n \quad (\mu\mathrm{A/lm}) \tag{4-11}$$

上述各式中的共同项定义为光电倍增管的增益或倍增系数 G

$$G = I_a/I_c = \varepsilon_0(\varepsilon\delta)^n \tag{4-12}$$

设电子收集系数 $\varepsilon \approx 1$。二次发射系数与极间电压 U_i 有关,按经验公式有

$$\delta_i = CU_i^{0.7} \tag{4-13}$$

式中,C 为比例常数。于是有

$$G = \varepsilon_0(\delta)^n = \varepsilon_0 C(U_i^{0.7})^n = C_1 U_i^{0.7n} \tag{4-14}$$

式中,$C_1 = \varepsilon_0 C$。将上式对 U_i 取微分,再被上式除,则有

$$\mathrm{d}G = 0.7n\,\mathrm{d}U_i/U_i \tag{4-15}$$

由式（4-15）可知,极间电压的变化或波动对增益产生的影响。二次发射极数 $n = 10$ 时,则有

$$dG/G = 7dU_i/U_i$$

增益的变化 7 倍于电压的变化。说明要使光电倍增管工作稳定,必须使电压更加稳定。同时这也提示我们,通过控制电压的变化在很大范围内可达到控制倍增管阳极灵敏度的目的。

通常光阴极材料的折射率较高,菲涅耳反射损失较大,所以量子效率都不高。这里介绍一种提高量子效率的方法,其原理如图 4-11 所示。光束经入射棱镜射入光电倍增管的端窗平行平板玻片中,在到达光阴极界面时,一部分为光阴极所接收,进行光电转换;而另一部分被反射,在到达玻片上表面时,使其产生全反射,光束又返回光阴极。如此多次反复,使阴极接收多次光束照射,有更多的光子参加光电转换,可使量子效率达到 50% 以上。

(3) 线性度

在高精度的光电检测中,要求光电探测器的光特性具有良好的线性度,且线性范围尽可能宽。光特性是指倍增管输出信号电流随输入光通量变化的曲线,即 $I_a = f(\Phi)$。一般认为产生光特性非线性的原因主要有两个:一是内部的非线性源,它们包括光阴极的电阻率及材料特性、管内空间电荷间的互相作用,以及电子聚焦或收集效率的变化等。二是外部非线性源,其中包括负载电阻的负反馈作用,以及由于信号电流过大造成极间电位的重新分布等。

许多非线性因素是因分压链电位分布变化而造成的。例如,空间电荷的影响,在最后一个二次极与阳极间电流较大时,由于分流作用,可能使极间电压减小,使收集率发生变化而影响线性度;又如在光阴极与第一个二次极之间,一般间距较远,当电压达不到饱和电压时,也将影响线性度。因此上述两个极间电压一定要足够大,必要时要采用稳压措施。图 4-12 给出了随入射通量 Φ 增加输出电流 I_a 偏离线性的情况,其偏离的大小取决于阳极最大输出电流 I_p 与分压器电阻链中电流 I_r 之比。经验指出,要使线性偏离量小于 0.1%,要求 $I_r/I_p \geq 1000$ (倍)。

图 4-11 利用全反射提高量子效率

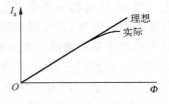

图 4-12 I_a 与 $f(\Phi)$ 曲线

当入射光束落在大端面尺寸光阴极上的一个小区域时,未受光照的光阴极相当于电阻串联在内部回路中,从而减小了实际施加的极间电压,也将引起非线性,它是光束面积和位置的函数,工作时光束应尽可能均匀地照射光阴极,并增大阳极到第一个二次极间的电压。

负载电阻或阳极电阻的选择一般较大,目的是产生更大的电压信号。当阳极电流很大时,将产生较大的压降,也会使最后一个极间电压降低而造成非线性。为消除这一影响,建议采用"电流-电压变换器"类型的放大电路,这样有效负载会变得很小,对分压影响极小。

(4) 最大额定值

光电倍增管是极其灵敏的微信号光电探测器,为正确使用应了解各参量的最大额定值。

① 最大阴极电流 I_{cm},有时给出最大电流密度($\mu A/cm^2$)。工作时不应超过额定值。有时阴极电流 I_c 虽小于 I_{cm},但入射光点很小,也会因电流密度过大而引起局部损坏。这时应按电流密度的额定值来限制输入。

② 最大阳极电流 I_{am}。该值通常是以不产生严重的和不可逆的损坏为限,通常阳极功率限制在 0.5W 以下。应当注意说明书中的 I_{am} 不是指使用时的线性限。有的厂家还给出这时的非线性度,如 10% 等。在高精度的检测中,要求线性好和不发生疲劳,通常 I_a 应比 I_{am} 低 2 至 3 个数

量级。一般在几微安的数量级上。

③ 最大额定电压 U_m。该指标是从管子的绝缘性能和工作可靠性出发给出的。为使噪声不至太大，一般建议采用的总电压 $U<(60\sim80)\%U_m$。

（5）光电倍增管的不稳定性

管子工作的不稳定性主要表现在以下三个方面。

① 由于光谱响应随时间缓慢地、不可逆地变化。造成长时间的性能漂移。这种变化在阴极超载或阴极在亮室中暴露时都会加剧。其变化主要发生在光谱的长波区。

② 在几分钟或几小时内,由于可逆的疲劳所构成的漂移。通常这种疲劳是在接近额定值条件下工作所引起的,表现为灵敏度缓慢下降。如 RCA1P 21 管以 $100\mu A$ 输出,经 100min 后可降到 $65\mu A$。这种下降在黑暗中放置几小时后就可恢复。为使工作稳定,阳极电流应远小于给定的额定值。

③ 滞后作用造成阳极输出的不稳定,其原因是施加总电压或光通量的突然变化。响应度的滞后是暂时的,有时几秒钟,有时几分钟。通常检测应在开机、光照后几分钟再进行。

（6）暗电流

在无光输入时,由阳极输出的电流叫做暗电流。暗电流的主要来源有热发射、漏电流、管内电子散射引起泡壳荧光反馈阴极引起的发射电流、残余气体电离和宇宙射线等,以前两项为主。宇宙射线每分钟每平方厘米只引起 $1\sim2$ 个大的脉冲,影响很小。

热电流 I_{a0T} 是由于光阴极或二次极材料在温度作用下,其中获得大于材料逸出功所需能量的电子逸出后产生的,其大小与环境温度、材料面积和工作电压等因素有关。阳极热电流可表示为

$$I_{a0T}=I_{c0}\delta^n+I_{10}\delta^{n-1}+\cdots+I_{i0}\delta^{n-i}+\cdots \tag{4-16}$$

式中,I_{c0} 为光阴极发出的热电流;I_{i0} 为第 i 个二次极发出的热电流。

由上式可知,热电流主要来自 I_{c0} 和 I_{10},因为它们经过的放大次数最多。直流测量时,它以附加直流分量的形式出现;交流测量时,由于这种发射的随机性,它以噪声的形式出现。

漏电流是由于基面绝缘不充分或受污染,加之高的工作电压所引起的,所以其大小与电压成正比。它是以直流形式出现的,在交流检测电路中,采用隔直电容即可消除。

几种光阴极材料的暗电流密度与温度的关系如图 4-13 所示。暗电流、增益与电压间的关系如图 4-14 所示。此外暗电流还与光照历史有关,即使不加高压,在亮室暴露后暗电流也将增大。因此,暗电流的正确测定,通常要使光电倍增管在暗处存放 24 小时以后才能进行。

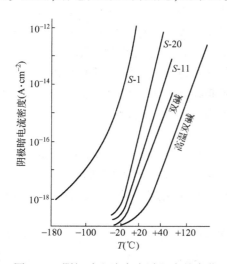

图 4-13　阴极暗电流密度随温度的变化

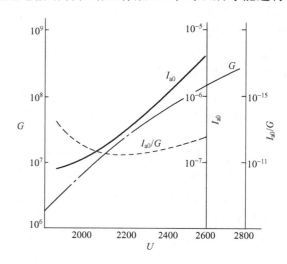

图 4-14　I_{a0}、G 与电压间的关系

（7）光电倍增管的噪声与信噪比

光电倍增管中的噪声源主要来自光阴极和二次极的热发射。入射光辐射本身亦带来噪声。

假设入射光子流的通量为 Φ。光子入射是一个随机过程，其概率分布符合泊松分布，即其数学期望（平均值）E_x 和方差 $D(x)$ 相等。当每秒入射的平均光子数为 N_p 时，考察某时间间隔 τ 内的光子数为 n，它不等于该间隔内计算的平均光子数 $\bar{n}_p = N_p \tau$，但确有下述方差表达式

$$D_p = \sigma_p^2 = E_p = \bar{n}_p = N_p \tau \tag{4-17}$$

式中，E_p 为 τ 时间间隔内入射光子数的数学期望；D_p 为入射光子起伏的方差；σ_p 为均方差。

光子入射光阴极后激发出光电子，该过程也是一个随机过程，由激发光电子或不激发光电子两种可能性组成，它的概率分布属二项分布。即产生光电子的概率为 p，不产生光电子的概率为 q，而 $p+q=1$。当有 $\bar{n}_p$ 个光子入射时，产生光电子的数学期望为

$$E_e = \bar{n}_e = \bar{n}_p \eta \tag{4-18}$$

式中，η 为量子效率。当 $\eta = p$ 时，对应的方差为

$$D_e = \sigma_e^2 = \bar{n}_p pq = \bar{n}_p \eta (1-\eta) = \bar{n}_e (1-\eta) \tag{4-19}$$

在 τ 间隔中，从光子入射到光电子逸出过程的总方差为

$$D_\tau = \sigma_\tau^2 = \sigma_p^2 \eta^2 + \delta_e^2 = \bar{n}_p \eta^2 + \bar{n}_p \eta (1-\eta) = \bar{n}_p \eta = \bar{n}_e \tag{4-20}$$

如果在 τ 间隔内，实际发射电子数为 n_e，它不等于平均电子数 $\bar{n}_e$，那么 τ 时间内的实际平均电流为

$$I_{(n_e)} = n_e q / \tau$$

式中，q 为电子电荷。

阴极电流 I_c 是各瞬间电流的平均值，则有

$$I_c = I_{(\bar{n}_e)} = \bar{n}_e q / \tau$$

在 τ 间隔中，瞬时值与平均值之差为

$$I_\Delta = (n_e - \bar{n}_e) q / \tau \tag{4-21}$$

随着时间不同，n_e 是随机变化的量，取它们的方差则有

$$D_I = \sigma_I^2 = \overline{I_\Delta^2} = \overline{(n_e - \bar{n}_e)^2} q^2 / \tau^2$$

式中，$\overline{(n_e - \bar{n}_e)^2} = \sigma_\tau^2 = \bar{n}_e$ 是逸出电子数的总方差。所以有

$$\overline{I_\Delta^2} = \bar{n}_e q^2 / \tau^2 = I_c q / \tau \tag{4-22}$$

测定时间间隔 τ 与测量电路的带宽 Δf 之间的关系为

$$f = I / 2\Delta f$$

所以有

$$\overline{I_\Delta^2} = 2q I_c \Delta f \tag{4-23}$$

已知阳极电流与阴极电流的关系为 $I_a = GI_c$，而 $G = \delta_1 \delta_2 \cdots \delta_n$，那么阴极电流引起阳极电流随机分布的方差，即阳极电流噪声 $\overline{I_{acn}^2}$ 与阴极电流的方差，即阴极电流噪声之间的关系为

$$\overline{I_{acn}^2} = G^2 \overline{I_\Delta^2} = 2q I_c G^2 \Delta f \tag{4-24}$$

在第一个二次极上的发射电流为

$$I_{d1} = I_c \delta_1$$

对应产生的噪声电流为

$$\overline{I_{d1n}^2} = 2q I_{d1} \Delta f = 2q I_c \delta_1 \Delta f$$

由此引起的阳极噪声电流为

$$\overline{I^2_{\mathrm{ad1n}}} = (G/\delta_1)^2 = \overline{I^2_{\mathrm{d1n}}} = 1/\delta_1 2qI_\mathrm{c}G^2\Delta f \tag{4-25}$$

第 i 个二次极引起的阳极噪声电流为

$$\overline{I^2_{\mathrm{ad1n}}} = (1/\delta_1\delta_2\cdots\delta_n)\,2qI_\mathrm{c}G^2\Delta f \tag{4-26}$$

由光电阴极和 K 个二次发射极组成的光电倍增管中,综合在阳极输出时的噪声电流用均方根值表示为

$$(i^2_{\mathrm{an}})^{1/2} = G\left[(2qI_\mathrm{c}\Delta f)\left(1+\frac{1}{\delta_1}+\frac{1}{\delta_1\delta_2}+\cdots+\frac{1}{\delta_1\delta_2\cdots\delta_k}\right)\right]^{1/2}$$

当 $\delta_1 = \delta_2 = \cdots = \delta_k$ 时,则有

$$\left(1+\frac{1}{\delta_1}+\frac{1}{\delta_1\delta_2}+\cdots\right)\approx\frac{\delta}{\delta-1}$$

于是有
$$(i^2_{\mathrm{an}})^{1/2} = G\left(2qI_\mathrm{c}\Delta f\frac{\delta}{\delta-1}\right)^{1/2} \tag{4-27}$$

从上式可知,当管内电压较高时,则有 $\frac{\delta}{\delta-1}=1$,说明二次发射对噪声的贡献甚小。所以常把这类二次倍增系统叫做"无噪声增益系统"。

如果把暗发射也考虑在内,则阳极输出的信噪比为 I_a

$$\frac{S}{N} = \frac{I_\mathrm{a}}{(i^2_{\mathrm{an}})^{1/2}} = \frac{I_\mathrm{a}}{\left[2q\Delta f(i_\mathrm{c}+i_{c0})\frac{\delta}{\delta-1}\right]^{1/2}} \tag{4-28}$$

由上式可知,要提高光电倍增管的信噪比可采取以下方法。

① 管子制冷可减小 I_{c0} 的值,但光谱中长波响应将减小。

② 当入射光斑较小时,应尽量选用光阴极面小的管子,这样也可减小 I_{c0}。

③ 选用 δ 较高的材料做二次发射极,并提高工作电压,特别是阴极与第一个二次极之间的电压,以减小后续噪声的影响。

④ 减小检测系统频带宽度 Δf,以提高信噪比,如采用选频放大器、锁相放大器等。

(8) 光电倍增管的时间特性

光电倍增管时间特性用其对脉冲光的响应特性来表示。脉冲光可用激光脉冲来产生,如采用上升时间为 50ps,半宽度为 70ps 的激光脉冲。响应特性常用如图 4-15 所示的三个量来表示。它们分别是渡越时间、半高度脉冲持续时间(FWHM)和上升时间。

影响该特性的参量很多,最主要的是供电电压,它将以 $U^{-1/2}$ 的关系变化,即电压加倍,对应滞后时间约减少 30%。

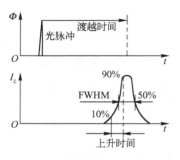

图 4-15　倍增管的时间特性

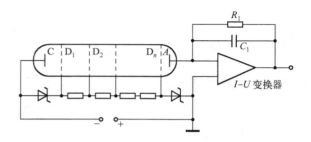

图 4-16　光电倍增管基本偏置电路

3. 光电倍增管的一般使用准则

为使光电倍增管工作稳定,推荐如图 4-16 所示的电路。有关使用准则如下。

（1）阳极电流不超过几微安的数量级。

（2）分压链中的电流应在 1mA 的数量级,应是阳极输出最大电流的 1000 倍左右,但也应避免电流过大而发热。

（3）高压电源的稳定度应 10 倍于所要求的检测精度,并采用负高压供电。

（4）光阴极和第一个二次极之间,最后一个二次极与阳极之间的电压可独立于总电压,用稳压管进行单独稳压。

（5）阳极电流输出的信号放大,建议采用"电流-电压变换器"的形式,有利于减小阳极负载,稳定回路的工作。

（6）为减小外界磁场对极间运动电子的作用,其中包括地磁的作用,在高精度检测时必须屏磁。如对端窗式光电倍增管可用圆筒屏磁罩,并要求罩长度超出光阴极面至少半个阴极的直径。

（7）光电倍增管应存放在黑暗的环境中。即使未加高压,也只能暴露在极弱光的条件下。工作前应在高压供电条件下,在黑暗中处理数小时。

（8）如要通过制冷以减小暗电流时,制冷温度不必过低。对银氧铯阴极可制冷到−77℃,而其他阴极制冷到−20℃即可。制冷过深会导致阴极电阻剧增,使噪声增加,信噪比下降。

（9）如果光电倍增管的灵敏度足够高,光阴极前应加性能良好的漫射光器,以使入射光均匀照射全部光阴极面。

（10）光电倍增管不应在氢气环境中使用,如有氢气分子渗入管内,因电离会产生大的附加噪声。

（11）在光电倍增管使用中,如对光谱特性的稳定性要求很高,那么应选用存放数年后的管子。

（12）如需了解和使用光电倍增管的光谱特性,必须对该管进行单独测试,样本或说明书所给的资料只是一般性的指导。同厂家同型号的管子也很难有相同的光谱特性。

4. 利用微通道板制成的光电倍增管

目前也有多种类型利用微通道板进行电子倍增的光电倍增管。图 4-17 所示就是一种近贴式的管型,其主要参数列于图中。其他参数为通道直径 $D = 15 \sim 40\mu m$;长径比 $L/D = 40$;板厚为 $0.6 \sim 1.6mm$;增益 $G = 10^4$;响应时间约为 $0.5ns$。

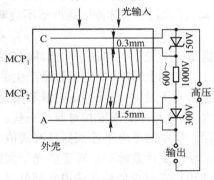

图 4-17　微通道光电倍增管

4.2.2　光子计数器

光子计数器是利用光电倍增管能检测单个光子能量的功能,通过光电子技术的方法测量极微弱的脉冲信号的装置。

高质量光电倍增管的特点是有较高的增益、较宽的通频带(响应速度)、低噪声和高量子效率,当可见光辐射功率低于 $10^{-12}W$,即光子速率限制在 $10^9/s$ 以下时,光电倍增管光电阴极发射出的光电子就不再是连续的了。因此,在倍增管的输出端会产生光子形式的离散信号脉冲。可借助电子计数的方法检测到入射光子数,实现极弱光强或通量的测量。

根据对外部扰动的补偿方式不同,光子计数器分为三种类型:基本类型、辐射源补偿型和背景补偿型。

1. 基本的光子计数器

图 4-18 给出了基本的光子计数器方框图。入射到光电倍增管阴极上的光子引起输出信号

脉冲,经放大器输送到一个脉冲高度鉴别器中。由放大器输出的信号除有用光子脉冲之外,还包括期间噪声和多光子脉冲,后者是由时间上不能分辨的连续光子集合而成的大幅度脉冲。峰值鉴别器的作用是从中分离出单光子脉冲,再用计数器计数光子脉冲数,计算出在一定的时间间隔内的计数值,以数字和模拟形式输出。比例计用于给出正比于计数脉冲速率的连续模拟信号。

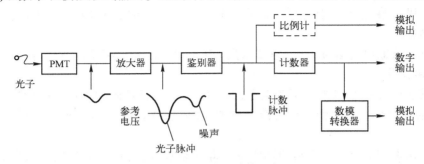

图 4-18　基本的光子计数器方框图

我们来进一步说明脉冲峰值鉴别器的作用。由光阴极发射的每个电子被倍增系统放大,设平均增益为 10^6,则每个电子产生的平均输出电荷量为 $q=10^6\times1.6\times10^{-19}$ C。这些电荷是在 $t_0=10$ns 的渡越时间内聚焦在阳极上的,因此,产生的阳极电流脉冲峰值 I_P 可用矩阵脉冲的峰值近似表示,并有

$$I_P=\frac{q}{t_0}=\frac{10^6\times1.6\times10^{-19}}{10\times10^{-9}}\mu A=16\mu A \tag{4-29}$$

检测电路将电流脉冲转换为电压脉冲。设阳极负载电阻 $R_a=50\Omega$,分布电容 $C=20$pF,则 $\tau=1$ns $\ll t_0$,因而,输出脉冲电压波形不会畸变,其峰值为

$$U_P=I_P\cdot R_a=(1.6\times10^{-9}\times50)\,mA=0.8mV \tag{4-30}$$

这是一个光子引起的平均脉冲峰值的期望值。

实际上,除了单光子激励产生的信号脉冲外,光电倍增管还输出热发射、倍增极电子热发射和多光子发射,以及宇宙射线和荧光发射引起的噪声脉冲(见图 4-19)。其中多光子脉冲幅值最大,其他脉冲的高度相对要小一些。因此为了鉴别出各种不同性质的脉冲,可采用脉冲峰值鉴别器。简单的单电平鉴别器具有阈值电平 V_{s1},调整阈值位置可以除掉各种非光子脉冲而只对光子信号形成计数脉冲。对于多光子大脉冲,可以采用有两个阈值电平的双电平鉴别器(又称窗鉴别器),它仅仅使落在两电平间的光子脉冲产生输出信号,而对低于第一阈值 V_{s1} 的热噪声和高于第二阈值 V_{s2} 的多光子脉冲没有反应。脉冲幅度鉴别作用抑制了大部分的噪声脉冲,减少了光电倍增管由于增益随时间和温度漂移而造成的有害影响。

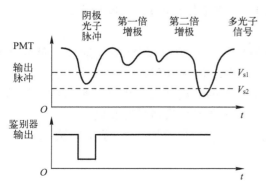

图 4-19　光电倍增管的输出脉冲和鉴别器工作波形

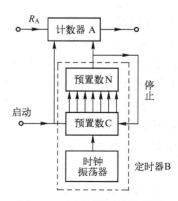

图 4-20　计数器原理示意图

光子脉冲由计数器累加计数。图 4-20 给出简单计数器的原理示意图,它由计数器 A 和定时器 B 组成。利用手动或自动启动脉冲,使计数器 A 开始累加从鉴别器来的信号脉冲,计数器 C 同时开始计数由时钟脉冲源来的计时脉冲。这是一个可预置的减法计数器。事先由预置开关置入计数值 N。设时钟脉冲频率为 R_C,而计时器预置的计数时间是

$$t=N/R_C \tag{4-31}$$

于是在预置的测量时间 t 内,计数器 A 的累加计数值为

$$A=R_C \cdot t = \frac{R_A}{R_C} \cdot N \tag{4-32}$$

式中,R_A 为平均光脉冲计数率。式(4-32)给出了待测光子数的实测值。

2. 辐射源补偿的光子计数器

为了补偿辐射源的起伏影响,采用如图 4-21 所示的双通道系统,在测量通道中放置被测样品,光子计数率 R_A 随样品透过率和照明辐射源的波动而改变。参考通道中用同样的放大鉴别器测量辐射源的光强。输出计数率 R_A 只由光源起伏决定。若在计数器中用源输出 R_C 去除信号输出 R_A,将得到源补偿信号 R_A/R_C,为此采用如图 4-22 的比例技术电路,它与图 4-21 所示的电路相似,只是用参考通道的源补偿信号 R_C 作为外部时钟输入,当源强度增减时,R_A 和 R_C 随之同步增减。这样,在计数器 A 的输出计数值中,比例因子 R_A/R_C 仅由被测样品透过率决定而与源强度起伏无关。可见,比例技术提供了一个简单而有效的源补偿方法。

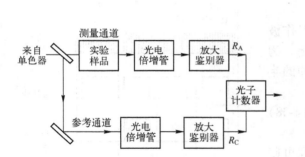

图 4-21 辐射源补偿用的光子计数器(一)

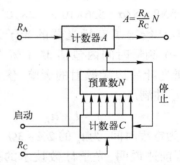

图 4-22 辐射源补偿用的光子计数器(二)

$$A=R_A \cdot t = R_A N/R_C = \frac{R_A}{R_C} \cdot N \tag{4-33}$$

3. 背景补偿的光子计数器

在光子计数器中,在光电倍增管受杂散光或温度的影响,引起背景计数率比较大的情况下,应该把背景计数率由每次测量中扣除。为此采用了如图 4-23 的背景光子计数器,这是一种斩光器或同步计数方式。

斩光器用来通断光束,产生交替的"信号+背景"的光子计数率,同时为光子计数器 A 和 B 提供选通信号。当斩光器叶片挡住输入光线时,放大鉴别器输出的是背景噪声 N,这些噪声脉冲在定时电路的作用下由计数器 B 收集。当斩光器叶片允许入射光通向倍增管时,鉴别器的输出包含了脉冲信号和背景噪声 $(S+N)$,它们被计数器 A 收集。这样,在一定的测量时间内,经过多次斩光后计算电路给出了两个输出量,即

信号脉冲 $\qquad\qquad\qquad A-B=(S+N)-N=S \tag{4-34}$

总脉冲 $\qquad\qquad\qquad A+B=(S+N)+N \tag{4-35}$

对于光电倍增管,随机噪声满足泊松分布,其标准偏差为

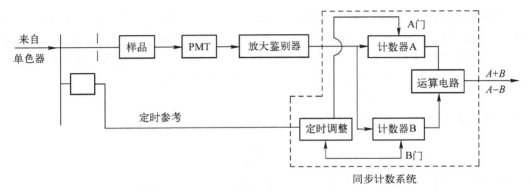

图 4-23　有背景补偿能力的光子计数器

$$\sigma = \sqrt{A+B} \tag{4-36}$$

于是信噪比
$$\text{SNR} = \frac{信号}{\sqrt{总计数}} = \frac{A-B}{A+B} \tag{4-37}$$

根据式(4-36)和式(4-37)可以计算出检测的光子数和测量系统的信噪比。例如：在 $t=10\text{s}$ 时间内，若分别测得 $A=10^6$ 和 $B=4.4\times10^5$，则可得：

被测光子数　　　$S=A-B=\times10^5$

标准偏差　$\sigma=\sqrt{A+B}=\sqrt{1.44\times10^6}=1.2\times10^3$

信噪比　$\text{SNR}=S/\sigma=5.6\times10^5/1.2\times10^3\approx467$

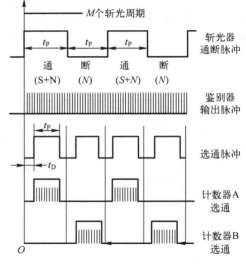

图 4-24 给出了有斩光器的光子计数器工作波形。在一个测量时间内包括 M 个斩光周期 $2t_p$。为了防止斩光叶片边缘散射的影响，使选通脉冲的半周期 $t_s < t_p$ 并满足

$$t_p = t_s + 2t_D \tag{4-38}$$

式中，t_D 为空程时间，为 t_p 的 2%～3%。

图 4-24　有斩光器的光子计数器工作波形图

根据前述说明，光子计数技术的基本过程可归纳如下：

① 用光电倍增管检测弱光的电子流，形成包括噪声信号在内的输出光脉冲；

② 利用脉冲幅度鉴别器鉴别噪声脉冲和多光子脉冲，只允许单光子脉冲通过；

③ 利用光子脉冲计数器检测光子数，根据测量目的，折算出被测参数；

④ 为了补偿辐射源或背景噪声的影响，可采用双通道测量方法。

光子计数方法的特点是：

① 只适合于微弱的测量，光子的速率限制在 $10^9/\text{s}$ 左右，相当于 1nW 的功率，不能测量包含许多光子的短脉冲强度；

② 不论是连续的、斩光的、脉冲的光信号都可以使用，能取得良好的信噪比；

③ 为了得到最佳性能，必须选择光电倍增管和装备带制冷器的外罩；

④ 不用数模转换即可提供数字输出，可方便地与计算机连接。

光子计数方法在荧光、磷光测量、拉曼散射测量和生物细胞分析等微弱测量中得到了应用。图 4-25 给出了用光子计数器测量试样的磷光效应的方框图。光源产生的光束经分束器由狭缝 A 中入射到转筒 C 上，在转筒转动过程中断续地照射到被测磷光物质上，被测磷光经过活动狭缝 C 和固定狭缝 B 出射到光电倍增管上，经光子计数测量出磷光的光子数值。转筒转速可调节，借

以测量磷光的寿命和衰变。转筒的转动同步信号树洞到光子计数器中,用来控制计算器的启动时间。

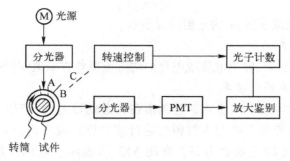

图 4-25　用光子计数器测量试样的磷光效应的方框图

4.3　光电导器件

光电导器件是利用内光电效应制成的光子型探测器,其材料大都是半导体,它们在入射光子的作用下,激发出附加的自由电子或自由空穴。这些附加的载流子叫做光生载流子。由于光照增加了自由载流子,使电导率发生变化,这种现象叫做光电导效应。对于本征半导体,光子作用于满带(价带)中的电子,当其接收到的能量大于禁带宽度时,则跃迁到导带,这样导带中增加的电子和满带中留下的空穴均能参加导电,因而称为本征光电导;对掺杂半导体,光生载流子产生于杂质能级上束缚的载流子,对 N 型半导体是电子,对 P 型半导体是空穴,它们吸收光子后被激发并参加导电,改变了电导率,因而称为杂质光电导。它们统称为光电导器件,又称为光敏电阻。本节主要介绍各种类型的光敏电阻材料和特性,以利于在光电检测系统中的应用。

1. 光电导器件的基本参数

下面讨论表征光电导器件性能的主要参量,也适用于光伏效应的各种光辐射探测器件。

(1)光敏器件的光特性

光敏器件的光特性是表征光照下光敏器件的输出量,如电阻、电压或电流等量与入射辐射之间的关系。该特性将指导我们在选用光敏器件时,确定其工作点和线性范围。

(2)光敏器件的灵敏度

灵敏度又称响应度。它表示器件将光辐射能转换为电能的能力,具体定义为:器件产生的输出电信号与引起该信号的输入光辐射通量之比。输出电信号由器件及偏置电路的特性决定,既可以是电流,也可以是电压。例如,电流表示的光灵敏度为

$$R_{\mathrm{IV}} = I/\Phi \quad (\mu\mathrm{A/lm}) \tag{4-39}$$

而辐射灵敏度为
$$R_{\mathrm{Ie}} = I/W \quad (\mathrm{mA/W}) \tag{4-40}$$

式中,I 为产生的信号电流;Φ 为输入的光通量;W 为输入的辐射通量。

(3)光谱响应

光敏器件对某个波长光辐射的响应度或灵敏度叫做单色灵敏度或光谱灵敏度。而把光谱灵敏度随波长的关系曲线叫做光谱响应或光谱特性。按照光谱灵敏度的取值方法不同,光谱特性又可分为绝对光谱特性和相对光谱特性。此外,若光辐射按能量取值或按量子数取值,则光谱特性又可分为等能量和等量子两种类型。

（4）量子效率 η

光敏器件的量子效率是指器件吸收辐射后,产生的光生载流子数与入射辐射的光子数之比

$$\eta = n_e/n_0 \tag{4-41}$$

式中,n_e 为器件产生的载流子数;n_0 为入射的光子数。

（5）光敏器件的噪声

当器件无光辐射入射时,输出电压或电流的均方值或均方根值叫做噪声。

（6）光敏器件的噪声等效功率

噪声等效功率又称等效噪声输入。它是指在特定的带宽内,产生与均方根噪声电压或电流相等的信号电压或电流所需要的入射辐射通量或功率。或者说,当光敏器件输出的信噪比等于 1 时,投射到器件上的光辐射功率。常用 NEP 来表示。它标志器件探测光辐射的极限水平。

（7）光敏器件的探测率 D

该特性也是光敏器件探测极限水平的表示形式,它是噪声等效功率的倒数。

$$D = 1/\text{NEP} \tag{4-42}$$

（8）光敏器件的归一化探测率 D^*

由于器件特性与其光敏面面积大小、检测电路的带宽等因素有关,为将光敏器件特性建立在统一比较的基础上,引入了"归一化探测率"的概念,又称"比探测率"。该特性表示单位面积的器件,在放大器带宽为 1Hz 条件下的探测率

$$D^* = DA^{1/2}\Delta f^{1/2} = (1/\text{NEP})A^{1/2}\Delta f^{1/2} \quad (\text{cmHz}^{1/2}\text{W}^{-1}) \tag{4-43}$$

式中,A 为器件光敏面的有效面积;Δf 为所用放大器的带宽。

即使做了以上规定,D^* 的检测值仍与实际测量条件有关,主要指测量目标的温度、调制频率和带宽。因此在给出 D^* 值的同时,一定要给出附加检测条件。例如,$D^*(500,800,1)$ 表示 D^* 是以 500K 黑体为目标、调制频率为 800Hz、带宽为 1Hz 的条件下所获得的值。

实际使用探测器的场合不会与测试条件完全相同,因此在利用探测器性能计算信号输出时,应按实际条件进行修正。例如被探测目标温度不同时,应进行光谱修正;探测器大小不同时,应进行面积修正;频率不同时,应按频率特性修正;带宽和频率不同时,应按带宽变化和噪声谱进行修正。工程中的信号或极限探测条件的计算均应认真对这些参数进行修正。

（9）光敏器件的频率特性

该特性表示器件惰性的大小。它用器件的比探测率或产生信号与入射辐射调制频率间的关系来表示。常以比探测率或信号功率下降到低频值的 1/2 时,或信号电压下降到 $1/\sqrt{2}$ 时所对应的频率来表示,叫做截止频率。该特性用于指导我们选用器件电路的调制频率范围。

2. 常用光敏电阻及其特性

光敏电阻可用多种光电导材料制成。表 4-2 给出了几种常用光电导材料的禁带宽度和大致的光谱响应范围。由于各种材料的物理特性不同,使得光电型探测器的光谱特性均有明显的选

表 4-2　常用光电导材料的参数

光电导材料	禁带宽度（eV）	光谱响应范围（μm）	峰值波长（μm）
硫化镉（CdS）	2.45	0.4～0.8	0.515～0.55
硒化镉（CdSe）	1.74	0.68～0.75	0.62～0.73
硫化铅（PbS）	0.40	0.50～3.0	2.0
碲化铅（PbTe）	0.31	0.60～4.5	2.2
硒化铅（PbSe）	0.25	0.70～5.8	4.0
硅（Si）	1.12	0.45～1.1	0.85
锗（Ge）	0.66	0.55～1.8	1.54
锑化铟（InSb）	0.16	0.60～7.0	5.5
砷化铟（InAs）	0.33	1.0～4.0	3.5

择性。下面分别介绍一些常用的光敏电阻。

（1）硫化镉、硒化镉光敏电阻

这两种光敏电阻用于可见光和近红外区域中，是使用最广泛的光电导器件。其结构如图 4-26 所示。硫化镉（CdS）光敏电阻的光谱响应与人眼视见函数接近，线性度和温度特性好，但其响应速度慢，时间常数 $\tau \approx 0.1 \mathrm{s}$，常用于照相机或专门的测光表中。硒化镉（CdSe）的响应与白炽灯或氖灯等光源的光输出有良好的匹配，线性度和温度特性都不太好，但其响应速度快，时间常数 $\tau \approx 0.01 \mathrm{s}$。所以硒化镉光敏电阻常作为光电开关使用。

（2）硫化铅和硒化铅光敏电阻

硫化铅（PbS）是一种多晶薄膜型光电探测材料，适用的光谱范围可从可见光到中红外波段。室温下常用于 $1.3 \sim 3 \mu \mathrm{m}$ 的光谱区中。它可以在低温下或常温下工作，且价格低廉。表 4-3 给出了不同温度下硫化铅的性能。工程上常把室温型记为（ATO），中温型记为（ITO），低温型记为（LTO）。由表中可见，制冷温度越低，光谱响应越向长波方向延伸，但 $D_{\lambda_P}^*$（峰值波长 λ_P 处的比探测率）在 193K 时最高。随着温度进一步降低，$D_{\lambda_P}^*$ 也随之下降。图 4-27 给出了不同温度下 $D_{\lambda_P}^*(2\pi)$ 的频率特性。这为选择工作频率提供了依据。

图 4-26 光敏电阻结构示意图

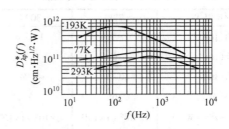

图 4-27 不同温度下 PbS 峰值比探测率与频率的关系

表 4-3 不同温度下 PbS 探测器的性能

工作温度	室温型 295K	中温型 195K	低温型 77K
响应时间（μs）	150~300	800~4000	500~3000
暗阻（MΩ/方）	0.3~2	5~10	10~20
灵敏度（V/W）	10^4	10^6	10^6
D^*（峰值）(cm·Hz$^{1/2}$·W^{-1})	1×10^{11}	6×10^{11}	2×10^{11}
光谱范围（μm）	$\lambda_P = 2.1$ 1~3.5	$\lambda_P = 2.8$ 1~4	$\lambda_P = 3.5$ 1~4.5

表 4-4 PbSe 探测器的性能

工作温度	295K	193K	77K
响应时间（μs）	≈2	30	40
暗阻（MΩ/方）	<10	<10	<10
峰值波长（μm）	3.8	4.6	5.1
$D_{\lambda_P}^*$(cm·Hz$^{1/2}$·W^{-1})	1×10^{10}	4×10^{10}	2×10^{10}
$D_{\lambda_P}^*/D^*$(500K)	10	5.5	3.5(Si 窗口) 4.0(宝石窗口)

硒化铅（PbS）也是多晶薄膜型光电导材料，响应时间比硫化铅快，室温下可工作在 $3.3 \sim 5 \mu \mathrm{m}$ 的光谱范围中。表 4-4 给出了 PbS 探测器的性能参数。图 4-28 给出了两种温度条件下硒化铅探测器的光谱特性。可见低温下曲线向长波移动，$D_{\lambda_P}^*$ 随之升高。图 4-29 给出了硒化铅探测器峰值比探测率 $D_{\lambda_P}^*$ 与调制频率间的关系。

（3）锑化铟和砷化铟光电探测器

锑化铟（InSb）探测器有光导型（PC）、光伏型（PV）和光磁电型等。光导型材料制成相应的光敏电阻。光伏型属障层光电效应，其原理将在后面介绍。由于光伏型器件的许多特性与光导型相类似，为比较它们间的性能和差异，把两者放在一起介绍。

锑化铟是单晶本征型探测器。表 4-5 给出了它在不同温度下的性能。图 4-30 给出了 PC 型

InSb 探测器响应度、噪声和相对 D^* 与频率的关系。在高频时,响应度略有下降,但因噪声下降更多,而使相对 D^* 反而上升。

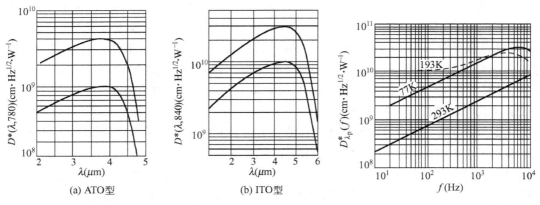

(a) ATO 型   (b) ITO 型

图 4-28　PbSe 探测器的光谱特性　　　　　　图 4-29　PbSe 探测器的频率特性

表 4-5　InSb 在不同温度下的性能

工　作　温　度	77K	300K
光谱范围（μm）	1～7.4	1～5.6
峰值波长（μm）	6	5.3
响应时间（μs）	10～15	0.04
灵敏度（V/W）	10^4	1
D^*（cm·Hz$^{1/2}$·W^{-1}）	1×10^{10}～1×10^{11}	2×10^8～1×10^9
$D^*_{\lambda_P}/D^*$（500K）	5.5	3.3
暗阻（Ω/方）	5000	30～130

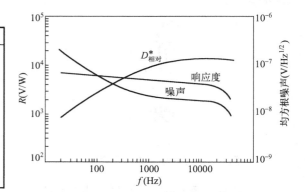

图 4-30　响应度、噪声和相对 D^* 与频率的关系

　　光伏型锑化铟常在接近直流短路状态下工作,可以得到最佳的探测率和灵敏度。图 4-31 给出了 77K 时 PV 型 InSb 探测器的光谱特性。图 4-32 给出了 PV 型 InSb 探测器信号、噪声、探测度与频率之间的关系。

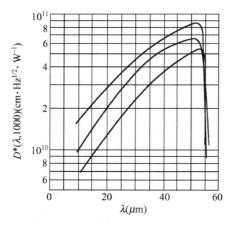

图 4-31　探测器的光谱特性

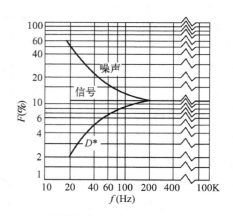

图 4-32　探测器信号、噪声、探测度与频率的关系

砷化铟(InAs)探测器是单晶本征型光伏器件,适用于 $1\sim4\mu m$ 光谱范围中工作,在室温下它具有较高的灵敏度,响应时间为亚微秒级。当它工作在 195K,光谱区域为 $1\sim3\mu m$ 时,其探测度将大于或等于任何其他探测器。这时的主要性能如下。

探测度(500K): $D^*_{\lambda_P}/D^* = 28$

量子效率:60%

响应时间: $<0.5\mu s$

光敏面积: $\approx 1.0 mm^2$

工作温度:77~300K

结电容: $<0.0l\mu F/m^2$

图 4-33 给出了不同温度下 InAs 探测器的光谱特性。图 4-34 给出了 InAs 探测器的噪声谱。

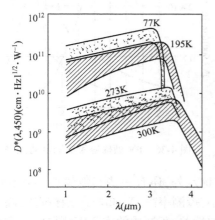 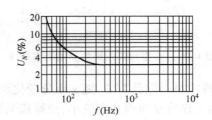

图 4-33　不同温度下 InAs 探测器的光谱特性　　　　图 4-34　InAs 探测器的噪声谱

（4）碲镉汞和碲锡铅光电探测器

碲镉汞材料($Hg_{1-x}Cd_xT_e$)的禁带宽度 E_g 随组分 x 的改变而变化。含不同 x 组分的碲镉汞可分别制成对 $1\sim3\mu m$、$3\sim5\mu m$ 和 $8\sim14\mu m$ 三个大气窗口响应的红外探测器,其主要特性列于表 4-6 中。

表 4-6　碲镉汞探测器的主要参量

波段（μm）	1~3	3~5	8~14	
组分 x	0.4~0.5	0.25~0.4	0.2	
类型	PV	PC	PC	PV
探测率（$cm \cdot Hz^{1/2} \cdot W^{-1}$）	$D^*_{300} = 10^{10}$ $D^*_{27} = 2\times10^{11}$	$D^*_{\lambda_P} = 1\times10^9$ ($\lambda_P = 5\mu m$, 300K)	$D^*_{\lambda_P} = 2\times10^{10}$ $\lambda_P = 10\mu m$	$D^*_{\lambda_P} = 3\times10^{10}$ $\lambda_P = 9\mu m$ $f = 900Hz$
响应时间 τ	10ns	400ns	$1\mu s$	10~20ns（零偏） 3ns（反偏）
暗电阻（Ω）	<1k	<10	20~400/方	100~500 （$0.1\times0.1mm^2$）
灵敏度（V/W）		30	10^4	200~700
量子效应（%）	>40	>40	>70	
结电容	15pF			10
光敏面积	$10^{-4}\sim4\times10^{-2}cm^2$	$0.5\times0.5mm^2$	线度 0.05~2mm	线度 0.001~0.25mm
工作温度（K）	77、200、300	77、200、300	77	77

$1 \sim 3\mu m$ 碲镉汞探测器在室温下,它的探测度不如 PbS 探测器高,但响应时间要短几个数量级。$3 \sim 5\mu m$ 碲镉汞探测器在室温下工作时,性能比锑化铟好,它的噪声等效电阻比本身欧姆电阻只高约一个数量级,制冷后探测率、灵敏度均提高,光谱特性向长波移动。$8 \sim 14pm$ 碲镉汞探测器只能在 77K 低温下工作。图 4-35 给出了三种不同组分的 PC 型碲镉汞探测器在 77K 和 2π 视场条件下的光谱特性。图 4-36 为 PV 型碲镉汞三种组分探测器在 77K、视场为 30°时的光谱特性。

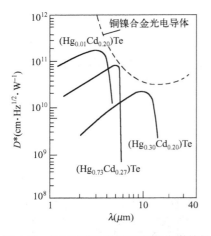

图 4-35 PC 型碲镉汞探测器的光谱特性

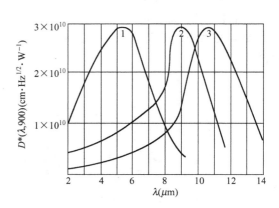

图 4-36 PV 型碲镉汞探测器的光谱特性

碲镉汞材料除具有 E_g 随 x 组分变化而改变的优点外,还有一些其他优点,如载流子浓度较低,反偏工作时反向饱和电流小,使得探测器噪声小,探测率高;又如电子迁移率高,高频响应好,以及光电导增益高等。它的主要缺点是晶体的均匀性差,所制成的多元探测器的一致性差。

碲锡铅材料($Pb_{1-x}Sn_xTe$)的禁带宽度 E_g 也可随组分 x 的变化而改变,可适用于不同的红外波段,常制成光伏型探测器,其均匀性较好,不均匀度约为 10%。其主要特性如下。

探测率:$D_{\lambda_P}^* > 10^{10} cm \cdot Hz^{1/2} \cdot W^{-1}$;

$$D_{\lambda_P}^* / D^*(500K) \approx 2$$

响应时间:$>50ns$

光敏面积:$1 \times 1 mm^2$

工作温度:77K

图 4-37 给出了不同窗口材料、77K、视场为 60°条件下 PV 型碲锡铅探测器的光谱特性。

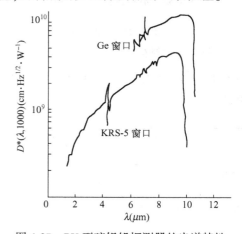

图 4-37 PV 型碲锡铅探测器的光谱特性

(5)杂质光电导探测器

杂质光电导主要有锗掺杂、硅掺杂和锗硅合金掺杂等几大类探测器。下面介绍几种典型的掺杂型探测器。

锗掺金探测器是 P 型杂质光电导探测器,在 77K 低温下工作,波长范围为 $2 \sim 10\mu m$,其他主要参数如下。

探测率:$D_{\lambda_P}^* / D^*(500K) = 2.7$

响应时间:$<50ns$

灵敏度:$R_{\lambda_P} = 10^4 V/W$

暗阻:<500 千欧姆/方

光敏面积:线度为 0.25~5mm

图 4-38 所示为 77K、2π 视场、背景为 295K 条件下锗掺金探测器的光谱特性。图 4-39 所示为锗掺金探测器探测率与频率的关系。

由于半导体硅的工艺最为成熟,因此硅掺杂的探测器便于和电子学器件集成。如硅掺杂探测器与硅 CCD 结合,可制成近年来极受重视的红外 CCD。目前许多硅掺杂和锗硅合金掺杂的光电导探测器正在研制中。表 4-7 列出了主要硅掺杂探测器的特性。图 4-40 所示为温度为 27K 时硅掺镓探测器的光谱特性。图 4-41 所示为 50K 时锗硅合金掺金探测器的光谱特性。

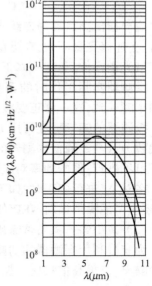
图 4-38 锗掺金探测器光谱特性

表 4-7 硅掺杂探测器的特性

探测器	波长范围 (μm)	峰值波长 (μm)	比探测率 D^* ($cm \cdot Hz^{1/2} \cdot W^{-1}$)	工作温度 (K)	暗阻 (Ω)	调制频率 (kHz)
Si:Bi	4~17	16	1×10^{10}	20	10^5	1
Si:Ga	4~17	15	2×10^{10}	18	10^5	1
Si:Al	4~18	17	2×10^{10}	20	10^5	1
Si:As	6~25	23	2×10^{10}	12	10^5	1
Si:Sb	6~33	28	1×10^{10}	4	10^5	1
Si:In	~7.4			77		

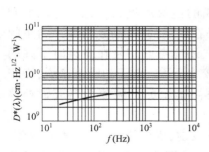
图 4-39 锗掺金探测器探测率与频率的关系

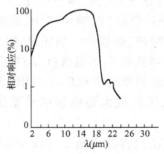
图 4-40 硅掺镓探测器的光谱特性

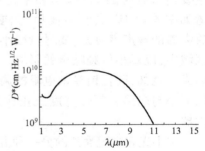
图 4-41 锗硅合金掺金探测器的光谱特性

3. 光敏电阻使用中的有关计算及偏置电路

(1) 比探测率 D^* 在使用中的转化

在讨论探测器比探测率时,提到了探测器光敏面积和频带的归一化,以及获得比探测率的测试条件。因此在具体使用时,要对光敏面积、电路带宽、目标温度而决定的光谱特性和电路的工作频率等因素按实际情况进行修正,由此计算出具体探测器在实际应用条件的噪声等效功率(NEP),作为光电转换过程计算的依据。

光敏面积和电路带宽的修正可直接按比探测率的定义式进行,从式(4-43)可导出

$$NEP = A^{1/2} \Delta f^{1/2} / D^* \tag{4-44}$$

不同光辐射源的光谱特性与某探测器光谱特性之间的光谱匹配系数不同,因此对应的 D^* 也不同。在特定黑体源条件下获得的比探测率,在不同目标光谱特性条件下使用时必须进行修正。设探测器与特定黑体间光谱匹配系数为 α,而探测器与目标间光谱匹配系数为 α',则比探测

率 D^* 应修正为 $D^{*'}$，即

$$D^{*'} = (\alpha'/\alpha) D^*$$

$$\begin{aligned} NEP' &= (\alpha'/\alpha) NEP \\ &= (\alpha'/\alpha) A^{1/2} \Delta f^{1/2} / D^* \end{aligned} \qquad (4\text{-}45)$$

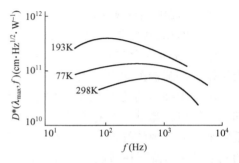

图 4-42　通常探测器的频率特性曲线

应当指出当目标为连续光谱，且工作在宽光谱范围时，上述修正量不大，在近似估算时可以忽略；而对于窄带光谱条件下，这一修正必须进行。

探测器实际工作时的调制频率不一定与测量比探测率时一致，这一修正要按探测器的频率特性来进行。探测器的频率特性可用 $D^*(f)$ 来表示，当检测频率为 f，而工作频率为 f' 时，则应用 $D^*(f')$ 来代替 $D^*(f)$。通常探测器的频率特性曲线如图 4-42 所示。当工作频率接近测试频率时，这一修正可不进行；但两频率对应曲线变化较大或在下降段时，这一修正必须进行。

在对 Δf 进行修正时，如工作在白噪声谱区中，按式（4-35）修正即可；如工作在非白噪声谱区时，还应考虑噪声谱对 NEP' 的影响。

（2）减小噪声提高信噪比的措施

为充分利用探测器的功能，实现对微弱信号的探测，可以采取一些措施来尽量减小影响探测阈的噪声，以提高信噪比。探测器与电路的噪声将在后面的章节中进行讨论，这里只介绍减小噪声的方法。

利用信号调制及选频技术可抑制噪声的引入。光电导探测器的噪声谱如图 4-43 所示，主要由低频区的 $1/f$ 噪声和中高频区表现为白噪声的散粒噪声组成。而一般放大器的噪声谱如图 4-44 所示，它由低频"闪变效应区"的噪声和中、高频的白噪声组成。综合探测器和放大器的噪声谱可知，要尽量减小噪声，必须使调制频率选择在曲线的中、高频白噪声为主的区域中，以减小低频噪声的影响。当然频率不能选择得过高，还应考虑信号在高频时下降的因素。例如，硫化铅光敏电阻的调制频率选为 $400 \sim 1000$Hz 较为合适。对于白噪声来说，噪声的大小与电路的频带宽度成正比，因此放大器应采用带宽尽可能窄的选频放大器或锁相放大器。

减小光敏电阻噪声的另一种方法是将器件制冷，以减小热发射，也可降低产生-复合噪声。制冷方式可采用半导体电制冷、杜瓦瓶液态气体制冷或专用制冷机制冷。按工作所需的温度和工作要求来决定。常用的液氮杜瓦瓶制冷器原理图如图 4-45 所示。杜瓦瓶由双层结构组成，层

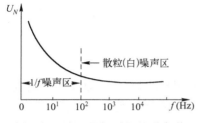

图 4-43　光电导探测器的噪声谱

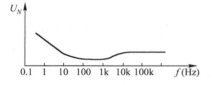

图 4-44　一般放大器的噪声频率谱

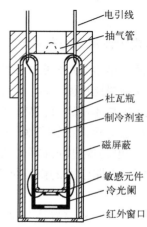

图 4-45　杜瓦瓶制冷器原理图

间抽成真空,探测器置于靠近液氮的内侧端面上,外端为能透过所需光辐射的窗口,杜瓦瓶中间灌入液氮,可使探测器温度降至77K。

另一种减小探测器噪声的途径是采用最佳条件下的偏置电路,使信噪比(S/N)最大。这将在下述典型线路中讨论。

（3）几种典型的偏置电路

光敏电阻可适用于不同工作需要的场合,对相应的偏置电路也有不同的要求。

① 恒流偏置电路

在一定光照下,光敏电阻产生的信号和噪声均与通过光敏电阻的电流大小有关,其关系曲线如图 4-46 所示。由图中可知,信噪比曲线有一极大值存在,从这一特点出发希望偏置电路使器件偏流稳定,并取值在最佳电流 I_{opt} 的区域中。按此要求设计的恒流偏置电路如图 4-47 所示。稳压管 VD 使电压 U_b 稳定,进而使 I_b、I_c 恒定。于是光敏电阻在恒流 I_c 条件下工作。电路中 C 是滤波电容以消除交流干扰。恒流 $I_c \approx U_b/R_e$。当光照使探测器接收光通量变化 $d\Phi$,引起阻值变化 dR,使电压输出变化 $dU_o = -I_c dR$。按照光电导灵敏度(S_g)的定义有

$$S_g = dg/d\Phi$$

式中,g 为光敏电阻的电导率,显然

$$dg = d(1/R) = (-1/R^2)dR$$

$$dR = -S_g R^2 d\Phi$$

则有

$$dU_o = (U_b/R_e)R^2 S_g d\Phi$$

令 $U_o = dU_o$,$\Phi = d\Phi$,则有

$$U_o = (U_b/R_e)R^2 S_g d\Phi \tag{4-46}$$

由上式可知,探测器阻值越大,$dU_o/d\Phi$ 越大,其电压灵敏度也就越高。该电路常用于对微弱信号的探测。

② 恒压偏置电路

将恒流偏置电路稍加改变便可形成如图 4-48 所示的恒压偏置电路。稳压管 VD 使电压 U_b 稳定,通过晶体管使施加在光敏电阻 R 上的偏压恒定。当光照变化时,由于 R 的变化将引起通过光敏电阻电流的变化 $dI_e = U_b dg = U_b S_g d\Phi$,或表示为 $i_e = U_b S_g \Phi$,于是引起输出电压信号的变化为

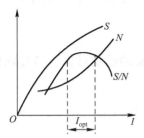

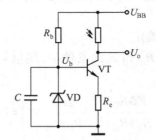

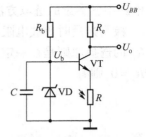

图 4-46 信号、噪声、倍噪比与光敏
电阻中电流间的关系曲线　　　图 4-47 晶体管恒流偏置电路　　　图 4-48 晶体管恒压偏置电路

$$U_o = i_c R_c \approx i_e R_c = U_b S_g R_c \Phi \tag{4-47}$$

由上式可知,当光敏电阻的光电导灵敏度 S_g 一定时,U_o 与 Φ 成正比,而与光敏电阻的阻值大小无关。这一电路的特点是电压灵敏度(U_o/Φ)与光敏电阻阻值 R 无关。也就是说,不因探测器阻值变化而影响系统的标定值。所以在检测系统中常采用这种恒压偏置电路。

③ 最大输出及继电器工作的偏置电路

这类简单的光敏电阻偏置电路如图 4-49 所示。它由电源 E、光敏电阻 R_G 和负载电阻$R_L = 1/$

G_L 串联组成。电路中的电流 I 可由下式决定

$$I=E/(R_L+R_G) \tag{4-48}$$

当入射光敏电阻上的照度不同时,可以画出不同的伏安特性曲线。图 4-50 所示是对应平均照度 E_o、最大照度 E'' 和最小照度 E' 的三条伏安特性曲线。按所选电源 E 和负载电阻 R_L,可画出负载线 $NBQAM$。对每一个具体的光敏电阻来说,以最大允许的耗散功率 P_{max} 工作时不能超过这一范围,否则将损坏,即 $IU \leqslant P_{max}$,图中给出了这一界限。

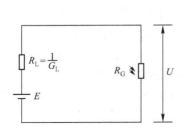

图 4-49 光敏电阻偏置电路

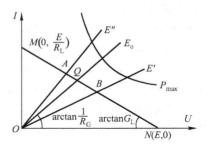

图 4-50 不同照度下光敏电阻的伏安特性

当入射到光敏电阻上的照度变化时,其电阻 R_G 变化为 ΔR_G,对应电路电流和电压均要变化,它们分别为 ΔI 和 ΔU。光照变化引起电流的变化

$$I+\Delta I=E/(R_L+R_G+\Delta R_G)$$
$$\Delta I=E/(R_L+R_G+\Delta R_G)-E/(R_L+R_G)$$

当 ΔR_G 远小于 R_L 和 R_G 时,有

$$\Delta I \approx -E\Delta R_G/(R_L+R_G)^2 \tag{4-49}$$

光照变化引起光敏电阻上的压降变化

$$U=E-IR_L$$
$$U+\Delta U=E-(I+\Delta I)R_L$$
$$u=\Delta U=-\Delta IR_L=[E\Delta R_G/(R_L+R_G)^2]R_L \tag{4-50}$$

光敏电阻的 R_G 和 ΔR_G 值可从实验中获得,也可从伏安特性曲线中通过计算找到。由式(4-49)和式(4-50)可知,在入射光量相同时,ΔR_G 越大,其电流和电压的变化量也越大。下面讨论电路中各参量的选取方法。

a. 检测光量时负载电阻 R_L 的确定

R_L 的选择原则是在一定 R_G、ΔR_G 和 E 的条件下,使信号电压 u 的输出最大。通过取极值 $\mathrm{d}u/\mathrm{d}R_L=0$,则有

$$\frac{E\Delta R_G}{(R_L+R_G)^2}\left[-\frac{2R_L}{R_L+R_G}+1\right]=0$$

于是有

$$R_L=R_G \tag{4-51}$$

满足上式时,构成最大输出的偏置电路。如果从功率损耗来看,$P=I^2R_L=[E/(R_L+R_G)]^2R_L$,按式(4-51)的条件,令 $R_L=R_G$,则有

$$P=E^2/4R \tag{4-52}$$

该电路又可称为恒功率偏置电路。注意上述电路中 R_G 是工作点 Q 或工作在平均照度下光敏电阻的阻值。在高频工作时,R_L 不宜太大,有时选 $R_L<R_G$ 的失配条件下工作。

b. 在继电器型式工作时 R_L 的确定

这时光敏电阻在两个工作状态下跳跃,对应电阻值分别为 R_{G1} 和 R_{G2},对应电流变化为

$$I_1 - I_2 = \frac{E}{R_L + R_{G1}} - \frac{E}{R_L + R_{G2}} = \frac{R_{G2} - R_{G1}}{(R_L + R_{G1})(R_L + R_{G2})}E \tag{4-53}$$

对应电压变化为
$$U_1 - U_2 = (E - I_1 R_L) - (E - I_2 R_L)$$

$$= ER_L \frac{R_{G1} - R_{G2}}{(R_L + R_{G1})(R_L + R_{G2})} \tag{4-54}$$

希望输出电压变化最大,所以取

$$\frac{\mathrm{d}(U_1 - U_2)}{\mathrm{d}R_L} = 0$$

则有
$$R_L = \sqrt{R_{G1}R_{G2}} \tag{4-55}$$

所对应的最大电压变化为

$$(U_1 - U_2)_{\max} = E \frac{\sqrt{R_{G1}} - \sqrt{R_{G2}}}{\sqrt{R_{G1}} + \sqrt{R_{G2}}} \tag{4-56}$$

由式(4-53)可知,要使电流变化最大,则应取 $R_L = 0$,这时对应的最大电流差值为

$$(I_1 - I_2) = E(R_{G2} - R_{G1})/(R_{G1}R_{G2}) \tag{4-57}$$

具体选哪一种工作方式,应依据实际要求确定。

c. 电源电压的选择

从以上各式都可以看到、选用较大的电源电压对产生信号十分有利,但又必须以保持长期正常工作,不损坏光敏电阻为原则。有时在器件的说明书中给出。

4.4 光电池和光电二极管

本节主要介绍利用障层或阻挡层在光辐射作用下产生光伏效应所制成的光电器件。主要有各种光电池、光电二极管和光电三极管等。绝大多数的障层是由半导体 PN 结构成的。下面以 PN 结为例进行讨论。

1. PN 结与光伏效应的产生

当 P 型半导体和 N 型半导体直接接触时,P 区中的多数载流子——空穴向空穴密度低的 N 区扩散,同时 N 区中的多数载流子——电子向 P 区扩散。这一扩散运动在 P 区界面附近积累了负电荷,而在 N 区界面附近积累了正电荷,正、负电荷在两界面间形成内电场。在该电场逐步形成和增加的同时,在它的作用下产生载流子的漂移运动。随着扩散运动的进行和界面间内电场的增高,促使漂移运动加强。这一伴生的对立运动在一定温度条件和一定时间后达到动态平衡。PN 结的形成如图 4-51 所示。从宏观看形成了稳定的内电场,这就是 PN 结,它能阻止载流子通过,所以又称为障层或阻挡层。

当有外界光辐射照射在结区及其附近时,只要入射光子的能量 $\varepsilon = h\nu$ 大于半导体的禁带宽度 E_g,就可能产生本征激发,激发产生电子-空穴对。P 区中的光生空穴和 N 区中的光生电子,因受 PN 结的阻挡作用而不能通过结区。结区中产生的电子-空穴对在内电场作用下,电子驱向 N 区,空穴驱向 P 区。而结区附近 P 区中的光生电子和 N 区中的空穴如能扩散到结区,并在内电场作用下通过结区,这样就在 P 区中积累了过量的空穴,在 N 区中积累了过量的电子,从而形成一个附加的电场,方向与内电场相反,如图 4-52(a)所示。该附加电场对外电路来说将产生由 P 到 N 方向的电动势。当连接外电路时,将有光生电流通过,这就是光伏效应。

当 PN 结端部受光照时,光子入射的深度有限,不会得到好的效果。实际使用的光伏效应器件,都制成薄 P 型或薄 N 型,如图 4-52(b)所示。入射光垂直 PN 结面入射,以提高光伏效应的效率。

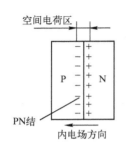

图 4-51 PN 结的形成

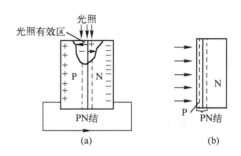

图 4-52 障层光电效应原理

2. 光伏效应器件的伏安特性

光伏效应器件工作的等效电路如图 4-53 所示。它与晶体二极管的作用类似。只是在光照下产生恒定的电动势，并在外电路中产生电流。因此其等效电路可由一电流源 I_Φ 与二极管并联构成。U 是外电路对器件形成的电压，I 为外电路中形成的电流，以箭头方向为正。

这类器件的伏安特性曲线如图 4-54 所示。取 U、I 的正方向与坐标轴一致。

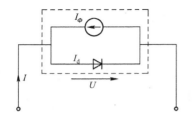

图 4-53 光伏效应器件的等效电路

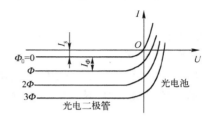

图 4-54 光伏效应器件的伏安特性曲线

当光伏效应器件无光照时，光生电流源的电流值 $I_\Phi=0$，于是等效电路只起一个二极管的作用，伏安特性与一般二极管的相同。见图中 $\Phi=0$ 的曲线，该曲线通过坐标原点，当 U 为正并增加时，电流 I_d 迅速上升；当 U 为负并随其绝对值增加时，反向电流很快达到饱和值 $I_d=I_s$，不再随电压变化而变化，直到击穿时电流再发生突变为止。

当有光照时，若入射光敏器件的通量为 Φ，对应电流源产生光电流为 I_Φ，使外电路电流变为 $I=I_d-I_\Phi$，对应的伏安特性曲线下移一个间距 I_Φ。

当射入光敏器件的通量增加时，如 2Φ，3Φ 等，则对应伏安特性曲线等距或按对应间距下降，从而形成按入射光通量变化的曲线簇。

上述关系可用晶体二极管的特性方程加以改造来描述

$$I=I_d-I_\Phi=I_s(e^{qU/kT}-1)-I_\Phi \tag{4-58}$$

式中，I 为光电器件外电路中的电流；I_s 为器件不受光照时的反向饱和电流；I_Φ 为器件光照下产生的光电流；q 为电子电荷；U 为外电路电压；k 为玻耳兹曼常数；T 为器件工作环境的热力学温度。式中右边第一项是二极管的特性方程。

3. 光伏效应光电池

分析图 4-54 第四象限中曲线的情况可知，外加电压为正，而外电路中的电流却与外加电压方向相反为负。即外电路中电流与等效电路中规定的电流相反，而与光电流方向一致。这一现象意味着该器件在光照下能发出功率，以对抗外加电压而产生电流。该状态下的器件被称为光电池。曲线族与电流轴之间的交点，即 $U=0$，表示器件外电路短路的情况，短路电流的大小可由式（4-58）获得，$I=-I_\Phi$，即短路电流与光电流大小相等，方向相反。

曲线族与电压轴的交点，即 $I=0$，表示光电池外电路开路的情况。输出电压 U_{oc} 可从式（4-49）求得

$$0 = I_s(e^{qU_{oc}/kT} - 1) - I_\Phi$$

$$U_{oc} = \frac{kT}{q} \ln\left(\frac{I_\Phi}{I_s} + 1\right) \tag{4-59}$$

可见开路电压与光电流成非线性关系。应当指出 U_{oc} 实质上就是光伏效应光电池对应一定入射光量时产生的光生电动势。光电池工作时无须电源,就能将光能直接转换为电能输出。

常用的光电池主要有硒光电池和硅光电池两种。硒光电池的最大特点是光谱特性与人眼视见函数比较接近。当需要模拟人眼检测时,采用硒光电池十分方便。但它的缺点较多,如稳定性差、灵敏度低,而且寿命较短。目前在一些强照度检测中仍有使用。

硅光电池是利用 N 型和 P 型硅构成 PN 结的器件,该器件的特点是灵敏度高,稳定性好,且经久耐用。通常把它制成小面积的测光器件或制成大面积用于功率转换的太阳能电池。

图 4-55 所示为上述两种光电池的相对光谱特性曲线。硅光电池的光谱范围约为 0.4 ~ 1.1μm,峰值波长约为 0.85μm。

图 4-56 和图 4-57 分别给出了硅光电池和硒光电池的光特性曲线,而短路电流与入射照度基本成线性关系。所谓短路可以认为是负载电阻相对于光电池内阻很小而言的。光电池受照不同时,内阻亦不同,可依此确定外负载,以满足"短路"的要求。硅光电池的积分灵敏度约为 6 ~ 8mA/lm,而硒光电池却只有 0.5mA/lm。

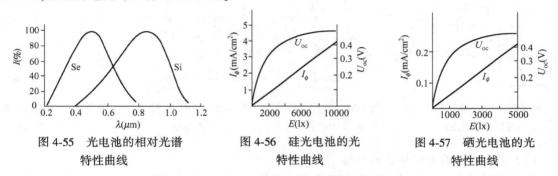

图 4-55　光电池的相对光谱　　　图 4-56　硅光电池的光　　　图 4-57　硒光电池的光
　　　　　特性曲线　　　　　　　　　　　特性曲线　　　　　　　　　　特性曲线

图 4-58 给出了不同负载下光电池的光特性曲线。负载越大,光特性曲线弯曲越严重。光电池的障层面积大,极间电容也大,从而造成频率特性变差。此外它们的特性还与温度有关。硒光电池的工作温度不应超过 50℃,而硅光电池的损坏温度约为 200℃,其使用温度不应超过 125℃。

下面分析光电池几种不同输出要求的偏置电路。

（1）光电池作为电流输出的电路

图 4-54 第四象限的曲线经翻转、处理后获得如图 4-59 所示的光电池的伏安特性曲线。图中依据 $U = R_L I$ 的关系分别作出了 R_L 等于 0.5kΩ、1kΩ 和 3kΩ 三条负载线。当 R_L 较小时,负载线靠纵轴,等间隔光照变化对应信号的间隔基本相等,所以 $I = f_I(E)$ 或 $U = f_U(E)$ 的光特性曲线基本为线性。而当 $R_L > 1kΩ$ 时,负载线上信号间隔不等造成光特性弯曲。

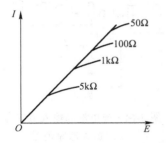

图 4-58　不同负载下光电池的光特性曲线

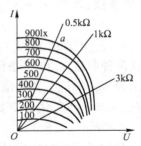

图 4-59　光电池的伏安特性曲线

在光电检测中希望线性输出时,应取 $R_L<0.5\text{k}\Omega$,为此应采用低输入阻抗的电路来完成放大工作。类似光电倍增管中常用的"电流-电压变换器"的电路形式。图 4-60 所示为典型的原理电路图,该放大器的输入电阻为 $R_i=R_f/(1+A)$,式中 R_f 是反馈电阻,A 是运算放大器的开环放大倍数,通常很大。如当 $R_f=10\text{k}\Omega$,$A=10^4$ 时,则 $R_i\approx1\Omega$。相对光电池内阻,可以视为短路输出。经放大器放后 $U_o=-I_iR_f$,式中 I_i 是光电池输入变换器的电流,可见有着良好的线性关系。图中电容 C 约为几个 pF,作用是降低高频噪声,它在电路中对高频有 100% 的负反馈。

有时对输出信号与入射光量间的线性关系要求不高,又希望能有比较简单的电路型式,可采用光电池与晶体管直接耦合的方式放大。由于常用的这两种光电池的开路电压大都在 0.5V 以下,因此只能与锗晶体三极管联用,并采用直接供基极电压的方法,因为锗管基极工作电压约为 0.2~0.3V,如图 4-61 所示。图中 GD 为光电池。硅晶体三极管的基极工作电压为 0.6~0.7V,单个光电池的电压输出太小,不能驱动工作。可用几个光电池串联,但工作时需同时光照,不好处理。另一种可行方案是附加某一电压,同时控制硅三极管的基极电压。图 4-62 所示是采用 R_W 提供可调电压,如 0.3~0.5V,而 GD 只要提供 0.2~0.4V 即可。图 4-63 所示是用锗二极管 VD 提供一定电压。这一方案的好处是 VD 与 VT 间有一定的温度补偿作用。

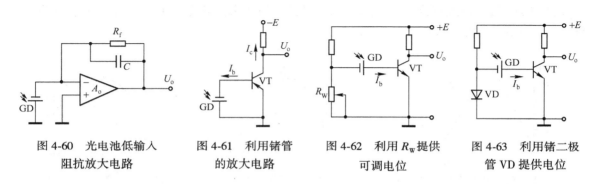

图 4-60 光电池低输入阻抗放大电路　　图 4-61 利用锗管的放大电路　　图 4-62 利用 R_W 提供可调电位　　图 4-63 利用锗二极管 VD 提供电位

（2）光电池作为开路输出的电路

硒与硅两种光电池的最大开路电压输出也不超过 0.6V,而且其输出电压与光照间的线性关系很差。有时为获得较大的电压输出而不要求线性关系时,可采用高输入阻抗的前放,这时光电池相当于开路工作。图 4-64 所示为光电池高输入阻抗、低噪声放大器的原理图。第一级由两只低噪声高输入阻抗的 3DJ4E 场效应管 VT_1、VT_2 组成,其中 VT_2 接成源极跟随器,在恒流态条件下工作,从而增加了电路的线性和提高了输入阻抗,可达 $10^9\Omega$。第一级电路的放大倍数约为 1,第二级由运算放大器所组成,信号由正端输入,其放大倍数 $K=G_f/R_s$,可达 100 倍。电路带宽 $\Delta f=50\sim100\text{kHz}$。

这类电路常作为光开关或继电器使用。利用式(4-59),设 $T=300\text{K}$,$kT/q=26\text{mV}$,$I_\Phi=SE$,其中 S 为光电池照度灵敏度,单位为 mA/lx。当 $I_\Phi\gg I_s$ 时,则有

$$U_{oc}=26\ln(SE/I_s) \qquad (4\text{-}60)$$

光电池在两种照度 E_1 和 E_2 条件下工作,对应产生的电压输出为 U_{oc1} 和 U_{oc2},其差值为

$$\begin{aligned}U_{oc2}-U_{oc1}&=26\ln(SE_2/I_s)-26\ln(SE_1/I_s)\\&=26\ln(E_2/E_1)\end{aligned}$$

$$U_{oc2}=U_{oc1}+26\ln(E_2/E_1) \qquad (4\text{-}61)$$

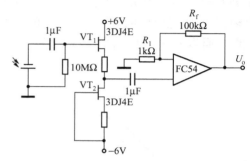

图 4-64 光电池高输入阻抗、低噪声放大器原理图

（3）光电池作为功率输出的电路

采用光电池作为将光能转换为电能的太阳能电池时，要求有大的输出功率和转换效率，可用多个光电池串、并联构成大的受光面积。如图 4-65 所示是光电池给负载 R_L 供电的电路图。多余的电能储存在蓄电池中，在黑暗或光弱时，负载由蓄电池供电。为防止蓄电池经光电池放电，设置了单向导电的二极管 VD。要使输出功率极大，就是要 IU 乘积最大，由图 4-59 所示的光电池伏安特性曲线可知，应选在该曲线开始弯曲处。如 $E = 900lx$ 时，选在 a 点附近较合适。由于不同照度 E 所对应曲线的弯曲位置不同，所以要得到最大输出功率，需改变负载，采用另一条负载线。最佳负载与入射照度间的关系曲线如图 4-66 所示。实际使用时应尽可能考虑这一特性，合理选择最佳负载，以达功率输出最大。

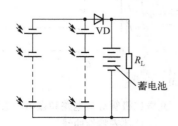

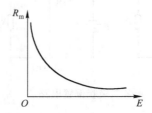

图 4-65　光电池作功率输出电路　　　　图 4-66　最佳负载与入射照度间的关系曲线

光电池的光能转换效率为

$$\eta = P_w/P_o \tag{4-62}$$

式中，P_w 为光电池最大输出功率；P_o 为输入光电池的光功率。

4. 光电二极管

利用 PN 结光伏效应的另一种重要光电器件是光电二极管。在图 4-54 所示的光伏效应伏安特性曲线中，光电二极管是工作在第三象限的器件。外电路中的电压和电流均为负值，与图 4-53 等效电路中所示的方向相反，且工作在反向偏置的条件下。它的工作原理与晶体三极管类似，如图 4-67 所示，PN 结反向偏置，P 型区相当于基极区，N 型区相当于集电极区，由光照下产生的光生载流子引起 N 区电流的变化，由于反向偏置，PN 结应具有较高的反向耐压性质。

（1）光电二极管的构造原理

目前常使用的光电二极管是用锗或硅制成的。其中由于硅材料的暗电流小，温度系数小，且工艺易于控制，所以使用最多的是硅光电二极管。

通常把 N 型硅做基底，上面通过扩散法掺入硼，形成 P 区，这就形成了 P^+N 结构的光电二极管，其型号为 2CU，如图 4-68 所示。

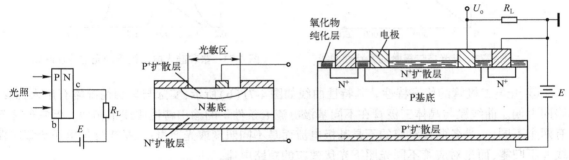

图 4-67　光电二极管回路　　　图 4-68　2CU 结构示意图　　　图 4-69　带环极 2DU 结构示意

用 P 型硅做基底,上面通过扩散法掺入磷,形成 N 区的构造,称为 N⁺P 结构,其型号为 2DU。在这种结构中,为在不降低灵敏度的条件下尽量减小由漏电流所造成的暗电流,在中心扩散磷形成光敏区的同时,在周围形成一环形磷扩散区,叫做保护环,如图 4-69 所示。它能切断漏电流,该电极叫做环极,工作时接正电位。

也可以不用环极,除暗电流增大外别无影响。光电二极管偏置电路如图 4-70 所示,其等效电路和在第一象限表示的伏安特性曲线如图 4-71 所示。

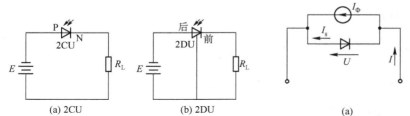

图 4-70　光电二极管偏置电路

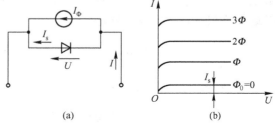

图 4-71　光电二极管等效电路和在第一象限
的伏安特性曲线

（2）光电二极管的主要特性

① 光特性。描述光电流 I 随入射光照度或通量变化的关系,即 $I=f(E)$ 或 $I=g(\Phi)$。硅光电二极管的光特性曲线如图 4-72 所示。其线性很好,适用于光度量的测量,目前这种器件的应用极广。

② 光电二极管的光谱特性。该特性通常是由材料来决定的,图 4-73 给出了锗和硅两种光电二极管的光谱特性曲线。锗光电二极管的光谱范围约为 0.4~1.5μm,峰值波长约为 1.4~1.5μm;而硅光电二极管的光谱范围约为 0.4~1.2μm,峰值波长约为 0.8~0.9μm。两曲线都呈钟形分布,随着波长增大,光子能量减少,直到增至红限波长而不足以激发电子-空穴对时为止。反之,随着光的波长减小,光子能量增加,相同能量所含的光子数相对减少;此外,短波光子透入性差,只在表面激发载流子,这些载流子到达 PN 结的概率较小,所以也使光谱曲线在短波处下降。如果采用浅的 PN 结和表面处理,那么短波响应可以有所改善。其他光敏器件光谱响应钟形分布的原因与此类似。

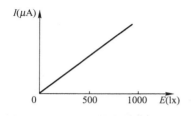

图 4-72　硅光电二极管的光特性曲线

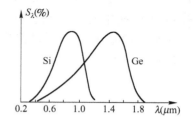

图 4-73　锗和硅光电二极管的光谱特性曲线

③ 光电二极管的伏安特性。其特性曲线如图 4-71(b)所示,实际与理想情况略有出入,曲线略向上偏。曲线簇与晶体三极管在不同基极电流 I_b 条件下的输出特性曲线很相似。但它们之间有两个不同,一是各曲线对应的不是基极电流而是不同照度或光通量;二是当外加电压为零时曲线并不归零,而是对应着不同光照下光伏效应的短路电流。

④ 光电二极管的频率特性。这类器件在各类半导体光电器件中频率特性最佳。器件中影

响频率响应速度的主要因素是:其一,结电容和杂散电容的影响。在等效电路中这些电容与负载电阻 R_L 并联。当 R_L 增大时,电容的高频旁路作用显著,而使高频响应变差。所以减小 R_L 可改善高频响应;当选 R_L 为 1kΩ 左右时,截止频率可达 1.5MHz 以上。其二,在 PN 结外产生的光生载流子需经一段时间的扩散才能入结,与 PN 结内的光生载流子形成时间差的影响。前者与光电激发产生的位置有关。例如,波长较短的光子大部分在结内激发光生载流子,它们无须花费向 PN 结的扩散时间,而长波光子有时能透到 PN 结后几十微米至上千微米处,这样,光生载流子向 PN 结的扩散就需要很长的时间,由于波长不同,使硅光电二极管响应时间的变化可达 $10^2 \sim 10^3$ 倍。

为减小上述结电容和载流子扩散对频率响应的影响,可采用 PIN 型的光电二极管。它是由浓掺杂的 P 型和 N 型半导体之间夹一层薄的本征半导体材料组成的。本征 I 层有很高的电阻率,并作为结电容器中的介质。当加反向电压时,由于 PN 结的间距增大,对应结电容减小;此外入射光由于 I 层的吸收不易到达结后过深处,大部分在结内及附近激发光生载流子,基本上无须扩散时间。这样的结构改善了高频响应,其截止频率可达 1GHz 以上。PIN 结构的另一个重要优点是暗电流小,约为 10^{-10}A 的数量级。如配以低噪声的前放,可在极弱光条件下工作。

⑤ 光电二极管的温度特性。在外加电压为 50V,入射照度不变的条件下,光电流随工作温度 T 的变化曲线 $I=f(T)$ 如图 4-74 所示。可见随着温度的变化,对应光电流亦有较大的变化。在精密的光电检测系统中,必须设法消除这一影响。一种解决方法是通过电路或计算机系统对该特性进行温度修正;另一种方法是使探测器在恒温状态下工作,这种方法效果好,但装置要复杂得多。

⑥ 光电二极管的暗电流。当无入射光照射时,硅、锗两种光电二极管的暗电流 $I_{\Phi=0}$ 随温度变化的关系曲线如图 4-75 所示。硅器件优于锗器件,对要求高的场合可采用温度补偿电路,以减小暗电流对检测结果的影响。

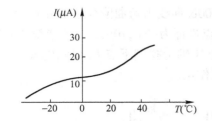
图 4-74 光电二极管的温度特性曲线

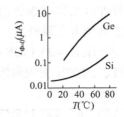
图 4-75 光电二极管的暗电流曲线

由上可知光电二极管体积小、灵敏度高、稳定性好、响应时间快,以及光谱响应在可见到近红外区中,所以在光电检测技术中应用甚多。

(3) 硅光电二极管的性能

硅光电二极管的应用十分普遍,这里对其性能专门给予介绍。

硅光电二极管可分为四种类型:Ⅰ型为高灵敏度硅光电二极管;Ⅱ型为快速响应,灵敏度稍低的光电二极管;Ⅲ型为大面积硅光电二极管;Ⅳ型为高速响应,光谱扩展到红外的硅光电二极管。

① Ⅰ型硅光电二极管的主要特性

探测率:$D_{\lambda_P}^* = 10^{12} \mathrm{cm \cdot Hz^{1/2} \cdot W^{-1}}$

量子效率:$\eta > 90\%$(加增透膜)

工作温度：环境温度

光敏面积：线度为 0.05~2.5mm

电容：与光敏面积成正比，随温升稍有增加

② Ⅱ型硅光电二极管的主要特性

探测率：$D^*_{\lambda_P} = 6 \times 10^{11} \text{cm} \cdot \text{Hz}^{1/2}$

响应时间：$t \approx 3 \text{ns}$

光敏面积：1mm^2

③ Ⅲ型硅光电二极管的主要特性

探测率：$D^*(0.9\mu\text{m}, 270) = 4 \times 10^{12} \text{cm} \cdot \text{Hz}^{1/2} \text{W}^{-1}$

响应时间：$\approx 10 \text{ns}(U_R = 10\text{V}, R_L = 50\Omega)$

光敏面积：$2 \times 2 \text{mm}^2 \text{、} 5 \times 5 \text{mm}^2 \text{、} 10 \times 10 \text{mm}^2$

④ Ⅳ型硅光电二极管的主要特性

探测率：$D^*_{\lambda_P}(U_R = 0, R_L = 40\text{M}\Omega) = 5 \times 10^{12} \text{cm} \cdot \text{Hz}^{1/2} \text{W}^{-1}$

$D^*(U_R = 60\text{V}, R_L = 50\Omega) = 10^{12} \text{cm} \cdot \text{Hz}^{1/2} \text{W}^{-1}$

响应时间：$\approx 2 \text{ns} \ (U_R = 60\text{V}, R_L = 50\Omega)$

工作温度：环境温度

光敏面积：$5 \times 5 \text{mm}^2$

图 4-76 中给出了它们的光谱特性曲线。

（4）光电二极管偏置电路的计算

利用光电二极管的伏安特性曲线，按图 4-70 所示的光电二极管的偏置电路进行分析和计算。假设入射光照度 $E = 100 + 100\sin\omega t(\text{lx})$，为使负载 R_L 上输出有 10V 的电压变化，求 R_L 和电源电压 E_0 值的大小，并画出输出电流和电压的变化曲线。分析计算的步骤如下。

① 按给出的入射照度变化范围可知，最小输入照度为零，最大输入照度为 200lx。

② 画出所用光电二极管的伏安特性曲线，范围是 0~200lx，如图 4-77 所示。在该曲线上确定负载线，为使外加电压尽可能低，上点选在对应 200lx 曲线由弯曲刚变直的 a 点处。当然也可向右一点，但随之偏置电压要升高。由图中可知 a 点坐标为 $(2\text{V}, 10\mu\text{A})$。要求输出要有 10V 的变化，所以取电源电压 $E_0 = 2\text{V} + 10\text{V} = 12\text{V}$，于是在电压轴上找到下点 $b(12\text{V}, 0\mu\text{A})$。连接 ab 线就是负载线。该线与 100lx 对应曲线的交点 P 为工作点。

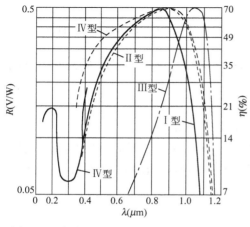

图 4-76　各类硅光电二极管的光谱特性曲线

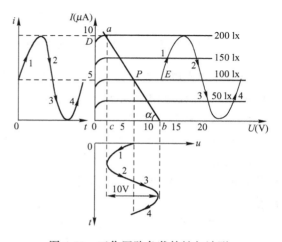

图 4-77　工作回路负载特性与波形

③ 计算负载电阻 R_L

$$R_L = \frac{1}{\tan\alpha} = \frac{bc}{ac} = \frac{12-2}{10\times10^{-6}} = 10^6\Omega$$

④ 在曲线簇上画出照度的正弦变化曲线,并在相应处画出 i 和 u 随时间变化的曲线。

上例中未考虑频率响应的问题,上述结果只适合低频条件,随频率增高,响应度要下降。设上例电路中光电二极管的结电容 $C_j = 5pF$,$R_L = 100k\Omega$,求这时电路的频率上限。

图 4-78 给出了图 4-70 的等效电路。图中 R_D 是光电二极管反向偏置的结电阻,通常很大;R_s 是光电二极管的体电阻和电极间的接触电阻,其值通常很小;当 R_LC_j 较大时,影响电路频率特性的主要是 C_j。按此讨论等效电路可进一步简化为如图 4-79 所示的形式。当入射照度 E 的变化式为 $E = E_Q + E_M\sin\omega t$ 时,主要关心的是其中的交变分量,它将使光电二极管产生交变电流 i_s,$i_s = SE_M\sin\omega t$,式中 S 是积分灵敏度。于是可写出电流方程

$$\dot{I}_s = \dot{I}_C + \dot{I}_R = -\dot{U}(j\omega C_j + 1/R_L) \tag{4-63}$$

式中,$\dot{U}$ 为输出电压,负号表示电压和电流方向相反。

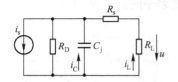

图 4-78　光电二极管等效电路

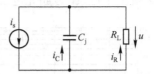

图 4-79　简化的等效电路

对应有

$$\dot{U} = -\frac{\dot{I}_s}{j\omega C_j + 1/R_L} = \frac{-I_s\dot{R}_L}{j\omega C_j R_L + 1} \tag{4-64}$$

由该式可知,入射照度变化频率 f 或 ω 增高,则 $j\omega C_j R_L$ 增大,相应 $\dot{U}$ 下降。这是由于结电容 C_j 的高频旁路作用所致。当 $j\omega C_j R_L \ll 1$ 时,$\dot{U} = -\dot{I}_s R$,这时 $\dot{U}_o$ 最大,对应的是低频情况。通常定义 $\dot{U}_o$ 随频率升高而下降到 $U/\sqrt{2}$ 时,所对应的频率 f_H,叫做截止频率,或上限频率。在交流电路中,容抗和电抗产生电压降矢量在空间相位上相差 $\pi/2$。如图 4-80 所示,随频率 f 增高,$\dot{U}$ 和 $\dot{U}_C$ 关系发生变化。当 $\dot{U} = U_o/\sqrt{2}$ 时,$\dot{U}_o$、$\dot{U}$ 和 $\dot{U}_C$ 成等腰直角三角形,于是有 $\omega_H C_j = 1/R_L$,$\omega_H = 1/C_jR_L$,则上限频率为

$$f_H = \frac{\omega_H}{2\pi} = \frac{1}{2\pi C_j R_L} \tag{4-65}$$

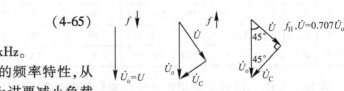

图 4-80　频率不同时各电压分量间的关系

代入本例所给的数据,则有 $f_H \approx 320kHz$。

由此可知,要改善光电二极管的频率特性,从工艺上讲要减小结电容 C_j,从电路上讲要减小负载电阻 R_L。以上分析适合于其他结型光电器件。

5. 雪崩光电二极管和光电三极管

光电二极管虽然具有很多优点,但是它的灵敏度仍然有限,人们企图在不使用外部放大电路的条件下,通过改造器件本身来提高灵敏度,于是设计了许多方案。下面介绍其中最重要的两种,即雪崩光电二极管和光电三极管。

（1）雪崩光电二极管

它的工作原理是在 PN 结上施加高反向偏压,使其接近击穿电压。这时由光子产生的电子-空

穴对在高反压形成的强电场作用下,做定向运动并加速,使其动能迅速增加,并与晶体分子碰撞,激发出新的电子和空穴。如此多次重复这一过程,形成类似雪崩的状态,使光生载流子得到倍增,光电流增大。可见,这是一种内部电流增益的器件。一般锗或硅雪崩光电二极管的电流增益可达 $10^2 \sim 10^3$ 倍,因此这种器件的灵敏度相当高。此外,因反向偏压高,它还具有响应速度快的特点,因而目前十分重视这类器件的发展。

光电流增益的大小常用光电流增益因子 G 表示

$$G = i/i_0 \tag{4-66}$$

式中,i_0 为不发生倍增时的光电流;i 为倍增后的光电流。

G 与反向偏压 U 之间的关系可用下述经验公式表示

$$G = \frac{1}{1 - (U/U_B)^n} \tag{4-67}$$

式中,U_B 为击穿电压;n 为与半导体材料有关的常数,对 N^+P 结,$n \approx 2$;对 P^+N 结,$n \approx 4$。

这一关系也可由 $G = F(U)$ 曲线表示,如图 4-81 所示。

图 4-82 给出了硅、锗雪崩光电二极管的探测率与增益因子间的关系曲线。

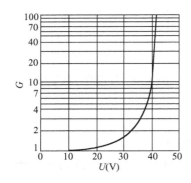

图 4-81　雪崩光电二极管 $G = F(U)$ 曲线

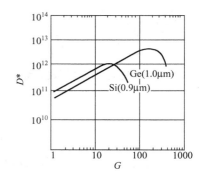

图 4-82　探测率 D^* 与增益因子 G 的关系曲线

表 4-8 是常用硅雪崩光电二极管的主要特性参数。

表 4-8　硅雪崩光电二极管特性参数

类　型	光谱响应范围（μm）	光敏面积（mm^2）	M	工作偏压（V）	暗电流（nA）	电流响应度（A/V）	响应时间（ns）	噪声等效功率（$W/Hz^{1/2}$）	探测度（$cm \cdot Hz^{1/2} \cdot W^{-1}$）
n-i-P	0.5~1.1	1.96×10^{-1}	150	160~220	30	18	0.5	10^{-13}	3.3×10^{11}
n-i-P	0.5~1.1	6.15×10^{-2}	150	160~210	30	18	0.5	10^{-13}	1.9×10^{11}
n-i-P	0.5~1.1	7.85×10^{-3}	150	60~90	2	24	0.5	6×10^{-14}	4.4×10^{10}

在雪崩光电二极管的使用中还应注意以下两个问题。

① 雪崩过程伴有一定噪声,经研究指出,如果电子和空穴的电离速率相同,则噪声频谱白噪声部分的均方根噪声电流 $(i_n)^{1/2}$ 可用下式表示

$$(i_n)^{1/2} = G(2qI_0\Delta fG)^{1/2} \tag{4-68}$$

式中,G 为倍增系数;q 为电子电荷;I_0 为倍增前总平均电流;Δf 为带宽。如果把该式与无噪声系统的光电倍增管的式(4-27)相比较,则可知雪崩光电二极管无噪声放大过程的噪声增加系数随 $G^{1/2}$ 而变化。

② 局部击穿问题。由于材料本身总具有一定的缺陷,这就会引起 PN 结上各区域电场分布

不均匀,局部高电场处首先击穿,使漏电流增大,从而使噪声增大。

基于以上两个问题,工作偏压选择必须适当。偏压太小,雪崩增强作用不明显,增益不大;而偏压过高,则噪声增大,甚至击穿烧毁。

雪崩光电二极管的击穿电压随温度而变化。所以在温度变化较大的场合使用时,应具有随温度变化而调整工作电压的专门电路,以保证工作的稳定可靠。

这类器件由于其灵敏度高和频率响应好等优点,所以常用于微弱光的探测、光纤通信和激光测距等系统中。

（2）光电三极管

目前最常用的光电三极管为 NPN 型,其结构如图 4-83 所示。

入射光束落在相当于晶体三极管的基极(b)和集电极(c)之间的结上。它的接线方法与晶体三极管不同,只接两个极而空出一个极,因此可供接线的方法有三种,如图 4-84 所示。其中空出 c 或 e

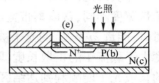

图 4-83　光电三极管结构

的结果,实际上只起到一般光电三极管的作用,显然这两种接法不合适。实际采用的方法是空出 b 极,电源 E_0 的负极接 e,正极经 R_L 接至 c,这时集电结(c-b)处于反向偏置,而反射结(e-b)处于正向偏置。

当无光入射时 $E=0$,光电三极管中相当于基极开路,$I_b=0$。电极电流 $I_c=I_{c0}$,即只有很小的暗电流。

当光照在集电结的基极区时产生电子-空穴对,由于集电结反向偏置,而使内电场增加。这样当电子扩散到结区时,很容易漂移到集电极中去。在基极留下的空穴,促使基极对发射极的电位升高,更有利于发射极中的电子大量经过基极而流向集电极,从而形成光电流。这一原理与晶体三极管的工作方式一致。随着光照增加,光电流也随之增加。这里集电极实际上起到了两个作用,可用图 4-85 加以说明。①它将光信号转换成电信号,起到一个光电二极管的作用。②它又起到一般晶体三极管中集电结的作用,使光电流得以放大。所以光电三极管比光电二极管的灵敏度高得多。

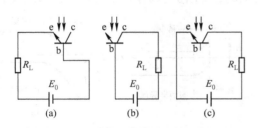

图 4-84　光电三极管回路的三种接法

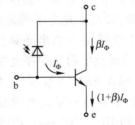

图 4-85　光电三极管工作原理示意图

实际光电三极管的引线有两种,一种只引 e 和 c 两根引线;另一种是三个极均有引线,这样不仅可由光信号进行控制,还可以像晶体三极管那样用电信号控制,从而实现双重控制。这样工作还带来一些好处,如改善工作特性,或补偿温度影响,或补偿暗电流影响等。

光电三极管除了比光电二极管灵敏度高外,其他如暗电流、温度特性等均比光电二极管性能差,所以主要用于脉冲控制电路中。

（3）光敏场效应晶体管

它利用结型场效应晶体管的栅沟道,在光辐射作用下,引起漏极电流变化。它比光电三极管有更高的灵敏度,且可在 $1\sim10^6$ 范围内任意调节。它的低温性能好,但高温性能和光电特性的线性较差。

（4）光敏晶闸管

它是利用光辐射控制晶闸管导通状态的光敏器件。光敏晶闸管是良好的电流开关，关闭状态时电阻可以达 10MΩ，而在导通状态时电阻可低于 10Ω。

6. 其他光电探测器

还有一些光电探测器，集中简要介绍如下。

（1）异质结光电探测器

异质结是由两种不同基质的半导体材料形成的 PN 结，它与同质结不同，结两边不同基质的禁带宽度不同，常以禁带宽度大的材料作为光照面，设此面的禁带宽度为 E_{gm}，当光垂直结面入射时，能量 $h\nu \geq E_{gm}$ 的光子被光照面宽禁带材料吸收，产生电子-空穴对。如果宽禁带材料的厚度大于载流子的扩散长度，则上述载流子因达不到结区，而对光电信号没有贡献。然而能量较小的长波光子能顺利到达结区，并被窄禁带材料吸收，产生光生载流子，形成光电信号。这样安排的结果，使异质结中宽禁带材料起着光谱滤波的作用，即把 $\lambda \leq hc/E_{gm}$ 的短波光滤掉。另外异质结的表面复合影响可以忽略。该探测器还具有量子效率高，背景噪声低，信号比较均匀，高频响应好等特点。

常用异质结探测器的材料有 Si-PbS、CdS-PbS、$Pb_{1-x}S_x$Sb-PbS、$Pb_{1-x}Sn_x$Te-PbTe、Ge-CdS_xSe_{1-x} 等。如 Si-PbS 光伏探测器可在室温下工作，响应波长范围为 $0.6 \sim 3\mu m$，$D^* = (1 \sim 2) \times 10^9 cm \cdot Hz^{1/2} \cdot W^{-1}$。又如 CdS-PbS 探测器的响应波长可达 $3.3\mu m$，在 900Hz 时 $NEP = 3.4 \times 10^{-11}W$，$D^* = 1.5 \times 10^{10} cm \cdot Hz^{1/2} \cdot W^{-1}$，达到了硫化铅光敏电阻的指标。

（2）肖特基势垒光电探测器

肖特基势垒是障层的一种，产生在金属和半导体材料的接触面附近。在接触时，由于载流子所处的能级不同，它们将由高能级向低能级方向转移。固体材料的功函数 W 与费米能级至真空能级间的电势差 U 之间的关系为 $W=qU$，则金属的功函数为 $W_M = qU_M$，半导体的功函数为 $W_S = qU_S$，由于金属与半导体功函数不同，可以形成多种不同的结果。这里假设为 $qU_M > qU_S$ 的情况，即由费米能级较低的金属与 N 型半导体接触，会使 N 型半导体中的电子向金属移动。结果使界面处金属一侧带负电，半导体一侧带正电，形成内电场，产生内电场作用下的反向漂移运动，最后达到了动态平衡，宏观上建立了稳定的内电场，即障层。由于金属中自由电子浓度很大，约为 $10^{22}/cm^3$，因此负电荷集中在金属接触的表面，而半导体掺杂浓度一般较低，约为 $10^{18}/cm^3$，于是 N 型半导体一侧正电中心分布在较宽的厚度内，约 $10^{-4} \sim 10^{-5}cm$。内电场做相应叠加到能带各处，形成如图 4-86（a）所示的能带图，图中界面形成的接触势为 E_s，叫做肖特基势垒，通常 $E_s < E_g$。

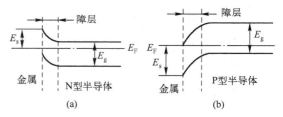

图 4-86　金属与半导体界面间的能带图

同理金属和 P 型半导体接触时，其能带结构如图 4-86（b）所示。

利用这类障层制成的探测器叫做肖特基光伏探测器，其机理与光伏效应原理相同。由于障层偏压在半导体一边，光束可透过金属直接进入障层激发光生载流子，而减少了同质结中结前光生载流子经扩散至站所需的时间，也减少了扩散过程中载流子的复合损失，因此这种器件具有响应时间短、量子效率高的特点。但入射光需通过金属，光能将有部分损失。

近年来，已制成铟和 P 型硫化铅 20 元列阵的肖特基光伏探测器，光经铟面入结，损失较大，量子效率为 30%，77K 时工作在 $3.8\mu m$ 处，$D_{\lambda_p}^* = 1.5 \times 10^{11} cm \cdot Hz \cdot W^{-1}$，响应时间为 $1\mu s$。铅和碲化铅肖特基光伏探测器，光由碲化铅一侧入射，量子效率高达 50% ～ 60%，在工作温度为 77K、背景温度为300K，$F_{数} = 1.7，\lambda_P = 5.35\mu m$ 时，$D_{\lambda_P}^* = (1.5 \sim 2) \times 10^{11} cm \cdot Hz \cdot W^{-1}$。

（3）光磁电效应光电探侧器

将半导体光敏材料置于如图4-87所示的强磁场中，半导体表面受光照则产生电子-空穴对，由于表面载流子浓度大，便要向体内扩散，运动电荷在磁场作用下要发生偏转，电子向左，空穴向右，使半导体两侧面分别积累了正、负电荷，形成由右至左的内电场。该内电场引起的载流子漂移运动将逐步与偏转运动达到动态平衡，宏观上形成固定电场，该电场对外短路，电路产生短路电流输出，对外开路，电路产生开路电压。这种现象叫做光磁电效应。利用该现象制成的器件叫做光磁电探测器（PME）。

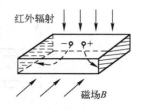

图4-87　光磁电效应原理图

目前常用于PME器件的材料有锑化铂、碲镉汞等，其优点是不需制冷或只需制冷到干冰的温度，不需外加偏压，响应波长可达7.5μm。且因内阻低而降低了探测器的噪声。此外，还具有响应速度快、良好的稳定性和可靠性等优点。其缺点是灵敏度不够高，且需附加磁场装置，不利于推广。

（4）四象限探测器

在光电检测中为了准直和跟踪的需要，设计了四象限探测器，它由四个性能完全相同的光电二极管按直角坐标要求排列成四个象限，按四个象限电压来取误差信号，以判别光斑位置或光束方向，如图4-88所示。用光斑照射四探测器上面积 $S_{d1}、S_{d2}、S_{d3}$ 和 S_{d4}，所对应的电压 $U_1、U_2、U_3$ 和 U_4 按一定规则组合，解出光斑的位置信息。电压组合规则如下

$$U_x = \frac{(U_1 + U_4) - (U_2 + U_3)}{U_1 + U_2 + U_3 + U_4},$$

$$U_y = \frac{(U_1 + U_2) - (U_3 + U_4)}{U_1 + U_2 + U_3 + U_4}$$

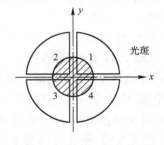

将 $U_x、U_y$ 作为误差信号经过电子伺服系统再去控制光束方向或光电二极管的方位，即可完成光束准直和跟踪的功能。

探测器之间的间隔称为"死区"，一般很窄，应以不产生信号间串扰为限，太宽将会使小光斑落在其中而无法判别。

图4-88　四象限光电二极管结构示意图

目前已有硅光电二极管构成的四象限探测器，可用于可见光和近红外波段，中、远红外的器件尚不太成熟。

（5）光电位置传感器

光电位置传感器（position sensitive detector, PSD）是利用离子注入技术制成的一种对入射到光敏面的光点位置敏感的光电器件，分一维和二维两种。当入射光是非均匀的或是一个光斑时，其输出与光的能量中心有关。因此，用PSD可确定光的能量中心的位置。与象限式探测器相比较，PSD的特点是：对光斑的形状无严格要求；光敏面上无象限分割，对光斑位置可进行连续测量，位置分辨率高，例如，一维PSD的分辨率可达0.2um；可同时检测位置和光强。

PSD被广泛应用于激光的监控（对准、位移、震动）、平面度的检测、倾斜度的检测和二维位置的检测系统等。已研制出基于PSD的光电水准仪，可提供高精度水准测量、俯仰测量、倾斜及方位测量和水平测量。

下面简要介绍PSD的结构和工作原理。

① 一维PSD

图4-89所示为一个PIN型一维PSD的示意图。该PSD包含有三层，上面为P层，下面为N层，中间为I层，它们完全被制作在同一硅片上，P层不仅仅是一个光敏层，而且还是一个均匀的

电阻层。

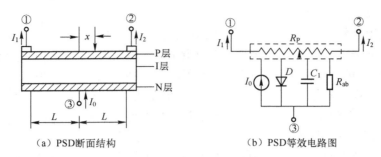

（a）PSD断面结构　　　　　　　（b）PSD等效电路图

图 4-89　PIN 型一维 PSD 示意图

当入射光照射到 PSD 的光敏层上时,在入射位置就会产生与光能成正比的电荷,此点电荷以光电流的形式通过电阻层(P 层)由电极输出。分析等效电路图可知,当器件 P 层的电阻率分布均匀、负载及电极接触电阻为零时,由电极①和电极②输出的电流大小分别与光点到各电极的电阻值(距离)成反比。设电极①和电极②的距离为 2L,其输出的光电流分别为 I_1 和 I_2,电极③的电流为 I_0,则 $I_0 = I_1 + I_2$。若以 PSD 的中心点位置作为原点,光点离中心的距离为 x,则有

$$I_1 = \frac{L-x}{2L}I_0, \quad I_2 = \frac{L+x}{2L}I_0, \quad x = \frac{I_2 - I_1}{I_2 - I_1}L \qquad (4\text{-}69)$$

利用式(4-69)即可确定光斑的能量中心的位置 x,它只与 I_1、I_2 的差、和之比有关,而与总电流无关。

② 二维 PSD

二维 PSD 有两种形式。一种是单面型的,如图 4-90(a)所示,在受光面上设有两对电极,A、B 为 x 轴电极,C、D 为 y 轴电极,U_b 为背面衬底的共用电极,可对正面各电极进行反偏置。设 $I_A \sim I_D$ 为电极 A~D 的光电流,则光点能量中心的位置坐标为

$$x = \frac{I_B - I_A}{I_A - I_B}L, \quad y = \frac{I_D - I_C}{I_C - I_D}L \qquad (4\text{-}70)$$

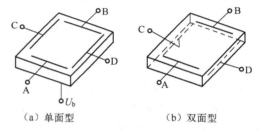

（a）单面型　　　　　（b）双面型

图 4-90　二维 PSD 结构示意图

另一种是双面型的,如图 4-90(b)所示,其正面和背面都是均匀电阻层,x 轴电极 A、B 安在正面的受光面上,y 轴电极 C、D 垂直于 x 轴,安在背面。与光点位置有关的信号电流先在正面的两个信号电极上形成电流 I_A、I_B,汇总后又在背面的两个信号电极上形成电流 I_C、I_D。光电能量中心的位置同样也用式(4-70)计算。这种结构的 PSD 比单面型的位置误差小,这可能是因为 x、y 轴的分开设置减小了彼此干扰的缘故。

需要指出,式(4-69)和式(4-70)都是近似式,光点在器件中心附近是正确的,而距离器件中心越远、越接近边缘部分时,误差就越大;要得到良好的线性关系,还要求 PSD 满足反向偏压高、光生电流大等工作条件。

4.5　热电探测器

4.5.1　热探测器的基本原理

光热效应的机理是:探测器将吸收的光能转化为热能,温度上升;温升的结果使探测器的某

些物理性质发生变化。检测某一物理性质的变化，就可探知光辐射的存在或其强弱程度。由于热探测器的温升是其吸收光能作用的总结果，各种波长的光辐射对它的响应率都可以有贡献，使其光谱响应范围宽。

1. 热流方程

图 4-91 为热探测器的热力学分析模型。设 Φ 为入射到热探测器上的光辐射通量，若热探测器光敏材料对光辐射的吸收系数为 α，则热探测吸收的光辐射通量为 $\alpha\Phi$。

图 4-91　热探测器的热力学分析模型

这些被光吸收的能量一部分转化为热探测器的内能，另一部分则通过热探测器与周围环境的热交换流向周围环境。

根据能量守恒定律，热探测器吸收的光辐射通量应等于单位时间内热探测器内能的增量与热探测器通过热传导向周围环境散热所损失的功率之和。设热探测器的温度分布是空间均匀的，它满足的热流方程为

$$\alpha\Phi = C_H \frac{d(\Delta T)}{dt} + G \cdot \Delta T \tag{4-71}$$

式中，C_H 是热探测器的热容量，定义为热探测器的温度每升高 1K 所需要吸收的热量，单位为 J/K；G 是热探测器的热导，表征热探测器与周围环境的热交换程度，与探测器的周围环境、探测器的封装情况、电线以及引线尺寸等诸多因素有关，单位为 W/K；ΔT 为热探测器的温升。图 6-1 中标识的 T_0 为探测器在无光照情况下的热平衡温度或环境温度。

对于具体的热探测器参数（α、C_H、G）和辐射通量 Φ，根据式（4-71）就可求解热探测器的温升 ΔT。

2. 热探测器的温升

假设入射光辐射通量是经过调制的，$\Phi = \Phi_0[1+\exp(j\omega t)]$，其中 Φ_0 是与时间 t 无关的直流部分，$\Phi_0[1+\exp(j\omega t)]$ 为交变部分，ω 为角频率。将 Φ 带入式（4-71）中。并利用初始条件（$t=0$，$\Delta T=0$），可得温升随时间变化的表达式为

$$\Delta T(t) = \Delta T_d(t) + \Delta T_\omega(t)$$
$$= \frac{\alpha\Phi_0}{G}[1-\exp(-t/\tau_c)] + \frac{\alpha\Phi_0\exp(j\varphi)}{G(1+\omega^2\tau_T^2)^{1/2}}[1-\exp(-t/\tau_T)]\exp(j\omega t) \tag{4-72}$$

式中，$\tau_T = C_H/G$，是热探测器的热响应常量，表示温升 ΔT 由 0 上升到稳态值 $\alpha\Phi_0/G$ 的 62.3% 所需的时间；$\varphi = -\arctan(\omega\tau_T)$，是温升 ΔT 与光辐射通量之间的相位差，表征热探测器的温升滞后于光辐射通量变化的程度。

式（4-72）说明，热探测器的温升由两部分组成，其中第一项对应光辐射通量中的直流部分，第二项对应交流部分。这两项都有一个与时间常量 τ_T 有关的增长因子 $1-\exp(-t/\tau_T)$，这说明从 $T=0$ 时刻开始，随着时间的推移，被吸收的光能将导致热探测器的热积累，温升的幅值将增大。最后经过一定时间 $t_0(t_0 \gg \tau_T)$ 后，达到热平衡状态，此时直流温升 $\Delta T_d \to \alpha\Phi_0/G$，而交变温升及其幅值分别为

$$\begin{cases} \Delta T_\omega(t) = \dfrac{\alpha\Phi_0\exp(j\varphi)}{G(1+\omega^2\tau_T^2)^{1/2}}\exp[j(\omega t+\varphi)] \\[4mm] |\Delta T_w| = \dfrac{\alpha\Phi_0\exp(j\varphi)}{G(1+\omega^2\tau_T^2)^{1/2}} \end{cases} \quad t \gg \tau_T \tag{4-73}$$

在实际中，一般只需考虑交变辐射的平衡响应情况，所以式（4-73）是分析各种热探测器工作

原理的基础。

4.5.2 热电探测器

用以测量辐射量的热电探测器是光辐射探测器的重要组成部分。这些器件都是建立在某些物质接收光辐射后,由于温升而引起其电学特性变化的热电效应基础上的。热电器件的主要特点是光谱响应几乎与波长无关,这取决于"黑"色辐射接收层的光谱特性,故称其为无选择性探测器;由于热惯性大,所以响应速度一般较慢,要提高其响应速度,则会使探测率下降。它的最大优点是可以在室温下工作。

本节将介绍常用的热敏电阻、热电偶、热电堆及热释电等几种常用的探测器。

1. 热敏电阻

半导体具有较大的负电阻温度系数,其电阻率随温度升高而呈指数减小,热敏电阻就利用了这一特性。热敏电阻通常由负电阻温度系数很大的金属氧化物,如锰、镍、钴三种金属氧化物的混合物等制成。其典型结构如图 4-92 所示。它由"黑色"辐射吸收层、热敏电阻薄片、衬底、导热基片和引线等组成。采用不同的衬底可以控制热敏电阻的响应时间和灵敏度。如加浸没透镜其响应度可提高三倍左右。

热敏电阻的静态伏安特性曲线如图 4-93 所示。在低电压小电流时,因为热敏电阻消耗的功率小,不足以改变本身的温度,所以其动态电阻不变,热敏电阻此时表现为线性元件;当电流增大时,热敏电阻消耗的功率增大,焦耳热使温度升高,阻值下降,因而曲线逐渐弯曲,由于热敏电阻的阻值随消耗功率的增加而迅速减小,因此伏安特性出现电流增大,电压反而减小的现象,使热敏电阻容易毁坏。使用热敏电阻必须注意将工作点选在伏安特性曲线最高电压 U_p 的左边,常取偏压在 $0.6U_p$ 处较为适宜。

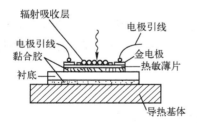

图 4-92 热敏电阻的典型结构

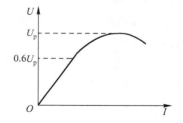

图 4-93 热敏电阻的静态伏安特性曲线

使用时通常将两个性能相同的热敏电阻封装在一个壳内,其中一个外加光屏蔽用做温度补偿,叫做补偿热敏电阻,另一个接收光辐射,叫做受照热敏电阻。常采用桥式电路,如图 4-94 所示,无光照时电桥平衡,有光照时电桥失衡,产生信号输出。这类探测器的响应时间约为几十毫秒。

热敏电阻广泛用于测量微小区域的温度,或用于测量天空、地面和各种物体的辐射温度。

2. 热电偶

(1)热电偶的基本工作原理

热电偶和热电堆是较早的辐射探测器,它们比热敏电阻的灵敏度高。近期随着真空薄膜及半导体技术的发展,这类器件的性能又得到进一步改进,目前仍有着广泛的应用。

热电偶的工作原理可归结为两种基本的温差电效应。

① 塞贝克效应

当两种不同金属或半导体材料的细丝,按如图 4-95 所示方式连成闭合回路,并使两结点温度不同,如 $T>T_0$ 时,则在该闭合回路中有电流流过,该电流叫做温差电流。与温差电流对应的电动势叫做温差电动势 ε_{12}，该值的正负由两种材料和冷热结点位置不同而定，并有 $\varepsilon_{21}=-\varepsilon_{12}$，该电动势的大小随温差的变化关系，可用其微分系数表示

$$\alpha_{12}=(\mathrm{d}\varepsilon_{12}/\mathrm{d}T)\,T_0(\mathrm{VK^{-1}})\tag{4-74}$$

式中，α_{12} 为温差电动势率或塞贝克系数，它与温度 T_0 和两种材料的性质有关。

② 珀尔帖效应

将两种不同金属或半导体材料的细丝连接，当有电流 I_{12} 从材料 1 通过结点流向材料 2 时，这时结点变冷（或变热），如图 4-96 所示。为使结点温度不变，就要不断地吸收外界的热量（或放出热量）。单位时间吸收的热量，即热功率与电流 I_{12} 成正比：

$$P_{珀}=\pi_{12}I_{12}(\mathrm{W})\tag{4-75}$$

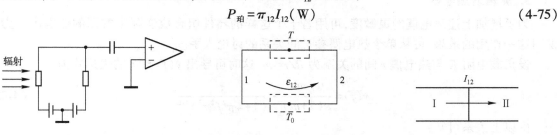

图 4-94　热敏电阻的偏置电路　　　图 4-95　塞贝克效应　　　图 4-96　珀尔帖效应

式中，π_{12} 为珀尔帖系数或珀尔帖电压，其值的正负由工作材料与条件确定。

当 π_{12} 为正时，电流 I_{12} 由 1 流到 2，则结点放热；电流 I_{21} 由 2 流向 1 时，结点吸热。当 π_{12} 为负时则有相反的结果。

以上两种温差电效应是相互关联的，系数 α_{12}、π_{12} 之间的关系为

$$\pi_{12}=T\alpha_{12}\tag{4-76}$$

$$\alpha_{12}=\alpha_1-\alpha_2\tag{4-77}$$

式中，α_1、α_2 为绝对温差电动势。

将以上各式组合可得

$$\varepsilon_{12}\Big|_{T_0}^{T}=\int_{T_0}^{T}\alpha_{12}\mathrm{d}T=\int_{T_0}^{T}\frac{\pi_{12}}{T}\mathrm{d}T=(\pi_{12})_T-(\pi_{12})_{T_0}-\int_{T_0}^{T}T\mathrm{d}\left(\frac{\pi_{12}}{T}\right)$$

$$=(\pi_{12})_T-(\pi_{12})_{T_0}-\int_{T_0}^{T}T\frac{\mathrm{d}\alpha_{12}}{\mathrm{d}T}\mathrm{d}T\tag{4-78}$$

由此可以推出以下结论：

① $\varepsilon_{11}\Big|_{T_0}^{T}=\int_{T_0}^{T}\alpha_{11}\mathrm{d}T=0$，两根同材料细丝构成的结，将不产生温差电动势，无热电效应产生。

② $\varepsilon_{12}\Big|_{T_0}^{T}=0$，两结点间若无温差存在，则将不产生温差电动势。

③ 在给定两材料做成的热电偶中，当两结点的温度一定时，温差电动势 ε_{12} 只与两结点的温度有关，而与两结点间的温差分布或插入第三种材料无关。

（2）测辐射热电偶的响应特性

设由材料 1 和 2 构成的热电偶，如图 4-97 所示。按照有关定理可推导出热电偶灵敏度表达式。设两材料臂长为 l，截面积分别为 S_1 和 S_2，电阻率分别为 ρ_1 和 ρ_2。整个热电偶的电阻为

$$r=r_1+r_2=(\rho_1/S_1+\rho_2/S_2)l\tag{4-79}$$

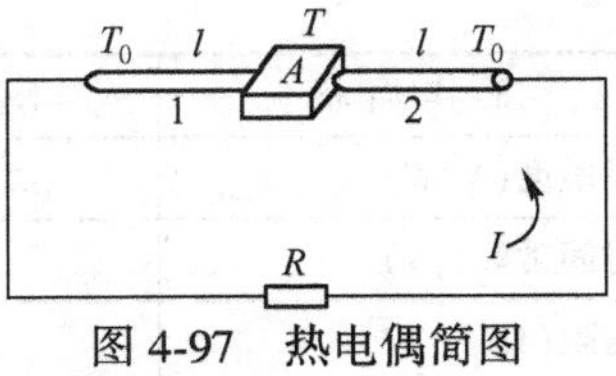

图 4-97　热电偶简图

两臂热导率为 k_1 和 k_2，热电偶热结和冷结之间的热导应是两臂热导之和，即

$$y=y_1+y_2=(k_1S_1+k_2S_2)/l\tag{4-80}$$

固定冷结温度为 T_0，而热结做成镀"黑"的面积为 A 的响应平面。设 A 吸收辐射功率 $P_{吸}=\alpha P_i$，式中 α 是镀黑面的吸收系数，P_i 是入射功率，这时 A 面产生升温至 $T,T>T_0$，产生的信号电压为 U_s。由此可推导出热电偶灵敏度 $y(f)$ 的表达式

$$y(f)=U_s/P_i=y(0)\left(1+4\pi^2f^2\tau^2\right)^{-1/2} \tag{4-81}$$

式中，$y(0)=\dfrac{\alpha_{12}R\alpha}{(R+r)y_T}$，为入射辐射调制频率 $f=0$ 时，热电偶直流响应度；$\tau=\varepsilon/y_T=\varepsilon\left(y+\dfrac{\alpha_{12}^2T}{R+r}\right)$，为热电偶的时间常数；$R$ 为负载电阻；ε 为热电偶中包括接收面 A 在内的结热容。

3. 测辐射热电堆

为了增加上述热电偶的灵敏度，可用若干个这样的器件组合成实际中常用的热电堆。为了说明这一作用的效果，可从单个热电偶参量间关系的讨论入手。

设负载电阻 R 与热电偶 r 间的关系为 $R/r=m$，这时可导出 $y(f)$ 与 τ 的表达式为

$$y(f)=\frac{\alpha_{12}m\alpha}{\varepsilon(1+m)}\cdot\frac{\tau}{(1+4\pi^2f^2\tau^2)^{1/2}} \tag{4-82}$$

由以上关系可知：

（1）电路开路时，$m=R/r\to\infty$ 和直流 $f=0$ 时的结果相同，$y(0)=\alpha_{12}\alpha\tau/\varepsilon$；

（2）由式中可知，塞贝克系数越大，灵敏度越高。

（3）减小响应接收面的热容，虽然会使 τ 减小，但还可以使灵敏度 y 上升。尽管能依靠缩小响应元的面积来减小热容，然而这会影响辐射的接收量。为此，可把一个响应平面分割成若干块，使每一块接成一个热电偶，并把它们串联起来，这样就构成了热电堆。

热电堆的结构示意图如图 4-98 所示。设由 N 个热电偶组成，每个电阻为 r，热导率为 y，热容为 ε，外负载阻抗为 Z，则有

$$y(f)=\frac{\alpha_{12}Z\alpha}{(Z+Nr)y_T}(1+4\pi^2f^2\tau^2)^{-1/2} \tag{4-83}$$

$$\tau=\varepsilon/y_T \tag{4-84}$$

$$y_T=y+\frac{\alpha_{12}^2T}{Z/N+r} \tag{4-85}$$

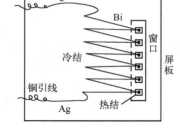

图 4-98　热电堆结构示意图

在接收面积不变的条件下，单元数越多，对应热导率 y_T 增大，时间常数 τ 下降。一般来说 N 不能太大。

测辐射热电堆按其结构可分为两大类。一类是用金属丝或条形材料如银和铋、锰和铜镍合金、铜和铜镍合金等制成的热电堆；另一类是用真空沉积和光刻技术制成的薄膜型温差热电堆，这类器件的工作特性较好，如表 4-9 所示。热电堆主要用于辐射能的测量，以及标定各类光源，或作为辐射度量的比较标准，也常用于红外分光光度计、红外光谱仪中。

表 4-9　薄膜热电堆的特性

工作面积	$1\times1(mm^2)$	$0.25\times0.25(mm^2)$	$\phi2(mm)$	$0.12\times0.12(mm^2)$
灵敏度（V/W）	50	220	160	180
时间常数（μs）	100	75	150	13
内阻（Ω）	6.3	10	47	5
噪声等效功率（W）	2.1×10^{-10}	5.9×10^{-11}	1.7×10^{-10}	3.3×10^{-11}
$D^*(cm\cdot Hz^{1/2}\cdot W^{-1})$	5×10^8	4.2×10^8	1.0×10^9	3.6×10^9

4. 热释电探测器

热释电探测器是利用热释电效应所制成的探测器,是热电探测器中常用类型之一。

热释电探测器与光子探测器相比,其灵敏度较低,但其光谱响应宽,可见光波段到毫米波段。与其他热电探测器类似,其光谱响应的选择性取决于表面吸收辐射材料的黑度。热释电探测器在对远红外辐射接收时的另一重要优点是在室温条件下即可工作。该器件与其他热电探测器相比,可采用较高的调制频率,其值可由十几到几千赫兹。也可制成响应时间小于 μs 级的快速热释电器件。

热释电效应的原理可简述如下:在非中心对称结构的极性晶体中,即使在无外电场和应力的条件下,本身也会产生自发电极化。而自发电极化强度 P_s 是温度 T 的函数。随着温度的升高,极化强度将相应下降。当温度高于某一温度 T_0 时,$P_s = 0$,自发电极化效应消失。通常把温度 T_0 叫做居里温度。不同工作材料有不同的居里温度,而热释电器件只能工作在居里温度以下。

热释电效应是指由于温度变化使晶体内产生自发极化的现象。与 P_s 方向垂直的晶体表面上束缚电荷,其电荷密度 $\sigma_s = P_s$。当晶体温度保持不变时,束缚电荷就渐渐被内部或外来的自由电荷所中和,中和作用的平均时间 τ 因材料或工作条件不同而异,其值可在 $1 \sim 1000s$ 之间。它还可用下式表示

$$\tau = \varepsilon \rho \tag{4-86}$$

式中,ε 为晶体的介电常数;ρ 为晶体的电阻率。

如果使其温度以小于上述平均时间 τ 发生周期性的变化,那么束缚电荷将来不及中和,则 P_s 或 σ_s 必然以同样的频率出现周期性的变化,从而产生交变电场,形成热释电信号输出。

描述上述变化的基本参数——热电系数为

$$\eta = \left(\frac{\partial P_s}{\partial T}\right)_{\theta, E} = \left(\frac{\partial P_s}{\partial T}\right)_{x, E} + \left(\frac{\partial P_s}{\partial x_j}\right)_{T, E}\left(\frac{\partial x_j}{\partial T}\right) \quad (\text{C} \cdot \text{cm}^{-2} \cdot \text{K}^{-1}) \tag{4-87}$$

式中,θ 为胁强;x 为胁变;E 为外电场。

式 (4-87) 中,$\left(\dfrac{\partial P_s}{\partial T}\right)_{x, E}$ 是第一热电系数;最后的乘积项较小,叫做第二热电系数。

热电系数 η 与温度 T 的关系通常如下:当 $T \ll T_0$ 时,η 很小,探测器不宜工作在这一温度条件下;当 $T < T_0$,但相距不太大时,η 较大,且该值随温度呈线性变化,适于用做探测器的工作段;当 $T < T_0$,但接近时,η 值起伏大,也不宜用做探测器。所以希望探测器材料的上述线性段在室温附近,而 T_0 较高,这样对工作有利。

常用的热释电材料主要有硫酸三甘肽(TGS)、铌酸锶钡(SBN)、钽酸锂和钛酸钡等。

TGS 是一种无色、无臭的铁电晶体,居里温度为 49℃,经掺杂并重氢化后可达 62.3℃。室温时热电系数为 4×10^{-8} C/(cm² · K),常温下工作,响应波段为 $2 \sim 1000\mu m$,响应时间约为 1μs,在 10Hz 时,$D^* = 1.8 \times 10^9$ cm · Hz$^{1/2}$ · W^{-1}。该器件已用于红外成像、激光探测、各种辐射计和红外气体分析等系统中。它的主要缺点是易潮解和居里温度点低。

SBN 也是一种铁电晶体,在大气条件下工作稳定而无须保护窗,响应时间低于 3ns,可用于快速探测。在 10Hz 时,$D^* = 8 \times 10^8$ cm · Hz$^{1/2}$ · W^{-1}。该器件主要用于快速光谱仪、激光脉冲显示和激光功率测量等。这种材料可做成大面积或镶嵌式探测器阵列。

其他热释电探测器材料及类型很多,可参见有关手册。

4.6 成像探测器

4.6.1 CCD 图像传感器的工作原理

1. MOS 光敏元的工作原理

MOS 光敏元的结构是以硅（Si）半导体作为衬底,在其上部生长一层二氧化硅,然后再蒸镀具有一定形状的金属层作为电极。由此可见,它由金属（M）、氧化物（O）和半导体（S）三层组成,如图 4-99 所示。

下面以 P 型半导体衬底为例,说明该光敏元的工作原理。在金属电极上加正电压 U 时,由于电场的作用,电极 P 型区内的多数载流子——空穴被排斥,从而形成图中虚线所示的"耗尽区"。但对少数载流子——电子来说,其作用恰好相反,电场吸引它们到耗尽区中,该耗尽区对于电子来说相当于一个势能很低的区域,称做"势阱"。如果这时有光束从背面或正面入射到光敏单元内并产生电子-空穴对时,其中光生电子将被势阱所收集,而光生空穴则被电场排斥出耗尽区。这样的 MOS 单元叫做光敏单元或像素。一个势阱所收集的电荷合起来叫做一个电荷包。

上述单个光敏单元是没有实用意义的。通常在半导体硅片上,制有成百上千个相互独立的 MOS 光敏单元,并在电极上施加相应的正电压,则将形成成百上千个互相独立的势阱。如果这时入射到该器件上的是一幅明暗起伏的图像,那么在各光敏元相应的耗尽区中,将产生对应的电荷图像,因而得到影像信号。

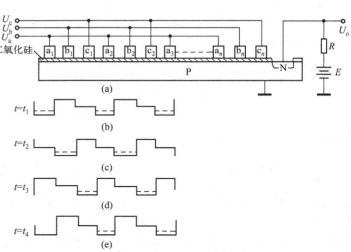

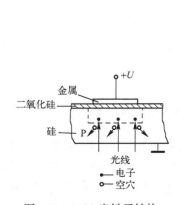

图 4-99　MOS 光敏元结构　　　　图 4-100　MOS 结构的移位寄存器工作原理

与上述类似的 MOS 结构也可作为移位寄存器使用。其区别是:因用途不同而不能使它受到光照,以防止外来光线的干扰;因移位的需要,在各电极上应施加预定变化的电压。MOS 结构的移位寄存器的工作原理如图 4-100 所示。在图（a）的多个金属电极中,以每三个电极为一组,如 a_1、b_1 和 c_1 组成一个传输单元,在各传输单元所对应的三个电极上,分别施加三相脉冲电压 U_a、U_b 和 U_c。图（b）～图（e）分别表示在不同电压驱动下各势阱的变化情况,与之相应的电压波形如图 4-101 所示。下面介绍在三相电压

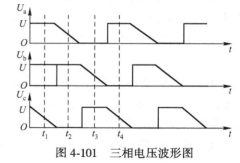

图 4-101　三相电压波形图

驱动下,电荷包是如何进行移位或传输的。通过一个周期中几个瞬间的势阱变化来加以说明。

当 $t=t_1$ 时, $U_a=U$, $U_b=0$, $U_c=U/2$,这时电荷应集中到对应势阱最深的 a 电极之下。

当 $t=t_2$ 时, $U_a=U/2$, $U_b=0$, $U_c=0$,这时电荷应从 a 电极转移并集中到 b 电极之下。

当 $t=t_3$ 时, $U_a=0$, $U_b=U/2$, $U_c=U$,这时电荷应继续右移而集中到 c 电极之下。

当 $t=t_4$ 时,电压分布恢复到 $t=t_1$ 时的情况,电荷将转移到下一组中的 a 电极之下。

可见随着三相电压的不断变化,电荷包将各自独立的由左向右不断地移位,实现电荷传输的作用。

电荷传输的最后输出装置是在最右边电极的一侧扩散一个 N 型区作为电荷收集区,它与衬底之间形成 PN 结。电源电压 E 通过负载电阻 R 施加在该 PN 结的两端,使其处于反向偏置态,当电荷包中电子传输到电极 c_n 下时,就被该收集极收集,在 R 上流过电流,并转换为电压信号输出。这与晶体三极管收集结工作情况相类似。这时输出的幅值,依次与原存于 a_n, a_{n-1}, …, a_2, a_1 势阱中电荷包的电子数成正比,可见它们是串行输出的。该过程是一种电荷耦合的过程,所以又把这种器件叫做电荷耦合器件,简称 CCD。目前所应用的 CCD 大部分用 Si 材料制成。

2. CCD 线阵像传感器

欲完成摄像和传输两项功能的器件,应由接收并转换光信号为电信号的光敏区和移位寄存器按一定方式联合组成。CCD 线阵像传感器的工作原理如图 4-102 所示。

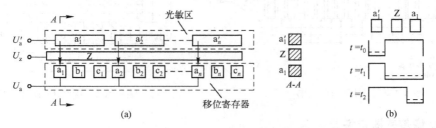

图 4-102　CCD 线阵像传感器

光敏区在光信号作用下产生光电子,由转移门电极 Z 控制转移到与 a_1, a_2, …, a_n 相应的势阱中去,这是一个平行转移的过程,在 U_a'、U_z 和 U_a 间施加脉冲电压的时序关系如图 4-103 所示。U_a' 在光电转换积累过程中保持高电位,使其产生的光生载流子在各光敏区单元中累加。当需将光生载流子向移位寄存器转移时,

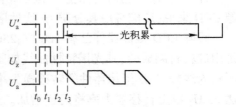

图 4-103　时序脉冲关系

将本来加低电位而关闭的转移门电位 U_z 升高,同时将光敏区 U_a' 施加低电位。这时 U_a 是高电位,于是光敏单元中积累的电荷通过 z 区向 a 区转移,为使这种转移彻底而不致产生回流,先使 U_z 降低关门,这时 U_a'、U_z 均为低电位,电荷进一步流向 a 区。然后 U_a' 返回高电位开始下一个周期的光电转换与电荷积累过程。同时 a 区电位开始下降,三相驱动脉冲电位开始工作,也就是说开始电荷传输的过程。全部电荷包的输出过程也正是光敏区光生载流子积累的时间间隔。电荷包传输完毕,则开始下一个周期信号电荷的平行转移。以上是一种三相脉冲、单边读出的 CCD 线阵结构。这只是该类器件的一种工作方式。

实用中也常采用如图 4-104 所示的结构和工作方式。它仍采用三相脉冲使电荷包移位转移。且在光敏区的两边都有读出寄存器。偶数像素 B_n 的信号电荷移到下边的读出器中;而奇数像素的电荷则转移到上边的读出寄存器中。然后在读出或移位传输过程中,把两个寄存器中的信号按规定的次序重新组成线阵的图像信号。这种器件的优点是封装密度较高;同样长度时提高了分辨力;信号历经的转移极数少,因而减少了信号的损失。

3. 面阵 CCD 像传感器

面阵 CCD 的结构如图 4-105 所示。它可分为三个区域,即由成像区、暂存区、水平输出移位寄存区和输出电路所组成。成像区相当于由 m 个光敏元为 n 的线阵图像传感器并排组成的,每一线列 CCD 就形成一个电荷转移沟道,每列之间由沟相隔开,驱动电极在水平方向横贯光敏面。这就组成了像元素为 $m \times n$ 元的成像光敏面。假定成像区有 360 个平行沟道,每个沟道有 256 个单元,即 $m \times n = 360 \times 256 = 92160$(像素)。当加上光敏元的积分脉冲后,便在成像区形成了一幅具有 360×256 个像元的"电荷像"。

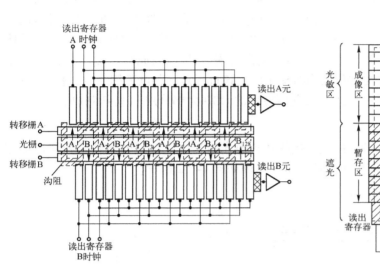

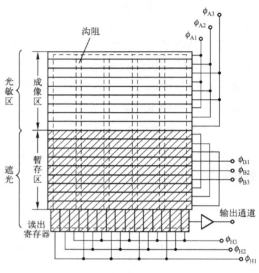

图 4-104　实用线阵 CCD　　　　　　　　图 4-105　面阵 CCD 的结构图

4. CCD 像传感器特性及优点

评价 CCD 性能的指标主要是光谱响应特性、光灵敏度、电荷转移效率、读出信噪比。对于成像 CCD 来说,还应考虑其分辨力、线性度和动态范围,以及图像的"脏窗"现象等。

线阵 CCD 摄像器件已有 128 位、256 位、512 位和 1024 位、2048 位等线阵耦合器件,它们都是用硅材料制成的,其光谱特性曲线如图 4-106 所示。其曲线与其他硅光电器件类似。图 4-107 所示为线阵 CCD 摄像器件的转移损失率 ε 与时钟频率 f 的关系曲线。由该曲线可知时钟频率达 6MHz 以上转移损失率将迅速增加。这限制了器件用于信息快速变化的场合。图 4-108 所示为线阵 CCD 摄像器件平均暗电流 $\bar{I}_0$ 与积分时间 τ 的关系曲线。曲线近似与轴成 45°,因此两者近似成线性关系。

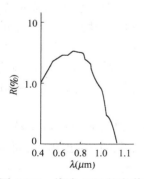

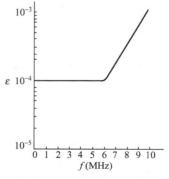

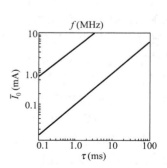

图 4-106　线阵 CCD 的光谱　　　图 4-107　线阵 CCD 转移损失率与　　　图 4-108　线阵 CCD 平均暗电流
响应特性曲线　　　　　　　　时钟频率的关系曲线　　　　　　　与积分时间的关系曲线

面阵摄像器件,有 120×150 位、320×256 位、1K×1K、2K×2K、4K×4K 等电荷耦合摄像器件,并用这些摄像器件制成了固体摄像机。

目前先进的光敏 CCD 探测面阵的主要参数如表 4-10 所示。器件帧扫描原理如图 4-109 和图 4-110 所示。

目前电荷耦合摄像器件之所以能引起人们特别的注意,是因为它和摄像管相比具有很多优点。它把光电转换功能、存储功能以及扫描功能都合并在一起,而不像摄像管那样需要有热阴极及电子枪系统,此外也不存在真空封装问题。因此 CCD 器件对外界磁场的屏蔽要求小得多,同时体积小,重量轻。目前已有比烟盒稍大一些的 CCD 摄像机,充分显示了这种摄像机的灵巧。

表 4-10 CCD 探测面阵的主要参数

类 型	512×512CCD	1024×1024CCD
像元数	512×512	1024×1024
像元尺寸（μm）	18×18	18×18
占空比	100%	100%
量子效率	0.5~0.7 (0.4~0.8μm)	0.4μm ≥0.5 0.6~0.7μm ≥0.7 0.8μm ≥0.55
帧频	慢扫 500 帧/s	慢扫 500 帧/s
暗电流（nA/cm²）	0.3（23℃）	0.3（23℃）
灵敏度（μV/电子）	2	2

这种摄像器件抗震动与冲击的能力及由此而引起的抗损伤的能力较强,而且还具有寿命长和弱光下灵敏度高的优点。使用方便,无须预热,还不易受"滞后"或拖影的影响,而这两个因素正是其他类型电视摄像管性能退化的重要原因。

目前黑白及彩色硅 CCD 摄像机已大量进入市场,其空间分辨力已达到广播电视的水平。

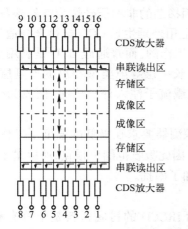

图 4-109　512×512 光敏 CCD 帧扫描原理

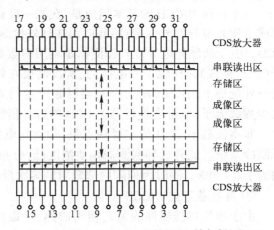

图 4-110　1024×1024 光敏 CCD 帧扫描原理

5. 红外 CCD

在红外 CCD（IRCCD）中,红外探测器阵列完成对目标红外辐射的探测,并将光生电荷注入到 CCD 寄存器中去,由 CCD 完成延时、积分、传输等信号处理工作。IRCCD 具有自扫描功能,它是人们在红外探测器中应用大规模集成电路技术,实现红外焦平面列阵探测的主要方向之一。

（1）实现红外探测的特殊问题

用于红外波段的 CCD 图像传感器会遇到两个特殊问题。

首先,红外辐射探测器将受到很强的背景辐射的影响。特别是在 8~14μm 波长范围内,由于大量的背景光生电荷填充势阱,而引起势阱很快饱和,使信号光生电荷无处容身。因此,光敏元的光积分时间受到很大限制。例如,响应波段为 2.0~2.5μm 时,光积分时间不得大于 1s;而在 8~14μm 波段,光积分时间不得大于 10s。

另一个问题是在红外波段中,目标与背景的对比度极小。例如,在 300K 背景条件下,目标温度变化 0.1K 时,在 2.0~2.5μm 的红外窗口中,对比度约为 1.0%;而在 8~14μm 处则小于

0.1%。在这样低的对比度下,若希望达到通常的 0.1K 的热分辨力,这就要对红外探测器阵列的均匀性提出十分苛刻的要求。其中既包括制造红外探测器材料性能的均匀性,又包括各个探测元响应的均匀性和暗电流的均匀性等。它们的不均匀性将大大降低系统的最小可分辨温差,产生严重的固定图形噪声。这就需要采取特殊的处理方法,以克服这些不均匀性的影响。

通常把 IRCCD 分成单片式和混合式两大类。

(2) 单片式 IRCCD

在单片式 IRCCD 中,红外探测器的光敏列阵和 CCD 都是用相同的半导体材料制作在同一块片子上。其中红外探测器可利用本征激发或杂质激发来实现。CCD 既可以利用少数载流子来传输信息,也可以利用多数载流子来传输信息。目前单片式 IRCCD 主要有以下三种类型。

① 窄禁带半导体材料 IRCCD

这种类型的 IRCCD 的光敏元阵列和 CCD 都是用窄禁带半导体材料制成的金属-绝缘体-半导体(MIS)结构。其光敏元的响应机理和 CCD 的工作原理均与可见光至近红外波段的普通本征硅 CCD 图像传感器相同。可用的窄禁带半导体材料主要有 InAs($E_g \approx 0.4\mathrm{eV}, \lambda \approx 3.0\mu m$)、InSb($E_g \approx 0.23\mathrm{eV}, \lambda \approx 5.4\mu m$)和 $Hg_{0.8}Cd_{0.2}Te$($E_g \approx 0.09\mathrm{eV}, \lambda \approx 14\mu m$)。用这些窄禁带光敏材料制成的红外光子探测器虽已达背景噪声限的性能,但这类材料的 MIS 工艺却并不成熟,所制成的单片式 IRCCD 均匀性差,转移损失率大,尚需继续研究。

② 非本征硅 IRCCD

非本征硅 IRCCD 的基本组成是,在同一硅衬底上,用掺杂的非本征硅作为红外探测器材料,制成杂质光电导红外探测器列阵,而在红外探测器材料上用外延生长 CCD 材料来制造普通的硅 CCD。由于杂质光电导红外探测器是利用多数载流子来工作的,而普通硅 CCD 是利用少数载流子(耗尽模式)来传输信号电荷的,所以需要在衬底上生长一层导电类型相反的外延层,然后在这一外延层上制作 CCD。这样,当衬底产生的光生多数载流子注入外延层时,便成为外延层中的少数载流子,就可在外延层上 CCD 内进行传输。

非本征硅 IRCCD 的主要缺点是,杂质光电导红外探测器要求在极低的温度下工作,需附加深制冷系统。此外这种探测器杂质浓度低,分布范围宽,因此吸收范围也很宽,所以量子效率低,约为 1%~30%。同时因列阵内部辐射的多次反射而增加了串扰。

③ 肖特基势垒 IRCCD

由于半导体硅器件的工艺相当成熟,所以用硅作为 IRCCD 的衬底材料是十分有利的。为此,在制作硅 CCD 的硅衬底上制成金属半导体肖特基势垒红外探测器阵列,这样就构成了肖特基势垒 IRCCD 或用 SBIRCCD 表示。其红外敏感元对红外辐射的探测是以金属中的自由载流子受辐射激发后,越过势垒,向半导体内部发射的效应为基础的。首先,金属吸收红外辐射光子的能量,导致金属中的自由载流子能量增大。能量大于肖特基势垒和在指向势垒方向上有足够动量的载流子发射进入半导体内,被半导体收集。这些代表辐射信息的光生载流子注入硅 CCD 中,由 CCD 完成信号存储、传输等处理功能。

肖特基势垒探测器的特点是,光激发过程只取决于金属对辐射的吸收及越过势垒的发射情况,所以这种探测器的响应均匀性很好,偏差在 1% 以内。但其量子效率随光子能量的减弱而降低。

目前的硅化铂单片 IRCCD 摄像器件,采用了改进的 PtSi/P-Si 肖特基势垒,在探测器上取消互连金属,并使用较薄的 PtSi 薄膜,使量子效率得到显著的提高,在 3~5μm 波段获得了满意的热图像。硅化铱肖特基势垒单片式 IRCCD 也正在研制中。

④ 单片式 IRCCD 摄像头的性能指标

目前因尚无通用产品在市场出售,这里只能介绍一下主要参量的技术指标。

- 利用铂硅制成的 640×480IRCCD 摄像机扫描头的主要参量

分辨力：640(H)×480(V)

单元面积：24×24μm²

制冷：斯特林式

噪声等效温差：NETD<0.06K(F 数为 1 的物镜，背景温度 300K)

动态范围：72dB

饱和信号水平：1.5×10⁶个电子

噪声水平：300 个电子

最小可探测温差：MRTD<0.15K(奈奎斯特频率时)

- 320×244 铂硅 IRCCD 的参数

噪声等效温差：NETD<0.04K(F 数 1.4)

积分时间：1/30s

光谱范围：1.0～5.5μm

动态范围：80dB

温度响应率：30mV/℃

探测元面积：23×32μm²

（3）混合式 IRCCD

混合式 IRCCD 是指用不同的材料分别制作红外探测器阵列和 CCD 移位寄存器，用阵列连结工艺使之组装在一起。由于当今本征 CCD 工艺和技术已经发展得相当成熟，因此几乎都用硅 CCD 作为混合式 IRCCD 的寄存器。而随着各种红外敏感的探测器制造技术的日趋完善，所以十分注重混合式 IRCCD 的研制工作。目前高密度镶嵌的红外探测器的集成技术获得了相当满意的成功，使之形成了一个红外焦平面技术的新领域。

制造混合式 IRCCD 的红外探测阵列材料目前主要是可工作在 3～5μm 波段内的锑化铟（InSb）、8～14μm 的碲锡铅（PbSnTe）、碲镉汞（HgCdTe）和热释电材料等。

在混合式材料 CCD 中，将探测器得到的电信号通过互连，引入到硅 CCD 移位寄存器中去的基本方法是直接注入法，即将探测器直接连接到 CCD 的输入扩散区。这种互连方法用于红外光伏探测器阵列的原理如图 4-111 所示。红外光伏探测器与 P 型硅衬底的 n 沟道 CCD 直接互连。由探测器产生的光生载流子经输入二极管在输入栅 U_G 控制下，进入存储栅下势阱中积累，需输出时再转移到电极 Φ 下，然后再通过 $Φ_1$ 的变化进行转移，还可通过一些缓冲电路使互连更能满足多种需要。

（4）背景抑制

前面提到 IRCCD 有着"背景辐射强"的特点。例如，CCD 势阱的典型容量大约是 10^7 个载流子，而 IRCCD 工作在 2～12μm 波段时，背景辐射超过 10^{12} 光子·cm⁻²·s⁻¹。由于 CCD 势阱容量被背景辐射产生的电子填充，这就减少了光生载流子的填充空间，因此需要采用一些特殊的处理方法。

在实际应用中，热成像所要探测的常是相邻两个像元之间的温差，而且常常仅探测移动的目标，因此变化较快。而背景通常是固定的或是缓慢变化的。这就可在互连电路中采取交流耦合、背景适应或差动互连等方法，也可在 CCD 的输入存储势阱中对注入的电荷采取"按比例划分电荷"和"填充和溢出的方式"等背景撤除方法，对背景加以抑制。这样就可使 CCD 工作在线性区，达到增大动态范围，提高信噪比的目的。

图 4-112 给出了一种抑制背景的交流耦合电路，R_L 是负载。从探测器上得到的信号通过直流隔离电容 C 耦合到 G_1 栅上，以控制流入 G_2 栅下势阱中的电荷。

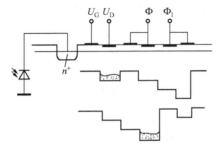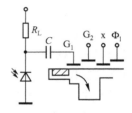

图 4-111　光伏探测器的直接注入法　　　　图 4-112　抑制背景的交流耦合电路

背景撤除可以有效地解决热成像中存在强大的背景辐射问题。而探测器均匀性影响也必须设法解决。在 IRCCD 摄像系统中所得到的视频信号 U_{S1} 中必然包括了暗电流不均匀性和响应率不均匀性的影响。可以在 IRCCD 前设置快门,在快门关闭时获得包含不均匀性的信号 U_{S2},在信号处理时将 U_{S2} 从 U_{S1} 中减去,便抵消了这些不均匀性的影响。这种抵消办法可由具体电路来实现,也可以用计算机软件通过图像处理来实现。

4.6.2　微光像增强器

像增强器的基本结构类似于变像管,通常由光电阴极、电子光学系统、电子倍增器,以及荧光屏等功能部件组成。其中的电子光学系统和电子倍增管将光电阴极所发射的光电子图像传递到荧光屏上,在传递的过程中使电子流的能量增强(有时还使电子的数目倍增),并完成电子图像几何尺寸的缩小/放大;荧光屏输出可见光图像,且图像的亮度被增强到足以引起人眼视觉的程度,从而可以在夜间或低照度下直接进行观察,像增强器因而得名。

在实际应用中,像增强器主要有级联式像增强器和带有微通道板的像增强器。

1. 级联式像增强器

级联式像增强器由几个分立的单极像增强器组合而成,图 4-113 所示为三级级联式像增强器的结构示意图,图中每个单极的像增强器的结构与图 4-113 所示的结构类似,但其输入和输出窗都利用了球面型的光纤面板进行成像,可获得较高的像质;光电阴极采用对可见光灵敏的光电阴极。三级级联式像增强器属于第一代增强器。

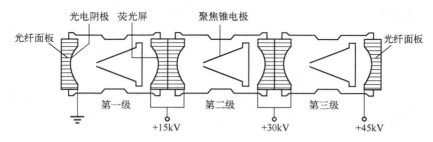

图 4-113　三级级联式像增强器的结构示意

要增强图像的亮度,必须注意前级荧光屏和后级光电阴极的光谱匹配(即荧光屏发射的光谱峰值要与光电阴极的峰值波长接近),最后一级荧光屏的发射光谱特性应与人眼的明视觉光谱光视效率曲线一致。

级联式像增强器的典型性能如下:光灵敏度为 $400 \sim 800 \mu m/lm$,光辐射灵敏度为 $20mA/W$(波长为 $0.58 \mu m$);若单极像管的分辨率大于 $50lp/mm$,则三级级联式像增强器的分辨率可达 $30 \sim 38lm/mm$,亮度增益可达 10^5。级联式像增强器的缺点是体积大,质量重,防强光能力差(最后一级荧光屏容易被前两级增强了的电子流"灼伤"),使用时应避免强光照射。

2. 微通道板像增强器

微通道板(micro channel plate,MCP)是一种二维高增益电子倍增管,微通道板像增强器是在单级像增强器结构基础上,加置微通道板,利用其二次电子倍增的原理,实现高增益图像增强功能的。其倍增原理与光电倍增管类似。

（1）微通道板的结构

微通道板的结构如图 4-114 所示,它是由上百万个平行而紧密排列的微细空心含铅玻璃纤维(微通道)组成的二维阵列。微通道芯径直径通常为 $6\sim50\mu m$,长度-孔径比为 $(40\sim80):1$,厚度为 0.4mm 致几个毫米,通道内壁覆盖一层具有较高二次电子发射系数的薄膜。在微通道板的两端镀有层,分别形成输入/输出电极,极板之间施加直流电压 U(可达 10kV),在通道内形成极强的电场,使入射到微通道内的电子在强电场的作用下,高速、多次碰撞通道内壁而产生二次电子。微通道板的外缘带有加固环;微通道板通常不垂直于端面,而是成 $7°\sim15°$ 的斜角。

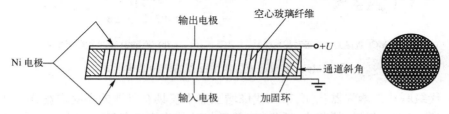

图 4-114　微通道板的(剖面/截面)结构示意图

（2）微通道板的电子倍增原理

高速电子入射到固体表面,与固体内部的电子连续碰撞并使之受激而逸出固体表面,成为二次电子发射。出射电子数与入射光电子数之比定义为发射(倍增)系数 δ。

如图 4-115 所示,微通道的入口端对着像管的光电阴极,并位于电子光学系统的像面上,出口端对着荧光屏,微通道的两个端面电极上施加工作电压 U 形成电场。高速光子进入通道内,与内壁碰撞。由于通道内壁具有良好的二次电子倍增性质,入射电子得到倍增。重复这一过程直至倍增电子从通道出口端射出为止。如果取每次碰撞的二次电子倍增系数 $\delta=2$(一般 $\delta=2\sim5$),累计碰撞倍增次数 $n=10$,则微通道的总增益 $G(\delta^n)$ 可达 $10^2\sim10^3$ 倍以上。可见,微通道的电流增强作用是十分惊人的。

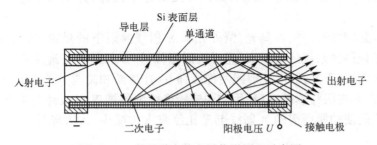

图 4-115　微通道内的电子倍增原理示意图

微通道板内各微通道彼此隔离,互不影响,因此微通道板可将分布在各通道内的电子流分别进行增强,从而使整幅电子图像得到增强。

实际中,微通道板可以达到 10^8 量级以上的电子增益,这一特性具有重要的应用价值。例如,如果用微通道板代替一般光电倍增管中的电子倍增管,就可以构成微通道板光电倍增管(MCP PMT),这种新颖的光电倍增管的尺寸大为缩小,电子渡越时间也很短,阳极电流的上升时间几乎降低了一个数量级,可以影响和探测更窄的脉冲或更高频率的光辐射。

（3）微通道板像增强器

微通道板像增强器是将微通道板置入像管的光电阴极与荧光屏之间而构成的,分为双贴式和倒像式,如图4-116所示。在这种结构中,微通道板和荧光屏相距很近。其基本原理是:由光电阴极发出的光电子图像,(经电子透镜的作用)入射到微通道板上,再经微通道板的电子倍增和加速作用后,直接投射到荧光屏上,在输出窗得到亮度增益的荧光图像。改变微通道板的工作电压 U 即可改变像增强器的电子增益倍数 G。微通道板像增强器属于第二代像增强器。

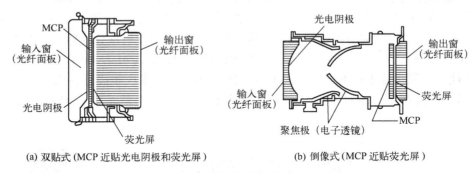

(a) 双贴式 (MCP 近贴光电阴极和荧光屏)   (b) 倒像式 (MCP 近贴荧光屏)

图 4-116　带微通道板像增强器的两种结构形式

与第一代级联式像增强器相比,第二代像增强器不仅具有可调的亮度增益,而且因为它是一种单极结构,所以做的很短,体积小、质量轻,便于与其他光电器件配合使用。另外,第二代像增强器还有自动防强光的优点,这是因为当微通道板工作在饱和状态时,即在强光照射下,光电阴极发出的电子流增强,微通道板的输入随之增强,但微通道板的输出仍保持不变,因此荧光屏不至于被"灼伤"。

在利用微通道板的基础上,再配以负电子亲和势光电阴极,就构成了第三代像增强器。负电子亲和势光电阴极不仅在可见光区有较高的灵敏度,而且在近红外区域也有着比银-氧-铯光电阴极更高的量子效率。因此,这种像增强器能够同时起到光谱变换和图像增强的作用。第三代像增强器的典型性能指标:光度学灵敏度为 300μA/lm,辐射度学灵敏度为 100mA/W（波长为0.85μm 处）,亮度增益为 $1×10^4$ cd/（cm^2 · lx）,分辨力为 36lp/mm。

在第三代像管增强器的基础上,通过进一步改进微通道板的性能,或者利用门控电源技术,提高像增强器的分辨力、信噪比等性能参数而开发的像增强器,分别属于超三代和第四代像增强器。

像增强器可用来对近红外、可见光、紫外光和 X 射线照射下的景物,进行探测、图像增强和成像;或者作为微光摄像系统的前一级,先对入射图像进行增强,再传递给摄像器件。像增强器在微光夜视、夜盲助视、天文探测、X 射线图像增强、医疗诊断和高速电子摄影快门等技术领域得到广泛的应用。例如在医疗诊断中,利用微通道板像增强器把 X 射线经光电变换后形成的电子图像得到增强,从而使拍照所需的 X 射线剂量比原来大为减少,大大降低了 X 射线对病人的危害程度。

4.7　光电探测器的校正

1. 光电探测器的选用原则

在设计光电检测系统时,首先根据测量要求反复比较各种探测器的主要特性参数,然后选定最佳的器件。其中,最关心的问题有以下5个方面。

（1）根据待测光信号的大小，确定探测器能输出多大的电信号，即探测器的动态范围。

（2）探测器的光谱相应范围是否同待测光信号的相对光谱功率分布一致，即探测器和光源的光谱匹配。

（3）对某种探测器，它能探测的极限功率或最小分辨率是多少。即需要知道探测器的等效噪声功率，以及所产生电信号的信噪比。

（4）当测量调制或脉冲光信号时，需要考虑探测器的响应时间或频率响应范围。

（5）当测量的光信号幅值变化时，探测器输出的信号的线性程度。

除上述几个问题外，还要考虑探测器的稳定性、测量精度、测量方式等因素。

2. 光量或辐射量与探测器之间的相关属性

实际应用中的光电探测器，由于本身的灵敏度、光谱特性、光特性、均匀性等方面的不同，以及它们所接收光束在强度、方向、光谱和偏振等特性上的差异，所以讨论两者间如何合理有效地匹配是一项重要的技术内容。

光量或辐射量与探测器之间主要有以下几方面的相关属性：

（1）时间属性。探测器测定功率，属功率型器件，这与光辐射量的性质是一致的。

（2）光谱特性。光源和探测器各有自己不同的光谱分布。

（3）强度特性。光量有极大的变化范围，而探测器的线性范围却很有限。

（4）空间分布特性。光度学和辐射度学有着自己各量间的特有关系，检测过程中要求探测器能正确反映这些关系，而探测器却有着自己固有的空间分布特性。由于两者间有着不同的特性，为使光电探测器能正确反映光量的特性，就需对其进行多方面的校正。其中主要包括对光度强弱的校正、对光束漫射的校正和光谱特性的校正等。

4.7.1 变光度的实现

1. 变光度的必要性

所谓变光度就是使某辐射光束在强弱上发生变化。具体地说是将光源或目标发出的光束利用衰减的手段，使光量满足探测接收的需要。

不同的光电探测器有不同的动态范围，例如光电倍增管只能工作在极微弱光的条件下，通常阴极面照度不能超过 5×10^{-3} lx，当使用光电倍增管测定较强的光信号时，必须先将光信号衰减到适合接收的工作范围内才能进行探测。采用衰减手段实际上扩大了光电倍增管的工作范围。可见变光度实际上是扩大光电器件动态范围的需要。

在与光度量有关的物理、化学过程中，常需研究不同光照下这些过程的特性。如照相底片感光与光照度的关系；生物生长与光照度的关系；光电器件的光特性等。可见变光度也是研究不同光照下物理、化学过程的需要。

2. 对减光手段的基本要求

变光度实质上是将强光束减弱，即减光。按照不同需要对减光器的特性有不同的要求，主要有以下几个方面。

（1）要求减光器无选择性，光束经衰减后不改变本身的光谱成分比，即光束各光谱成分按相同比例衰减。这对许多测量，特别是光度和色度的测量将十分重要。

（2）要求减光器能精确地控制衰减量。光照下许多物理、化学过程的研究结果是要求找出一系列光照条件下的反应特性。于是施加的光照值必须准确给出。因此分段或连续减光器的衰减量就需精确控制。

（3）要求减光器输出光束的几何形状，这对某些场合十分必要。如要求均匀减弱某照射面上的照度,而企图用可变光阑减光,虽然总光量得到了衰减,但这只改变了光束的截面,却达不到均匀减光的目的。

(4)对减光器偏振性的要求。当光束偏振性变化时,会使光电探测器的灵敏度发生变化。因此,在一般情况下,不应采用使偏振性发生变化的减光装置。

(5)对减光器的其他要求,如可变光度的范围、连续性、准直和漫射性等。

3.一般变光度的方法

这里介绍一些常用减光器和它们的特点,以利选用。

(1)吸收滤光片

它用有一定吸收的玻璃、塑料或明胶片制成,是依靠吸收部分入射辐射来达到减光的目的的。有时也采用液槽内几种材料配比的溶液进行吸收减光。此外,照相底片的黑化乳胶等也属这类减光器。

这类减光器中,光楔可实现小范围的连续减光,而其他平板型减光器一般是定值减光。减光的中性程度取决于基底和吸收剂的特性。这类减光器的中性程度不高,只在不宽的光谱范围内接近中性。

平板式减光器对光束特性有一定影响,在会聚光路中,垂直光轴插入平板时,会引起成像点的纵向位移,如图 4-117 所示。位移量 D 的大小为

$$D=\frac{n-1}{n}d \qquad (4-88)$$

式中,d 为玻片厚度;n 为玻片材料的折射率。

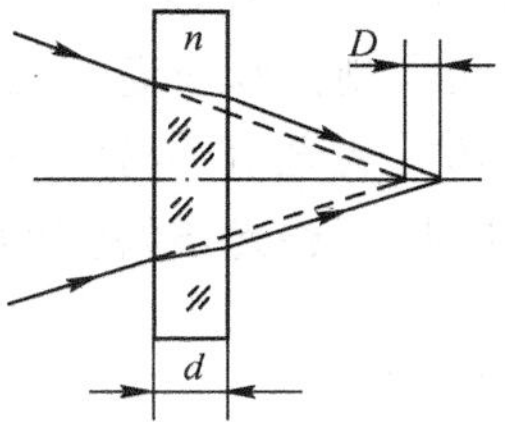

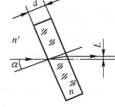

图 4-117 光束几何
位置的变化

图 4-118 光束的
横向位移

当插入光路的平板与光轴不垂直时,还要引起像点的横向位移,如图 4-118 所示。横向位移量为

$$L=d\sin\alpha\left[1-\left(\frac{1-\sin^2\alpha}{n^2-\sin^2\alpha}\right)^{1/2}\right] \qquad (4-89)$$

式中,α 为平板玻片法线与光轴间的夹角。

光楔插入光路将引起更为复杂的像点位移。

(2)薄膜滤光片和射线分离器

这类减光器是在玻璃或与其类似的衬底上,形成多层介质膜或金属薄膜,通过膜层的增反干涉或反射使透射辐射得到衰减。这类减光器可以制成整片均匀衰减的形式,也可制成透射比随位置不同而连续变化衰减的形式。但后者工艺复杂,精度较差,且只能用于细光束的条件下。

这类减光器的中性程度,不仅取决于材料的选择性,还与干涉膜系的设计有关。所以只能在一定光谱范围内相对保持中性。如对可见光的各波段相对 $0.55\mu m$ 波长的选择性误差小于 10%。

这类减光器透射比的精度与玻璃滤光器类似。为获得大的衰减系数,可采用多片堆积,并通过标定来确定其衰减系数。

当用斜光束入射玻璃、石英等基底的减光器时,由于不同振动方向的光辐射反射比不同,使得透射光有一定的偏振性。详见后面对镜面反射器的讨论。此外,干涉膜是针对垂直入射光设计的,对斜光束的适用光谱将有所偏移。

金属反射膜式的减光器还可用做辐射光分离器。即将入射光分离为反射和透射两束光使用。

（3）筛网或多孔板

筛网用细丝编织而成，并进行黑化处理。如用不锈钢丝织成的 300 目的筛网，其方形开口边长约为 40μm。还可使筛网相对于光轴产生不同倾斜来调整其透射比。也可在金属板上用腐蚀法制成多孔板形式的减光器。

这类减光器是利用小孔通光的，而非孔处由黑化金属将光吸收。所以在很宽的光谱范围内中性较好。当波长从 0.22μm 增加到 2.5μm 时，某筛网的透射比由 0.1718 下降到 0.1637，约变化 5%。据研究，这种变化可能由衍射造成。

一般说来，这类减光器不会使光学像发生位移，但它却改变了光能在光束截面上的分布。同时对光束的偏振性无大影响。实际使用中，常将筛网与吸收滤光片组合应用。

（4）膜片光阑或狭缝

它用固定的或可变的圆孔光阑或狭缝组成，通过改变射束的横截面积来实现减光的。

这类减光器从原理上讲有着良好的中性性能，只在开口极小时，由于衍射产生少量选择性。其衰减量不仅与通光面积有关，还与光束横截面上分布的均匀性有关。很少用于要求精确，并预计衰减的系统中。同样这类减光器不会引起像点的移动，对光束的偏振性也无影响。

（5）偏振减光器

这类减光器可用两偏振器构成，如图 4-119（a）所示。第一个偏振器不动，第二个偏振器绕光轴转动，按马吕斯定理输出光通量 Φ，有

$$\Phi = \Phi_0 \cos^2\alpha \qquad (4\text{-}90)$$

式中，α 为两偏振器主方向间的夹角；Φ_0 为 $\alpha = 0$ 时，通过两偏振器的光通量。由式中可见，随 α 变化可实现连续减光。但其缺点是输出光振动面随第二个偏振器的旋转而变化。为适应多种场合的应用，可采用如图 4-119（b）所示的三偏振器系统，P_1 和 P_3 偏振器主方向不变且平行，转动第二个偏振器，输出光通量为

$$\Phi = \Phi_0 \cos^4\alpha \qquad (4\text{-}91)$$

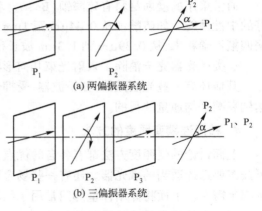

(a) 两偏振器系统

(b) 三偏振器系统

图 4-119　偏振减光器

连续减光是这种减光器的优点。由于偏振器在正交时也不可能完全消光，这就使变化的下限受到限制，影响了它的变化范围。

各种偏振器的偏振度与波长有关，其吸收也与波长有关，所以这类减光器在输出偏振光的同时，还有较明显的选择性。它们只使用在要求不高，而又要连续变光度的场合。

（6）镜面反射器

利用玻璃或石英的抛光表面，通过镜面反射可实现减光或变化反射光量。其反射比可用菲涅耳公式精确计算。对于垂直入射面振动的光束反射比为

$$\rho_s = \frac{\sin^2(i_1 - i_2)}{\sin^2(i_1 + i_2)} \qquad (4\text{-}92)$$

对于平行入射面振动的光束反射比为

$$\rho_p = \frac{\tan^2(i_1 - i_2)}{\tan^2(i_1 + i_2)} \qquad (4\text{-}93)$$

当入射光为自然光时，反射比为

$$\rho = \frac{1}{2}\left\{\left[\frac{\sin^2(i_1 - i_2)}{\sin^2(i_1 + i_2)}\right] + \left[\frac{\tan^2(i_1 - i_2)}{\tan^2(i_1 + i_2)}\right]\right\} \qquad (4\text{-}94)$$

当光束垂直于界面入射时,反射比可由简化的菲涅耳公式给出

$$\rho=\left[\frac{n_2-n_1}{n_2+n_1}\right]^2 \tag{4-95}$$

式中,i_1 为光束的入射角;i_2 为光束的折射角;n_1,n_2 分别为界面两边材料的折射率。

采用 $n=1.5$ 的玻璃抛光面在空气中作为反射变光度器时,可利用的变化范围不到 25 倍。

为扩大变光度的范围,可采用多次镜面反射的方法,其精度较高。如用"超光滑"的石英楔来衰减激光,衰减比可达 $7.7\times10^5:1$,最大的不可靠性约为 3%。又如用两块石英表面相继反射可获得 835:1 的衰减比,不可靠性约为 0.02%。现在已制成高精度的镜面反射标准器。

由于这类减光器材料的折射率与波长有关,所以有一定的选择性。此外,在光束的几何方向、偏振性等方面均有较大的变化。

(7) 漫反射减光器

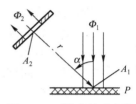

图 4-120　漫反射减光器

利用漫射表面对光束的漫反射,而获得对入射辐射的衰减。图 4-120 所示为利用朗伯漫射面 P 对入射光通量 Φ_1 衰减为出射光通量 Φ_2 的过程。Φ_1 在 A_1 面上产生的照度 $E_1=\Phi_1/A_1$,设朗伯面的漫反射比为 ρ,则 A_1 面在各方向上的发光亮度 $L=\rho E_1/\pi$,当输出孔面积 A_2 距 A_1 中心距离较远并为 r 时,$\Phi_2=(\rho A_2/\pi r^2)\Phi_1\cos\alpha$,于是有 $\Phi_2/\Phi_1=(\rho A_2/\pi r^2)\cos\alpha$。通过改变 A_2、r 和 α 可控制输出量的大小。

通常采用的漫射材料有硫酸钡($BaSO_4$)和氧化镁(MgO)等。在可见光和近红外区域中有较好的中性性能。如硫酸钡从 $0.44\mu m$ 至 $1\mu m$ 波长范围中,选择性在 ±0.2% 之内。另一种专用的聚四氟乙烯粉末,从 $0.39\mu m$ 到 $1.3\mu m$ 波长范围中,选择性也可在 0.2% 之内。

这类减光器完全消除了入射光束几何形状的信息和偏振信息,常用于纯通量的衰减。

其他还有一些光衰减器,如斩波器、受抑全反射等,它们是周期性地去掉一段时间中的通量,达到衰减平均通量的目的。

4. 精确连续变照度的方法

上面讨论的变照度方法都有各自的优点,也都有不足之处。它们都比较容易实现,在应用中可按需要选择适当的减光器。还有一些场合要求提供精确连续可变的光度量,利用上述方法很难满足需要。下面将介绍计量部门常用于照度传递的光轨法和很有应用前途的虚像变照度法。

(1) 光轨法变照度的原理及特点

光轨法是计量部门作为光度传递的基本方法。利用点光源在接收面处产生照度的距离平方反比定律,通过改变距离达到改变接收面照度的目的。其原理示意图如图 4-121 所示。它由可移动的标准光源、防杂散光的光阑、照度接收面、平直并带有距离刻度的光轨和支架组成。此外,为防止外界光的干扰需在暗室中工作,并在其周围拉上黑布帘以吸收杂散光。

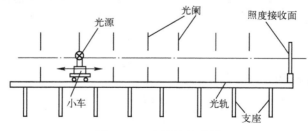

图 4-121　光轨法示意图

光源是专门制造并经与光度基准校准后的专用标准灯。它在校准时所给定的输入电流条件下工作,将发出色温为 2856K 的具有一定发光强度的光。其发光强度的标称值为 1cd、10cd、

100cd 等。平直的光轨供光源在上面移动,为获得照度较大范围的变化,光轨长约 8m,必要时还可接至 12m。光源在接收面处形成的照度为

$$E = I/r^2$$

式中,I 为标准光源在光轨方向上的发光强度;r 为光源到接收面之间的距离。

光轨在无特殊空气污染的条件下,E 由 I 和 r 两参量决定。I 经标准原器校准,具有权威性。r 可进行精确测量,可以保证 E 值的权威性。该方法不会引起光束光谱成分和偏振性的变化。可以认为这种方法没有原理性误差。

为保证光源按点光源处理,通常把光源与接收面间最近距离定为 0.5m。当光轨长 8m 时,变照度比为 256:1;当光轨增至 12m 时,其照度比增至 576:1。

为扩大照度变化的范围,通常采用更换灯泡的方法,在检测中比较麻烦,且不能实现连续变化。此外,该方法对大照度扩展有效,而向低照度扩展就很困难,对应最小标准灯 1cd,在 8m 光轨上最小照度为 156×10^{-2} lx,在 12m 光轨上最小照度为 7×10^{-2} lx。再低的照度只有通过延长光轨来实现,这在工程上将很困难。

总之,该方法没有原理误差,是目前实现变光度的最佳设备。它的缺点是照度连续变化的范围不大,机构庞大等。

标准亮度的产生也可在上述装置上实现,只要在照度接收面处附加"标准白板",由白板漫反射产生标准亮度。

（2）虚像法变照度的研究

虚像法变照度系统光路如图 4-122 所示。利用两块正透镜组成光学系统,透镜 Ⅰ 的焦点为 F_1 和 F_1',焦距为 $f_1 = -f_1'$;透镜 Ⅱ 的焦点为 F_2 和 F_2',焦距为 $f_2 = -f_2'$。组成系统时,将透镜 Ⅰ 的后焦点 F_1' 和透镜 Ⅱ 的前焦点 F_2 重合。按照成像原理可导出以下关系式

$$H'' = -H - f_2'/f_1' \tag{4-96}$$
$$b' = a f_2'^2/f_1'^2 \tag{4-97}$$

式中,H 为物高;H' 为经透镜 Ⅰ 后产生的像高;H'' 为经透镜 Ⅰ 和 Ⅱ 后产生的像高;a 为按成像关系的牛顿公式所规定的物距;a' 为经透镜 Ⅰ 后产生的像距或该像对透镜 Ⅱ 的物距;b' 为经两透镜后产生的像距。

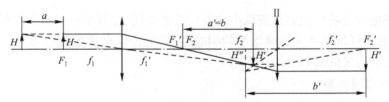

图 4-122　虚像法变照度系统光路

由此可以得出以下结论:

① 在上述安排的光学系统中,不论物在何处,像高与物高之比始终不变,且等于两透镜焦距之比。

② 当物沿光轴移动时,像距与物距之比也不变,且等于两焦距平方之比。

③ 按应用光学推导的物像能量关系可知,不论所成像是虚像还是实像,物的亮度 L_0 和像的亮度 L_i 之间的关系为

$$L_i = \tau L_0 \tag{4-98}$$

式中,τ 为所经光学系统的透射比。

以上三点结论就是实现虚像法变照度的理论依据。其原理说明如下:首先将光源放置在 F_1

处,经系统后灯丝成像于 F_2' 处,选取 F_1 和 F_2' 点作为物像的零位点。将光源由 F_1 点向左侧移动,则像点也对应由 F_2' 点向左移动,当像移到透镜Ⅱ的右表面内以后,则成虚像,把该虚像叫做虚光源。继续移动光源,可把该光源叫做实光源,则虚光源也继续移动。由结论①可知,不论实光源移到何处,虚光源的大小永远不变。由结论③可知,只要实光源亮度不变,虚光源的亮度也不变。这就相当于有一个大小和发光强度都不变的虚光源在随物方实光源的移动而移动,其移动距离由结论②来确定。即虚光源移动距 F_2' 点的距离等于实光源移动距 F_1 点距离的 $(f_2'/f_1')^2$ 倍。当选用 $f_2'>f_1'$ 的两个透镜时,就可实现实光源移动不大的距离,而虚光源却移动了很大的距离,使设在 F_2' 点处输出面照度随虚光源的远离而产生很大的变化。

假设实光源灯丝为圆形,其直径为 D,亮度为 L_0,并以 F_2' 点处垂直光轴的面为照度的输出面。这时灯丝虚像的直径 $D''=-D(f_2'/f_1')$;而亮度 $L_i=\tau L_0$;虚光源距照度输出面的距离 $b'=af_2'^2/f_1'^2$。输出面的照度为

$$E=\frac{I}{b'^2}=\frac{\pi\tau L_0}{4}\left(\frac{f_1'}{f_2'}\right)^4\frac{D''^2}{a^2} \tag{4-99}$$

式中,I 为虚光源的发光强度。

假设 $f_2'=20f_1'$,则 $b'=400a$,该结果说明当实光源移动 1m 时,虚光源却移动了 400m。仍以虚光源距照度输出面 0.5m 作为近点,而以 400m 作为远点,其照度变化约为 6.4×10^5 倍。它是 12m 光轨变化的 1000 倍。这是目前任何其他连续变照度装置所望尘莫及的。此外,如忽略两透镜光谱透射比极小的选择性偏差,则这种方法基本上无原理误差。

通过认真推算可知,两透镜焦点不重合并不影响该原理的应用。该系统对光源移动的距离检测精度要求较高,如要求输出照度误差小于 1% 时,距离相对误差应小于 0.5%,对此当前检测技术不难满足。该系统对输出面的位置精度要求较低,绝对误差在毫米数量级时,仍能保证很高的精度。

虚像法变照度可在大范围内实现照度的连续变化,相应装置可以较小,操作方便,并较易消除杂光。虽然还存在一些有待解决的问题,但不失为一种很有前途的方法。

4.7.2 漫射体及其在光电检测中的应用

漫射体在光电检测技术及其他领域中有着广泛的应用,主要是用于产生漫射光;置于探测器前,以使探测器对不同的输入光提供均匀的响应度;满足特定光度探测的需要,利用漫射体使探测器获得特殊角响应度的函数。

1. 漫射体及漫射光源

广义地讲,能够将入射光束转变为漫射输出的物体统称漫射体,但是为了计算及使用方便,希望漫射体的发光尽可能符合朗伯体的辐射规律。即在任何方向上发光亮度相等,由此可知它在空间某方向上的发光强度为

$$I_a=I_0\cos\alpha \tag{4-100}$$

式中,I_0 为垂直于发光面方向上的发光强度;α 为某方向与发光面法线间的夹角。

由上式可知,朗伯体发光强度矢量在空间构成一球形,并与朗伯体相切,球直径为 I_0。

实用中的漫射体主要有内腔式漫射体、透射式漫射体和反射式漫射体等三类。

内腔式漫射体利用漫射面构成各种形状的内腔,如球形、柱形等。其中球形内腔又叫做积分球,它在光学及光电测量中有着广泛的应用。积分球通常由两个半球的外壳相接而成,按需要在球面上开若干个小孔,内部还可附加挡板、反射镜及光陷阱等。球内壁涂敷反射系数极高,且漫射性能极好的材料,这是构成积分球的关键。常用涂层材料有氧化镁和硫酸钡等。氧化镁的漫

反射比高,但随时间增长会逐渐变黄,光谱性能不够稳定。硫酸钡的反射比稍低,但光谱性能稳定。

设入射到积分球内的光通量为 Φ_0,经内腔漫射后,非一次照射表面的照度是均匀的,其大小为

$$E=\frac{\Phi_0}{4\pi R^2}\cdot\frac{\rho}{1-\rho}\qquad(4\text{-}101)$$

式中,R 为积分球内腔的半径;ρ 为内腔表面的漫反射比。

应当注意上式是在 ρ 趋近于 1 的条件下导出的,ρ 越小,公式的误差越大。

透射式漫射体是由漫射平板构成的,光束由背面入射,而漫射光由正面输出。毛玻璃片是这类漫射体最常见的一种,其漫射性能较差。性能较好的是乳白玻璃和乳白塑料,但后者不适宜在高温下使用。设背面入射的照度为 E,平板透射比为 τ,则平板漫射输出亮度 $L=E\tau/\pi$。如果漫射面是非朗伯面,则输出亮度 $L_\alpha=LK_\alpha$。式中,L_α 是与输出面法线成 α 角方向上的亮度;K_α 是方向系数,$K_\alpha=I'_\alpha/I_\alpha$;$I_\alpha$ 是对应朗伯体在 α 方向上的发光强度;I'_α 是非朗伯面在 α 方向上的发光强度。

反射式漫射体是由在平板上涂以高反射比,且漫射性能又好的材料构成的。入射光束与漫射光在平板的同侧。入射光形成的照度为 E,漫射光的出射度 $M=\rho E$;其亮度 $L=M/\pi=\rho e/\pi$。在检测某些材料如面粉、布和纸张等的反射比时,常用一定 ρ 值的白板作为对比的标准。

利用光束入射到漫射体上,产生漫射光而构成漫射光源,在光学测量中,作为近距离分划的均匀照明。在一些特殊元、器件的特性检测中,如光纤面板刀口效应测试、数值孔径和传递函数等测试中,都必须用性能良好的漫射光源。用积分球作为漫射光源,输出光孔半径为 r 时,输出光通量为 $\Phi=\pi r^2 E$,输出亮度为 $L=E/\pi$。图 4-123 是输出光可监控的漫射光源。它主要由三部分组成:光源和减光系统构成的变光度系统;照度接收器等组成的光度监测系统;以及积分球。输出漫射光量的大小,由监测系统读出。图 4-124 所示为物镜系统杂光测试仪的原理图,它也利用积分球作为漫射光源。

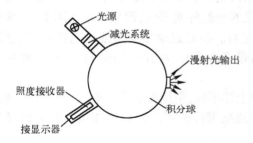

图 4-123 可控输出光量的漫射光源

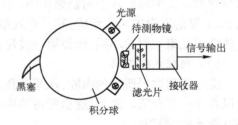

图 4-124 物镜系统杂光检测仪原理

反射式漫射体通常作为标准白板使用。实际工作中很难找到一个发光十分均匀,而发光亮度又可控制的面光源。在光度测量中,标准亮度的发光板就是由被照明的反射式漫射板充当的。

2. 漫射体在实现探测器均匀响应度方面的应用

实际的光电系统中,存在着多种非均匀性环节,其中包括:①探测器特别是光敏面积较大的探测器上,各点灵敏度的差异;②相同通量但光束截面及能量分布上的差异;③光束偏振性的差异。这些差异都会造成灵敏度的不稳定。而利用各种漫射体,一方面可以消除光束结构和偏振性差异的影响,使入射光均匀化;另一方面使光敏面始终获得均匀的照射,也消除了探测器灵敏度非均匀性的影响。

（1）积分球提供的均匀测量

如图 4-125 所示为一种利用积分球使探测器对入射辐射均匀测量的装置。球的内表面及挡板两侧均涂以漫射物质。入射光经漫射均匀地照射探测器，小于入射孔的入射光束，不论粗细变化或稍有倾斜，光束不均匀或具有偏振性，通过该装置都可实现均匀接收。探测器接收到的光通量 Φ_d 与入射通量 Φ_i 之比为

$$\frac{\Phi_d}{\Phi_i} \approx \frac{A_d \rho_w}{A - A_w \rho_w - A_d \rho_d} \tag{4-102}$$

式中，A 为球内腔的总面积；A_w 为内腔漫射壁的面积；A_d 为探测器的面积；ρ_w 为内腔的漫反射比；ρ_d 为探测器的漫反射比。

图 4-126 所示为利用激光测定介质材料透射比的装置。激光束直接或经介质片射入积分球，经漫射均匀照射宽量程照度计的光电探头，通常这类照度计有 10^8 倍的量程变化，可测定透射比很大到很小的介质材料。激光束的少量偏斜和位移都不会产生附加误差。

图 4-125　积分球均匀测光器　　　　　　　　图 4-126　介质透射比检测装置

在使用积分球时，还应注意可能引起两个误差：（1）入口具有近 2π 的视场，容易引入杂光。（2）漫射材料的老化和积尘都会改变漫射比和光谱特性。因此，必须防止杂光和保持漫射面的清洁。

（2）筒形内腔提供的均匀测量

筒形内腔式漫射器是由高反射的圆筒和两端两块漫射片组成的。图 4-127 所示为配在光电倍增管前的筒形内腔式漫射器结构图。为适用于可见和近红外光谱区，圆柱可用铝陶土，两端可用 2mm 厚的乳白玻璃片组成，其传光效率可达 15% 左右。该装置也可与其他光电探测器配用。为消除因光束入射角不同，而使第一玻片反射不同所带来的误差，入射光束最好能接近于垂直。

（3）内腔式探测器

应当说明这里所指的内腔，从原理和作用上都与上述不同，但因都利用内腔，又有共同之处，所以在此一并介绍。此外，这里所指的探测器通常是热电型探测器。内腔的作用实质上是提高热电探测的"黑"度。

① 带有半球反射镜的内腔探测器

如图 4-128 所示。该装置利用一个半球形内腔反射镜，将热电探测器的接收面置于球心附

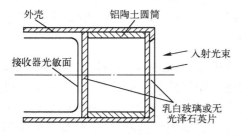

图 4-127　筒形内腔式漫射器结构图

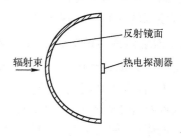

图 4-128　带半球反射镜的内腔探测器

近。入射光经入射孔射到接收面上时，大部分被表面吸收产生升温，少部分向 2π 立体角内漫反射，这些漫射光经半球镜面的反射，又返回到接收面上，其中又有大部分被接收，少部分被漫反射。经多次反射和吸收，除极少部分光辐射被镜面吸收和由入口处漏出外，绝大部分为探测器所接收，使之增加了黑度，减小光谱选择性造成的误差。

设无半球反射镜时，探测器的光谱灵敏度 S_λ 有一定的选择性。入射光通量为 $\Phi_{0\lambda}$ 时，产生光电流 $I_{0\lambda}=\Phi_{0\lambda}S_\lambda=\Phi_{1\lambda}(1-\rho_\lambda)S$。其中 ρ_λ 为探测器接收面对波长 λ 的反射比；S 为吸收系数等于 1 时的灵敏度。

当采用半球反射镜后，设反射镜的反射比为 $\rho_{m\lambda}$，则产生的光电流 $I_{m\lambda}=\Phi_{0\lambda}S(1-\rho_\lambda)\dfrac{1}{1-\rho_{m\lambda}\rho_\lambda}$，当 $\rho_{m\lambda}\approx1$ 时，$I_{m\lambda}=\Phi_{0\lambda}S$，光电流与通量成正比，比例系数 S 与波长无关。上式可写为：$I_m=\Phi_0S$。可见对入射辐射无选择性。

利用该装置还可测定探测器表面的漫反射比，通过有、无半球反射镜的测量结果来获得

$$\frac{I_{0\lambda}}{I_{m\lambda}}=1-\rho_{m\lambda}\rho_\lambda$$

$$\rho_\lambda=\frac{1}{\rho_{m\lambda}}\left(1-\frac{I_{0\lambda}}{I_{m\lambda}}\right) \tag{4-103}$$

一般来说镜面高反射比较容易测得，而探测器表面的低漫反射比很难测得，这里提供了一种检测的方法。

② 圆筒形内腔辐射计

它由黑色圆形底板和几个可伸缩重叠的黑色圆环组成。在底部及环形外部装有多个热电偶，构成辐射计，如图 4-129 所示。典型参数为：入口孔直径为 6.2mm，开口面积为 30.2mm^2，响应度为 40mV/W，时间常数为 14s。内腔用反射比为 2%~3% 的铂黑覆盖，而腔体的反射比只有 0.1% 左右。信号由全部热偶串联后累加输出。

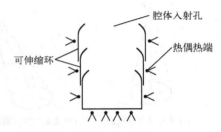

图 4-129　圆筒形内腔辐射计

③ 盒式内腔辐射计

它由长方形盒构成内腔，其典型参数为：盒子尺寸 10mm×20mm×70mm，在盒子面积为 10×20mm^2 的一个端面上开 9×19mm^2 的入射孔。底部安排 4 个热电偶，周围设置 84 个。响应度为 82mV/W，时间常数为 8s。黑色内壁对 0.25~2.5μm 波长区域内反射比为 3%~6%，而盒子入射孔的有效反射比下降到 0.1% 以下。有人建议把这类辐射计用做探测器光谱特性检测的标准器件。

④ 锥形内腔的应用

广泛研究与应用的锥形内腔有两种类型：一种采用镜面反射的内表面，就是第 6 章中所讨论的光锥；另一种锥形内腔采用无光泽内表面，大端作为入射孔，光束射到无光泽内锥面上有强烈向小端漫射的功能，从而起到集光作用，增加置于小端探测器的光通量接收。

黑色锥形内腔是无光泽光锥的一种，可以作为无选择性辐射计的一种型式。研究指出：无光泽内表面的圆柱和圆锥内腔反射比为

$$\rho_c=\rho_0/[1+(L/R)^2] \tag{4-104}$$

该式对内腔长度 L 与入口半径 R 之比大于 5 的腔体更为准确。对于低值壁反射比 ρ_w 来说，$\rho_0=\rho_w$；而对于高值壁反射比来说，$\rho_0=\rho_w/(1-\rho_w)$。

由式(4-104)可知，ρ_c 随 L/R 的增大而迅速减小。如 $L/R=10$ 时，腔体反射比是壁反射比的 1%。

现代锥形腔探测器的吸收比可高达 0.9978~0.9999,接近绝对黑体。虽然热电器件的响应度较低,响应时间长而限制了它们的应用,但在高精度的测量或标定中仍不可缺少。

3. 产生特殊角度响应度分布的漫射体

在利用光电探测器进行光度量或辐射度量测量时,由于探测器表面或探测器前面其他光学元件表面的反射作用,造成探测器实际接收到的光量与光度学原理计算出的光量不符。特别是光束方向与接收面不垂直时更为显著,且这种误差随入射角不同而异。为消除这一误差,需对探测器进行空间特性的修正。

(1)照度测量中探测器的余弦修正

当光束照射某接收面时,面上照度不仅与发光点到该面中心的距离有关,还与接收面法线与中心光线之间的夹角有关。设光源强度为 I,受光面照度 E 如图 4-130(a)所示时,$E=I/L^2$;如图 4-130(b)所示时,$E=I\cos\alpha/L^2$。可见接收面照度与入射角的余弦成正比。如果探测器能将不同角度的入射通量全部接收,那么就必然符合余弦规律。但大多数探测器表面,以及因工作需要在探测器前附加的各种校正器均具有光洁的表面。如光电倍增管的玻壳表面,光谱校正玻璃表面等,它们对不同入射角的光束有不同的反射比,其规律由式(4-92)、式(4-93)和式(4-94)给出。此外,由于多界面的存在,影响复杂,很难估计最终结果。但有一点可以肯定,随着光束入射角增大,接收到的光通量下降得比余弦规律更快。与此同时,还会带来光束偏振性的变化,造成探测器灵敏度的变化。为正确计量实际照度,必须对探测器空间特性进行修正。

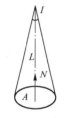

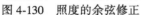
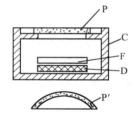

(a) 光束垂直接收面　　(b) 光束与接收面成α角
图 4-130　照度的余弦修正

图 4-131　乳白玻璃修正器

余弦修正的原理是利用漫射体对不同入射角的光束,均按相同的比例接收,再经漫射,并以相同的漫射光分布通过其他界面,最后均匀地照射探测器进行光电转换。也就是说,不论所接收光束的入射角如何,均经相同的衰减后,为探测器所接收。

采用漫射修正后,可能带来两个问题:其一是所谓"相同的衰减",即实际接收到的光量比应接收到的光量小,这一影响应在标定时给以消除。其二是漫射体可能带来光谱特性非中性的影响。这应在使用波段范围内,对漫射材料认真选择。

下面是一些余弦修正的方案。图 4-131 所示为采用乳白玻璃的修正器。P 是平板形乳白玻璃,它置于探测器 D 和校正滤光片 F 的上面,用框架 C 支撑。框架上部外圆处高出一环带,上端与乳白玻璃上表面持平,作用是截止大于 90°的入射光。这种修正器对大角度的修正误差较大。为此,可用如图 4-131 中 P′所示的乳白玻璃弧形回转板代替平板 P,以获得较好的效果。

图 4-132 中,给出了三种利用积分球构成余弦修正器的方案。它们的余弦修正特性较好,主要缺点是光能利用率低。例如,图(b)和图(c)方案的余弦特性好,但光能利用率只有万分之几。图(a)方案的光能利用率高些,但修正特性要差些。

实际修正效果可通过测量来确定,其方法是测定不同入射角 α 所对应的信号 $I_{s\alpha}=f(\alpha)$,当 $\alpha=0$ 时,$I_{s\alpha}=f(0)$;定义相对角响应度 $r(\alpha)=I_{s\alpha}/I_{s0}$。为与余弦规律相比较,用实际值偏离余弦曲线的相对比$\{[r(\alpha)-\cos\alpha]/\cos\alpha\times100\%\}$,即百分偏移来表示。也可用相对偏离量 $\varepsilon_1(\alpha)$ 表示

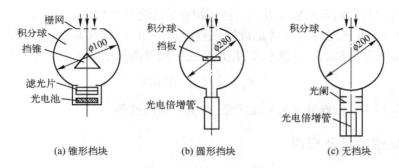

(a) 锥形挡块   (b) 圆形挡块   (c) 无挡块

图 4-132　利用积分球进行余弦修正

$$\varepsilon_1(\alpha) = [r(\alpha) - \cos\alpha]/\cos\alpha \tag{4-105}$$

在要求更精确的测量中,对测得的数据可进行修正。但这种修正要求 $\varepsilon_1(\alpha)$ 以在任意入射面内相等为条件,修正系数 $K(\alpha) = \cos\alpha/r(\alpha)$。以上讨论适用于点光源发光的情况。

对于扩展光源来说,产生总误差的计算还与面光源的亮度分布 $L(\alpha、\beta)$ 有关。其中 α 是入射角,β 是从参考入射面算起,各入射面的方位角。利用具有 $\varepsilon_1(\alpha)$ 相对偏差的探测器测量时,所产生的总误差 $\varepsilon_2(\alpha)$ 由下式给出

$$\varepsilon_2(\alpha) = \frac{\int \varepsilon_1(\alpha) L(\alpha,\beta) \cos\alpha \mathrm{d}\Omega}{\int L(\alpha,\beta) \cos\alpha \mathrm{d}\Omega} \tag{4-106}$$

要求出 $\varepsilon_2(\alpha)$ 必须了解 $L(\alpha,\beta)$ 的分布和积分限。

对半球天空,当 $L(\alpha,\beta) = L(\alpha)$,即与 β 无关时,有

$$\varepsilon_2 = \frac{\int \varepsilon_1(\alpha) L(\alpha) \sin2\alpha \mathrm{d}\alpha}{\int L(\alpha) \sin2\alpha \mathrm{d}\alpha}$$

当天空扩展源亮度不变时,$L(\alpha) = \mathrm{const}$,$\int_0^{90°} \sin2\alpha \mathrm{d}\alpha = 1$,所以

$$\varepsilon_3 = \int_0^{85°} \varepsilon_1(\alpha) \sin2\alpha \mathrm{d}\alpha \tag{4-107}$$

免去 85°~90° 以减小计算的难度,对结果影响不大。

当天空为多云时,有

$$L(\alpha) = \frac{1}{3}\big[L(0)(1 + 2\cos\alpha)\big]$$

$$\varepsilon_3 = \frac{\int \varepsilon_1(\alpha)(1 + 2\cos\alpha)\sin2\alpha \mathrm{d}\alpha}{\int (1 + 2\cos\alpha)\sin2\alpha \mathrm{d}\alpha}$$

（2）标量辐射照度的测量

标量照度是指用以标定来自全方位进入某小体积的总通量,也就是说用相等的权,积分来自 4π 立体角中的通量,所以又称球形照度。这种测量常用于照明工程,以及生物工程中。如在海洋生物学中,研究光生物过程时,需知某体积中可能提供的总光通量。海平面下某深度处的球形照度测量就可提供这一参量。如图 4-133 所示为标量照度计的典型结构。它主要由三部分组成：①漫射空心球。

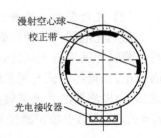

图 4-133　标量照度计结构

来自各方位的光通量经由乳白玻璃或乳白塑料构成的透光漫射球进入球内。②探测器。可按图中放置,也可用两个片状器件背对背地放置在空心球的中央,接收来自各方向的通量。③校正带。它是用胶贴在球内侧的一些黑色带,用以修正探测器的角度响应。标量照度描述为

$$E_s = \int_0^{4\pi} L(\alpha, \beta) \, d\Omega \tag{4-108}$$

漫射体还用于实现某些特殊要求的照度测量,如圆柱面照度等。

4.7.3 光谱校正及应用

在某些系统中,要求探测器与光源具有某种特定的光谱特性。而实际上不具备这样的特性,这就需要把它们的光谱特性进行必要的校正。本节将介绍光谱校正的主要应用,光谱校正的评价,以及光谱校正的具体方法。

1. 光谱校正的主要应用

（1）光源发光光谱的校正

这里主要是指热光源,其光谱分布与黑体类似,呈不对称的钟形分布,短波截止较快,长波延伸较长。当增高电压使灯丝温度升高时,曲线上升,并向短波方向移动。反之亦然。

作为发光光谱校正的一个例子是高色温光源的获得。一般白炽灯的色温约在 2200～3000K 之间,当要求色温在 3000K 或 4000K 以上时,要求灯丝温度很高,一般难以实现。通过附加校正滤光片,可满足这一要求,如图 4-134 所示。T_1 虚线是光源发光光谱,T_2 是所要求的高色温光谱,τ_λ 虚线是校正滤光片的光谱透射比曲线。从 λ_1 到 λ_2 是可见光区域,实线所示 $T_2' = T_1 \tau_\lambda$ 与 T_2 曲线相似,是校正后的光谱曲线。该校正是在损失输出光通量基础上进行的。

作为发光光谱校正的另一个例子是使光谱均匀化。用白炽灯作为光学过程光谱特性测量的光源时,各波长发出的通量相差很大,这就要求光电探测器、电子线路和显示器等都有很宽的线性工作范围,有时很难做到。为解决这一矛盾,可采用如图 4-135 所示的光谱校正方法,可将可见光谱区的通量输出基本校平。该校正也是以损失输出通量为基础的。这一校正也可将探测器的光谱特性考虑在内,以达到输出信号在某光谱区域中基本均匀的目的,利于测量。

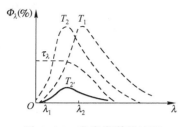

图 4-134　发光光谱的校正

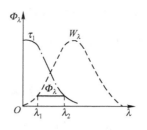

图 4-135　光谱校正

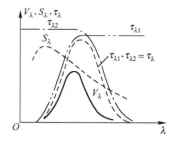

图 4-136　视见函数的校正

（2）光电器件视见函数的校正

在用光电器件代替人眼进行光度测量时,由于探侧器光谱特性与人眼视见函数之间的差异,与待测光源间将有不同的光谱匹配系数,将造成光度测量的误差。为此,必须将所用探测器经光谱校正,获得尽可能与视见函数一致的光谱待性,如图 4-136 所示。设 V_λ 为标准人眼的视见函数,S_λ 为探测器的光谱灵敏度,τ_λ 为所要求校正滤光片的光谱透射比。于是它们之间的关系为 $\tau_\lambda = V_\lambda / S_\lambda$。图中校正滤光片是由两块光谱透射比分别为 $\tau_{\lambda 1}$ 和 $\tau_{\lambda 2}$ 的滤光片组成的,于是有

$$\tau_\lambda = \tau_{\lambda 1} \tau_{\lambda 2}$$

（3）模仿非选择性探测器

在有些光度量检测中，如测定通量，采用非选择性探测器测量就很方便。但是，常用的非选择性热电探测器存在着反应慢和灵敏度低的缺点，为此，可采用光电探测器，但必须对其光谱特性进行校正，使之在规定光谱范围内，成为灵敏度较高的非选择性探测器。

（4）光子探测器的光谱校正

在许多光生物化学的过程中，所需测定的不是光的通量，而是光的量子数。例如，对植物光合作用的研究，要求测定的是 $0.35\sim0.70\mu m$ 波长间隔中，光辐射的入射总光子数。非选择性探测器可直接测定入射光辐射的通量，而要使它的输出信号与入射光子数成正比，则应将探测器光谱特性校正成光子型特性。

所谓光子型光谱曲线是指它的光谱灵敏度按光子能量的倒数分布。不同波长 λ 所对应的光子能量 ε_λ 为

$$\varepsilon_\lambda = hc/\lambda$$

式中，h 为普朗克常数；c 为光速。可见，光辐射通量相等而波长不同时，短波对应的光子数少，而长波对应的光子数多。因此，光子型光谱特性应按图 4-137 所示的实线进行校正。由于实际校正中的困难，如能按虚线进行校正也就可以了。

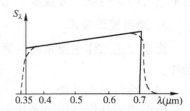

图 4-137　光子型光谱曲线

光谱校正的应用场合还很多，如模拟色度学中三元色接收的探测器，它们是色度客观测量的重要工具。

2. 光谱校正的评价

对光源或探测器，特别是探测器进行光谱校正后，效果如何应进行评价。在介绍评价方法之前，先做一些符号的统一定义。将 $T(\lambda)$ 叫做目标函数，即最终要求的光谱特性。将 $A(\lambda)$ 叫做校正函数，即实际校正成的光谱特性。并用小写 $t(\lambda)$ 和 $a(\lambda)$ 表示其相对值。

（1）均方根偏差

$$G_1 = \left\{ \int [T(\lambda) - A(\lambda)]^2 d\lambda \right\}^{1/2} \tag{4-109}$$

该式是将两函数在各波长上的绝对差异，以相同的权累加的结果。它的优点是与所接收光辐射的光谱性质无关，缺点是将小数值光辐射量上的差异，过多地提供给了总偏差。例如对视见函数的校正，在函数的两端部附近，本来灵敏度就很低，有些误差对积分光测量影响不大，现在却也同等地累加到了评定标准中。

（2）相对均方根偏差

$$G_4 = \left\{ \int [t(\lambda) - a(\lambda)]^2 d\lambda \right\}^{1/2} \Big/ \int t(\lambda) d\lambda \tag{4-110}$$

该偏差从定义看也与入射光束光谱无关。与 G_1 的定义相类似，改用相对量可能更明确些。

（3）相对偏差

$$G = \int [t(\lambda) - a(\lambda)] d\lambda \Big/ \int t(\lambda) d\lambda \tag{4-111}$$

该偏差也与前述定义类似。从两曲线拟合的情况来看，上述三种评价标准都可应用。而从光源和探测器的实际配合来看，这几种方法都有局限性。对于大多数积分光来说，上述评价相当有效。而对于光谱很窄的入射光，上述评价可能产生很大的误差。例如当入射光束的光谱在拟合良好的谱段上时，测定精度将高于上述评价标准；相反，当入射光束光谱落在拟合较差的光谱段上时，误差将高于上述评价标准。看来用完全脱离入射光束的光谱特性来进行评价，确实不太合理。因此，有人提出按入射光束光谱分布加权处理，但实行起来比较困难，而且得不到一个通用的评价标准。

（4）与相对响应度有关的评价

$$G_2 = a(Z) - 1 \tag{4-112}$$

$$a(Z) = \frac{\left[\int Z(\lambda) a(\lambda) \mathrm{d}\lambda\right]\left[\int S(\lambda) t(\lambda) \mathrm{d}\lambda\right]}{\left[\int Z(\lambda) t(\lambda) \mathrm{d}\lambda\right]\left[\int S(\lambda) a(\lambda) \mathrm{d}\lambda\right]} \tag{4-113}$$

式中，$Z(\lambda)$ 为标准光源的光谱特性；$S(\lambda)$ 为实际应用光源的光谱特性。

该评价方法涉及两个光源，其中标准光源可采用色温为 2856K 的光源。该方法对确定的 $S(\lambda)$ 光源很适合，但更换光源则应重新计算 G_2 的值。又有人建议用此方法对常用的几种测量用光源进行评价，以其中最大的一个 G_2 作为拟合度评价的标准，$G_3 = G_{2M}$。

其他还有多种拟合质量评价的方法，关键是依实际情况，使用得当就能获得良好的效果，使用不当有时会得到十分荒谬的结果。

3. 光谱校正技术

光谱校正工作主要是配制适当的滤光片。所用滤光片可分为两类：均匀滤光片和镶嵌式滤光片。

（1）均匀滤光片法

所谓均匀是指整块滤光片上，各点的光谱透射比一致。设 $t(\lambda)$ 是目的光谱函数，$S(\lambda)$ 是现有光谱函数，则滤光片的光谱透射比为

$$\tau(\lambda) = t(\lambda) / S(\lambda) \tag{4-114}$$

具体实现的方法有以下几种。

① 适当滤光片的组合，它是由多片光谱透射比函数为 $\tau_i(\lambda)$ 的有色玻璃或明胶滤光片串联堆积而成的，其组合光谱透射比为

$$\tau_c(\lambda) = \tau_1(\lambda) \tau_2(\lambda) \cdots \tau_i(\lambda) \cdots \tau_n(\lambda) \tag{4-115}$$

按照材料吸收的指数衰减定律，设每种材料的厚度为 t_i，吸收系数为 $\alpha_{i\lambda}$，入射光强为 $I_{0\lambda}$，不考虑反射损失时，出射光强为

$$I_\lambda = I_{0\lambda} \mathrm{e}^{-\alpha_{1\lambda}t_1} \mathrm{e}^{-\alpha_{2\lambda}t_2} \cdots \mathrm{e}^{-\alpha_{i\lambda}t_i} \cdots \mathrm{e}^{-\alpha_{n\lambda}t_n}$$

则有
$$\tau_c(\lambda) = I_\lambda / I_{0\lambda} = \mathrm{e}^{-\alpha_{1\lambda}t_1} \mathrm{e}^{-\alpha_{2\lambda}t_2} \cdots \mathrm{e}^{-\alpha_{i\lambda}t_i} \cdots \mathrm{e}^{-\alpha_{n\lambda}t_n} \tag{4-116}$$

式中，$\alpha_{i\lambda}$ 的值可由手册中查出，也可用标准试样经实验测得，实际精确选配时，只用 2~3 种材料，很少用到 4 种以上。选配可利用计算机来进行，通过不断改变各片的厚度 t_i，使 $\tau_c(\lambda)$ 逐渐与所要求的 $\tau(\lambda)$ 相一致。其一致性的标志或控制准则，可使计算的偏差总平方值 $q = \int[t(\lambda) - \tau_c(\lambda)]^2 \mathrm{d}\lambda$ 最小作为最佳选配。也可按其他偏差评价标准计算或给出允许的范围。例如，用硅光电二极管作为光度探测器时，对其进行视见函数 V_λ 的校正情况如图 4-138 所示。其中实线为 $t(\lambda) = V_\lambda$，虚线为 $a(\lambda)$。滤光片组合如表 4-11 所示。对不同光源所产生的积分误差如表 4-12 所示。

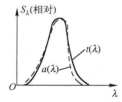

图 4-138 拟合曲线

表 4-11 滤光片组合

材料牌号	厚度（mm）
肖特 BG38	3.38
肖特 GG9	2.23
肖特 KG3	4.00
科明 3307	1.13

表 4-12 积分误差

光源	误差（%）
A 光源	0.0
2042K	0.19
2360K	0.19
维他里特荧光灯	0.22
日光	0.06

② 干涉滤光片,用于校正光谱响应特性的干涉滤光片,应预先按透射比光谱特性的需要进行膜系设计,然后制造。例如,有的厂家为用于光度测量的每个光电倍增管,均配制了对应的校正用干涉滤光片。

③ 特殊熔料的玻璃滤光片。利用着色氧化物(CuO、CoO、NiO 等)掺杂到多种玻璃(硅酸盐、硼酸盐、磷酸盐和硫化物)中,可制成光谱按钟形分布的滤光片,用以拟合 V_λ 曲线。当改变合成物时,可制成完整的带通系列滤光片,其峰值波长可由 $0.40\mu m$ 变至 $0.75\mu m$。

④ 液体染料的混合,利用预定的几种染料,按计算的比例混合而成。它已用于配制特殊的光谱函数,如蓝天、人的皮肤和中性灰等光谱函数。也可用于光源或探测器的光谱校正。缺点是液体易挥发,强光下可能不够稳定。

⑤ 发光材料与滤光片的组合。这里的发光材料用来实现光谱转换,通常是将短波光转变为长波光。利用该组合构成某些特殊函数。如用在乙烯乙二醇中的硫氰化物溶液和 RGG10 滤光片,同硅光电二极管结合,构成光子型探测器。又如用钨酸镁发光材料、滤光片和探测器组合构成紫外光接收器等。

(2) 镶嵌滤光片法

将滤光片用做光谱校正时,其排列既可按图 4-139(a) 所示的形式,也可按图(b)中的形式。后者就是镶嵌式滤光片的排列。如果把多层均匀滤光片叫做"相减"滤光片,那么镶嵌滤光片除具有"相减"的作用外,还有平面不同区域间"相加"的作用。它们可以是单层,也可以是多层;可以是边对边,也可以留有缝隙。例如,利用白炽灯、光栅式单色仪和多碱光阴极的光电倍增管组合工作时,在 $0.40\sim0.80\mu m$ 的光谱段中,灵敏度的分布如图 4-140 所示。其中最大与最小值之间相差 80 倍以上,这对信号处理不利。特别是信号很小时,如果提高小信号的输出,那么大信号的输出就会超出测量范围。用镶嵌式滤光片可缓和这一矛盾。用紫通和红通两块滤光片按图 4-141(b) 所示排列,可得到如图 4-141(a) 中粗实线所示的光谱校正的效果。使用时可改变两滤光片的位置,使输出光谱曲线发生变化。左移则长波增多,短波减少;反之亦然。如在两滤光片间留一缝,则光谱曲线中间增高。

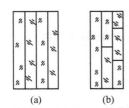

图 4-139 光谱校正滤光片的排列

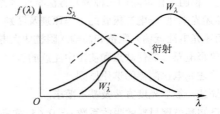

图 4-140 光源、光栅、探测器的光谱组合

(3) 光谱的模板法校正

该方法的基本原理示意图如图 4-142 所示。光束经棱镜分光后,在物镜 1 的焦面上产生光谱带,在该平面上附加模板 M,将模板按需要做成一定形状,使各谱线的通光宽度按校正要求变窄,再经物镜 2 将光会聚后,由光电探测器接收。该方法对光源光谱或探测器光谱都能进行校正。从原理上讲其精度可以很高,但机构将较为复杂。

随着现代光电探测器列阵技术的发展,可以改进上述方法,将探测器列阵直接置于光谱平面上,每元探测器接收不同波长的通量,而各元探测器的灵敏度可用后续电路来控制。例如,某些光度计中,使用 17 个光电二极管的列阵去覆盖 $0.38\sim0.70\mu m$ 的光谱区,光谱间距为 $0.02\mu m$。这一方案的好处是探测器光谱曲线可按需要通过软件来调整,从而实现了多种光谱校正,并能保证适当的精度。

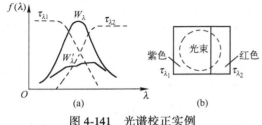

图 4-141 光谱校正实例

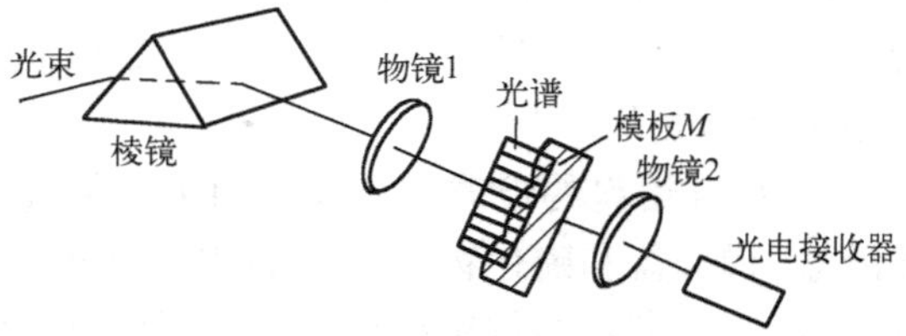

图 4-142 光谱模板校正法基本原理示意图

习题与思考题

4-1 光电探测器与热电探测器在工作原理、性能上有什么区别？

4-2 简述三种主要光电效应的基本工作原理。

4-3 简述光电倍增管在使用中应注意的问题。

4-4 通过公式说明光电倍增管的二次倍增系统在什么条件下可视为"无噪声增益系统"？

4-5 已知光电倍增管工作回路如习题图 4-5 所示，其光阴极 C 的积分灵敏度为 $100\mu A/lm$，直径 $\phi=40mm$，入射光照度为 10^{-3} lx，管内共有 9 个二次极，该管工作电压与增益的关系如图(b)所示，现欲获得输出电压为 0.5V，试设计有关参量(V_G, R_f, R, G)。

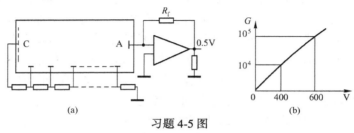

习题 4-5 图

4-6 某探测器面积为 $100\times100\mu m^2$，$D^*=1\times10^{10}$ cm·$Hz^{1/2}$·W^{-1}(500,800,1)，使用时电路带宽为 5kHz，调制频率为 800Hz，当要求信噪比 $S/N=5$ 时，计算可探测直径 $\phi=8mm$、$T=500K$ 黑体的距离。

4-7 光敏电阻工作电路的三种偏置方法有什么特点？

4-8 简述光电池、光电二极管的工作原理及区别。

4-9 简述光电池低输入阻抗和高输入阻抗放大电路的特点和区别，各应用于什么场合？

4-10 热释电器件的优缺点和使用中注意的事项。

4-11 简述光电探测器的选用原则。

4-12 简述一般变光度方法及基本要求。

4-13 已知某玻璃材料的吸收系数 $\alpha=0.65$，欲将输出光减至输入光的 1/10，当玻璃材料的折射率为 1.5 时，求玻璃片厚度（考虑反射损失）。

4-14 12m 长的光轨上采用 10cd 的标准灯，若最近距离为 0.5m，试计算在此光轨上可能产生的最大、最小照度及它们的比值。

4-15 简述虚像法变照度的基本原理。

4-16 在虚像法变照度的装置中，若 $f_2=25f_1$，灯的移动距离为 0.5m，当虚像距接收面为 0.5m 时，试求最大、最小照度的比值。

4-17 在习题 4-17 图所示的光路系统中，灯源的发光强度为 10cd，透镜距灯的距离 $l=0.5m$，透镜口径 $D=30mm$，透射比 $\tau=0.8$，积分球直径 $\phi=0.2m$，内壁反射系数 $\rho=0.97$，求输出口的亮度 L。

4-18 简述漫射光在光电检测中的主要应用。

4-19 简述光谱校正的主要应用、校正方法和技术。

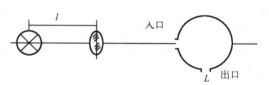

习题 4-17 图

第5章 光学系统及专用光学元件

在光电检测系统中,为使待测光束按设计需要正确到达探测器,必须应用光学系统和一些专用光学元件。本章将介绍光电检测中的光学系统;一些常用物镜的类型及特点;能使探测器获得更多光通量,而经常采用的辅助光学系统;最后将介绍一些专用光学元件,如计量光栅、旋转码盘和角反射器等。

5.1 光电检测中的光学系统

光电检测系统所包括的光谱范围可从紫外到可见、红外的全部光辐射区域。在如此宽的光谱范围中,组成光学系统所采用的光学材料将随工作波段而异。这主要是由材料的光谱透射比特性决定的。例如,应用于可见光到近红外区域中的光学玻璃,对波长为 $2.4\mu m$ 以上的光辐射几乎不透明;而常用于红外系统的光学材料硅和锗等,对可见光也不透明。此外,工作于不同光谱范围中的光学系统,从结构上、镀膜要求上、处理方法上都会有很大的区别。但就其光学系统的成像原理来说,又都符合几何光学的基本规律。本节将概述光电检测系统中光学系统的组成、作用及其特点。

1. 光学系统的组成及功能

光电检测系统中的光学系统,包括观察系统在内,都可以认为是由物镜和其他光学元件组合构成的。适合于不同场合和不同要求的物镜将在下节中介绍;所谓其他光学元件是指目镜、滤光镜、调制盘、光机扫描器、探测器辅助光学系统等系统中所用到的各种光学元件。

光学系统在光电检测中的主要作用可归纳如下:

(1)收集并接收来自检测目标的光辐射通量,供光电探测器进行光电转换。

(2)观察或瞄准目标,为正确对待测目标进行光电检测,需要用人眼协助观察或瞄准目标。

(3)确定目标的方位,利用调制盘将目标的光辐射通过编码形成目标的方位信息。

(4)实现大视场捕获目标与成像,这里主要是指利用光机扫描的方法,扩大探测器的视场,从而实现利用小视场的探测器在大视场中捕获目标;或者实现利用小视场探测器对大视场景物成像。

依具体使用场合不同,光学系统还会有一些其他功能。

2. 望远系统

具有望远功能的两类系统如下。

(1)伽利略望远系统,它是由正透镜构成的物镜和负透镜构成的目镜组成的光学系统。其原理及光路如图 5-1 所示。在该系统中无实像产生,与人眼配合形成放大的虚像,角放大率 $M = \omega_0\omega$,式中 ω_0 和 ω 分别是物镜和目镜的视场角。图 5-2 所示是反射式伽利略望远系统。

(2)开普勒望远系统,它是由焦距较长的正透镜构成物镜、焦距较短的正透镜构成目镜所组成的光学系统。其原理及光路如图 5-3 所示。在物镜和目镜之间形成观察物的倒立实像。与像面重合的视场光阑直径为 d,物镜焦距为 f_1',则半视场角 ω 可由 $d = 2f_1'\tan\omega$ 求出。地面实际使用的望远镜还要增加倒像系统。目前绝大多数望远镜均采用开普勒系统。图 5-4 所示为开普勒型反射式天文望远镜系统。

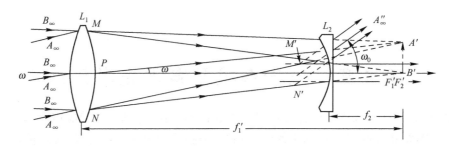

图 5-1　伽利略望远系统

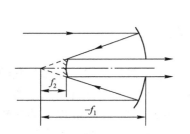

图 5-2　反射式伽利略望远系统

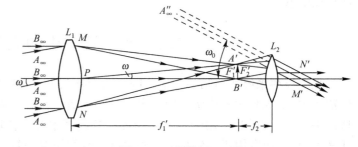

图 5-3　开普勒望远系统

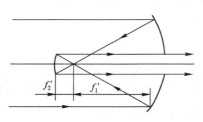

图 5-4　反射式天文望远镜系统

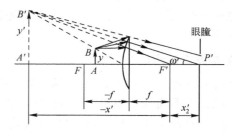

图 5-5　目镜放大率的计算

3. 目镜

目镜是望远镜等光学系统的主要组成部分之一,只起放大的作用。

（1）目镜的放大率 Γ

也就是放大镜的放大率,定义为通过放大镜看物体时,其像对眼睛所张角的正切,与眼睛直接看物体时,在明视距离（250mm）上物体对眼睛所张角的正切之比。图 5-5 所示为物体经放大镜成像的光路图。

由图中可知虚像 y' 对人眼张角 ω' 的正切为 $\tan\omega' = y'/(-x'+x_2')$。在明视距离处,物体 y 对眼睛张角 $\overline{\omega}$ 的正切为 $\tan\overline{\omega} = y/250$,于是

$$\Gamma = \frac{\tan\omega'}{\tan\overline{\omega}} = \frac{250y'}{(-x'+x_2')y}$$

将线放大率 $\beta = y'/y = -x'/f'$ 代入上式

$$\Gamma = \frac{250}{f'} \cdot \frac{x'}{x'-x_2'}$$

由上式可知,放大率不仅与焦距 f' 有关,还与眼瞳距放大镜的距离有关。在望远系统中眼瞳常置于出瞳处,在焦点 f' 之后,所以 $x_2' \ll x'$,上式可近似为

$$\Gamma = 250/f' \tag{5-1}$$

可见放大率与焦距成反比。

（2）惠更斯目镜

它是由两块平凸透镜组成的,其间隔为 d。其原理示意图如图5-6所示。L_1 起到场镜的作用,焦距为 f_1';L_2 是接目镜,焦距为 f_2'。L_1 把物镜所成的像再次成像在两透镜之间,即接目镜的物方焦面上,L_2 再将该像成到无穷远。它的主要光学特性:视场角 $2w' = 30° \sim 40°$,相对镜目距 $p'/f' \geqslant 0.25$,式中 p' 为眼瞳到目镜最后面的距离,f' 为目镜的焦距。

（3）冉斯登目镜

它是由两凸面相对的平凸透镜组成的,如图5-7所示。间隔 d 比惠更斯目镜小,$d < (f_1' + f_2')/2$;主要参量:$2\omega' = 30° \sim 40°$,$p'/f' \geqslant 0.25$。

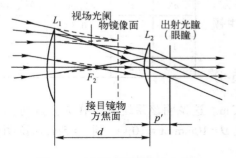
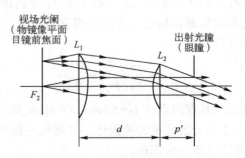

图 5-6　惠更斯目镜原理示意图　　　　图 5-7　冉斯登目镜示意图

（4）凯涅耳目镜

它是将冉斯登目镜中的平凸透镜均改为双胶合透镜,使像质得到改善。主要参量：$2\omega' = 40° \sim 50°$,$p'/f' \geqslant 0.5$。

4. 光电检测系统中光学系统的特点

（1）光电探测器的大小和对应视场的关系

系统半视场角 $\omega = d/2f'$,式中 d 为圆形探测器光敏面的直径;f' 为物镜焦距。设系统物镜口径为 D,则相对孔径为 D/f',F 数为 f'/D。于是有

$$\omega = \frac{d/D}{2f'/D} = \frac{d}{2FD} \tag{5-2}$$

$$F = \frac{d}{2\omega D} \tag{5-3}$$

如用数值孔径 NA 表示为

$$NA = n'\sin u' \approx \frac{n'D}{2f'} = \frac{n'}{2F}$$

$$F = \frac{n'}{2NA} \tag{5-4}$$

式中,u' 为系统的孔径角;n' 为物方空间的折射率。

由以上关系讨论 F 的限制,NA 最大只能取到 1,对应 $F = 1/2$。这时像质很差。通常取 $u' \leqslant 30°$,$NA \leqslant 0.5$,$F \geqslant 1$ 作为 F 数的限制。由此,探测器直径也受到相应的限制:$F \geqslant 1/2$ 时,$d \geqslant \omega D$;$F \geqslant 1$ 时,$d \geqslant 2\omega D$。

（2）光学系统的焦深和景深

以衍射为极限时,光学系统的焦深是成像面相对于理想像面前后移动一个小量 $\Delta L_0'$,像仍比较清晰。也就是说在这段距离内,对应某物点的光束横截面积十分接近,把这段距离叫做焦深 $2\Delta L_0'$,表示为

$$2\Delta L'_0 = \frac{4\lambda}{n'}(F)^2 \tag{5-5}$$

式中,n'为像方折射率;F为光学系统的F数;λ为探测光辐射的波长。

下面以可见光、中红外和远红外三个光谱区中,三种典型波长的焦深为例,说明这一关系。计算结果列于表5-1中。由表中可见,当$\lambda = 0.5\mu m$时,$2\Delta L'_0 = 8\mu m$,说明像面有确定的位置,随着波长增加,$2\Delta L'_0$按正比增加;当$\lambda = 10\mu m$时,$2\Delta L'_0 = 160\mu m$,这时很难断定像面的确切位置。这是红外系统的特点之一。

与焦深相对应的物空间中,物移动某一距离x,只要其像面移动不超过$\Delta L'_0$,那么仍可得到清晰的像。所以,对应焦深在物空间中的范围就是景深。利用牛顿公式可以计算出

表 5-1 不同波长时焦深的计算结果

n'	F	$\lambda(\mu m)$	$2\Delta L'_0(\mu m)$
1	2	0.5	8
1	2	4	64
1	2	10	160

$$x = \frac{n'f'^2}{2\lambda(F)^2} = \frac{n'D^2}{2\lambda} \tag{5-6}$$

例如,某探测系统$D = 50mm$,$\lambda = 4\mu m$,则$x = 313m$。这说明该系统调整在无穷远时,只要物距大于313m,则系统无须调焦。又如另一探测系统$D = 10mm$,$\lambda = 10\mu m$,则$x = 5m$,这说明从5m到无穷远只需一次调焦。

（3）最小弥散斑及其角直径

光学系统中影响成像质量的主要因素是像差和衍射。系统的像差按照不同的设计有很大的差别。而衍射作用的大小可用计算艾里斑的方法来估计。当斑内占总衍射能量的84%时,所对应的角直径分别为

$$\delta_\theta = 2.44\frac{\lambda}{D} \tag{5-7}$$

$$\delta_t = 2.44\lambda F = f'\delta_\theta \tag{5-8}$$

可见艾里斑的大小与波长成正比。因此,通常认为用于可见光和近红外的光学系统,因波长较短,影响像质的主要是各种像差,而不是衍射。用于中、远红外的光学系统,因波长较长,影响像质的主要因素是衍射,而像差反成了次要的因素。在考虑探测器大小时,应考虑到弥散斑的大小,对红外系统主要考虑衍射斑。

在光电检测系统中,F数与探测器直径d的选择,应考虑到能量、衍射、像差和信噪比等因素。

5.2 常用物镜简介

光电检测系统种类繁多,使用场合各异,所用物镜类型较多,本节只做一概括介绍。

1. 折射式物镜

可见及近红外区域中常用折射式物镜。随着红外材料的不断开拓,长期使用反射式物镜的红外系统,也开始采用折射式物镜。

（1）单片折射式物镜

它结构简单,可用于像质要求较低的检测系统中。如简单的红外辐射计等。通过像差计算,可有以下结论:

① 透镜形状要按所用材料的折射率和工作波长来确定。当它满足最小球差条件时,其球差与慧差均比双凸或平凸的透镜小。对锗和硅材料,用于红外时,应是弯月形。

② 视场增大，像散增大。因此，单片物镜用于大视场时，像质将很差。

③ 当工作在光谱范围较宽时，如某个大气窗口中，其色差将相当严重。

④ 光敏面较小的检测系统，对应视场又很小，可采用单片透镜。单片折射物镜的优点是结构简单、体积小、重量轻等。

图 5-8 所示为美国探测金星的水手Ⅱ号宇宙飞船上，所用红外辐射计的光学系统。它由锗物镜和锗超半球浸没透镜组成，并组合消像差。主要参量为：$D = 32$mm，$f' = 9.55$mm，视场 $0.9° \times 0.9°$，探测器尺寸 0.15×0.15mm^2，浸没透镜缩小比是 $1/15$，弥散斑直径约为 0.01mm。

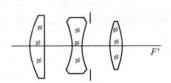

图 5-8 红外辐射计的光学系统

（2）多片式折射物镜（组合透镜）

图 5-9 所示为由三片薄透镜组成的消球差物镜。第一片为平凸镜，目的是使其球差最小。

图 5-10 所示为双分离消色差物镜，它用于中红外 $3 \sim 3.5$ 波段，氟化镁镜片折射率较低，无须镀增透膜；而硫化锌镜片折射率高，应对以 4μm 为中心的波段镀增透膜。典型参数为：$f' = 100$mm，$F = 4$，4.1μm 处的透射比 $\tau = 90\%$，到 1μm 和 7.8μm 处透射比下降为 30%。

图 5-11 所示为具有较大视场和相对孔径的柯克物镜，$D/f = 1:4.5$，$2\omega = 50°$。该物镜可变参量有 6 个面和两个间隔，在满足焦距要求后，还有 7 个变量，正好用以校正 7 种初级像差。

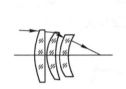 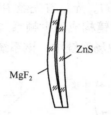

图 5-9　三片式消球差物镜　　　图 5-10　双分离消色差物镜　　　图 5-11　三片式柯克物镜

还有一些其他型式的多片物镜，如用于大视场大相对径（1:2）的 6 片大物镜等。片数越多，反射、散射和吸收等损失也将增大。

2. 反射式物镜

反射式物镜的优点是不受使用波段的限制，口径大，光能损失小，以及不产生色差等。它的缺点是视场小、体积大、费用较高等。

（1）单反射物镜

图 5-12 所示为球面反射镜，像质接近单透镜。但无色差，价格便宜。小孔径使用时，像质较好。但随着视场增大，F 数减小，则像质很快变坏。有时可在系统的球心处加一补偿透镜，以消除球差改善像质。

图 5-13 所示为抛物面反射镜，是由抛物线 $x = y^2/2r_0$ 回转而成的，r_0 为抛切线顶点的曲率半径。抛物面反射镜对无限远处轴上物点成像时无像差，只有衍射影响像质。因此它是用于小视场的优良物镜。物镜焦距 $f' = r_0/2$。使用中的两种结构形式如图 5-14 所示。其中，图（a）为同轴式工作，将要挡去一部分有效光束；图（b）为离轴式工作，光路安排方式较好，但装调较困难。

二次曲面中的双曲面和椭球面均有共轭点 P 与 P' 存在，如图 5-15 所示。在 P 与 P' 间成像无像差存在。但作为光学系统则彗差大，像质不好，很少单独使用。有时利用共轭点的关系，设计成专用光学系统，如利用椭球而构成的小光点光学系统等。

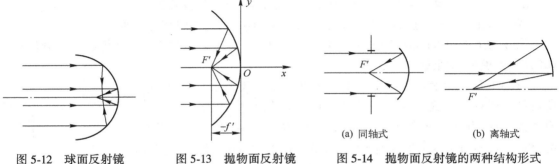

图 5-12　球面反射镜　　　图 5-13　抛物面反射镜　　　图 5-14　抛物面反射镜的两种结构形式

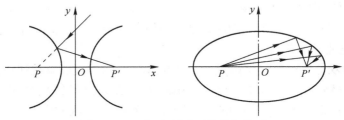

图 5-15　双曲面、椭球面的共轭关系

（2）双反射物镜

双反射物镜是由主镜和次镜组成的。光束首先经主镜反射到次镜，再由次镜反射输出。

图 5-16 是由抛物面主镜和平面次镜构成的牛顿系统，图（b）为牛顿补充型系统。它们的像质与单抛物面反射镜相当，适用于小视场系统中。该系统镜筒较长，重量也随之加大。

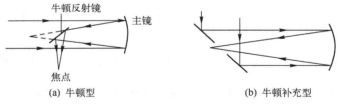

图 5-16　牛顿系统

图 5-17 所示为卡塞格伦系统，主镜为抛物面，次镜为凸双曲面，将双曲面的一个焦点 P 与抛物面的焦点 F 重合，则系统焦点将在双曲面的另一个焦点 P' 处，焦距 f 为正，成倒立实像。它比牛顿系统的轴外像差小。优点是像质好、镜筒短、焦距长、在焦点处便于放置探测器。

一些卡塞格伦的变型系统也常应用。如用球面作为次镜的道尔-克哈姆型，性能相近，但制造容易。又如两反射镜都用一般非球面而形成的里奇-克瑞钦型，既无球差也无彗差。

图 5-18 所示为格雷果里系统，主镜为抛物面，次镜为凹椭球面，两镜面焦点重合放置，则系统焦点在椭球的另一焦点处。该系统无球差、成正像。缺点是长度较长。

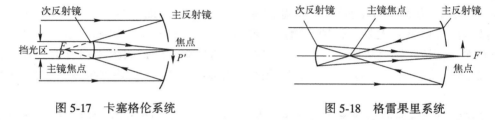

图 5-17　卡塞格伦系统　　　　　　图 5-18　格雷果里系统

双反射镜系统的主要问题是中间有挡光区；随着视场和相对孔径加大，像质迅速变差。所以它们更适用于小视场的情况。

为克服视场小和中间挡光的缺点,也可使用如图 5-19 所示的四反射镜系统。

图 5-20 所示为一种有效的三反射镜系统,主镜是 F 数为 1 的抛物面镜;次镜为椭球面;而第三个反射镜为球面镜,它加工在主镜的中央部分。该系统可获平场的像面。

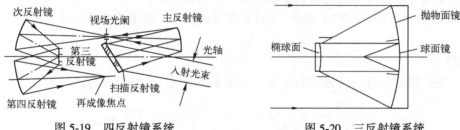

图 5-19　四反射镜系统　　　　　　　　图 5-20　三反射镜系统

3. 折反式物镜

它采用球面(也可以是非球面)反射镜同适当的补偿透镜组合,后者的作用是校正球面反射镜的某些像差,但它自身将带来色差,因此要求补偿镜在工作波段中消色差,或者做得很薄使色差较小。

（1）施密特系统

其主镜是球面反射镜,单独成像时可无彗差和像散,只产生球差和场曲,为校正球差在反射镜曲率中心处,放置一块特制的非球面补偿透镜,即施密特校正板,如图 5-21 所示。为同时消色差可用两块校正板。这类系统 $2\omega \approx 25°$,$F = 1 \sim 2$。系统的缺点是镜筒长;校正板比抛物面加工容易些,但仍比较困难。此外,随视场增大像散增大,加上场曲等原因限制了这种系统的应用范围。

（2）曼金折反系统

图 5-22 所示为曼金折反系统,由两球面构成背面反射和前面折射。它适用于大口径的折反系统中充当主镜。也可在双反射镜系统中充当次镜。如图 5-23 所示,主反射镜为球面,曼金次镜消色差。

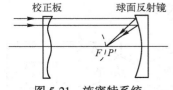
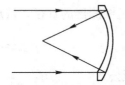
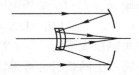

图 5-21　施密特系统　　　图 5-22　曼金折反系统　　　图 5-23　曼金次镜消色差

（3）包沃斯-马克苏托夫系统

这是由包沃斯和马克苏托夫各自独立提出,用球面反射镜和厚弯月型负透镜组成的系统。如图 5-24 所示,厚弯月型负透镜消色差。该系统的特点是各球面同心,光阑置于公共球心处,这样无彗差和像散存在。其像面也是与各球面共心的曲面。弯月透镜可在球心前或球心后,其作用一样,在球心前称心前系统,反之称心后系统。

为校正剩余球差可在曲率中心放置旅密特校正板,构成校正共心包沃斯-施密持系统。为减小色差可把弯月透镜做成消色差复合透镜,但破坏了同心原理,增加了彗差和像散。

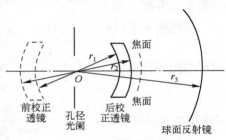

图 5-24　包沃斯-马克苏托夫系统

5.3 探测器辅助光学系统

为提高光电探测器光能的利用率和合理地安排光路系统,有时在光电探测系统中附加一些具有集能作用的光学元件。例如,场镜、光锥和浸没透镜等。本节将介绍这些元件的工作原理和使用方法。

1. 场镜

工作在物镜像面附近的透镜称为场镜。如图 5-25 所示,可以看出场镜的主要作用是:

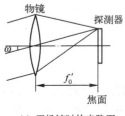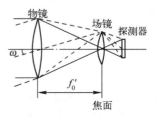

(a) 无场镜时的光路图   (b) 有场镜时的光路图

图 5-25　场镜的作用

(1) 场镜的应用可提高边缘光束入射到探测器的能力。

(2) 在相同的大光学系统中,附加场镜将减小探测器的面积。如果使用同样探测器的面积,可扩大视场、增加入射的总通量。

(3) 场镜放置在像面附近,可让出像面位置放置调制盘,以解决无处放置调制盘的问题。

(4) 场镜的使用也使探测器光敏面上非均匀光照得以均匀化。

(5) 当使用平像场镜时,可获得平场像面。

加入场镜后光学系统参量可按薄透镜理想公式计算。图 5-25(b) 中将场镜放在物镜的焦平面上,这是常用的一种形式。在需放置调制盘的系统中,则将场镜后移一段距离。而把探测器放在物镜口径经场镜所成像的位置上,如图 5-26 所示。图中参量含义如下:L_f 是场镜距物镜焦面的距离;D_0 是物镜的口径;f_0' 是物镜焦距;$F_0 = f_0'/D_0$ 是物镜的 F 数;D_1 是场镜的口径;f_1' 是场镜的焦距;$F_1 = f_1'/D_1$ 是场镜的 F 数;d 是探测器的直径。按成像公式有

$$1/L' - 1/L = 1/f_1'$$

垂轴放大率为　　　$d/D_0 = -L'/L$

将以上两式组合可得场镜的焦距公式

$$f_1' = \frac{dL}{D_0 + d} = \frac{(f_0' + L_f)d}{D_0 + d} \tag{5-9}$$

在已知 d 和 L' 时,可计算 f_1';在已知 f_1' 时,可通过关系式安排 d 和 L'。

设视场光阑口径为 D_v,有

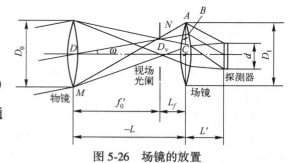

图 5-26　场镜的放置

$$D_v = 2f_0' \tan\omega$$

则可导出场镜口径　　　$D_1 = 2(AC) = 2(AB + BC)$

$$BC = (-L)\tan\omega = (f_0' + L_f)\tan\omega$$

$\triangle ANB \backsim \triangle MND$,则有　　　$\dfrac{D_0/2}{f_0'/\cos\omega} = \dfrac{AB}{L_f/\cos\omega}$,$AB = \dfrac{D_0 L_f}{2f_0'}$,$D_1 = 2(f_0' + L_f)\tan\omega + \dfrac{D_0 L_f}{f_0'}$ (5-10)

有时为计算方便而忽略第二项,使 $D_1 = 2BC$,则

$$D_1 = 2(f_0' + L_f)\tan\omega = D_v \tag{5-11}$$

按式(5-11)计算 D_1 略小,为确保光束入射探测器,可使结果按增大取整。

当系统不用调制盘时,场镜置于物镜焦面上,这时 $L_f=0$,$-L=f_0'$,则有

$$D_1=D_v=2f_0\tan\omega \tag{5-12}$$

$$f_1'=\frac{f_0'd}{D_0+d} \tag{5-13}$$

$$d=\frac{D_0f_1'}{f_0'-f_1'} \tag{5-14}$$

使用场镜后,探测器直径由 D_1 变为 d。

$$\frac{D_1}{d}=\frac{D_1(f_0'-f_1')}{D_0f_1'}$$

一般取 $f_0'\gg f_1'$,则有

$$\frac{D_1}{d}\approx\frac{f_0'/D_0}{f_1'/D_1}=\frac{F_0}{F_1}$$

$$d\approx D_1F_1/F_0 \tag{5-15}$$

由此可见,探测器与场镜直径之比等于场镜与物镜的 F 数之比。如果 $F_1=F_0$,则 $d=D_1=2f_0'\tan\omega$,这时场镜没有集光作用。实际上场镜适用于 $F_0>F_1$ 或 $F_0\gg F_1$ 的场合。

下面引入光学增益 G 的概念,它定义为:有、无某光学系统时,探测器接收到的光辐射通量之比。有、无物镜时的光学增益为

$$G_0=\tau_0\frac{A_0}{A_d} \tag{5-16}$$

式中,A_0 为物镜入瞳的面积;A_d 为探测器的面积;τ_0 为物镜的透射比。

有、无物镜和场镜时的光学增益为

$$G_1=\tau_0\tau_1\frac{A_0}{A_d}$$

式中,τ_1 为场镜的透射比。

有或无场镜时的光学增益的变化,用光学增益倍数 m 表示,注意这时式(5-16)中的 A_d 应用场镜的面积 A_1 代替

$$m=\frac{G_1}{G_0}=\tau_1\frac{\pi\left(\dfrac{D_1}{2}\right)^2}{\pi\left(\dfrac{d}{2}\right)^2}$$

将式(5-15)代入上式得,

$$m\approx\tau_1\cdot\frac{F_0^2}{F_1^2} \tag{5-17}$$

由于 τ_1 的存在,m 略小于两 F 数的平方比。

光学系统中加入场镜后,使整个系统的光学参量发生了变化,可用有效参量来表示。如有效焦距 f_e' 定义为 $f_e'=d/2\omega$。原物镜焦距 f_0' 与视场光阑 D_v 间的关系为

$$f_0'=D_v/2\tan\omega\approx D_v/2\omega$$

使用场镜时,因 $d<D_v$,则 $f_e'<f_0'$。即有效焦距比原焦距短。对应的有效 F 数 $F_e=f_e'/D_0$,显然有 $F_e<F_0$,即有效相对孔径大于原物镜的相对孔径,提高了探测器的照度。

2. 光锥

光锥是一种圆锥体状的聚光镜。可制成空心和实心两种类型。使用时将大端放在主光学系统的焦面附近收集光束,并利用圆锥形内壁的高反射比特性,将光束引到小端输出。将探测器置于小端,接收集中后的光束。它是一种非成像的聚光元件,与场镜类似可起到增加光照度或减小探测器面积的作用。

（1）光束在光锥内的传播

下面以图 5-27 所示的实心光锥为例，说明其传播特性。光轴 $x-x$ 与光锥重合，光锥顶角为 2α，光线进入光锥前与光轴夹角为 u，即入射角。经折射后光线与光轴的夹角，即折射角为 u'。光线第一次与圆锥壁相遇在 B 点，入射角为 i_1，反射后光线与光轴的夹角为 u'_1。光线第二次与圆锥壁相遇于 G 点，对应角为 i_2，u'_2。以后多次反射对应的角分别为：i_3，u'_3，i_4，u'_4，…等。由 ΔBEF 中可知

$$(90°-\alpha)+(90°-i_1)+(90°-u')=180°$$

所以

$$i_1=90°-u'-\alpha$$

按外角等于二内对角之和的关系，则有

$$u'_1=90°-i_1+\alpha=u'+2\alpha$$

依次有

$$i_2=90°-u'-3\alpha$$

$$u'_2=u'+4\alpha$$

经 m 次反射的通式为

$$\left.\begin{array}{l}i_m=90°-u'-(2m-1)\alpha\\u'_m=u'+2m\alpha\end{array}\right\} \qquad (5\text{-}18)$$

对空心光锥 $u'=u$，经 m 次反射的通式为

$$\left.\begin{array}{l}i_m=90°-u-(2m-1)\alpha\\u'_m=u+2m\alpha\end{array}\right\} \qquad (5\text{-}19)$$

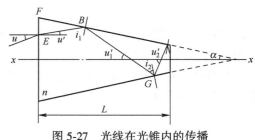

图 5-27　光线在光锥内的传播

由上述公式可知，入射角 i 随反射次数的增加而迅速减小。当 $i_m\leq0$ 之后，光线不再向小端传播，而返回大端。可见在其他条件不变时，i_1 角越大，允许向小端前进的反射次数越多。而 i_1 越小则返回越快。一个具体的光锥能否使光线由大端传到小端有一临界角 i_{1c} 存在，与此相应也有临界入射角 u_c 存在。它们与光锥的顶角 2α、光锥长度 L，以及实心光镀的材料折射率 n 有关。u_c 与 i_{1c} 的关系为

$$u_c=90°-i_{ic}-\alpha \qquad （空心光锥）\qquad (5\text{-}20)$$

$$u_c=\arcsin\left[n\sin(90°-i_{1c}-\alpha)\right] \qquad （实心光锥）\qquad (5\text{-}21)$$

从物理意义上说，u_c 也限制了系统的视场角 2ω，$u>u_c$ 的光束将传不到小端。

（2）空心光锥参量的确定

光锥的主要参量有：顶角 α、光锥长度 L、大端半径 R 和小端半径 r 等。图 5-28 所示为光锥的展开图。下面讨论子午面内光线传递的情况。A 光线以 u_0 角入射光锥，在光锥内壁上经点 P、Q 和 G 三次反射后从小端输出。作光锥子午面的展开图，其中 Q'、G' 和 B' 点与光锥中 Q、G 和 B 点相对应。同时以光锥的顶点 E 为圆心，以顶点到小端的距离 EF 为半径作一圆弧。光线 AB' 进入该圆弧内，说明它可从小端输出。可见凡能进入该圆弧的光线，均能由小端输出。其极限情况是，光线与圆弧相切，如光线 AM'。当光线与圆弧不相交时，从大端进入光线，不能由小端输出，只能返回大端，如光线 $A'D'$。虽然 $A'D'$ 光线也以 u_0 角进入光锥，结果却与其平行的 AB' 光线相反，说明能否从小端输出还与光线入射的位置有关。

如图 5-29 所示为设计实用光锥的作图法。将空心光锥的大端放置在系统物镜的焦平面处，作为视场光阑，小端处放置探测器。

光锥的具体设计步骤如下：

① 按系统所要求，视场 ω 的边缘光线 AO 与视场光阑交于 B，并将该光线延长。

② 以距焦面 a 处光轴上的 E 点为圆心，作 AB 光线延长线的切圆并切于 D 点。该圆周与光轴的交点 F' 就是光锥小端的中心。

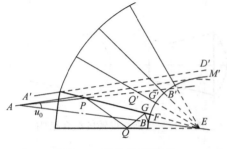

图 5-28　光锥的展开图

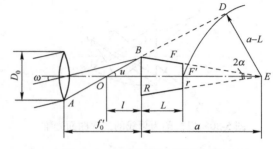

图 5-29　利用作图法设计光锥

③ 连接 BE，过 F' 作 OE 的垂线交 BE 于 F 点，则 BF 为光锥斜面，并可找到小端半径 r。$\angle BEO = \alpha$ 为半顶角，光锥长 $L = BF\cos\alpha$。其他参量均可按图确定。如不满意可另选 E 点，重新设计参量。

有关参量的计算公式为

$$\left.\begin{array}{l} DE = a - L = (a + l)\sin a \\[2mm] \dfrac{r}{R} = \dfrac{a-L}{a}（压缩比） \\[2mm] R = l\tan u \end{array}\right\} \tag{5-22}$$

（3）实心圆锥体光锥

其讨论、展开图和设计均与空心光锥类似，只是增加了入射和出射时的两次折射。当入射角不大时，结合式（5-20）和式（5-21）有

$$u_c = n(90° - i_{1c} - a) = nu'_c \qquad（实心光锥）\tag{5-23}$$

$$u_c = 90° - i_{1c} - a = u'_c \qquad（空心光核）\tag{5-24}$$

可见在完全相同的条件下，实心光锥的临界角要比空心光锥大 n（材料折射率）倍。相当于视场增大了 n 倍。

在使用实心光锥时，还应注意：

① 光锥材料的选择，注意使用波段及透射比是否满足要求。光锥不应太长。

② 为减小反射时的透射损失，光锥外要镀高反射层，并减少反射次数。可利用全反射。但只能在前几次反射中实现。

③ 光锥材料折射率与元件折射率的匹配，两者间光胶连接，不应发生全反射。

（4）二次曲面光锥

在空心光锥中，为减少光锥内壁上的反射次数，减少能量损失，可采用二次曲线为母线的光锥。母线可以是圆、椭圆、抛物线或双曲线等。图 5-30 所示为以椭圆为母线的二次曲面光锥。P_1P_2 为光学系统的出瞳。A_1B_1 曲线是以 P_2,B_2 为两焦点的一部分椭圆；同样 A_2B_2 曲线是以 P_1,B_1 为两焦点椭圆的一部分。由 P_2 点发出并入射到 A_1B_1 曲线上的光束，经反射均会集到 B_2 点，并由小端输出。由 P_1 点发出的光束与此类似。可见这种光锥的聚光性能比直线光锥要好。缺点是加工比较困难。此外，还有以方孔或长方孔为端孔的四棱形光锥等多种光锥型式。

在使用时，采用光锥还是场镜来聚光，主要由主光学系统的 F 数决定。当 $F>2$ 时，采用场镜较合适；而当 $F \leq 1$ 时，用光锥适合。当 F 数在 $1\sim2$ 时，可用带场镜的光锥。

图 5-31 所示为两种场镜与光锥的组合结构。图（a）为场镜与空心光锥的组合，图（b）为场镜与实心光锥的组合。

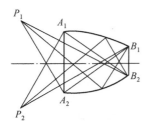

图 5-30　以椭圆为母线的二次曲面光锥

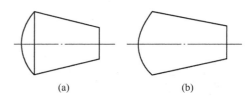

(a)　　　　　(b)

图 5-31　光锥与场镜的组合结构

3. 浸没透镜

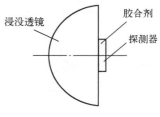

图 5-32　浸没透镜

浸没透镜也是一种二次聚光元件。它是由球面和平面组成的球冠体,如图 5-32 所示。探测器与浸没透镜平面间或胶合或光胶,使像面浸没在折射率较高的介质中。它的主要作用是显著地缩小探测器的光敏面积,提高信噪比。浸没透镜的设计和使用,按物像共轭关系处理。

(1) 浸没透镜的物像关系相等的条件

如图 5-33 所示,当像面未离开浸没透镜而在镜内时,可把浸没透镜看成是单球面折射成像的。图中有关参量:n 是浸没透镜前介质的折射率;n' 是浸没透镜材料的折射率;r 是球面半径;C 是球心;b 是透镜的厚度;O 是顶点。光线 AP 在无透镜时,本应与光轴相交于 B 点,现因透镜作用交于 B' 点。$OB=L$,$OB'=L'$。按折射球面的物(B)像(B')关系有

$$\frac{n'}{L'} - \frac{n}{L} = \frac{n'-n}{r} \tag{5-25}$$

设物高为 y,像高为 y',则垂轴放大率为

$$\beta = \frac{y'}{y} = \frac{nL'}{n'L} \tag{5-26}$$

如果浸没透镜置于空气中,$n=1$,成像面与光敏面重合,$L'=b$,则有

$$\beta = \frac{L'}{n'} \frac{n}{L} = 1 - \frac{n'-1}{n'} \frac{b}{r} \tag{5-27}$$

$$b = (1-\beta) \frac{rn'}{n'-1} \tag{5-28}$$

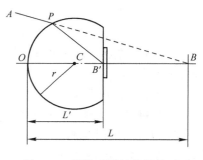

图 5-33　浸没透镜的物像关系

常把 β 的倒数 B 叫做浸没透镜的浸没倍率。

$$B = \frac{1}{\beta} = \frac{y}{y'} = \frac{n'r}{n'(r-b)+b} \tag{5-29}$$

单折射球面有像差存在,但在等明点或不晕点处的球差和彗差等于零。存在着三个等明点的物像共轭关系。它们是:

① $L=L'=0$,物、像点重合在折射球面上,这没有实用意义。

② $L=r=L'=b$,物、像点均在折射球面的曲率中心上。

③ 物距和像距分别为:$L=r(n'+n)/n$,$L'=r(n'+n)/n'$

图 5-34 所示为像差随 L/r 变化的曲线关系,图中的标号(1)、(2)和(3)分别对应上述三种情况。

后两个等明情况可用做设计浸没透镜的条件。这时不但能对宽光束完善成像,还对垂轴小平面物体完善成像,这种透镜叫做等明透镜。

(2) 半球浸没透镜和超半球浸没透镜

符合上述等明条件②时,$L=r=b$ 的透镜叫做半球浸没透镜,无球差和彗差。系统如图 5-35 所

示。当平行于光轴光束经物镜会聚到光轴上时，无论有、无浸没透镜都交汇于光轴的同一点上。对倾角为 ω 的平行光束则不同，无浸没透镜时光束会聚在高度为 y' 的像面上。而有浸没透镜时，光束会聚点在同一像面上，下降到 y'/n' 处。这时 $b=r,\beta=1/n'$。该结果说明：半球浸没透镜的作用使像高缩小 $1/n'$ 倍；像面面积缩小 $(1/n')^2$ 倍。在视场角 2ω 未变的情况下，探测器面积也缩小 $(1/n')^2$ 倍。与之对应，光敏面照度增大了 $(n')^2$ 倍。信噪比增加了 n' 倍。例如在红外系统中用锗制成的半球浸没透镜，其折射率 $n=4$，则光敏面照度可增大 16 倍。

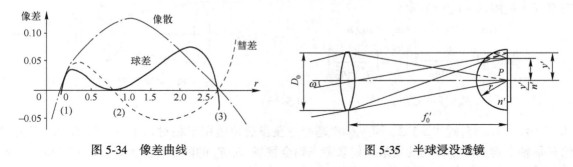

图 5-34　像差曲线　　　　　　　　　　图 5-35　半球浸没透镜

为进一步扩大入射光束的孔径角，可采用 $b>r$ 的超半球浸没透镜，按等明条件（3），在 $b=L'$ 时得到满足。这时不仅不存在球差和慧差，也不存在像散。这种透镜叫做标准超半球浸没透镜。其他超半球浸没透镜均不满足等明条件。图 5-36 所示为计算标准超半球浸没透镜的光路及相关参量。这时 $L\neq L'$，$n=1$，则有

$$b=L'=\frac{n'+1}{n'}\cdot r \tag{5-30}$$

$$\beta=\frac{n'^2-(n'^2-1)}{n'^2}=\frac{1}{n'^2} \tag{5-31}$$

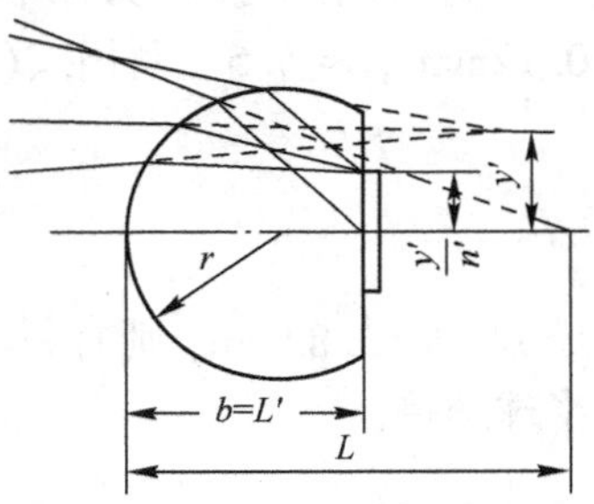

图 5-36　超半球浸没透镜

这说明采用标准超半球透镜时，像高缩小 $(1/n')^2$ 倍，照度增加 $(n')^4$ 倍。比半球浸没透镜的作用要显著得多。标准超半球浸没透镜已单独消像差，可与消像差的主光学系统组合。也可使用有像差的一般超半球浸没透镜，并与主光学系统一起消像差。一般超半球浸没透镜的性能及作用界于半球与标准超半球浸没透镜性能之间。

应当注意上述讨论均未考虑透镜表面反射和材料吸收的损失。

（3）全反射导致浸没透镜的限制

对浸没透镜的集光作用有着一定的限制，它是由浸没透镜和探测器间的中间胶介质与浸没透镜形成界面的性质决定。如采用锗浸没透镜 $n'=4$，中间硒胶的折射率 $n_0=2.45$。因 $n_0<n'$ 在该界面上可能发光束的全反射，其临界角 $i_c=37.8°$。大于 i_c 入射界面的光束将发生全反射，而不为探测器接收。这一限制也可当做一个背景光阑而加以利用。

① 半球浸没透镜的限制

设主光学系统的口径和焦距分别为 D_0 和 f_0'，对无限远轴上的点入射光在像方的孔径角为 u，如图 5-37 所示。

$$\tan u=\frac{D_0/2}{f_0'}=\frac{1}{2F_0} \tag{5-32}$$

令 $u=i_c$

$$\tan i_c=\left(\frac{n_0^2}{n'^2-n_0^2}\right)^{1/2} \tag{5-33}$$

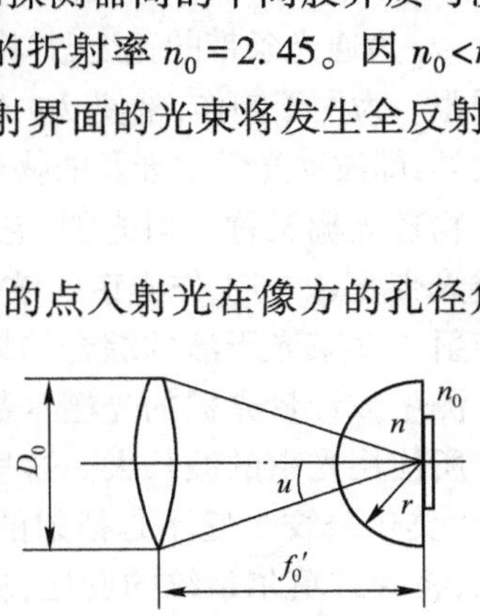

图 5-37　半球浸没透镜的限制

将式（5-32）与式（5-33）联立可得临界条件

$$F_0 = \frac{1}{2\tan u} = \frac{1}{2\tan i_c} = \frac{1}{2n_0}(n'^2 - n_0^2)^{1/2} \qquad (5\text{-}34)$$

当 $n' = 4, n_0 = 2.45$ 时，$F_0 = 0.6453$。实际限制了入射的孔径。

② 标准超半球浸没透镜的限制

如图 5-38 所示，孔径角由 u_0 经浸没透镜转变为 u，两者间的关系为

$$n\sin u_0 = \beta n'\sin u \qquad (5\text{-}35)$$

在空气中使用，$n = 1, \beta = 1/n'^2$

$$\sin u_0 = 1/n', \qquad \sin i_c = n_0/n'^2$$

$$\tan u_0 = \left(\frac{1}{1-\sin u_0^2} - 1\right)^{1/2} = \left(\frac{n_0^2}{n'^4 - n_0^2}\right)^{1/2}$$

$$F_0 > \frac{1}{2n_0}(n'^4 - n_0^2)^{1/2} \qquad (5\text{-}36)$$

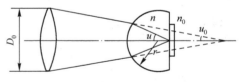

图 5-38　超半球浸没透镜的限制

如 $n' = 4, n_0 = 2.45$，则 $F_0 > 3.2$。可见标准超半球浸没透镜适用于相对孔径较小的场合。以上讨论只是轴上物点即零视场的结果。如果考虑到全视场，对 F_0 的限制将更大。因此超半球不一定比半球浸没透镜效果好，依具体情况而定。

例如，用于接收火车轴温红外探测器的锗浸没透镜，要求 $L = 8\text{mm}$，光敏面积为 $0.12 \times 0.12\text{mm}^2$，$B = 5.5$。利用式（5-27）和式（5-29）有

$$B = \frac{1}{\beta} = \frac{n'L}{nL'}$$

$$L' = 5.82\text{mm}$$

令 $L' = b = 5.82\text{mm}$，则有 $r = 5.34\text{mm}$。结果是一个半径为 5.34mm、厚度为 5.82mm 的非标准超半球透镜。

5.4　光电检测中的计量部件

在光电检测技术中，为把移动或转动的模拟量转换为数字量，常采用计量光栅和旋转码盘等光学部件。

5.4.1　计量光栅

光栅是由若干透光与不透光相间的栅状条带构成的器件，如图 5-39 所示。d_1 为不通光条带的宽度，d_2 为通光条带的宽度，并将 $d_1 + d_2 = d$ 叫做光栅常数、光栅节距或光栅栅距。为便于制作，常使 $d_1 + d_2 = d/2$。按其工作原理不同，光栅可分为两大类，即波动光学中涉及的物理光栅和本节将要讨论的计量光栅。

物理光栅又称衍射光栅，它的光栅常数约为 $0.002 \sim 0.0005\text{mm}$，其中透光带宽 d_2 与工作光束的波长接近，从而使光束通过光栅后，产生单缝衍射与多束光干涉的综合结果。它们常用在物理光学仪器中。

测量或计量光栅的光栅常数约为 $0.01 \sim 0.05\text{mm}$，其中透光带宽 d_2

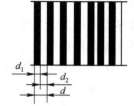

图 5-39　计量光栅

远比所使用光束的波长大。这里不存在明显的衍射现象。当两计量光栅靠近时，将产生明暗相间的"莫尔条纹"，它不是衍射的结果，而是光直线传播原理的结果。利用靠近的两光栅的相对运动，将导致莫尔条纹的变化，从而对许多物理量，如长度、角度、速度、加速度、震动、应力和应变等量进行精密测量。计量光栅可分为长光栅和圆光栅。

1. 长光栅的莫尔条纹

用两块光栅面对面地靠近,中间只留很小的间隙,并使两光栅的栅线间保持很小的夹角 θ,如图 5-40 所示。在 a-a 线上,两光栅的栅线即不透光的线相交。光线可从缝隙中通过,形成四棱形的亮区;而在 b-b 线上,两光栅的栅线彼此错开,形成栅线交叉的暗带。从总体上看形成了明暗的莫尔条纹。实用中用一长一短两光栅构成计量部件。其中短光栅固定,栅线与 y 轴成 θ 角,叫做指示光栅或固定光栅。而长光栅栅线与 y 轴平行,工作时垂直 y 轴移动,叫做移动光栅或主光栅。将邻近两亮带或暗带间的距离叫做莫尔条纹的宽度或间距。

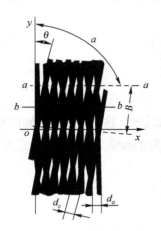

图 5-40　长光栅莫尔条纹

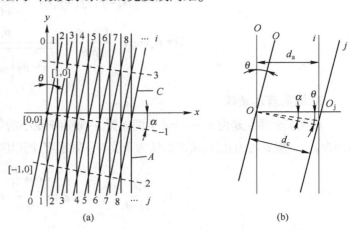

图 5-41　简化长光栅的莫尔条纹

2. 长光栅莫尔条纹方程

图 5-41 是简化长光栅的莫尔条纹。将栅线用细黑线表示。取主光栅 A 的 0 号栅线为 y 轴,取 x 轴与主光栅各栅线垂直。使指示光栅的 0 号栅线与主光栅 0 号栅线交于坐标原点 $[0,0]$,两光栅栅线间夹角为 θ。主光栅线序号用 i 表示,指示光栅的栅线序号用 j 表示。栅线间交点用 $[i,j]$ 表示。主光栅栅距为 d_a,指示光栅栅距为 d_c。主光栅的栅线方程为

$$x = id_a \tag{5-37}$$

指示光栅的栅线斜率为 $\tan(90°-\theta) = \operatorname{ctan}\theta$。任一栅线 j 与 x 轴的交点 O_j 的坐标为 $(x_i, y_j) = \left(\dfrac{jd_c}{\cos\theta}, 0\right)$。而指示光栅的栅线方程为

$$y = (x - x_j)\cot\theta = \left(x - \frac{jd_c}{\cos\theta}\right)\cot\theta = x\cot\theta - \frac{jd_c}{\sin\theta} \tag{5-38}$$

两光栅栅线交点 $[i,j]$ 的坐标为

$$x_{i,j} = id_a \tag{5-39}$$

$$y_{i,j} = x_{i,j}\cot\theta - \frac{jd_c}{\sin\theta} = id_a\cot\theta - \frac{jd_c}{\sin\theta} \tag{5-40}$$

莫尔条纹 1 的斜率为

$$\tan\alpha = \frac{y_{i,j} - y_{0,0}}{x_{i,j} - x_{0,0}} = \frac{id_a\cos\theta - jd_c}{id_a\sin\theta} \tag{5-41}$$

注意这时 $i=j$,所以有

$$\tan\alpha = \frac{d_a\cos\theta - d_c}{d_a\sin\theta} \tag{5-42}$$

式中,α 为莫尔条纹 1 与 x 轴的夹角。

由此可知,条纹 1 的方程为

$$y_1 = x\tan a = \frac{d_a\cos\theta - d_c}{d_a\sin\theta}x \tag{5-43}$$

条纹 2 和 3 的方程分别为

$$y_2 = \frac{d_a\cos\theta - d_c}{d_a\sin\theta}x - \frac{d_c}{\sin\theta}, \quad y_3 = \frac{d_a\cos\theta - d_c}{d_a\sin\theta}x + \frac{d_c}{\sin\theta} \tag{5-44}$$

莫尔条纹的间距可用相邻两条纹在 y 轴上的距离 B_y 表示,也可用实际间距 B 表示

$$B_y = y_3 - y_1 = y_1 - y_2 = \frac{d_c}{\sin\theta} \tag{5-45}$$

$$B = B_y\cos\alpha = \frac{d_c\cos\alpha}{\sin\theta} = \frac{d_c}{\sqrt{\sin^2\theta + \left(\cos\theta - \dfrac{d_c}{d_a}\right)^2}} \tag{5-46}$$

3. 横向莫尔条纹

横向莫尔条纹是由 $d_a = d_c = d$ 的两光栅,在倾角 θ 很小的条件下形成的。这时条纹与 x 轴的夹角 $\alpha = \theta/2$。一般 θ 约为几分,可近似认为条纹与 y 轴垂直,所以叫做横向莫尔条纹。它的间距公式为

$$B_y = \frac{d}{\sin\theta} \qquad\qquad B = \frac{d\cos\dfrac{\theta}{2}}{\sin\theta} = \frac{d}{2\sin\dfrac{\theta}{2}}$$

近似计算为
$$B = B_y = d/\theta \tag{5-47}$$

当两块光栅间夹角 $\theta = 0$ 时,$B = \theta$,这时主光栅移动时,指示光栅相当于一个闸门。两光栅栅线重叠时,条纹最亮;栅线错开时,条纹变黑。把这种条纹叫做光闸莫尔条纹。以上两种是检测中常用的莫尔条纹。尤其是横向莫尔条纹。由式(5-47)可知,只要改变 θ 角就可调整莫尔条纹的间距,实用中十分有利。

4. 纵向莫尔条纹

由两栅距不等而又接近的光栅可叠合成纵向莫尔条纹。设 $d_a = d$,$d_c = d(1+\varepsilon)$,而光栅栅线平行放置,$\theta = 0$,如图 5-42 所示,栅线方向与条纹方向平行。莫尔条纹的间距 B 可由式(5-47)简化后给出

$$B = \frac{d_c}{1 - d_c/d_a} = \frac{(1+\varepsilon)d}{\varepsilon} = \frac{d}{\varepsilon} + d$$

通常 $\varepsilon \ll 1$,上式可简化为

$$B = d/\varepsilon \tag{5-48}$$

工艺上同时制造栅距差很小的两种光栅相当困难,所以很少使用。

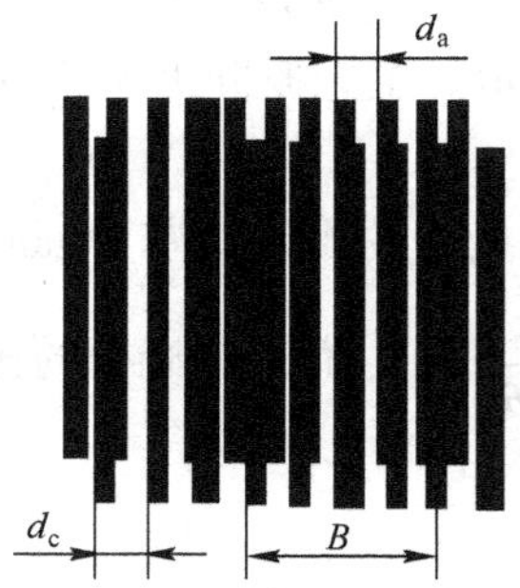

图 5-42 纵向莫尔条纹

5. 斜向莫尔条纹

它的形成条件是;$d_a = d$,$d_c = (1+\varepsilon)d$,$\theta \neq 0$,可以看做是横向和纵向莫尔条纹的综合结果,如图 5-43 所示。条纹的斜率为

$$\tan\alpha = \frac{\cos\theta - (1+\varepsilon)}{\sin\theta} \tag{5-49}$$

当 θ 很小时
$$\tan a = -\varepsilon/\theta \tag{5-50}$$

斜向莫尔条纹间距 B 可由式(5-46)简化为

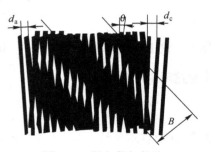

图 5-43 斜向莫尔条纹

$$B = \frac{d(1+\varepsilon)}{\sqrt{\sin^2\theta + [\cos - (1+\varepsilon)]^2}} \approx \frac{d}{\sqrt{\varepsilon^2 + \theta^2}} \qquad (5\text{-}51)$$

由式(5-49)可知,当 $\cos\theta = (1+\varepsilon)$ 时,$\varepsilon < 0$,$\tan\alpha = 0$,这时斜向莫尔条纹转变为严格的横向莫尔条纹。但需两种栅距的光栅合成。

6. 莫尔条纹的主要特性

莫尔条纹在测量中得到广泛应用,因为它具有放大作用和移动方向性这两个重要的特性。

从式(5-47)可知,间距 B 由栅距 d 和倾角 θ 决定,调整 θ 就可改变 B。此外,当 θ 很小时,B 可远大于 d。把条纹间距与光栅间距之比叫做莫尔条纹的放大倍数 K。

$$K = B/d = 1/\theta \qquad (5\text{-}52)$$

设 $\theta = 0.57° = 10\text{mrad}$,$d = 0.02\text{mm}$。当 $B = 2\text{mm}$ 时,$K = 100$。可见用计量光栅测定位移时,移动光栅每移动一个栅距 0.02mm,莫尔条纹移动一个间距 2mm。对同等精度的测量,精度可提高 100 倍。

当移动光栅移动方向不同时,莫尔条纹移动方向也不同,且相互对应。如图 5-40 所示,主光栅 A 左移,则莫尔条纹下移;反之亦然。只要测定莫尔条纹的移动方向,就可得知主光栅的移动方向。

可见只要对莫尔条纹的移动量和方向进行测定,就可 K 倍精确地确定主光栅的移动量及方向。利用莫尔条纹是目前精密位移测量的重要手段。

7. 光栅读数头简介

利用光栅莫尔条纹对位移进行精密测量,必须靠光电方法获取位移信号。图 5-44 所示为光栅光电读数头的装置原理。指示光栅固定不动,主光栅与移动物体固紧,两光栅间约有几微米到几十微米的间隔。从光源发出的光经准直镜后,以平行光照射光栅,光束经某组莫尔条纹后,由硅光电池接收。主光栅移动,莫尔条纹周期性地变化,光电池接收这一变化,每变化 1 周期计数器计 1 次。如果计数为 N,则移动距离为 Nd。

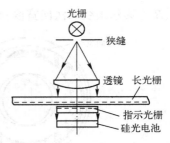

图 5-44 光栅光电读数头的装置原理

光电读数通常不是针对某一点的条纹进行的,而是在一定长度内针对若干同相位点的条纹进行的检测。这样不仅可以提高信号量,更重要的是使刻线误差得到平均,在很大程度上消除局部及周期误差的影响,使检测精度可能优于光栅本身的刻线精度。这种作用叫做平均效应。

利用单个读数头测量,存在着两个未能解决的问题。一是未测出移动方向;二是精度未能提高。实际上常用多个光电读数头,它们以一定的相位差放置在莫尔条纹的相应周期范围内,为细分读数器和方向判别器提供信号。图 5-45 所示为相位相差 π 的两光栅信号,经电路处理后,给出加、减信号脉冲,以实现位移计数和方向判别。后面将给予介绍。

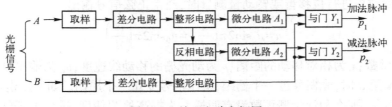

图 5-45 处理电路方框图

8. 圆光栅的莫尔条纹

圆光栅的种类也很多。图 5-46 所示为三种圆形光栅,其中图(a)为径向光栅,栅线呈辐射状,并全部通过圆心,又叫做辐射光栅;图(b)为切向光栅,栅线均与一个直径很小的圆相切;图(c)为环形光栅,由栅线内许多栅距为 d 的同心圆组成。

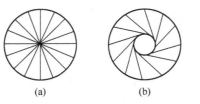

(a)　　　　　　(b)　　　　　　(c)

图 5-46　三种圆光栅

使用较多的是径向光栅。采用两块栅距相同的径向光栅叠合,并使两光栅中心保持一个不大的偏心量 e,就可产生莫尔条纹,如图 5-47 所示。在偏心方向上由于重叠处两光栅的栅距不同,θ 角接近于零,将产生类似纵向的莫尔条纹。在与偏心相垂直的方向上,栅距接近相等,且 $\theta \neq 0$,将产生横向莫尔条纹。在其他方向上,栅距不等,且 $\theta \neq 0$,将产生斜向莫尔条纹。如果仔细研究全面积上的莫尔条纹,如图 5-48 所示,有以下两个特点。(1)莫尔条纹由一系列切于中心的圆组成;(2)莫尔条纹的法向宽度随距中心的半径 R 变换而不同,可用下式表示

$$B = \frac{d_R R}{e} \tag{5-53}$$

式中,B 为莫尔条纹的法向宽度;d_R 为位于 R 处的栅距;e 为两光栅间的偏心量。

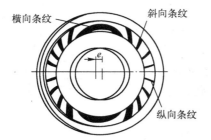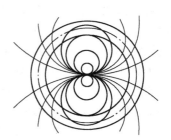

图 5-47　径向光栅的莫尔条纹　　　　图 5-48　全面积莫尔条纹

通过调整 e,可达到改变条纹间隔的目的。

实际常用这类光栅产生横向莫尔条纹,当主光栅转动时,横向莫尔条纹径向移动,使之与转角相对应。通过测定莫尔条纹的移动,来测定转角的大小。目前所用径向光栅的栅距多为 $20' \sim 20''$,相当于每周 1080~64800 条栅线。这就是圆光栅实现精密测角或分度的原理。

5.4.2　电子细分技术的基本原理

单个光电读数头进行位移量或转动量测量时,产生正弦信号输出

$$u = u_0 \sin 2\pi \left(\frac{x}{d} \right) = u_0 \sin 2\pi \left(\frac{vt}{d} \right) \tag{5-54}$$

式中,d 为光栅常数;x 为相对移动的距离;v 为动光栅的移动线速度;u_0 为输出电压的幅值。

当 x 从 0 增至 d 时,光栅移过一个栅距,电压信号变化一个周期。如果用走过距离对应电压变化的周期数表示,那么和计量栅距数没有两样。为提高检测精度,采用电子细分技术,将每个周期分解为若干份,通过对每份的测量,使精度提高若干倍。

1. 直接细分法

以四倍细分法为例加以说明。在莫尔条纹的一个周期内,等距地放置四组光电读数头,组间

间隔为 $B/4$，对应相位差为 $\pi/2$。产生信号经放大后分别为

$$u_1 = u_0 \sin\varphi \tag{5-55a}$$

$$u_2 = u_0 \sin\left(\varphi + \frac{\pi}{2}\right) = u_0 \cos\varphi \tag{5-55b}$$

$$u_3 = u_0 \sin(\varphi + \pi) = -u_0 \sin\varphi \tag{5-55c}$$

$$u_4 = u_0 \sin\left(\varphi + \frac{3\pi}{2}\right) = -u_0 \cos\varphi \tag{5-55d}$$

$$\varphi = 2\pi x/d = 2\pi vt/d$$

计数脉冲形成电路是由鉴零器和微分电路，以及一些与非门和触发器构成的。鉴零器将正弦信号转换为方波信号，经微分电路后产生计数脉冲。每组信号形成原理电路如图 5-49 所示。如果将四路微分后的信号分别通过四与门等，可产生相位相差 $\pi/2$ 的脉冲信号。使每周期细分为等距 $B/4$ 的四个信号，精度提高四倍。

图 5-49　单组信号形成电路

以上处理只得到移动量的细分、光栅方向仍未得到。实际四倍细分电路还要进行编码处理，以同时获得移动量和移动方向两个参量。具体处理时，不仅要从四组微分电路中取出移动脉冲信号 p_1, p_2, p_3 和 p_4，还要从四组鉴零电路后，取出方向信号 t_1, t_2, t_3 和 t_4，把它们按图5-50所示的编码原理进行处理，由或门 1 输出加法脉冲，由或门 2 输出减法脉冲，并分别接到可逆计数器的加、减脉冲输入端，计数器就可显示动光栅的移动量及移动方向。对应上述的编码波形如图 5-51 所示，可更明确表示它们的变化关系。

由上可知，如需 n 倍细分，只要获得相位相差 $2\pi/n$ 的 n 个正弦电位函数组即可实现。从原理上讲用 n 组光电读数头就可完成这一工作，但因安装和造价等原因不采用该方案。下面介绍一些更为切实可行的方法。

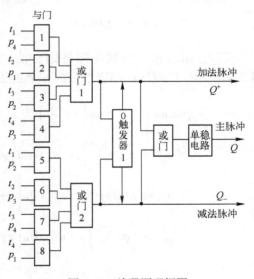

图 5-50　编码原理框图

2. 移相并联电阻链细分法

该方法借助于电阻链中不同位置可以产生不同相位的正弦电压函数这一特点，获得 n 组相位差为 $2\pi/n$ 的 n 个正弦电压细分信号。其原理如图 5-52 所示。在电阻两端分别加入 $\sin\varphi$ 和 $\sin(\varphi+\pi/2)$ 的电压信号，电阻中各点电位分布随 φ 角变化，在 $u=f(x)$ 图中的直线表示电阻中电位的线性分布。由电阻上任一点按相位 φ 周期变化可得到相应的正弦曲线，并附加下一个初相角 φ_i，只要在这一电阻上取值，φ_i 就应在 $0\sim\pi/2$ 之间。于是可以从电阻上按要求的 φ_i 取出多个正弦电压函数，供细分电路使用。幅值的不一致性，可通过放大器来调整。在同一电阻上获取多组电位函数的方法叫做串联电阻相移法，这种方法在调整中信号间有相互影响。目前多采用并

联电阻相移法,如图 5-53 所示,在每个电阻上,只采样一个信号,相互不影响,调整方便,并可获较高的精度。

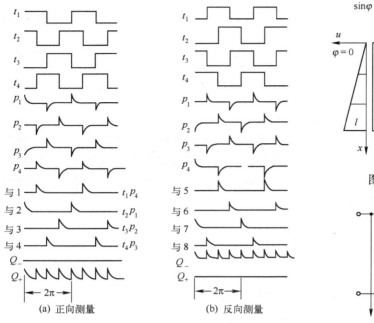

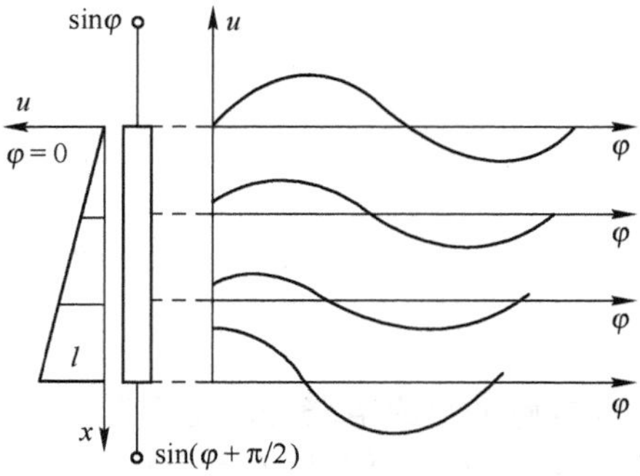

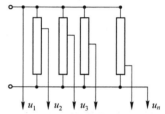

图 5-52　串联电阻相位原理

图 5-51　编码波形

图 5-53　并联电阻相位原理

(a) 正向测量　　　(b) 反向测量

实际使用的相移并联电阻链细分法,在上述四倍细分法基础上进行。取样电路原理如图 5-54所示。可供输出用于细分的 n 个正弦电压函数为

$$u_{10}=\sin\varphi, \quad u_{11}=\sin\left(\varphi+\frac{2\pi}{n}\right), \quad u_{12}=\sin\left(\varphi+\frac{4\pi}{n}\right), \quad \cdots, \quad u_{1i}=\sin\left(\varphi+\frac{2\pi}{n}-\frac{2\pi}{n}\right)$$

$$u_{20}=\sin\left(\varphi+\frac{2\pi}{n}\right), \quad u_{21}=\sin\left(\varphi+\frac{\pi}{2}+\frac{2\pi}{n}\right), \quad \cdots, \quad u_{2i}=\sin\left(\varphi+\pi-\frac{2\pi}{n}\right)$$

$$u_{30}=\sin(\varphi+\pi), \quad u_{31}=\sin\left(\varphi+\pi+\frac{2\pi}{n}\right), \quad \cdots, \quad u_{3i}=\sin\left(\varphi+\frac{3\pi}{2}-\frac{2\pi}{n}\right)$$

$$u_{40}=\sin\left(\varphi+\frac{3\pi}{2}\right), \quad u_{41}=\sin\left(\varphi+\frac{3\pi}{2}+\frac{2\pi}{n}\right), \quad \cdots, \quad u_{4i}=\sin\left(\varphi+2\pi-\frac{2\pi}{n}\right)$$

$$u_{50}=\sin(\varphi+2\pi)=u_{10}$$

以上利用 n 个正弦电压函数,采用与直接四倍细分法完全相同的方案,可获 n 倍细分的效果。为保证精度,该方法常用于 20 倍左右的细分。

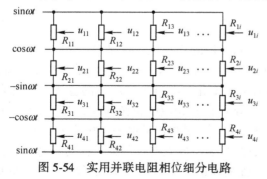

图 5-54　实用并联电阻相位细分电路

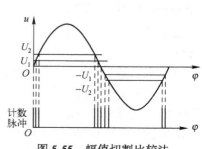

图 5-55　幅值切割比较法

3. 电平切割比较细分法

该方法又叫做幅值切割比较法,基本原理如图 5-55 所示。将莫尔条纹变化产生的正弦信号 $\sin\varphi$ 进行幅值分割,形成比较电压 U_1, U_2, $\cdots$, $-U_1$, $-U_2$, $\cdots$。测量时将变化的莫尔条纹正弦信号与比较电压相对照,正半周与正信号比,负半周与负信号比。当两者相同时,比较器发出跳变信号,形成计数脉冲。如要进行 n 倍细分,则要在一个电压变化周期内设置 n 个比较电压,测量信号变化一个周期,就可获得 n 个计数脉冲信号。

该方法的最大缺点是,正弦函数各点斜率不等,在拐点附近斜率大,细分间隔电位变化大,易于实施;而在极值附近斜率接近于零,细分间隔电位变化甚小,易受干扰,不易实施。

为克服上述缺点,有多种方法可对它进行改造。下面介绍一种近似三角波法实施细分。图 5-56 所示为利用正弦函数和余弦函数合成的近似三角形波

$$F(\varphi) = |\cos\varphi| - |\sin\varphi| \tag{5-56}$$

该波形各点具有相同的斜率,容易实施细分,且细分间隔间电位变化基本相等。实施时,同时采用两组光电取样系统,获得相位差为 $\pi/2$ 的两组信号电压:$\sin\varphi$, $\sin(\varphi+\pi/2) = \cos\varphi$。通过电路取两者绝对值之差,形成光栅移动的信号电

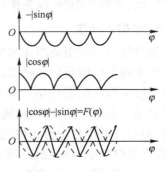

图 5-56 近似三角波的形成

压。将信号电压与三角波细分比较电压相对照,一致时产生计数脉冲。该方法可获 $40\sim80$ 倍的细分。

4. 调制信号细分法

以上介绍的方法都是非调制信号细分法。图 5-57 所示为调制信号细分法的原理框图。把光栅莫尔条纹上取出的正弦信号 $u_0\sin\varphi$ 和余弦信号 $u_0\cos\varphi$ 分别引入乘法器 A 和 B。再设法获取一组辅助的调制正、余弦信号 $u_1\sin\omega t$ 和 $u_1\cos\omega t$,并把它们按图示引入相应的乘法器,乘法器输出信号 u_A 和 u_B 分别为

$$u_A = K_1 u_0 u_1 \cos\omega t \sin\varphi \tag{5-57}$$

$$u_B = K_1 u_0 u_1 \sin\omega t \cos\varphi \tag{5-58}$$

将 u_A 和 u_B 经加法器后,输出信号为

$$u = K_1 K_2 u_0 u_1 (\sin\omega t \sin\varphi + \cos\omega t \sin\varphi) = K\sin(\omega t+\varphi) \tag{5-59}$$

式中,K_1 为乘法器的传输系数;K_2 为加法器的传输系数;ω 为调制辅助信号的圆频率;φ 为取样点莫尔条纹的相位角。

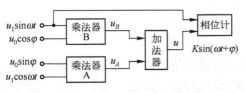

图 5-57 调制信号细分法原理框图

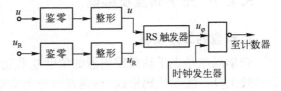

图 5-58 鉴相原理

φ 反应了光栅移动量的大小。将输出信号 u 与作为基准信号的正弦辅助调制信号 $u_R = u_1\sin\omega t$,同时输入相位计进行比相细分,则可获得对光栅移动信号的电子细分。

调相信号细分也是一种常用电子细分法,实现的关键是鉴相细分。下面介绍脉冲填补法的鉴相细分原理,如图 5-58 所示。它主要由鉴零器、整形器、RS 触发器、时钟发生器和计数器等组成。调相信号 u 与基准信号 u_R 经鉴零器和整形器后形成方波信号 u 与 u_R,两者间相位差仍是 φ,如

图 5-59 所示的波形。将它们分别引入 RS 触发器的两个输入端，由触发器输出对应 φ 的两方波间隔信号 u_φ。用 u_φ 控制计数门的开关。将时钟发生器产生的高频脉冲引至计数器，并计数。所计数 N_φ 对应开门时间，也对应 u_φ 和 φ。如在圆频率 1 个周期内产生 M 个脉冲，每个脉冲对应 $360°/M$，对应光栅移动 d/M。N_φ 对应光栅移动距离 $N_\varphi d/M$。使用时还应注意，移动量超过整周期时，应有其他方式记录；此外，上述计数是每个调制周期测定一次，变换周期时，应先使计数器清零。

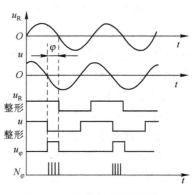

图 5-59　鉴相各环节波形

5. 锁相细分法

细分技术中利用锁相技术的原理如图 5-60 所示。其中关键是产生稳定的倍频信号输出。动光栅连续运动时，从变化的莫尔条纹中取出的光电信号频率为 f，如要进行 n 倍细分，则使倍频振荡器产生频率为 $F=nf$ 的信号输出。采用锁相技术，以确保 F 跟踪 f 并始终是其 n 倍。方法是将倍频振荡器输出信号经 n 分频，再与光栅信号进行相位比较。设某时刻分频信号相位是 φ_F，莫尔条纹光电信号的相位是 φ_0，两者相位差 $\varphi_r=\varphi_0-\varphi_F$。当 φ_r 固定时输出正常 $F=nf$。当 φ_r 不固定时，存在相位差的变化，表示 n 倍频有偏差。应将变化的相位差经相位电压变换器，使输出电压 U_x 变化。保持放大器输出信号 U_K 不变，直到下一次鉴相信号到来之前。信号 U_K 的变化使压控倍频振荡器输出频率发生变化，以保持 $F=nf$ 的正确关系。通过鉴相调整频率的过程每一周期中进行一次，使之跟踪及时，形成稳定的倍频输出。由倍频振荡器输出的信号每变化一个周期，产生一个脉冲信号使计数器计一个数，从而实现了 n 倍电子细分。锁相细分技术可实现 $100\sim1000$ 倍的细分，而电路也不太复杂。但从原理上来看，它只适用于光栅连续运动的场合，且希望移动速度基本不变。这将限制它的应用范围。

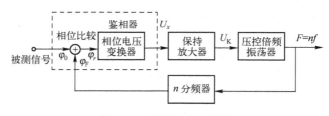

图 5-60　锁相细分法框图

5.4.3　光学码盘及编码

1. 码盘的工作原理

光学码盘是光学轴角编码器的角度基准光学元件，是将转角的模拟量转换为数字量（A/D）的有效工具。按照代码形成，编码器可分为增量式和绝对式两种。前述计量光栅是一种增量式的编码器，没有固定的零位。当编码器有绝对零位时，称其为绝对式编码器。光学码盘是一种绝对式编码器，按输出代码形式可以有二进制、二-十进制和六-十进制等。以二进制代码为基础进行编码的码版，用透光和不透光两种状态表示"1"和"0"。并以每个码道代表二进制的一位数，对应在光学码盘上是黑白相间的一个圆环。若干这样的码道就构成按二进制规律的码盘图案。图 5-61 所示为一个五码道组成的二进制码盘。图 5-62 所示为五位码盘的编码表和展开图。

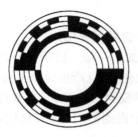

图 5-61　二进制码盘

图 5-63　格雷码码盘

二进制码盘的码道数 n 和码道编码容量 M 之间的关系为

$$M = 2^n \tag{5-60}$$

其角度分辨率 α 与码道数 n 之间的关系为

$$\alpha = 360°/M \tag{5-61}$$

五位码盘的编码容量为 $M = 2^5 = 32$，对应 $\alpha = 11.25°$。也就是说有五码道的码盘能将一个圆周分为 32 分。对 21 个码道的码盘，角分辨率可达 $\alpha = 0.618''$。

二进制码盘中内圈为高位码，外圈为低位码。普通二进制码盘在进位时，常需多个位数的代码同时发生转换，如从 "0111" 进位到 "1000" 时，四个码道都发生代码转换。由于码盘制作和安装总有一些误差，可能造成四个码道转换不完全同步，于是产生错码。如果这时高位转换滞后，得到了 "0000"，本应为 8 却成了 0，产生了 8 个数的误差。对于五码道码盘，最大误差可达 16 之多。这是它的致命缺点，实际很少用这种码盘。常采用循环码盘。

2. 格雷码码盘

循环码的形式很多，有格雷码、周期码及反射码等。图 5-63 所示是一种典型的格雷码图案。它有五个码道，其编码表及展开图如图 5-64 所示。图中以黑线代表 "0"，而白线代表 "1"。

十进制数	二进制编码表					码道展开
0	0	0	0	0	0	
1	0	0	0	0	1	
2	0	0	0	1	0	
3	0	0	0	1	1	
4	0	0	1	0	0	
5	0	0	1	0	1	
6	0	0	1	1	0	
7	0	0	1	1	1	
8	0	1	0	0	0	
9	0	1	0	0	1	
10	0	1	0	1	0	
11	0	1	0	1	1	
12	0	1	1	0	0	
13	0	1	1	0	1	
14	0	1	1	1	0	
15	0	1	1	1	1	
16	1	0	0	0	0	
17	1	0	0	0	1	
18	1	0	0	1	0	
19	1	0	0	1	1	
20	1	0	1	0	0	
21	1	0	1	0	1	
22	1	0	1	1	0	
23	1	0	1	1	1	
24	1	1	0	0	0	
25	1	1	0	0	1	
26	1	1	0	1	0	
27	1	1	0	1	1	
28	1	1	1	0	0	
29	1	1	1	0	1	
30	1	1	1	1	0	
31	1	1	1	1	1	

图 5-62　五位二进制码盘编码表和展开图

十进制数	循环码编码表					码道展开
0	0	0	0	0	0	
1	0	0	0	0	1	
2	0	0	0	1	1	
3	0	0	0	1	0	
4	0	0	1	1	0	
5	0	0	1	1	1	
6	0	0	1	0	1	
7	0	0	1	0	0	
8	0	1	1	0	0	
9	0	1	1	0	1	
10	0	1	1	1	1	
11	0	1	1	1	0	
12	0	1	0	1	0	
13	0	1	0	1	1	
14	0	1	0	0	1	
15	0	1	0	0	0	
16	1	1	0	0	0	
17	1	1	0	0	1	
18	1	1	0	1	1	
19	1	1	0	1	0	
20	1	1	1	1	0	
21	1	1	1	1	1	
22	1	1	1	0	1	
23	1	1	1	0	0	
24	1	0	1	0	0	
25	1	0	1	0	1	
26	1	0	1	1	1	
27	1	0	1	1	0	
28	1	0	0	1	0	
29	1	0	0	1	1	
30	1	0	0	0	1	
31	1	0	0	0	0	

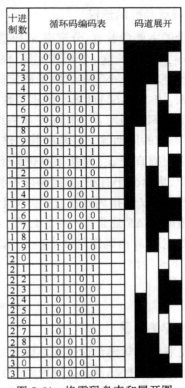

图 5-64　格雷码盘表和展开图

循环码的重要特点是：

（1）代码从任何数转变到相邻数时，各码位中仅有一位发生变化；

（2）循环码每一个码道的周期比普通二进制码盘增加了一倍。由于循环码道的上述特点，当它发生进位或退位时，代码只有一位二进制数字发生变化，因此产生误差不会超过读数最低位的单位量。如由十进制数 7 变为 8 时，循环码从"0100"转变为"1100"，只有最高位发生转换，因此不论什么原因造成延迟或提前进位，其误差只可能是十进制的"1"。可见比普通二进制码优越得多。

3. 格雷码的计算

循环码的主要缺点是每一位设有固定的权，而不像普通二进制码那样从右至左各位的权分别是十进制数的 1，2，4，8，…。因此在获得格雷码的数字信号后很难阅读和计算，为此常将循环码转换为普通的二进制码，然后再进行运算或阅读。

格雷码与普通二进制码的关系如表 5-2 所示。由表中可以看出：对高位来说两种码的取值相同，而最低三位间的关系是：

$$C_3 = R_3 \oplus R_4 \quad C_2 = R_2 \oplus R_3 \oplus R_4$$
$$C_1 = R_1 \oplus R_2 \oplus R_3 \oplus R_4 \quad (5\text{-}62)$$

式中，$\oplus$ 号表示不进位的加法，在数字电路中也把它叫做"模二和"。即：$0 \oplus 0 = 0$；$0 \oplus 1 = 1$；$1 \oplus 0 = 1$；$1 \oplus 1 = 0$。这一关系用简单的数字电路就可实现，这对于循环码码盘的应用十分重要。

表 5-2　循环码与二进制、十进制数关系表

十进制数	二进制数	循环码	十进制数	二进制数	循环码
D	C 4321	R 4321	D	C 4321	R 4321
0	0000	0000	8	1000	1100
1	0001	0001	9	1001	1101
2	0010	0011	10	1010	1111
3	0011	0010	11	1011	1110
4	0100	0110	12	1100	1010
5	0101	0111	13	1101	1011
6	0110	0101	14	1110	1001
7	0111	0100	15	1111	1000

4. 码盘参数的选择

码盘的主要参数有：分辨率 α、码道位数 n、黑白刻线总数 M、刻线周期 ϕ、刻线宽度 b、最小内圈直径 ϕ_{min}、刻线长度 l 和码道间隔 ΔR 等。

由所要求的最小码盘读数来确定码盘的分辨率 α。按式（5-61）计算出黑白刻线总数，即编码容量 M，按式（5-60）计算出码道位数 n。

码道的刻线周期 ψ 是指每对黑白线段所对应的中心角度。各码道的 ψ 值不同，对最低位码道来说，刻线的周期等于分辨率的二倍。

最小内圈直径 φ_{min} 是指最高位码道刻划的内径。对精度有利，但仪器体积、重量均增大；反之对体积、重量减小有利，但对精度不利，应视具体要求而定。

划线长度 l 是指刻线在直径方向上的长度。通常取 $1 \sim 1.5 \text{mm}$ 即可。

码道间隔 ΔR 通常取 $(1 \sim 2) l$，约 $1 \sim 2 \text{mm}$ 即可。

刻线宽度 b_i 由码道刻线半径 R_i 和刻线周期 ψ_i 确定，注意 b_i 对应的是 i 码道一个周期的线宽，可由下式给出：

$$b_i = R \psi_i \tag{5-63}$$

式中
$$R_i = (l + \Delta R)(i-1) + \psi_{min}/2$$

5. 光学编码器

它是利用光学码盘通过光学读码完成轴角到编码电信号变换的仪器。它主要由光源、光学码盘、狭缝、光电探测器及处理电路、轴系和一整套相应的机械零件所组成的。它的核心是光电读码系统。如图 5-65 所示为一个码道的光电读出系统。光源一般采用红外发光二极管，如 2GL

系列,直流供电,R 为限流电阻。码盘按需要确定码道数,用镀铬光刻法制成。光电接收器可采用光电二极管,也可按图中所示采用光电三极管。采集信号经放大、整形,再由统一译码输出对应转角的数字信号。如国产的 QDB14 型光学编码器是用 14 条循环二进制码道与一条通圈构成的光学码盘和 15 组光电读出系统所组成的。

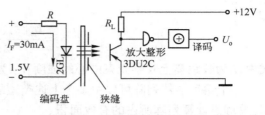

图 5-65　单码道光电读出系统

仪器的测量范围是 $0° \sim 360°$,分辨率是 $1'19''$,最大综合码位误差是 $1'20''$。

5.5　角反射器与极性分析器

本节将介绍光电检测中常用的角反射器和极性分析器,并介绍一些应用。

1. 角反射器

带有协作目标的主动光电装置,可大大增加探测目标的作用距离,其中协作目标可用角反射器或列阵充当。这些角反射器能将所截取的辐射功率中绝大部分按原方向返回。即使光源显著离轴,它们也可以显著地改善反射的方向性。角反射器的主要结构有以下几种,如图 5-66 所示。图(a)为三个侧面由边长均为 s 的正方形组成,且三个侧面相互垂直;图(b)为三侧面均由 45° 的等腰直角三角形组成,也可以认为是图(a)形状中的正方形三侧面均沿其对角线切割而成的。图(c)是孔径为圆形的实心反射体,可以认为它是利用图(b)所示形状的四面实心体,在一入射面上作一内切半径最大的圆柱($r = s/\sqrt{6}$)切割而构成的。

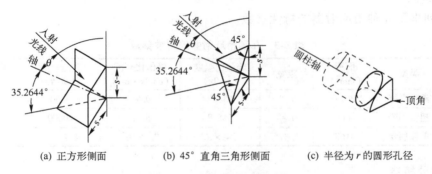

(a) 正方形侧面　　　(b) 45° 直角三角形侧面　　　(c) 半径为 r 的圆形孔径

图 5-66　三种角反射器结构

图(a)和(b)两种角反射器也可做成实心的型式。由于光束在进入和离开实心体入射面时的折射作用,从而获得更宽的覆盖角度。

角反射器原向反射回来的总辐射功率为

$$\phi_e = EA_e(\theta) \tag{5-64}$$

式中,E 为角反射器处入射光辐射的照度;$A_e(\theta)$ 为假设在理想反射面条件下,角反射器的有效孔径面积;θ 为相对于角反射器轴线的入射光束的入射角。

图 5-67 给出了上述角反射器的有效孔径面积 $A_e(\theta)$ 随 θ 变化的曲线。有效孔径面积 $A_e(\theta)$ 实际上表明了观察角对于回反射通量的影响。在长距离上观察角反射器的强度与一些其他因素有关,但对于具有完全对准反射面的单个角反射器,可采用以下近

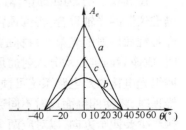

图 5-67　有效孔径面积
与 θ 角的关系曲线

似公式

$$I = \frac{E_e [A_e(\theta)]^2}{2} \quad (\mathrm{W/sr}) \qquad (5\text{-}65)$$

式中, I 为长距离上观察光束中心的强度; E_e 为在角反射器处的辐照度($\mathrm{W/m^2}$)。

一个角反射器列阵可以由多个上述类型的角反射器排列而成,它的计算与单个角反射器类似,关键是计算列阵所占的有效面积。

角反射器的主要参量有:

(1)工作面积($\mathrm{mm^2}$)。

(2)反射光的光束角宽度,简称束宽。

(3)比强度即长距离处单位立体角中的通量数(I)与角反射器处单位面积中的通量数(E)之比。采用辐射度单位时有

$$\text{比强度} = I_e / E_e \qquad (5\text{-}66)$$

采用光度单位时有 $\qquad \text{比强度} = I_v / E_v \qquad (5\text{-}67)$

(4)比亮度。对于角反射器列阵来说,更为关注的是单位目标面积 A 的性能效果,按如下定义表征

$$\text{比辐亮度} = I_e / (E_e A) \qquad (5\text{-}68)$$
$$\text{比亮度} = I_v / (E_v A) \qquad (5\text{-}69)$$

(5)超出理想漫表面的增益。当用理想漫射面(朗伯面)代替角反射器时产生的反射量作为基准,计算出角反射器产生反射量为上述基准量的倍数。

(6)超出理想的各向同性反射面的增益。这是把角反射器与理想的各向同性反射面的反射量相比较的结果。

表 5-3 列出了几种角反射器的特性参数。

表 5-3　几种角反射器的特性参数

型号	类型	面积 ($\mathrm{mm^2}$)	束宽	峰值比强度 ($\mathrm{cd/lx}$)	峰值比亮度 ($\mathrm{cd/lx \cdot m^2}$)	超出理想漫 射面增益	超出理想各向 同性面增益
FOS-21	塑料列阵	2477	0.7°	538.2	0.97	5850	23400
FOS-3111	塑料列阵	432	0.3°	645.8	6.73	40600	162000
HCC-S	单玻璃角	3168	0.57°	5.49×10^8	7.5×10^5	4.7×10^9	1.9×10^{10}

2. 极性分析器

在确定某仪器的光轴是否对准目标,并给出方位时,一般不采用价格昂贵的光电成像系统,而采用较为简便的极性分析器。极性分析器在某些使用场合有时叫做辐射通量分离器。下面介绍两种用于瞄准目标轴线的通量分离器。

图 5-68 所示为四面锥体通量分离器。四锥面镀以高反射层,在使用时将四锥面体的中垂线与瞄准仪器的光轴重合,将锥顶置于物镜的焦点处。对应每锥面各设置一个光电探测器,可分别接收经各锥面反射的光束。目标的辐射经瞄准仪器的物镜成像在锥顶附近。当目标位于仪器轴线上时,成像后四锥面均分入射通量,分别由四个光电探测器接收并转换为电信号,经处理后显示输出。四组光电接收及电路系统可预先调整,使它们各自的总灵敏度相等。当目标偏离轴线,目标像偏离锥顶时,将使四锥面反射不同通量到对应的光电探测器上,从而获得目标偏离中心的信息:这种机构最少要四个方向,以对应两个垂直的坐标轴定位。为增加方位测量的精确度,也采用多面锥体。

图 5-69 所示为一种光纤通量分离器,它也是一个四方向分离器,由四束光纤合成统一的四象限接收面,每束光纤对应一个象限,每束光纤的输出端对应设置一组光电接收系统,最后统一

处理,显示目标位置的信息。其工作原理与四面锥体类似。同样可由多组光纤束组成多方位的通量分离器,以提高测量方位的精度。

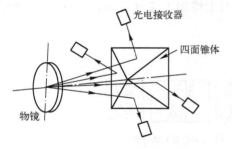

图 5-68　四面锥体辐射分离器

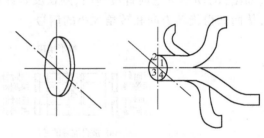

图 5-69　光纤辐射分离器

四面锥体在自动光电准直类仪器中得到广泛的应用。如自动光电自准直仪、自动光电准直望远镜、自动光电回转自准直仪等仪器中,四面锥体成为自准直的关键。这时的四面锥体又叫做读数棱镜,其形式变化成截顶四面锥体,具有锐利的反射棱和端部。图 5-70 所示为双轴光电自准直仪的原理装置,并标出了典型尺寸。调制光源中包括光源及调制部分,调制光束经聚光镜将光束会聚并照明四面锥截顶台面,然后通过以台面为焦面的物镜后形成平行光射出。再经与光轴垂直的平面反射镜反射后返回到物镜,由物镜将光束成像在台面附近。该像是四面锥截顶台面的自准直像,由于衍射等影响,其像将扩展,如图 5-71 所示。当仪器满足自准直条件时,台面像中心恰与轴线重合,如图 5-71(a)所示,这时四个探测器中每个探测器所接收到的通量相等。当仪器不满足自准直条件时,台面像中心偏离轴线,如图 5-71(b)所示。这时探测器 1 和 2 获得较大的通量,而 1′和 2′探测器将得不到同样的通量,产生了偏离信号,该信号经光电转换、电子线路处理后输出控制信号。控制信号的形成原理如图 5-72 所示。图中只表示了 x 轴的自准直探测器,y 轴与此相同。x 方向的一对探测器将获取的自准直信息送至前置放大器、滤波器,然后解调,再经放大滤波后在 x 通道输出。y 轴方向与此相同。通道输出信号可直接显示,告知自准直的情况;作为自动自准直仪则应用这一对信号,通过调整器使仪器直到满足自准直条件为止。

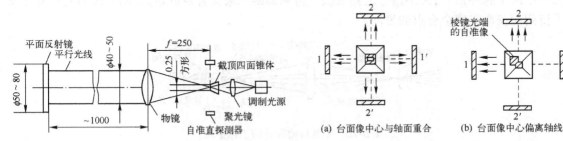

图 5-70　双轴光电自准直仪的原理

(a) 台面像中心与轴面重合　　(b) 台面像中心偏离轴线

图 5-71　自准直原理

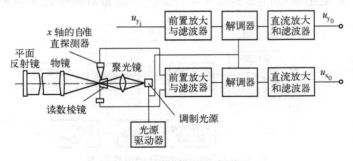

图 5-72　控制信号形成原理

在其他的自动光电测量仪器中,还用到与前述有所不同的通量分离器。如图 5-73(a)所示的缝形棱镜,就是用于自动回转自准直仪中的核心部件,反射回的缝像为矩形。当像产生旋转时,如图(b)所示为逆时针旋转时,则在反时针探测器对上增加了通量。而通量的大小和转角有关,从而获得旋转方向和转角大小的信号。

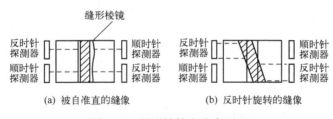

(a) 被自准直的缝像　　　　　(b) 反时针旋转的缝像

图 5-73　缝形棱镜自准直原理

图 5-74 所示为用于三轴自动光电准直偏振仪中的十字缝形棱镜,对应分成的八个反射面各自配有一套光电接收系统,以产生所需要的控制信号。

截顶四面锥体还应用于光电自动探针仪中,它是一种非接触式的光电表面传感器,用以测量物体表面微小的变化。其原理如图 5-75 所示。光源通过聚光镜照明截顶四面锥体的台面。该聚光镜带有这样的孔径光阑,它使得从台面发出的成像光束仅能进入到物镜孔径的边缘,其位置与光阑孔位置在直径方向相反。按同样的方法,利用旋转孔径斩波器形成两束相位相反的对称光束,它们在仪器外部对应物镜的像面处会合,如果待测物体表面恰在该会合点处,那么两光束经反射返回后又经物镜

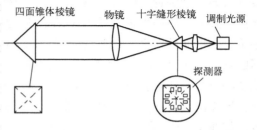

图 5-74　三轴自动光电准直偏振仪

所成两像将重合在台面处,使上、下两探测器在调制盘每转一圈中,获得两次大小相等的信号脉冲。若待测面偏离会合点,则两光束由待测表面反射后,经物镜所成两像将因偏离会合点的方向不同,而重合在台面的左边或右边,使上、下两探测器在调制盘每转一圈中,分别获得相位相反的一大一小两个脉冲信号,大小信号之差反映了待测面距光束会合点的距离,而相位的先后变化反映了待测面偏离光束会合点的方向。

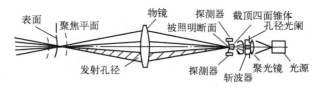

图 5-75　光电自动探针的工作原理

光电自动探针的电路原理如图 5-76 所示。旋转斩波器对两束光间隔进行调制,以获得相

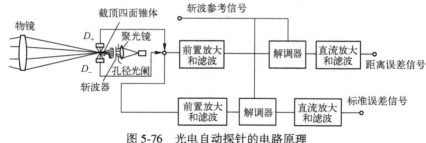

图 5-76　光电自动探针的电路原理

位信息。探测器获得光信号后,将转换成的电信号分两路进行处理。一路经前放、解调、直流放大、滤波等处理后,输出距离偏离的误差信号;而另一路经处理后则输出偏离方向的标准误差信号。

习题与思考题

5-1 什么是场镜? 在光电接收系统中使用场镜有什么好处?

5-2 设使用场镜光学系统的有关参量为:主光学系统 $f' = 100\text{mm}$, $D_0 = 40\text{mm}$, $\tau = 0.8$, 场镜 $f_1' = 15\text{mm}$, $D_1 = 15\text{mm}$, $\tau_1 = 0.8$, 且场镜置于主光学系统的焦面上。按比例画出该系统图;计算探测器位置、半径、缩小比及光学增益倍数;再计算组合系统的有效焦距和有效 F 数。

5-3 浸没透镜的主要作用是什么? 什么是半球、超半球和标准超半球浸没透镜?

5-4 设半球浸没透镜的折射率 $n' = 1.58$, 原像高为 5mm, 求探测器直径及照度增大倍数。

5-5 主光学系统 $f_0' = 50\text{mm}$, $D_0 = 50\text{mm}$, 要求视场角 $2\omega = 30°$, 试设计光锥,并使光锥长为 40mm, 作图并确定各参量。

5-6 什么是截顶四面锥体,在自准直系统中如何使用?

第6章　光电信号的变换及检测技术

在光电检测系统中,信号处理及有关电路是十分重要的。本章从探测信号出发,讨论有关探测器和电路的噪声、微信号探测的处理方法、前置放大器的设计原则以及在光电检测系统中常用的电路。

所谓信号处理是将包含有用信息和噪声干扰的微弱信号进行放大、限制带宽、整形、鉴幅等处理,以便从中提取出有用信息,再将信号送到终端进行显示、测量、控制计算机运算等。

为达到从有干扰的信号中检测到有用信息的目的,首先要尽力减少探测系统和信号处理电路的噪声;与此同时按要求设计并制造出最佳的信号处理电路,以满足噪声系数、阻抗匹配、放大倍数、频带宽度及温度特性等所要求的指标。

6.1　光电信号检测电路的噪声

在所研究的系统中,任何虚假的和不需要的信号统称为噪声。噪声的存在干扰了有用信息,影响了系统信号的传输极限。研究噪声的目的是探讨系统探测信息的限制,以及在设计系统的过程中,如何抑制噪声以提高探测本领。

6.1.1　噪声的分类及性质

一个系统的噪声可分为来自外部的干扰噪声和内部噪声。

来自系统外部的干扰噪声,就其产生原因又可分为人为造成的干扰和自然造成的干扰两类。人为造成的干扰噪声通常来自电气设备,例如高频炉、无线电发射、电火花,以及气体放电等,它们都会辐射出不同频率的电磁干扰。自然造成的干扰噪声主要来自大气和宇宙间的干扰,例如雷电、太阳、星球的辐射等,可以采用适当的屏蔽、滤波等方法减小或消除这些噪声。

系统内部的噪声就其产生的原因也可分为人为造成的噪声和固有噪声两类。内部人为产生的噪声主要是指 50Hz 干扰和寄生反馈造成的自激干扰等。这些干扰可以通过合理地设计或调整将其消除或降到允许的范围内。内部固有噪声是由系统各元器件中带电微粒不规则运动的起伏所造成的,它们主要是热噪声、散弹噪声、产生-复合噪声、$1/f$ 噪声和温度噪声等,这些噪声对实际元器件是固有的,不可能消除。本节主要研究这类噪声的性质,以及如何通过电路来控制它们对检测结果的影响。

固有噪声是随机起伏的过程。而随机噪声峰值幅度的概率分布符合高斯分布的统计规律。应注意是用功率的观点表示起伏噪声的强度,例如考虑信噪比时,是指信号功率与噪声功率之比。

噪声电压或噪声电流的均方值正比于噪声功率,所以噪声强度可采用噪声电压或噪声电流的均方值 $\overline{E_n^2}$、$\overline{I_n^2}$ 表示,有时简化为 E_n^2、I_n^2。而噪声电压或噪声电流的均方根值则可用 E_n 和 I_n 表示。

噪声是随机过程,噪声电压的瞬时值可取不同值 E_1,E_2,$\cdots$,E_i,$\cdots$ 而对应出现的概率为 $P(E_1)$,$P(E_2)$,$\cdots$,$P(E_i)$,$\cdots$ 其分布规律符合高斯分布,因此可以用第 2 章中讨论的方法来处理

噪声问题。n 次采样的算术平均值为

$$\overline{E} = (E_1 + E_2 + \cdots + E_i + \cdots + E_n)/n \tag{6-1}$$

均方值为

$$\sigma^2 = [(E_1 - \overline{E})^2 + (E_2 - \overline{E})^2 + \cdots + (E_n - \overline{E})^2]/n \tag{6-2}$$

概率分布函数为

$$P(E) = \frac{1}{\sqrt{2\pi}\sigma} \exp\left[\frac{-(E - \overline{E})^2}{2\sigma^2}\right] \tag{6-3}$$

用 $E = k\sigma$ 表示噪声电压概率分布区间,在给定 k 值下,噪声超过给定值的百分比如表6-1所示。

表 6-1　噪声超出给定值的百分比

给定值 k	0.6745	1	2	3	4
超过的百分比	50	31.7	4.54	0.26	0.0064

6.1.2　主要的噪声类型

1. 电阻热噪声

当某电阻处于环境温度高于绝对零度的条件下,内部杂乱无章的自由电子的热运动,将形成起伏变化的噪声电流,其大小与极性均在随机地变化着,且长时间的平均值等于零。常用噪声电流的均方值 I_{nT}^2 表示。

$$I_{nT}^2 = \frac{4kT\Delta f}{R} \tag{6-4}$$

$$I_{nT} = \left(\frac{4kT\Delta f}{R}\right)^{1/2} \tag{6-5}$$

对应该电阻两端产生的噪声电压均方值为

$$E_{nT}^2 = I_{nT}^2 R^2 = 4kTR\Delta f \tag{6-6}$$

$$E_{nT} = (4kTR\Delta f)^{1/2} \tag{6-7}$$

式中,R 为所讨论元件的电阻值;k 为玻耳兹曼常数;T 为电阻所处环境的绝对温度;Δf 为所用测量系统的频带宽度。

从上式可知,噪声功率与测量系统的频率无关,通常认为在频率 $f < 10^{12}$ Hz 的整个无线电频带内,噪声功率谱密度平坦,电阻热噪声是一种白噪声。

图 6-1 给出了噪声电流瞬时值 i_{nT} 随时间 t_j 无规则变化的情况,它总是围绕在横轴上下,其平均值趋于零。

具有热噪声的电阻 R 的等效电路可以有两种形式,如图 6-2 所示。一种是等效为电流源 I_n 与理想无噪声电阻 R 的并联;另一种等效为电压源 E_n 与理想无噪声电阻 R 的串联。

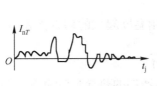

图 6-1　电阻噪声

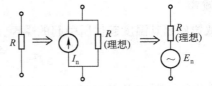

图 6-2　电阻热噪声的等效电路

2. 散弹噪声

它又称为散粒噪声。元器件中有直流电流通过时,直流电流值只表征其平均值,而微观的随机起伏形成散弹噪声,并叠加在直流电平上。图 6-3 所示为在直流电流 I_{DC} 上附加了瞬时电流变化。在光电器件中,散弹噪声通常由电子发射的随机起伏所引起。如光电倍增管的光阴极和二次极的电子发射;光伏器件、晶体管中穿过 PN 结的载流子涨落。

散弹噪声的电流均方值为

$$I_{nsh}^2 = 2qI_{DC}\Delta f \tag{6-8}$$

式中，q 为电子电荷；I_{DC} 为流过电流的直流分量。

在光电器件中，光电流的直流分量 I_p 也同样引起散弹噪声，即

$$I_{np}^2 = 2qI_p\Delta f \tag{6-9}$$

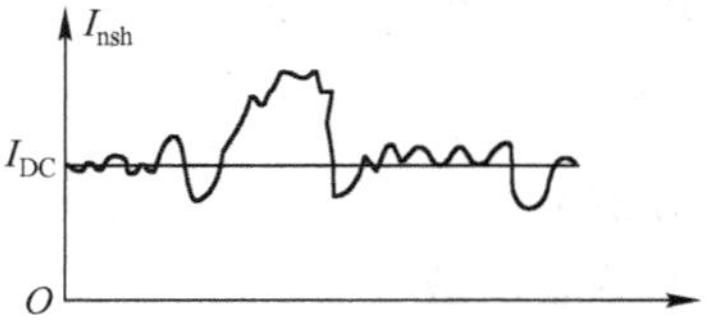

图 6-3　散弹噪声的瞬时变化

从噪声表达式中可见散弹噪声与电路频率无关，因此它也是一种白噪声。

3. 1/f 噪声

它又称为闪烁噪声，也是元器件中的一种基本噪声，通常是由元器件中存在局部缺陷或有微量杂质所引起的。在探测器、电阻、晶体管及电子管中均有这类噪声。

对 1/f 噪声，有以下经验公式

$$I_n^2 = k_1 I^\alpha \Delta f / f^\beta \tag{6-10}$$

式中，k_1 为与元件有关的参数；α 为与流过元器件电流有关的常数，通常取 $\alpha=2$；β 为与元器件材料性质有关的系数，为 0.8~1.3，常取 $\beta=1$。

式(6-10)可以改写为

$$I_n^2 = k_1 I^2 \Delta f / f \tag{6-11}$$

可知噪声的电流均方值与电路频率 f 成反比，所以称为 1/f 噪声，它不是白噪声，噪声功率谱集中在低频，有时又称其为低频噪声。

4. 产生-复合噪声(g-r 噪声)

光电导探测器因光(或热)激发产生载流子和载流子复合(或寿命)这两个随机性过程，引起电流的随机起伏，形成产生-复合噪声。该噪声的电流均方值为

$$I_n^2 = \frac{4qI(\tau/\tau_e)\Delta f}{1+4\pi^2 f^2 \tau^2} \tag{6-12}$$

式中，I 为流过光电导器件的平均电流；τ 为载流子的平均寿命；τ_e 为载流子在光电导器件内电极间的平均漂移时间；Δf 为测量电路的带宽。

由式(6-12)可知，产生-复合噪声与频率 f 有关，属于非白噪声。但在相对低频的条件下，即 $4\pi^2 f^2 \tau^2 \le 1$ 时，公式可简化为

$$I_n^2 = 4qI(\tau/\tau_e)\Delta f \tag{6-13}$$

该式与散弹噪声表达式相类似，可认为是近似的白噪声。有时把 $\tau/\tau_e = G$ 叫做光电导器件的内增益，上式又可写成 $I_n^2 = 4qIG\Delta f$。

5. 温度噪声

这是热敏器件因其温度起伏所引起的噪声，该噪声用温度起伏的均方值表示

$$\Delta T_n^2 = \frac{4kT^2\Delta f}{G_Q(1+\omega^2\tau^2)} \tag{6-14}$$

式中，k 为玻耳兹曼常数；T 为热敏器件的绝对温度；G_Q 为器件的热导。该噪声对热敏器件的影响很大。

6. 背景辐射的光子噪声

探测器在接收目标辐射的同时，也接收目标以外其他物体的辐射，这些辐射也是一种不连续的起伏过程。这种因背景辐射起伏引起探测器产生的噪声叫做背景辐射的光子噪声。

对于某个工作中的探测器，除前述的各种固定噪声外，还必然存在着光子噪声。固定噪声可以通过制造、处理等许多方法来加以抑制，当器件噪声以背景辐射的光子噪声为主时，形成了背

景噪声限的探测器(Blip)。

6.1.3 噪声等效参量

为分析和计算网络方便,引入以下一些噪声等效参量。

1. 等效噪声带宽

在讨论放大器或网络时,常提到电路带宽的概念,它是指电压(或电流)输出的频率特性下降到最大值到某个百分比时所对应的频带宽度。例如低频放大器的3dB带宽,是指电信号频率特性下降到最大(低频)信号的0.707倍时,对应从零频到该频率间的频带宽度。这是实际电路的真实频率特性的一种表示方法。

等效噪声带宽是噪声量的一种等效表示形式,可定义为

$$\Delta f = \frac{1}{A_P} \int_0^\infty A_P(f) D(f) \, \mathrm{d}f \tag{6-15}$$

式中,Δf 为等效噪声带宽;$A_P(f)$ 为放大器或网络的相对功率增益,是频率 f 的函数;A_P 为放大器或网络功率增益的最大值;$D(f)$ 为等效于网络输入端的归一化噪声功率谱。

对于白噪声的情况,即 $D(f) = 1$,则有

$$\Delta f = \frac{1}{A_P} \int_0^\infty A_P(f) D(f) \, \mathrm{d}f \tag{6-16}$$

当网络的频率响应为带通型时,如图6-4所示,式(6-16)可以改为

$$A_P \Delta f = \int_0^\infty A_P(f) \, \mathrm{d}f \tag{6-17}$$

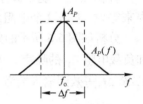

图6-4 带通型网络中等效带宽的物理意义

上式右边是功率增益函数 $A_P(f)$ 在图6-4中曲线下所包含的面积;而左边 $A_P \Delta f$ 是以 A_P 为高、Δf 为宽的面积,该面积与 $A_P(f)$ 曲线下所含面积相等,如图中虚线构成的矩形面积。Δf 是等效面积的宽度,它是网络通过噪声能力的一种量度。

系统的等效噪声带宽还可以用调制传递函数 $H_e(f)$ 来表示

$$\Delta f = \int_0^\infty D(f) H_e^2(f) \, \mathrm{d}f \tag{6-18}$$

对于白噪声来说 $D(f) = 1$,所以有

$$\Delta f = \int_0^\infty H_e^2(f) \, \mathrm{d}f$$

对于一个电压放大电路有

$$H_e(f) = A_V(f) / A_V$$

式中,$A_V(f)$ 为电路电压放大倍数的频率响应;A_V 为中心频率或零频时的电压放大倍数。于是有

$$\Delta f = \int_0^\infty \left(\frac{A_V(f)}{A_V} \right)^2 \mathrm{d}f = \frac{1}{A_V^2} \int_0^\infty A_V^2(f) \, \mathrm{d}f \tag{6-19}$$

该式与式(6-16)具有相同的含义。

设有一低通电压放大器如图6-5所示,它由电压放大倍数 $A_V = 50$ 的放大器与RC低通滤波器组成,其放大倍数的频率响应为

$$A_V(f) = A_V / (1 + \mathrm{j}\omega CR)$$

该复数的模为
$$A_V(f) = A_V / \sqrt{1 + (\omega CR)^2}$$

所以
$$\Delta f = \frac{1}{A_V^2} \int_0^\infty A_V^2(f) \, \mathrm{d}f = \frac{1}{2500} \int_0^\infty \frac{2500}{1 + (\omega CR)^2} \mathrm{d}f$$

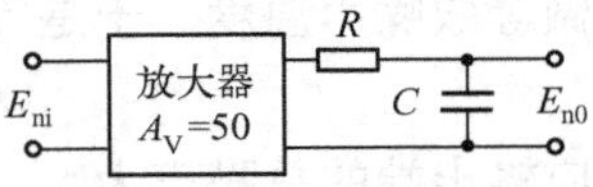

图6-5 低通电压放大器

$$= \int_0^\infty \frac{\mathrm{d}f}{1+(\omega CR)^2} = \frac{1}{2\pi CR} \int_0^\infty \frac{\mathrm{d}(\omega CR)}{1+(\omega CR)^2} = \frac{1}{2\pi CR} \cdot \frac{\pi}{2} = \frac{\pi}{2} f_H \qquad (6\text{-}20)$$

式中，$f_H = \dfrac{1}{2\pi CR}$ 为低通放大器的 3dB 频率。

由此可知低通放大器的等效噪声带宽等于放大器上限截止频率的 $\pi/2$ 倍。

例如，上例中低通放大器输入端接有白噪声源，其谱密度 $S_n = 4\times10^{-6}\,\mathrm{V}^2/\mathrm{Hz}$，不计电阻 R 产生的噪声，则总输出噪声为

$$E_{n0}^2 = S_n A_V^2 \Delta f = 1.57\times10^{-2} f_H \quad (\mathrm{V}^2)$$

设 $R = 1\mathrm{k}\Omega, C = 1\mu\mathrm{F}$，则

$$f_H = \frac{1}{2\pi RC} = 159\mathrm{Hz}, \quad E_{n0}^2 = 2.5\mathrm{V}^2, \quad E_{n0} = 1.58\mathrm{V}$$

2. 等效噪声电阻

各种噪声可能不属于同一起因与类型，但是为了计算和分析的方便，可以用一个电阻的热噪声来等效，于是这个电阻就叫做等效噪声电阻。

分析如图 6-6 所示的典型放大器，其噪声可由三部分组成，即输入电阻 R_i 的热噪声、放大器噪声和负载电阻 R_L 的噪声。用电阻的热噪声 R'_{eq} 来等效放大器的噪声，负载电阻 R_L 的热噪声为 $E_{nL0}^2 = 4kTR_L\Delta f$，等效到输入端为 $E_{nLi}^2 = 4kT(R_i/A_V^2)\Delta f$，对应等效电阻为 R_L/A_V^2。所以总等效电阻为

$$R_{eq} = R_i + R'_{eq} + R_L/A_V^2 \qquad (6\text{-}21)$$

对应总输入噪声为 $\qquad E_{ni}^2 = 4kTR_{eq}\Delta f = 4kT(R_i+R'_{eq}+R_L/A_V^2)\Delta f$

对应总输出噪声为 $\qquad E_{n0}^2 = 4kT(R_i+R'_{eq}+R_L/A_V^2)\Delta f A_V^2 \qquad (6\text{-}22)$

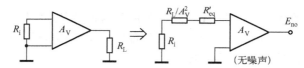

图 6-6 放大器等效噪声电阻

3. 等效噪声温度

这是一种将各噪声等效为放大器输入源电阻因等效升温而附加热噪声的方法。如图 6-7 所示，R_s 为源电阻，用 R_s 的热噪声表示输入源的噪声

$$E_{nT}^2 = 4kT_0 R_s \Delta f$$

式中，T_0 为参考温度（工作室温）。

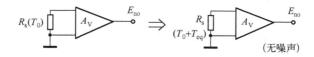

图 6-7 放大器等效噪声温度

假设放大器的噪声也等效到电阻 R_s 上，相当于附加一个温差 T_{eq} 在 R_s 产生的热噪声，把 T_{eq} 叫做等效噪声温度。于是等效在输入端的总噪声为

$$E_{ni}^2 = 4kT_0 R_s \Delta f + 4kT_{eq} R_s \Delta f = 4k(T_0+T_{eq})R_s \Delta f \qquad (6\text{-}23)$$

对应输出端的总噪声为

$$E_{no}^2 = 4k(T_0+T_{eq})R_s \Delta f A_V^2 \qquad (6\text{-}24)$$

如把放大器噪声等效为等效噪声电阻为 R_{eq} 的热噪声

$$4kT_0R_{eq}\Delta f = 4kT_{eq}R_s\Delta f$$

所以
$$T_0R_{eq} = T_{eq}R_s$$

或
$$R_{eq}/R_s = T_{eq}/T_0 \qquad (6\text{-}25)$$

由上式可知等效噪声电阻与源电阻之比等于等效噪声温度与参考温度之比。

6.1.4　前置放大器的噪声

在光电探测系统中，首先对电信号进行处理的是前置放大器，它的噪声对电路处理系统的影响也最大，所以要重点讨论前置放大器的噪声。

1. 噪声系数(F)

为了正确评价网络的噪声特性，常用噪声系数这一参量来估计。

图 6-8 所示为线性四端网络原理图。图中 R_s 是信号源内阻；E_s 是信号源电动势；R_L 是输出负载；P_i、P_o 分别是输入、输出的信号功率；N_i 是加到输入端的噪声功率，由信号源内阻 R_s 的热噪声提供；N_o 是输出端的总噪声功率，包括 R_s 的热噪声和网络内部噪声。于是噪声系数可定义为

$$F = \frac{P_i/N_i}{P_o/N_o} \qquad (6\text{-}26)$$

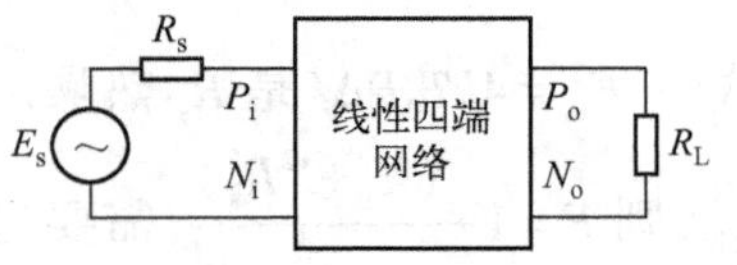

图 6-8　线性四端网络的原理图

即输入信噪比与输出信噪比之比。

下面对其有关特性进行讨论：

（1）对于理想无噪声的网络有 $P_o/N_o = P_i/N_i$，即 $F=1$。当网络存在噪声时，$P_o/N_o > P_i/N_i$，即 $F>1$，所以网络的噪声系数 $F \geqslant 1$。

（2）噪声系数常用其分贝数 F_{dB} 来表示

$$F_{dB} = 10\lg F = 10\lg \frac{P_i/N_i}{P_o/N_o} \qquad (6\text{-}27)$$

（3）将网络功率增益 A_P 引入上式，并设 N_i 经网络后输出噪声为 $N_{io} = A_P N_i$，则有

$$F = \frac{P_i N_o}{P_o N_i} = \frac{N_o}{A_P N_i} = \frac{N_o}{N_{io}} \qquad (6\text{-}28)$$

所以，噪声系数又可定义为有噪声网络与无噪声网络输出噪声功率之比。

如设网络内部产生的噪声功率在输出端为 N_n，由 $N_o = N_{io} + N_n$，可得

$$F = \frac{N_o}{N_{io}} = \frac{N_{io}+N_n}{N_n} = 1 + \frac{N_n}{N_{io}} \qquad (6\text{-}29)$$

（4）用噪声等效温度 T_{eq} 表示网络内部引起的噪声，则等效输入噪声功率为

$$4kT_{eq}R_s\Delta f = 4kT_0T_{eq}R_s\Delta f/T_0 = N_i(T_{eq}/T_0)$$

经网络对应输出的噪声功率为

$$N_n = (T_{eq}/T_0)N_i A_P$$

则有
$$F = (1+T_{eq}/T_0) \qquad (6\text{-}30)$$
$$T_{eq} = (F-1)T_0 \qquad (6\text{-}31)$$

假设某网络处在室温 $T_0 = 300K$ 的条件下，其噪声等效温度 $T_{eq} = 3000K$，则噪声系数

$F=1+3000/300=11$；若网络功率放大系数 $A_P=8$，输入噪声功率 $N_i=6\mu W$，则输出噪声功率 $N_n=N_iA_P(F-1)=480\mu W$。

2. 半导体三极管的噪声系数

作为前置放大器的主要器件有半导体三极管和场效应管等，当前大量使用的集成放大器也是依上述两类器件的原理组合而成的，因此分析它们的噪声系数有益于对前置放大器的设计。

半导体三极管的噪声主要包括散弹噪声、分配噪声、热噪声和 $1/f$（闪烁）噪声。在等效电路的分析中，除 $1/f$ 噪声外可把其他噪声等效为输入端的两个噪声源，如图 6-9 所示。其中恒压等效噪声源 E_n^2 包括了基区电阻 $r_{bb'}$ 的热噪声和分配噪声；恒流等效噪声源 I_n^2 包括了发射结的散弹噪声和分配噪声。

在所考虑的频带范围内，如果噪声频谱是均匀的，那么以输入端等效参数所表示的二极管噪声系数为

$$F=1+\frac{E_n^2+I_n^2(R_s+r_{bb'})^2}{E_{ns}^2} \qquad (6\text{-}32)$$

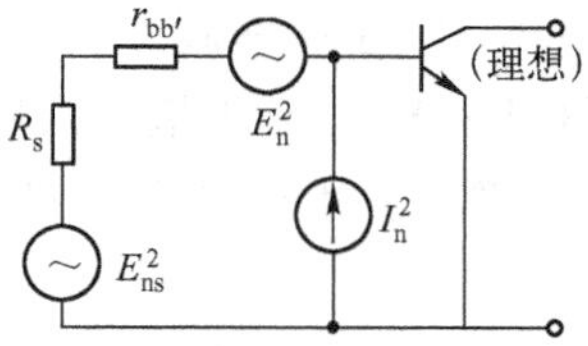

式中，$E_{ns}^2=4kT_0R\Delta f$ 是 R_s 热噪声的均方值。如果忽略体电阻 $r_{bb'}$，则 $F=1+\dfrac{(E_n^2+I_n^2R_s^2)}{E_{ns}^2}$，需要讨论在什么条件下噪声系数最小，即求 $dF/dR_s=0$ 的条件。经微分计算并整理则有

图 6-9　三极管噪声等效电路

$$R_s=R_{sopt}\approx E_n/I_n \qquad (6\text{-}33)$$

可见要使三极管的噪声系数最小，应选择输入信号源电阻 R_s 等于三极管等效输入噪声电压与噪声电流的均方根之比。

半导体三极管放大器的噪声也可用等效噪声电阻表示，如图 6-10 所示。三极管噪声等效为图中纯电阻 R_{eq} 和由该电阻热噪声产生的噪声电压均方值 E_{neq}^2 的串联。噪声系数的定义式为

$$F=1+\frac{E_{neq}^2}{E_{ns}^2}=1+\frac{R_{eq}}{R_s} \qquad (6\text{-}34)$$

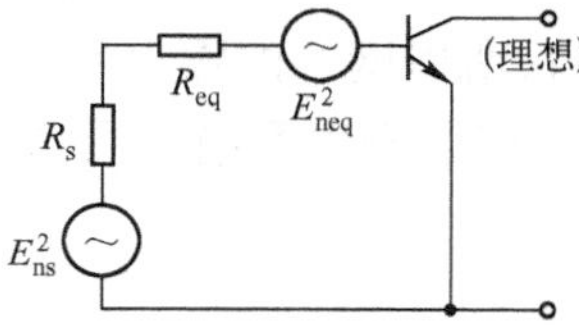

图 6-10　三极管噪声等效电阻

当 $R_s>R_{eq}$ 时，$F<2$，但这时输入噪声增大对总系统噪声没有好处。当 $R_s<R_{eq}$ 时，$F>2$，噪声系数变大。常取 $R_{sopt}=R_{eq}$，这时 $F=2$，用分贝位表示为 $F_{dB}=3dB$。

通过对半导体三极管特性的进一步分析，还可以得到以下三个对电路设计有意义的结论：

（1）半导体三极管的噪声系数与工作频率 f 间的关系如图 6-11 所示，频率从 0 到 f_1 之间的噪声中起主要作用的是 $1/f$ 噪声；频率在 f_1 和 f_2 之间主要的噪声是 $r_{bb'}$ 的热噪声和发射结的散弹噪声，基本上是白噪声，且噪声系数最小；频率达 f_2 以上，分配噪声迅速随频率增长，噪声系数加大，从噪声系数尽可能小的要求出发，电路工作频率应选在 f_1 和 f_2 之间。同理若需高频工作，则应选 f_2 高的管子；反之若需低频工作，则应选 f_1 低的管子。

（2）噪声系数与源电阻 R_s 的关系如图 6-12 所示。该曲线有极小值存在，即 $R_s=R_{sopt}$ 时，噪声系数最小。用脚标 opt 表示最佳的源电阻 R_s，约为几千欧姆。应当注意符合噪声匹配的最佳电阻关系，并不一定是最佳功率匹配的条件。

（3）噪声系数与三极管工作点电流 I_{CQ} 的关系如图 6-13 所示。最小值对应最佳工作点或最佳工作电流 $I_{CQ}=I_{copt}$，其值约为 1mA。设计三极管集电极工作点电流，应取在最佳值 I_{copt} 附近。

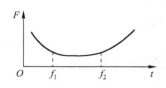

图 6-11　三极管噪声系数的
频率特性

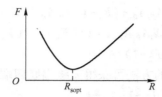

图 6-12　三极管噪声系数与
源电阻的关系

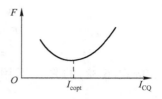

图 6-13　三极管噪声系数与
其工作点电流的关系

通过许多实验说明,使用中三极管的接法与噪声系数基本无关。

3. 场效应管的噪声系数

场效应管的主要噪声是类似于电阻噪声的"沟道热噪声"。此外,还有随着工作点频率 f 升高,栅极电容的耦合作用,由沟道热噪声馈至栅极而形成的栅极感应噪声,以及 $1/f$ 噪声和栅流产生的散弹噪声等。

场效应管的沟道热噪声等效至输入端的电压均方值为

$$E_n^2 = 4kTR_n\Delta f \tag{6-35}$$

式中,R_n 为场效应管的等效噪声电阻,$R_n \approx (0.2 \sim 0.8)/g_m$;$g_m$ 为场效应管的跨导。

而栅流产生的散弹噪声等效至输入端的电流均方值为

$$I_n^2 = 2qI_g\Delta f \tag{6-36}$$

式中,I_g 为场效应管的栅极电流。通常 I_g 很小,所以 I_n 与 E_n 相比甚小,可以忽略。为使场效应管的噪声小些,应选跨导 g_m 尽可能大的管子。与半导体三极管相类似,场效应管的噪声系数可用下式表示

$$F \approx 1 + \frac{E_n^2}{E_{ns}^2} = 1 + \frac{R_n}{R_s} \tag{6-37}$$

图 6-14　场效应管噪声
系数与源电阻的关系

场效应管噪声系数与工作频率的关系与三极管的特性相似。$f < f_1$ 时,主要是 $1/f$ 噪声;$f > f_2$ 时,主要是栅极感应噪声;$f_1 < f < f_2$ 时,主要是白噪声性质的沟道热噪声。

场效应管的噪声系数与源电阻 R_s 的关系与三极管不同,如图 6-14 中实线所示。随 R_s 增加,F 单调下降。当信号源为低内阻时,选用半导体三极管更为合适。而当信号源为高内阻时,适宜选用场效应管。

场效应管的噪声系数与温度密切相关,随温度升高噪声增加。MOS 场效应管与结型场效应管的噪声特性基本相同,但 MOS 是表面器件,其 $1/f$ 噪声要大些。

4. 多级放大器的噪声系数

放大器可以由单级或多级组成,由半导体三极管或场效应管组成的单级放大器可视为一个有源四端网络。由单级联合构成多级放大器,可把级间器件视为一个无源四端网络。因此,多级放大器可视为有源和无源四端网络的组合。为讨论方便,先从两个串联的有源四端网络入手,分析其噪声系数的表达式,然后推广到多级放大系统中去。

图 6-15 所示为两个有源四端网络的串联,有关参量表示在图中。按照定义该系统的总噪声系数为 $F = N_o/(N_i \cdot A_P)$,而 $A_P = A_{P_1}A_{P_2}$,于是有

$$N_o = N_i A_{P_1}A_{P_2} + N_{n1}A_{P_2} + N_{n2}$$

$$N_{n1} = (F_1 - 1)A_{P_1}N_i, \quad N_{n2} = (F_2 - 1)A_{P_2}N_i$$

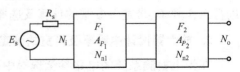

图 6-15　两个有源四端网络的串联

所以
$$N_o = N_i \left[A_{P_1} A_{P_2} + (F_1 - 1) A_{P_1} A_{P_2} + (F_2 - 1) A_{P_2} \right]$$
$$F = N_o / (N_i A_{P_1} A_{P_2}) = 1 + (F_1 - 1) + (F_2 - 1) / A_{P_1}$$
$$= F_1 + (F_2 - 1) / A_{P_1} \tag{6-38}$$

按式(6-38)的关系,采用相同的方法可获得 n 级串联四端网络的噪声系数关系

$$F = F_1 + \frac{F_2 - 1}{A_{P_1}} + \frac{F_3 - 1}{A_{P_1} A_{P_2}} + \cdots + \frac{F_n - 1}{A_{P_1} A_{P_2} \cdots A_{P_{(n-1)}}} \tag{6-39}$$

由此可见,各级噪声系数对总噪声系数的影响不同,越是靠前的级影响越大。要减小系统总噪声系数,应尽力减小第一级和其后 $1 \sim 2$ 级的噪声系数,同时尽可能提高它们的功率增益。

6.2 前置放大器

在光电检测系统中,信号处理电路的关键在于前置放大器的设计。本节着重讨论设计的一般原则。

光电器件偏置电路输出信号较强时,前置放大器及后续放大器的设计主要是从增益、带宽、阻抗匹配和稳定性上着手的,在此基础上考核噪声的影响。

如果供给前置放大器的信号很小,那么设计适用于弱信号的低噪声前置放大器将十分重要。应以尽力抑制噪声作为考虑问题的出发点。

通常在选定了探测器和相应的偏置电路以后,就可知所获信号和噪声的大小。用恒压信号源或恒流信号源来等效探测器和偏置电路的输出信号如图6-16所示。同时用源电阻的热噪声来等效探测器和偏置电路的总噪声 $E_{ns}^2 = 4kT_n R_s \Delta f$,用最小噪声系数原则设计前置放大器。

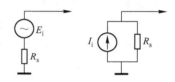

图 6-16　探测器与偏置电路的等效

1. 前置放大器设计的大致步骤

在光电检测系统中,由于工作所选的光电或热电探测器不同,要求不同,设计者的考虑方法不同,使前置放大器的电路型式差别很大。这里就一般原则介绍如下。

(1) 测试或计算光电探测器及偏置电路的源电阻 R_s。

(2) 从噪声匹配原则出发,选择前置放大器第一级的管型,选择原则如图6-17所示。如果源电阻小于 100Ω。可采用变压器耦合;在 100Ω 到 $1M\Omega$ 之间,可选用半导体三极管;在 $1k\Omega$ 到 $1M\Omega$ 之间选用运算放大器(OPAMP);在 $1k\Omega$ 到 $1G\Omega$ 之间,选用结型场效应管(JFET);超过 $1M\Omega$ 以上,可选用 MOS 场效应管(MOS FET)。

(3) 在管型选定后,第一、二级应采用噪声尽可能低的器件,按照最佳源电阻的原则来确定管子的工作点,并进行工作频率、带宽等参量的计算及选择。

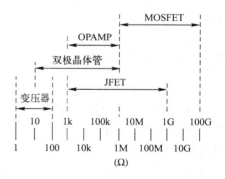

图 6-17　选用第一级放大器件的原则

2. 放大器设计中频率及带宽的确定

在光电检测系统的电路参量选择中,从减小噪声影响的原则出发,正确选择工作频率及带宽十分重要。这里介绍一些选择原则。

(1) 根据所采用的光电探测器的噪声谱和选定放大器的典型噪声谱,确定工作(调制)频

率。典型探测器的噪声谱如图 6-18 所示,在低频时主要是 $1/f$ 噪声,并随频率增高而影响减小,进入了以散粒噪声等白噪声型式为主的区域,曲线平直,显然频率应选在这一区域中。综合考虑工作频率应选择在两者共同的噪声较低的频率区中。

应当注意,实际选择工作频率还要考虑探测器的频率特性,应选在灵敏度开始下降的频率之前,即频率不应选择得过高。

(2)光电检测系统中按照白噪声的特点,工作频率选定后,应尽可能减小电路的频带宽度。这是减小噪声影响的重要措施,可采用选频放大、锁相放大等技术。

(3)当信号频率在一定范围内变化,不能选用固定频率的窄带滤波方式工作时,除确定必要的窄带外,可采用设计选通积分器的方法来抑制噪声。原理是在选通时间内,把信号取出并经积分器积分,而积分作用对噪声来说是取平均值,对信号来说是叠加增强,从而达到抑制噪声、提高信噪比的目的。

(4)在某些系统如脉冲系统中,为保持信号的波形,必须采用频带宽度较宽的处理电路。电路系统的频率特性由滤波器带宽决定,如果要保持矩形脉冲波形,则要求无限宽的带宽。即使在白噪声的情况下,带宽增宽,噪声功率也要按正比增加,从而使信噪比下降。在实际系统中,从提高信噪比考虑,很少要求精确保持波形,而按实际需要适当牺牲高频成分,保持必要的脉冲特性。图 6-19 说明了所需保持波形和电路 3dB 带宽 Δf 之间的关系。参量 τ 是相对脉冲持续时间。$\Delta f < 0.5$ 时,信号峰值幅度减小;$\Delta f \tau = 0.5$ 时,信号峰值幅度保持,这时信噪比最大;$\Delta f \tau = 1$ 时,有一点矩形波的轮廓;较正确复现波形,则需 $\Delta f \tau = 4$。

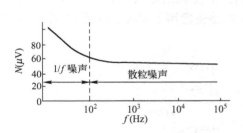

图 6-18 典型探测器的噪声谱

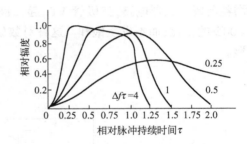

图 6-19 带宽对矩形脉冲波形和复现的影响

3. 放大器设计中的其他考虑

在光电检测系统的电路设计中,一些其他考虑归纳如下:

(1)按最小噪声系数原则设计前置放大器时,为减少后面各放大级噪声对总噪声的影响,其电压放大倍数 A_{V_1} 不应小于 10 倍,从而使 $F \approx F_1$。当然过高的前置放大器放大倍数不仅没有必要,而且不易实现。

(2)采用多级级联放大器时,总放大倍数 A_V 可分配到各级中,$A_V = A_{V_1} A_{V_2} \cdots A_{V_n}$。

(3)级间加入不同型式的负反馈电路,可以起到提高电路的稳定性、调整输入阻抗、调整放大倍数和改变带宽等作用。

(4)大部分光电检测系统要求有好的线性度和宽的动态范围,在电路设计中应给予考虑。

(5)完成电路设计前应验证设计是否满足噪声系数、电压放大倍数、频带宽度、稳定性、阻抗匹配、线性度、动态范围等要求。如不满足则应反复修正。

4. 前置放大器的实例

具体的前置放大器电路在第 4 章中结合各类光电器件已做了一些介绍,这里只举例说明。图 6-20 所示为光电导探测器电路中的前置放大器电路图。它具有良好的线性度,电路是由 μA

702A 和 μA716 两个集成器件构成的。

为了减小杂散的电干扰和传输线对信号的损失,通常把探测器与前置放大器放置在一起,而后续的放大器则可通过屏蔽线连接而相距一段距离。

当探测器与前置放大器之间的阻抗不匹配时,可采用射极跟随器进行耦合。图 6-21 所示为一种实用射极跟随器电路,它是由两个三极管组成的,能使高输出阻抗的光电探测器与相对低输入阻抗的前置放大器之间得以匹配。

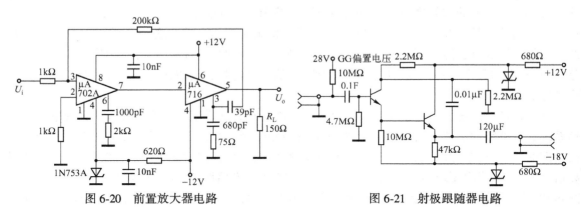

图 6-20　前置放大器电路　　　　　图 6-21　射极跟随器电路

当输入信号的幅度变化很大时,为使信号不超出系统的动态范围,则要实施高输入获得低增益、低输入获得高增益的电路处理。该功能可用对数型增益的前置放大器完成。图 6-22 所示为对数型增益前置放大器电路,三极管 VT_1 起二极管作用,提供对数关系特性。该电路可接受输入幅度 60dB 的变比,而不发生饱和。这种对数放大电路还适用于阴极射线管中,显示成调幅的扫描波形。

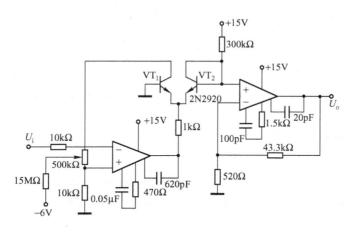

图 6-22　对数型增益前置放大器电路

前置放大器的后续电路通常是功率放大器或整形放大器,它们应具有大的动态范围,足够的带宽,但对噪声特性的要求并不严格。此外,还应考虑与后续电路、显示或其他处理手段相匹配。

6.3　常用电路介绍

这里将介绍一些常用电路,其目的不是具体设计计算,而是为说明在光电检测系统中这些常用电路的作用及实现这些作用的原理。

6.3.1 选频放大器

在检测系统中,为突出信号和抑制噪声,常采用选频放大器。将放大器的选放频率与光电信号的调制频率一致,同时限制带宽,使所选频率间隔外的噪声尽可能滤除,达到提高信噪比的目的。

一类选频放大器是利用 LC 振荡电路,通过谐振的方式对所需频率的信号直接进行放大输出。放大电路中接有 LC 并联谐振回路,如图 6-23 所示,最后用变压器输出。它适用于较高频率的选频电路。图 6-24 所示为适于低频的选频放大器实用电路。电路也采用 LC 谐振回路实现选频功能,并以电容耦合输出。

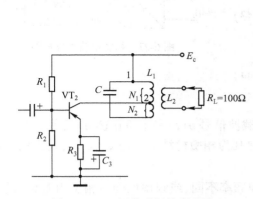

图 6-23 LC 振荡选频放大电路

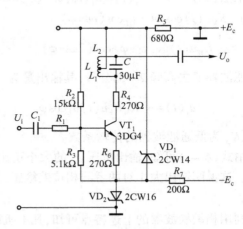

图 6-24 低频选频放大器

另一种类型的选频放大器是利用 RC 振荡回路的选频特性,并把该振荡回路作为放大器的反馈网络而构成的,该放大器中最典型的是带有"双 T 形 RC 反馈网络"的放大电路。双 T 形 RC 网络及其频率特性如图 6-25 所示。纵坐标为双 T 网络输出的幅值,横坐标是频率。可见网络的选频特性是对频率 ω 滤波最强,输出最小。上述网络特性的形成条件为

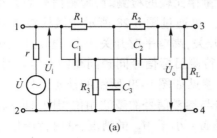

(a)

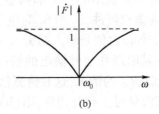

(b)

图 6-25 双 T 网络及其频率特性

$$C_1 = C_2 = C_3/2 \qquad (6\text{-}40)$$
$$R_1 = R_2 = 2R_3 \qquad (6\text{-}41)$$
$$f_0 = \omega_0/2\pi = 1/2\pi R_1 C_1 \qquad (6\text{-}42)$$

该网络不同于 LC 谐振回路那样作为放大器的输出端,而是作为放大器的负反馈电路,以构成性能良好的选频放大器。这里放大器可采用多种元器件,如半导体三极管、场效应管、集成电路等。图 6-26 所示电路采用了集成电路,为带有双 T 形负反馈网络的选频放大器。通过微调 R_3 可使所选频率更加准确,并使电路工作更加稳定。

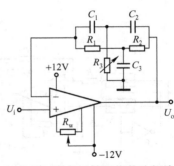

图 6-26 双 T 形负反馈网络的选频放大器

由于双 T 形网络有很好的频率特性,因此应用相当广泛。其缺点是频率调节比较困难,因此适用于对单一频率的选频。通常采用 RC 振荡器产生几赫到几百千赫的低频振荡。要产生更高频率的振荡,则要借助 LC 振荡回路。

6.3.2　相敏检波器(相敏整流器、相敏解调器)

相敏检波器的工作原理如图 6-27 所示。它是由模拟乘法器和低通滤波器构成的。图中 $u_i(t)=u(t)\cos\omega t$ 为 振幅调制信号,即待测的振幅缓慢变化的信号。

乘法器另一输入 $u_L(t)=u_L\cos(\omega t+\varphi)$ 是本机振荡或参考振荡信号,乘法器的输出信号为

$$u_1(t)=K_M u(t)\cos\omega t \cdot u_L\cos(\omega t+\varphi)$$

$$=\frac{1}{2}K_M u(t)u_L[\cos\varphi+\cos(2\omega t+\varphi)] \qquad (6\text{-}43)$$

低通滤波器滤去高频 2ω 的分量,其输出量为

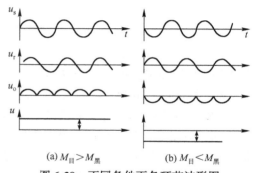

图 6-27　相敏检波器方框图

$$u_o(t)=\frac{1}{2}K_M K_\varphi u(t)u_L\cos\varphi \qquad (6\text{-}44)$$

式中,K_φ 为低通滤波器的传输系数。

由式(6-44)可知,输出电压 u_o 的大小正比于载波信号 $u(t)$ 和本机振荡 u_L 之间的相位差的余弦。这说明输出大小对两者间相位差敏感,故称其为相敏检波器。当 $\varphi=0$ 时,检出信号幅度最大。

利用相敏检波器的上述特点可知,凡本机载波频率不同,或频率虽同但相位相差 90° 的非信号,均能被相敏检波器的低通滤波器所滤除,起到了抑制干扰与噪声的作用。因此在光电检测系统中,相敏检波器可将淹没于强背景噪声中的微弱信号提取出来。具体做法是在对待检测信号进行调制的同时,引出与调制频率、相位一致的参考信号,以此作为本机载波信号。通过相敏检波器达到提取微弱信号的目的。

相敏检波器的另一个作用是在检测待测信号大小的同时,检测出待测信号的正负或方向。例如在进行某辐射目标的辐射量与黑体辐射量相比较的检测时,检测信号的大小表示了两辐射量的差值,差值的正负表示哪一个辐射量大。可通过图 6-28 所示相敏检波器原理电路加以说明。图中 3140 为集成器件,S_1 和 S_2 为电子开关,高电平时开关闭合,低电平时开关断开。F 为反相器。待测信号 u_s 由信号输入端引入,与待测目标信号同频同相的参考信号 u_r 由参考输入端引入。为说明其原理及信号输出的情况,参见如图 6-29 所示的波形。图(a)是当目标辐射 $M_目$ 大于黑体辐射 $M_黑$ 的情况,这时待测信号与参考信号的载波相位相同,即 $\cos\varphi=1$,经检波器后输出为正的直流信号。与此相反,图(b)是 $M_目$ 小于 $M_黑$ 的情况,这时待测信号与参考信号的载波相位相反,$\cos\varphi=\cos180°=-1$,经检波器后输出为负的直流信号。

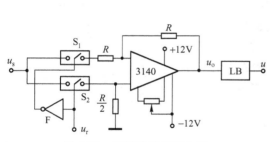

图 6-28　相敏检波原理电路

图 6-29　不同条件下各环节波形图

(a) $M_目>M_黑$　　(b) $M_目<M_黑$

上述相敏检波器只能检出相位差为 0 或 180° 的变化。如把两信号之一在输入相敏检波器之前预先移相 90°,则相敏检波器的工作范围变为-90°~90°。

6.3.3 相位检测器(鉴相器)

在许多检测系统中,待测量反映在信号波的相位变化中,因此相位检测十分重要。

下面介绍的相位检测器的相位范围为 ±180°,且输出电压与相位差成线性关系,其原理框图如图 6-30 所示。对应各环节的波形如图 6-31 所示。基准信号与待测信号分别加到不同的过零检测器上,将其变换为方波。图 6-31(a) 是两信号同相位的情况。实际输入时,把待测信号反相输入,于是 u_1 和 u_2 的相位相反,它们分别经微分器和限幅器后,各取其上升沿形成的尖脉冲 u_3 和 u_4,然后把它们送至双稳态触发器,产生脉冲 u_5,再经低通滤波器取其平均分量。由于 u_5 的正、负极性持续期相等,则平均分量 $u_o=0$。图 6-31(b) 是 u_B 滞后 u_A 90° 的情况。这时 u_s 负极性持续时间为 $3T/4$,而正极性时间为 $T/4$,所以其平均分量 $u_o<0$。图 5-31(c) 是 u_B 超前 u_A 90° 的情况,同理 $u_o>0$。

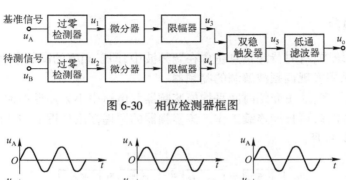

图 6-30　相位检测器框图

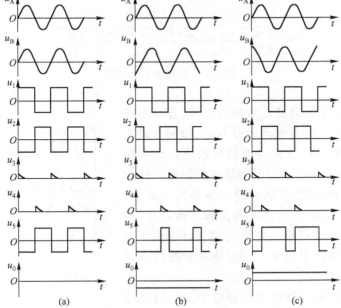

图 6-31　相位检测器各环节的波形

一种相位检测器电路如图 6-32 所示。A_1 和 A_2 集成器件各构成一个过零检测器,A_1 接成正相输入,A_2 接成反相输入。C_1、R_7 和 C_2、R_8 分别构成两通道的微分电路。VD_1 和 VD_2 分别是两通道的限幅二极管,A_3 构成双稳态触发器。R_{15} 和 C_3 构成简单的 RC 低通滤波器。这时输出电

压 u_5 的平均值为

$$u_o = (\varphi_B - \varphi_A) u_z / 180° \tag{6-45}$$

式中，φ_B，φ_A 为待测信号和基准信号的相位；u_z 为两信号相位相差 $180°$ 时的电压输出值。

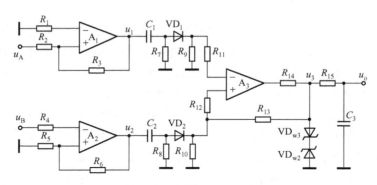

图 6-32　相位检测器电路

6.3.4　鉴频器

在光电检测系统中，有时待测信息包含在调频波中，即以频率的高低来表征待测信号量。为求此待测信号，需采用实现调频波解调的鉴频器。

鉴频器的种类很多，这里介绍时间平均值鉴频器。电路中不采用谐振回路，因此不存在元件老化而产生的调谐漂移，可长期连续工作。该鉴频器的原理框图如图 6-33 所示。它由四部分组成，工作波形如图 6-34 所示。

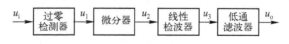

图 6-33　鉴频器原理框图

输入调频波经过零检测器后变换为方波，方波的频率随调频波频率变化。当方波经微分器后，每一方波变换成一正负尖脉冲对。经线性检波器可取出正向尖脉冲或负向尖脉冲，尖脉冲数正比于调频波的频率。然后将尖脉冲送入低通滤波器，输出的是尖脉冲的平均值。调频波的瞬时频率越高，单位时间内尖脉冲数越多，尖脉冲的平均值就越大，所以输出电压 u_o 将正比于调频波的频率。图 6-34 中给出了两个不同频率调频波的有关波形，以便比较。

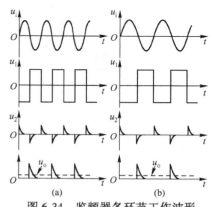

图 6-34　鉴频器各环节工作波形

图 6-35 为实现鉴频功能的电路原理图。A_1 接成过零检测器，A_2 接成微分器，电路中 C_1 和 R_5 是微分元件，R_4 用以降低高频噪声，C_2 的作用是提高电路的稳定性。R_6 和 C_3 分别为减小偏流漂移和降低噪声的元件。A_3 接成线性检波电路，通过单向尖脉冲。在反馈电阻 R_8 两端并联电容 C_4，使 A_3 的增益随频率升高而减小，从而使低通滤波器和线性检波器合二为一。输出端电压 u_o，反映了输入此脉冲经放大后的平均值。

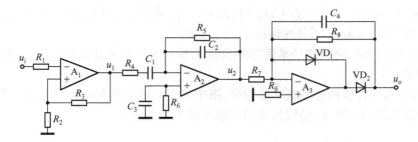

图 6-35　鉴频器电路原理

6.3.5　脉宽鉴别器

在光电检测技术中,有时需要在不同宽度的脉冲中,选出脉宽在某个特定值 T 附近的控制脉冲,即 $T = T_P \pm \Delta T_P$。T_P 为特定的持续期,ΔT_P 为允许偏差。实现该功能的脉宽鉴别器如图 6-36 所示。相应的工作波形如图 6-37 所示。u_i 中包括两个不同宽度的波形,$T_{x1} < T$,T_{x2} 在 T 规定的范围 $T_P \pm \Delta T_P$ 中,$T_{x3} > T$。

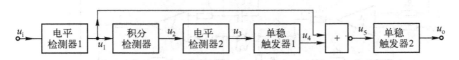

图 6-36　脉宽鉴别器

电平检测器的参考电压 u_{R1} 约等于 u_i 的平均值。叠加有噪声干扰的输入信号 u_i 经电平检测器 1 后,转换为幅度相同、宽度不同的脉冲 u_1。脉冲 u_1 分为两路输出,一路送至或非门;另一路送至积分检测器。

积分检测器的作用是将脉冲 u_1 的正极性部分转变为锯齿波 u_2。锯齿波的持续期等于 u_1 正极性部分的持续期,其高度随持续期的增长而增高。然后将锯齿波送到电平检测器之中。

电平检测器 2 的参考电平为 u_{R2},它等于脉冲宽度到达下限位值 $T_P - \Delta T_P$ 时,形成锯齿波的临界高度。当锯齿波高度达到 u_{R2} 时,电平检测器 2 的输出 u_3 改变状态,由高电平变为低电平,而当锯齿波结束时,u_3 复原而返回高电平。只有当 $T_x > T_P - \Delta T_P$ 时,电平检测器 2 才有负脉冲输出,而负脉冲的宽度不等,用 T_3 表示为

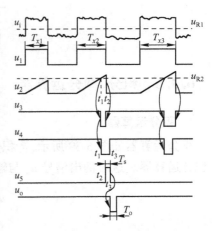

图 6-37　脉宽鉴别器工作波形

$$T_3 = t_2 - t_1 = T_x - (T_P - \Delta T_P) \tag{6-46}$$

将负脉冲电压 u_3 送到单稳态触发器 1 处,T_{x1} 已排除在外。单稳态触发器 1 在负脉冲下降沿的触发下,产生一个宽度为 $2\Delta T_P$ 的负脉冲 u_4,并送到或非门输入端。

电压信号 u_1 和 u_4 在或非门进行逻辑运算,只有当 u_1 和 u_4 均为低电平时,输出 u_5 才为高电平。$T_P - \Delta T_P < T_x < T_P + \Delta T_P$,即 T_{x2} 的条件下,当 u_1 在 t_2 由高电平变为低电平时,u_4 仍保持为负。于是 u_5 为高电平,u_5 的正脉冲宽度为

$$T_5 = t_3 - t_2 = 2\Delta T_P - [T_x - (T_P - \Delta T_P)]$$
$$= T_P + \Delta T_P - T_x \tag{6-47}$$

随 T_x 增大，T_5 减小。当 $T_x = T_P + \Delta T_P$ 时，$T_5 = 0$。T_x 再增大，相当于 T_{x3} 的情况，u_4 返回高电平时，u_1 仍维持高电平，无 u_5 正脉冲输出。

当 u_5 输出正脉冲时，将其送到单稳态触发器 2，变换为持续期和高度划一的脉冲 u_0，以此作为所需信号的输出。

图 6-38 所示为一种实用脉冲宽度鉴别器，图中 A_1 和 A_2 分别为电平检测器 1 和 2；R_6、C_1 和 VD_2 组成积分检测器；A_3 和 A_4 分别为单稳态触发器 1 和 2。

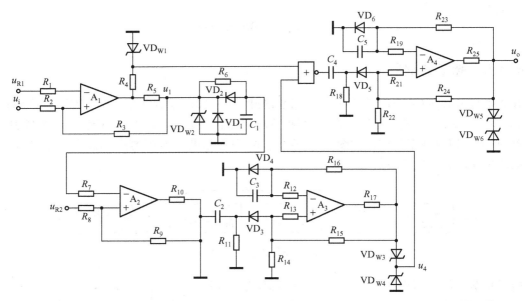

图 6-38　脉宽鉴别器电路

6.3.6　积分、微分运算器

1. 积分运算器

积分运算器如图 6-39 所示，待积分的输入信号由反相端输入，并采用电容负反馈，可获得基本积分运算器。这时输出信号 u_o 与输入信号 u_i 的关系为

$$u_o(t) = -\frac{1}{R_f C_f} \int u_i(t)\,\mathrm{d}t \tag{6-48}$$

可见这时输出电压正比于输入电压对时间的积分，比例常数与反馈电路的时间常数有关

$$\tau_f = R_f C_f \tag{6-49}$$

而与运算放大器的参数无关。

按需要还可接成同相积分运算器，如图 6-40 所示，将待积分信号和积分电容 C 接在运算放大器的同相端，输出信号和输入信号间的关系为

$$u_o(t) = \frac{2}{RC} \int u_i(t)\,\mathrm{d}t \tag{6-50}$$

它是反相积分运算器的两倍。同相积分器可以获得精确的积分运算，关键在于引入适量的正反馈，不足或过量均会导致误差，过大还会引起自激振荡。

图 6-41 所示为差动积分运算器。由在反相积分器的同相侧增加平衡对称电路而构成。输出信号 u_o 输入信号 u_i 间的关系为

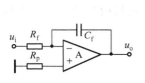
图 6-39 积分运算器

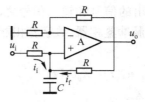
图 6-40 同相积分运算器

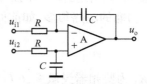
图 6-41 差动积分运算器

$$u_o(t) = \frac{1}{RC} \int [u_{i2}(t) - u_{i1}(t)] dt \qquad (6\text{-}51)$$

满足差积分的要求。

2. 微分运算器

基本微分运算器如图 6-42 所示。待微分信号输入反相端,有

$$u_o(t) = -R_f C_f d u_i(t) dt \qquad (6\text{-}52)$$

可见输出电压为输入电压对时间的导数,比例常数取决于反馈电路的时间常数 $\tau_f = R_s C_f$,与放大器的参数无关。

在运算放大器的反相端和同相端接成平衡对称的 RC 微分电路,可构成差动微分运算器,如图 6-43 所示。其输出与输入间的关系为

$$u_o(t) = R_f C_f d[u_{i1}(t) - u_{i2}(t)]/dt \qquad (6\text{-}53)$$

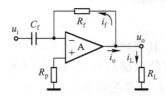
图 6-42 基本微分运算器

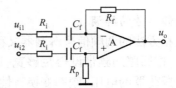
图 6-43 差动微分运算器

6.3.7 锁相环及锁相放大器

自动相位控制是使一个简谐波自激振荡的相位受基准振荡的控制,即自激振荡器振荡的相位和基准振荡的相位保持某种特定的关系,叫做"相位锁定",简称"锁相"。自动相位控制就是为了达到锁相的目的。

锁相在电子学和自动控制技术中应用十分广泛。锁相技术具有许多优点,例如采用锁相技术进行稳频,比采用频率自动控制技术要好得多。后者稳频总有剩余频差,而锁相稳频却只有剩余相差,而无频差。

锁相环方框图如图 6-44 所示。当输入信号 $u_i(t)$ 和输出信号 $u_o(t)$ 频率不一致时,其间必有相位差。鉴相器将此相位差变换为电压 $u_d(t)$,叫做误差电压。该电压通过低通滤波器,滤去高频分量后,控制压控振荡器,改变其振荡频率,使之趋向输入信号的频率。在稳定的情况下输出信号 $u_o(t)$ 和输入信号 $u_i(t)$ 频率相同,但其间将保持一固定的相位差,该工作状态叫做锁定状态。另一种工作情况是输入信号频率在一定范围内变化,使输出信号跟随输入信号频率变化,该状态叫做跟踪状态。

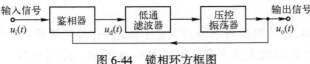
图 6-44 锁相环方框图

鉴相器的任务是将压控振荡器输出的信号和输入信号之间的相位差转换为误差电压。完成这一功能的电路很多，如前面介绍的脉冲鉴相器、数字鉴相器和正弦鉴相器等。鉴相器输出电压为

$$u_d(t) = K_d\theta_n(t) \tag{6-54}$$

式中，K_d 为鉴相器灵敏度，$\theta_n(t)$ 为相位差。

锁相环中，低通滤波器常叫做环路滤波器。形式上有 RC 积分滤波器、RC 比例积分滤波器和有源比例积分器等。

锁相环中的压控振荡器起着电压–频率变换的作用，是一个压控的调频振荡器。

锁相技术应用很广，下面举例说明。

（1）锁相倍频器

锁相倍频器是将压控振荡器的频率锁定在基准频率的谐波上，其原理框图如图 6-45 所示。将压控振荡器分频后与基准信号鉴相，由于环路滤波器的带宽可以做得很窄，能有效地滤除那些不需要的频率成分，从而获得高纯度的输出；同时锁定后无剩余频差存在，所以输出频率将严格等于基准信号频率的倍频数。

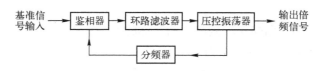

图 6-45　锁相倍频器原理框图

（2）调频传号的解调

采用锁相方法的调频信号解调器又称锁相鉴频器，其原理框图如图 6-46 所示。利用锁相环的跟踪特性，把回路的频带设得足够宽，则压控振荡器的振荡频率将跟随输入信号的频率而变化。若压控振荡器的电压–频率变换特性是线性的，加在压控振荡器上的电压，即环路滤波器的输出电压将必然与调制信号的变化规律相同。所以，从环路滤波器的输出端便可获得解调信号。

（3）频率变换器

采用锁相环进行频率变换或频率搬移，可将弱信号转换为高稳定、高纯度的强信号输出。频率变换器原理框图如图 6-47 所示，在锁相环中增加了混频器和低通滤波器。输入信号频率 f_1 与压控振荡器信号频率 f_0 经混频以后，产生和频 f_1+f_0 和差频 f_0-f_1 分量，用低通滤波器滤去和频，只取差频 f_0-f_1 分量和偏移信号频率 f_2 送给鉴相器。当环路锁定时有

$$f_0-f_1=f_2, f_0=f_1+f_2 \tag{6-55}$$

由压控振荡器输出的是经频率变换的信号。

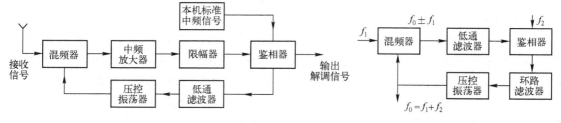

图 6-46　调频信号解调器原理框图　　　　图 6-47　频率变换器原理框图

（4）锁相放大器

它又称锁定放大器，是检测微弱信号的重要手段之一，起着极窄的带通滤波器的作用，但它又不是普通的滤波器。锁相放大器原理框图如图 6-48 所示。探测到的交流信号经放大器后，以

电压为 u_i、频率为 f_0 的信号输入鉴相器；本机振荡器产生的信号经移相器，使其频率可调，相位可移，从而形成与信号同频同相的参考信号 u_L，也输入鉴相器。经鉴相后输给低通滤波器。低通滤波器可以有多种形式，其功能是滤去高频分量，输出直流量 u_o。它从频率特性上讲有滤波作用，从时间上讲是一个积分器。当 u_L 和 u_i 的初相位差为 φ 时，则积分器输出电压为

$$u_d = \frac{E_S}{3\pi} \int_0^\pi \sin(\omega_i t + \varphi_s) \mathrm{d}(\omega_i t) = \frac{E_s}{\pi} \cos\varphi_s \tag{6-56}$$

可见直流分量的大小随相位差 φ_s 变化。

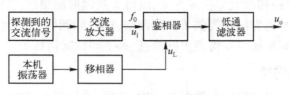

图 6-48　锁相放大器原理框图

实际测量时通过改变参考电压 u 的频率和相位，使之与输入信号 u_i 一致，即相位锁定状态，输出直流分量最大，且正比于信号幅度，在弱信号检测中起到了同步积累探测的作用；高频成分（包括噪声）完全被滤除，使信噪比大为提高。滤波器时间常数越大，积累时间越长，交流成分滤去越多，信噪比越高。

对于 RC 滤波器的频率特性或传递函数为

$$k = H_e = \frac{1}{\sqrt{1 + \omega^2 R^2 C^2}} = \frac{1}{\sqrt{1 + (2\pi f)^2 R^2 C^2}} \tag{6-57}$$

对应的等效噪声带宽 $\quad \Delta f = \int_0^\infty H_e^2 \mathrm{d}f = \int_0^\infty \frac{\mathrm{d}f}{1 + (2\pi f)^2 R^2 C^2} = \frac{1}{4RC} \tag{6-58}$

若用两级 RC 滤波器，则 $\Delta f = \frac{1}{8RC}$，如取 $RC = 20\mathrm{s}$，那么 $\Delta f = 0.006\mathrm{Hz}$，带宽极窄。一般都能做到小于 $0.01\mathrm{Hz}$ 且与 f 无关。由此可见，通过锁相放大器的噪声将很小。实际上锁相放大器在锁定信号时，也应对信号的频率漂移和相位漂移有自动跟踪的能力。

由此可见，锁相放大器适用于单频或者说频谱极窄的信号，并要求所测信号只能缓慢变化，否则会丢失高频分量而使信号畸变。

6.4　光电技术中的调制技术

6.4.1　一般光电信号的调制

为了对光信号的处理更加方便、可靠，并能获得更多的信息，常将直流信号转换为特定形式的交变信号，这一转换就叫做调制。本节主要介绍光电信号调制的优点、途径和常用的机械调制器。

1. 调制检测光信号的优点

（1）调制检测光信号可以减少自然光或杂散光对检测结果的影响。在检测过程中很难避免外界非信号光输入光电探测器。如白天室内的自然光，又如为消除室内自然光而增加外罩时，其内侧对光源光的漫散而造成的杂散光等。这些光由光电探测器接收后将附加在信号上，影响检测结果。这些附加信号的共同特点是以直流量出现。将信号光进行调制，并在放大器级间实施交流耦合，使交变的信号量通过，隔除掉非信号的直流分量，从而消除

了自然光或杂散光的影响。显然与信号光一起被调制的非信号光的影响将无法消除。

（2）调制检测光信号可以消除光电探测器暗电流对检测结果的影响。各种光电或热电器件由于温度、暗发射或外加电场的作用，当无外界光信号作用时，在其基本工作回路中都会有暗电流产生。在直流检测中，暗电流将附加在信号中影响检测结果。如果采用调制检测，则可消除探测器暗电流的影响。

（3）调制检测光信号的方法提供了多种形式的信号处理方案，可达到最佳检测的设计。通常交流电路处理信号方便、稳定，而没有直流放大器零点漂移的问题。如果与光信号的调制特性相匹配，采用选频放大或锁相放大等技术方案，则可有效地抑制噪声，从而实现高精度的检测。

（4）调制检测光信号的方法还提供了多种调制方案，如调幅、调频和调相等，从而扩大了应用范围。利用特制的调制器还可获得更多的信息，如空间位标信息等。

2. 光电信号调制的途径

完整的光电检测过程都应包括光源发光、光束传播、光电转换和电信号处理等环节，这些环节中均可实施调制。调制方案应视需要和可能来确定。

（1）对光源发光进行调制

对光源发光进行调制是常用的调制方法之一。该方法要求光源具有极小的惰性。常用的光源有激光器、发光二极管、氖灯及氢灯等，通过调制电源来调制发光。用交流供电时，发光频率是交流供电频率的两倍；采用脉冲供电时，发光频率与脉冲频率相同。脉冲电源也可由多种多谐振荡器及功率放大器组成。图 6-49 所示为脉冲电源的原理电路。由 VT_1 和 VT_2 构成多谐振荡器，其脉冲频率及脉宽由 R_{b1}、R_{b2}、C_1 和 C_2 决定，VT_3 对产生的脉冲进行功率放大（如一级不够也可采用多级）。发光二极管 VD 接在 VT_3 的集电极上，R_{c3} 为限流电阻。

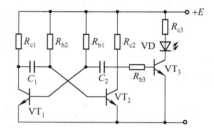

图 6-49 脉冲电源的原理电路

由于发光二极管具有良好的频率特性，调制光谱可达 1GHz 的数量级，加之价格相对便宜，所以是应用最多的调制光源。

采用光源调制的好处除了设备简单外，还能消除任何方向杂散光，以及探测器暗电流对检测结果的影响。

（2）对光电器件产生的光电流进行调制

这种调制方法是在光电探测器上实施的，对不同性质的器件采用不同的方法。这种方法只对后续的交流处理有好处，不能消除杂光或器件暗电流的影响。

在光电管中，调制是通过在阴极和阳极间侧向附加交变的电场或磁场实现的。光照下光阴极产生光电子，在外加电场的作用下飞向阳极，如果同时受到交变电场或磁场的作用，电子束将相对阳极左右偏转，使阳极接收到交变的光电子流，实现了对光电信号的调制，附加电极取走了偏转电子。

在光电倍增管中，光电信号的调制可以在任何一级二次极上通过施加交变电压来完成，其调制频率可达 $10^6 \sim 10^7 \text{Hz}$。

在光电三极管中，光电信号的调制可以在基极上加调制电压或电流来进行，这样集电极电流受直流集电极电压和调制的基极电压双重控制，实现了光电三极管的调制。

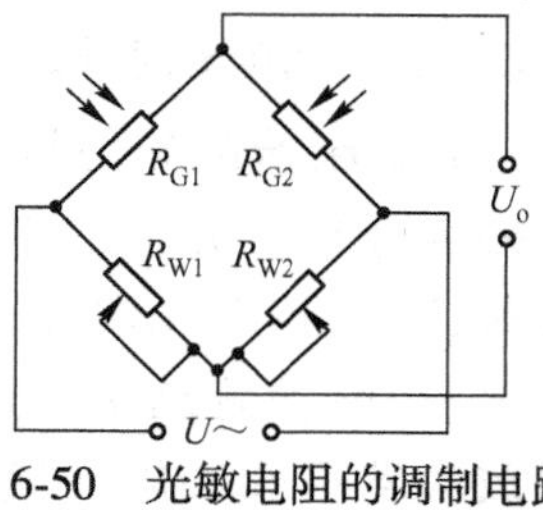

在光敏电阻或光电二极管中，调制可在电桥电路中采用交变电压供电来完成。如图 6-50 所示，R_{w1} 和 R_{w2} 是两个可变电阻，

图 6-50 光敏电阻的调制电路

作为电桥的两个臂；R_{G1} 和 R_{G2} 是经过选配的一对性能尽可能一致的光敏电阻或光电二极管，把它们作为电桥的另外两个臂，工作时 R_{G2} 可补偿 R_{G1} 温度漂移和暗电流的影响。电桥采用交流 U 供电，则输出信号 U_o 也是交变量，实现了对光电信号的调制。

（3）在光电器件输出至放大器间进行光电信号的调制

这类调制方法很多，对信号电流或电压进行调制，又叫做电路调制。如晶体管调制器、场效应管调制器和振子调制器等，把直流电量转换为交变电量。

（4）在光源与光电器件的中间某一位置进行调制

这种调制方法在光电检测中应用最多，如机械调制法、干涉调制法、偏振面旋转调制法、双折射调制法和声光调制法等。在后面的章节中将给予介绍。

具体选用哪一类调制方案，应按检测器的用途、所要求的灵敏度、调制频率以及所能提供光通量的强弱等具体条件来确定。

3. 常用的机械调制法

在光电检测中利用机械运动的方法实现光调制最为常见，下面通过一些具体例子介绍其基本原理。

一般来说，在调制过程中被调制的信息可以包含在交变量的幅值、频率或相位之中，这里介绍调制幅值的方法。

（1）调制盘及调制波形

最简单的调制盘，有时叫做斩波器，如图 6-51 所示，在圆形的板上由透明和不透明相间的扇形区构成。当以圆盘中心为轴旋转时，就可以对通过它的光束 M 进行调制。经调制后的波形是由光束的截面形状和大小，以及调制盘图形的结构决定的。调制光束的频率 f 由调制盘中透光扇形的个数 N 和调制盘的转速 n 决定，$f = Nn/60(\mathrm{Hz})$。

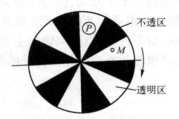

图 6-51　调制盘

当光束是圆形截面，其大小与调制盘通光处相应半径上的线度相比又很小时，如图中 M 光束截面，那么调制波形近似为方波；当光束截面增大到与调制盘图形结构相仿时，如图中 P 光束截面，那么调制波形近似为正弦波形。显然光束由小到大变化过程中，相应的调制波形由方波变化为梯形波再变化为正弦波。

下面以图 6-52 为例，进一步说明调制光波形与光束截面和调制盘间的关系。调制盘的图形近似为方形，而光束截面为宽度不等的矩形，所形成的调制波形是方波、梯形波和三角波等。可按照工作要求进行设计和调整。

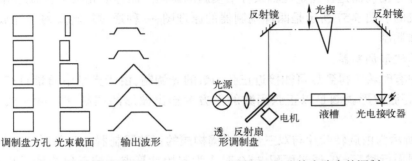

调制盘方孔　光束截面　输出波形

图 6-52　光孔及波形　　　图 6-53　比较光路中的调制

（2）圆盘形调制盘

机械调制中常用圆盘形调制器，如前面提到的透光与不透光扇形构成的调制盘。有时为减少盘材料的吸收而做成方齿形调制盘。有些场合又可用反射和透射扇形构成调制盘,如图 6-53 所示,是比较光路中的机械调制方案。为消除可能引起的系统误差,在许多光电检测系统中采用双光路法。调制盘式样很多,可按需要设计或选用,其调制频率可达几十 kHz。

利用调制盘进行光信号调制的优点是方法简单,造价较低;其缺点是体积比较大,调制时大部分盘区处在待工作状态。

（3）利用电磁感应的机械调制

利用电磁感应产生运动完成调制的方案也很多,图 6-54 所示为某种电磁感应调制器原理图。将一永磁铁固定在基座上,中间加入激磁线圈,该线圈中铁芯的一端经簧片后固定在基座上,在铁芯的另一端上固定挡片,即光调制片。在激磁线圈中加入交变电流,则铁芯两端产生交变磁场,在永磁铁作用下挡片产生左右摆动,对光束进行调制,其调制频率是激磁电流交变频率的两倍。而其调制波形应与激磁电流的波形和强度、光束和挡片的相对形状和大小有关。

另外,调谐叉调制器与上述调制结果类似,如图 6-55 所示,可工作在 10Hz~3kHz 之间。

（4）受抑全反射调制器

利用全反射条件成立与否可实现光调制。它还可将一束入射光分解为两束调制光输出,其原理如图 6-56 所示。将两块直角棱镜的斜面密合在一起,其中一块位置固定称固定棱镜,另一块下部与压电晶体相连接称运动棱镜。压电晶体在外加交变电压的作用下产生变形,从而带动运动棱镜上下振动,使得两棱镜斜面间产生光学接触或分离两种状态。当两棱镜斜面间光学接触时,光束通过两棱镜而直线传播;当两棱镜斜面间分离时,由于入射光在固定棱镜斜面处满足全反射条件,所以光束转向上方。在交变电压作用下,压电晶体周期性地变形,使入射光束分解为两束相互垂直的相位相反的调制光。

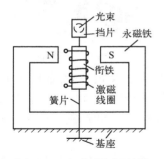 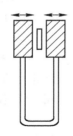 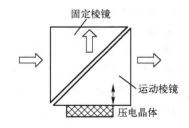

图 6-54　电磁感应调制器　　　图 6-55　调谐叉调制器　　　图 6-56　受抑全反射调制器

（5）移动光轴的调制器

上述大部分调制器是在固定光轴条件下实施的调制。而移动光轴调制器是由固定狭缝和运动反射镜构成的。图 6-57 所示是两种调制器的原理图,一种通过旋转反射镜完成调制,另一种通过摆镜实施调制。

（6）正弦波形调制器

在工作中有时希望得到尽可能接近正弦函数的光调制,由于光束中通量只有正值而没有负值,因此所谓正弦波形调制是以正弦函数的平方为输出波形的调制,即 $\sin^2\alpha$ 或 $(1-\cos 2\alpha)$ 的波形。

图 6-58 所示为由旋转叶片与双三角形光阑构成的正弦调制器。三角形底边长为 b,高为 h。当叶片与光阑平行时,$\alpha=0$,通光面积 $S=0$ 时作为起始计算点。按三角关系可知 $h'=h\cos\alpha$,而 $b'=b(h'/h)=b\cos\alpha$,所以通光面积

$$S=hb-hb\cos^2\alpha=\frac{1}{2}hb(1-\cos 2\alpha)$$

由上式可见,通光面积与转角 α 之间是正弦波形的关系,只要光束充满整个光阑,且光束截面中通量均匀分布,则该调制器可实现对光束的正弦调制。该方案的缺点是要求有较大的光束截面,又始终最少有大约50%的光束通量被光阑挡住而损失。

另一种正弦调制器的方案如图6-59所示。它利用半径不同的两内接圆所构成的新月形的孔,通过线状光束相对运动使光束实现调制。大、小圆半径分别为 R 和 r,当两圆中心间距 $e=R-r$ 与 r 相比较小时,新月形缝宽的变化规律基本上是正弦函数。工作时旋转中心是小圆的圆心。

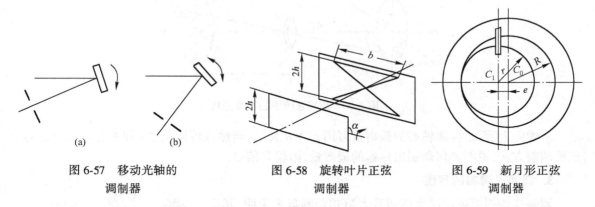

图 6-57　移动光轴的　　　　图 6-58　旋转叶片正弦　　　　图 6-59　新月形正弦
　　　　　调制器　　　　　　　　　　　调制器　　　　　　　　　　　调制器

完成光束正弦型调制还可采用其他机械调制的方法,如采用一块固定和一块旋转的两偏振片所构成的调制器等。非机械的光束调制将在6.4.3节中介绍。

6.4.2　专用调制盘

在用于跟踪及瞄准的光电系统中,利用对目标发出的光辐射进行特别的调制,可以获得目标偏离轴线的误差信号,在误差信号的控制下,使光电系统的轴线得到修正,达到正确跟踪或瞄准目标的目的。这时就要用到专用调制盘。

1. 调制波及调制的分类

设某交流波的瞬时值 $a(t)$ 由下式表示

$$a(t)=a_0\sin(\omega t+\varphi)=a_0\sin(2\pi ft+\varphi)=a_0\sin\Phi \tag{6-59}$$

式中,a_0 为交流波的振幅;$\omega=2\pi f$ 为圆频率;f 为频率;φ 为初相角;Φ 为相位角。当交流波中的 a_0、ω 和 φ 均为常量时,该交流波只是以 f 为频率的简谐波,而无更多的信息存在。如果简谐波或称载波中的 a_0、f 或 φ 因带有某种信息而发生变化时,就把它叫做调制波。可见使简谐波中的某个或几个参量随时间按照外界某物理量的规律发生变化的过程就叫做调制。

由上面的关系可知,调制可分为三类,调幅(a_0)、调频(ω 或 f)和调相(φ)。实际上常产生混合调制,如调幅、调相同时存在或调幅、调频同时存在等调制形式。

通常调制信号与载波或简谐波相比是慢变化的时间函数。从频谱来看,载波频谱在高频区,且只对应频谱上的一个点,而调制波频率处于较低的频谱区域中,它是若干个不同频率正弦型信号的组合,对应在频域中不只是一个点,其谱结构与调制信号及类型有关。

2. 目标偏移量的表示

在跟踪或瞄准系统中利用调制获得的误差信号就是目标偏移量的信息。因此首先要明确偏移量的表示方法。图6-60所示为瞄准系统中物像间的关系。设目标距离远大于物镜的焦距,所以目标像成在物镜的焦平面上。图中带"'"的是物方参量,物点 M' 的位置可

用极坐标 $M(\rho',\theta')$ 表示。目标 M' 在像方的像点为 M 点,用极坐标表示为 $M(\rho,\theta)$,具体表达式为

$$\begin{cases}\rho=f\tan\Delta q\\\theta=\theta'\end{cases} \tag{6-60}$$

式中,f 为物镜的焦距;Δq 失调角;θ 为方位角。

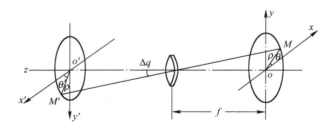

图 6-60　瞄准系统中的物像关系

从像面上看,目标离轴心的偏离量可用 ρ 和 θ 表示,当然也可以用 Δq 和 θ 表示。下面列举三种调制方法,说明如何调制出目标的偏离量,即误差信号。

3. 调幅式调制的实现

调幅式调制原理可用所谓初升太阳式调制盘来说明,其原理如图 6-61 所示。将圆形调制盘分为两半,上半部由透光与不透光的等间隔扇形面相间组成,下半部制成半透区,对目标进行调制时将调制盘置于像面即物镜焦面上。

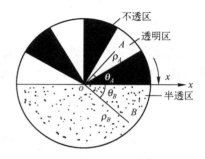

某目标像点落在调制盘的 A 点处,由于像点有一定的大小,而调制盘又是扇形结构,所以像点位于调制盘的不同径向位置上,所占透明区的面积不同,透过的通量 W 也不同。其规律是离轴心越远,占透明区的面积 S 越大,反之,占透明区的面积越小。可表示为 $W=f(\rho,S)$,而 $S=g(\rho)$,因此亦有 $W=f[\rho,g(\rho)]$,因矢径 $\rho=f\tan\Delta q$,所以有

图 6-61　调幅调制盘原理

$$W=h(\Delta q) \tag{6-61}$$

说明透过通量 W 的大小表征了失调角 Δq 的大小。调制盘按顺时针旋转,产生调制信号的幅值 a_0 将对应透过通量,也就反映了失调角的大小,或者说反映了目标的偏离量。

上述调制盘设定了半盘分界的特点,使分界线 ox 为获得方位信息提供了可能。用 ox 作为方位角的零线,则目标方位角 θ 可从所获得的调制波中找到。图 6-62 所示是调制波形图,实线为调制波的实际信号波形,虚线是调制波的包络,而上部实线则表示基准信号。调制包络与基准信号间的相位角,即初相角就是目标偏离 ox 轴的方位角 θ。与图 6-61 相对应,在图 6-62 中分别表示目标落

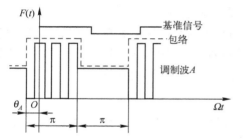

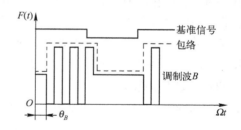

图 6-62　调幅式调制的波形

于调制盘 A 点和 B 点上时的方位角 θ_A 和 θ_B。通过初升太阳式调制盘旋转对目标像点光束的调制，获得了失调角 Δq 和方位角 θ 的信息，经光电转换，电路处理就可获得修正系统的误差信号。

实际中使用的调幅式调制盘还要复杂些。例如在制导中所用的调制盘，如图 6-63 所示。其图案做了两方面的修改：一方面是将半透明的下半区改成透光与不透光等宽的同心半圆环，且带环甚密，使得不论何等待测大小的目标通过该区时，透射比均为 50%；另一方面是将上半区中的扇形面沿盘的径向再行分格，分成透光与不透光相间的格子，要求每个格子的面积大小相等，即所谓等面积原则。这时的图形类似国际象棋的棋盘格，这一改进的重要作用是抑制非目标的背景。如以空中飞机为目标，云朵为背景，相对于目标云朵则为较大面积的背景，用初升太阳式调制盘进行光调制，若背景在盘的中部，占了盘上的多个扇形格，平均来说它在上半区的透过率约为 50%，与在下半区的透过率基本相同，因此基本不产生附加信号。如果背景成像于调制盘的边缘处，所占面积不超过一对扇形区，那么调制盘转动时，就会产生背景信号附加在目标信号中，对探测目标极为不利。如果采用图案改进后的调制盘，由于采用了等面积原理盘上内外区等效，这样背景将占多个棋盘格，不会产生明显的背景信号。这就是所谓调制盘的空间滤波作用。

图 6-63　实用调幅
式调制盘

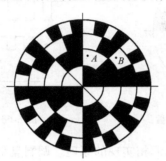

图 6-64　调频式调制盘

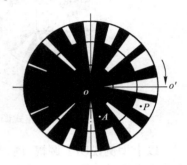

图 6-65　能反映方位的
调频式调制盘

4. 调频式调制的实现

下面通过例子说明其原理，不做详细的分析。如图 6-64 所示是实现调频的调制盘。它由四个同心环带组成，各环带所分的格子数不同，由内向外每增一个环带其格子数增加一倍，只要目标像偏离该调制盘的中心，盘转动时就将产生调制信号。根据调制信号的频率不同可知目标像所处调制盘上的位置，就可获得偏离量的大小。如图 6-64 中目标像在 B 点时产生信号的频率比在 A 点时的频率增大一倍，通过电路中的鉴频器可获得目标偏离的信号。

然而上述调制盘不能反映目标所在的方位信息。为此设计了另一种调频式调制盘，如图 6-65 所示。它有这样的特点，从中心向外每个环带所分格子数成倍增加，而在每个环带中透光格子的密度不均匀，其规律是按正弦关系分配的。调制盘按顺时针方向旋转时，对应目标所处环带不同将输出不同频率的信号，各环带在每一周期中产生的脉冲信号的脉宽分布是按正弦变化的，如图 6-66 所示。F_A 和 F_P 是目标像在调制盘上 A 和 P 点时产生的脉冲信号，方位角的解出是以 oo' 轴为正弦变化的起始点，由于像点的不同位置使输出信号带上了初相角 θ_0 的信息，对所获信号解调后，由频率确定偏离量，由初相角确定目标所偏离处的方位角。

上述关系可表示为

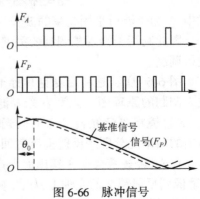

图 6-66　脉冲信号

$$F(t) = F_0 \cos\left[\omega t + M \sin(\Omega t + \theta_0)\right] \tag{6-62}$$

式中，$F(t)$ 为所获调制波函数；F_0 为目标相点通量对应的幅值；ω 为对应目标像所在环带，当格子按均匀分布时的载波角频率；M 为目标像所在环带的调制系数；Ω 为调制盘的旋转频率；θ_0 为目标像点的方位角。式中，ω 和 M 都是偏离量的函数，偏离量由此解出；解出的 θ_0 是目标的方位角。

5. 调相式调制的实现

图 6-67 所示是一种可用于实现调相的调制盘。它以 R 为半径将圆盘分为两个区域，每个区域中都采用初升太阳式调制图案，两区相位相差 π。当目标像落在内圈、外圈及两区边界上时，将产生如图 6-68 所示的调制波形，通过鉴相电路就可解调出目标的偏离信号，但不能反映偏离的方位角。

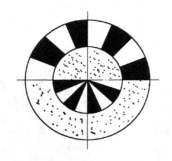

图 6-67　调相式调制盘

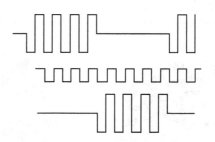

图 6-68　调相式调制波形

以上举例说明了调幅、调频和调相实现的原理。调制盘是一门专门的技术，从理论到实践均有着很丰富的内容，这里只是初步的介绍。

6.4.3　利用物理光学原理实现的光调制技术

在光电检测技术中，大量采用物理光学的原理进行调制与检测。本节将介绍利用干涉原理、电光效应、磁光效应和声光效应等实现光调制的方法。

1. 利用干涉现象实现光调制

由光的干涉理论中可以知道，不论是两束光还是多束光干涉，决定干涉条纹及其变化的是相干光束间在干涉场中产生的相位差 δ，或与其对应的光程差 Δ，两者间的关系为

$$\delta = 2\pi \times \Delta / \lambda \tag{6-63}$$

式中，λ 为干涉所采用光束的波长。

因此利用干涉现象调制的关键是对光程差 Δ 或相位差 δ 进行调制。

图 6-69 所示是利用麦克耳孙干涉仪附加压电晶体来完成光调制的原理图。光源发光经滤光片后获得所需的单色光，准直镜将单色光转变为平行光输入析光棱镜，析光棱镜输出的两束光分别经反射镜反射回析光棱镜，两束光又合成为一束光，经透镜会聚在其焦面上产生干涉条纹。将反射镜

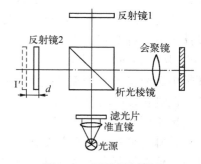

图 6-69　干涉调制原理

1 镜像到反射镜 2 的光轴上，如图中的虚线镜，当两者平行性极好时，干涉场中产生同一级的干涉；如倾斜，则产生多级干涉条纹。镜间几何距离为 d，两光束产生的光程差 $\Delta = 2dn$，n 为所在介质的折射率。周期地改变 d，干涉条纹将产生周期的变化，用光阑限制一定的孔径，在光阑后边

就可获得被调制的光。

可用压电晶体来实现调制。把反射镜 1 更换为压电晶体的反射镜,晶体在外加交变电压的作用下,其厚度随电压大小变化,这就调制了两镜间距 d,实现了对光的调制。

2. 利用偏振光振动面旋转进行光调制

利用偏振光振动面旋转,实现光调制最简单的方法是用两块偏振器相对转动。按马吕斯定理,输出光强为 $I=I_0\cos^2\alpha$,式中 I_0 为两偏振器主平面一致时所通过的光强,α 为两偏振器主平面间的夹角。

下面介绍晶体在电场或磁场作用下,使通过晶体的偏振光发生旋转而获得光调制的方法。

（1）利用电场作用下晶体的旋光产生光调制

有些晶体在外加电场作用下产生旋光现象。所产生旋转角 α 的大小除与晶体性质、晶体厚度有关外,还与所加电压的大小成正比。如在石英晶片上施加以 ω 为圆频率的正弦电压,$U=U_0\sin\omega t$,那么晶体使偏振光振动面旋转的角度也是一个随时间变化的正弦函数

$$\alpha=\alpha_m\sin\omega t \tag{6-64}$$

式中,α_m 是在外加电压 U_0 时对应的最大旋转角。这种旋转角的正弦变化实际上是偏振光振动面随时间的摆动。当 $U=0$ 时,偏振光振动面的方向为摆动中心,最大摆角为 α_m。

利用电场作用下的旋光效应所设计的光调制器如图 6-70 所示。光源经准直镜产生平行光,该平行光是自然光,经起偏振器后形成线偏振光,偏振光经外加电场作用下的石英晶体后成为摆动的线偏振光,再经检偏振器后,形成经调制的线偏振光,其光强度为

$$I=I_0\cos^2(\varphi-\alpha_m\sin\omega t) \tag{6-65}$$

式中,φ 为起、检两偏振器主方向 P_1 和 P_2 间的夹角;

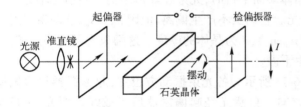 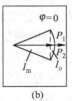

图 6-70　利用旋光效应进行光调制的装置　　　图 6-71　两种放置方法

图 6-71 所示是 $\varphi=\pi/2$ 和 $\varphi=0$ 时各量间的关系。实际使用中常采用 $P_1\perp P_2$ 的方式,调制光强的公式为

$$I=I_0\sin^2(\alpha_m\sin\omega t) \tag{6-66}$$

由于石英晶片有自身的自然振荡频率,外加电压的频率与它越接近则旋光效应越强,所以要使两频率相匹配。此外,晶片旋光效应还与温度有关,可采用恒温稳定工作。

这类方法没有机械运动部分,从结构上讲比较简单。

（2）利用"法拉第"旋光效应产生的光调制

某些物质在磁场的作用下,能使通过该物质的偏振光振动面产生旋转,这就是"法拉第"旋光效应。这些物质叫做磁偏物质,它们可以是透明或半透明的固体、液体或气体。常用"效应"强的物质,如含铅玻璃等。

该效应使偏振面旋转的角度为

$$\alpha=VHL \tag{6-67}$$

式中,V 为物质的费尔德常数,它表征磁偏物质的旋光能力;H 为磁场强度;L 为在磁场中光经过的长度。

图 6-72 所示为利用磁旋光效应实现光调制的原理图,其光路及参量关系与电旋光类似。磁偏物质中的交变磁场 B 是由交变电流通过线圈产生的,如果交变电流 $I = I_0 \sin\omega t$,则

$$B = B_0 \sin\omega t \qquad (6\text{-}68)$$

旋光转角为
$$\alpha = \alpha_m \sin\omega t = B_0 V L \sin\omega t \qquad (6\text{-}69)$$

造成输出调制光强为
$$I = I_0 \cos^2(\varphi - B_0 V L \sin\omega t) \qquad (6\text{-}70)$$

当 $\varphi = \pi/2$ 时
$$I = I_0 \sin^2(\alpha_m \sin\omega t) \qquad (6\text{-}71)$$

可从三个方面提高该效应的效果:(1)选择磁旋系数 V 强的物质;(2)加大线圈匝数以增加磁感应强度 B,但这会使结构笨重,增大电感性的惰性,对工作不利;(3)增加光在磁场中的路途长度。图 6-73 所示为增长路途的一种方案,在不增加磁感应强度的条件下,增大了磁旋光效应。

由于线圈的电感性惰性,磁旋光方法不宜用于高频场合。

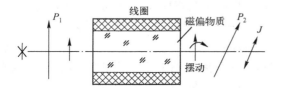 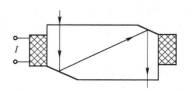

图 6-72 利用磁旋光效应实现光调制的原理图　　图 6-73　延长作用距离的方案

3. 利用双折射进行光调制

当光束通过非对称晶体时,会产生双折射,即产生折射率为 n_0 的寻常光和折射率为 n_e 的非寻常光。这两束光在晶体中传播的路径与入射光及晶体光轴间的相对位置有关。当入射光束垂直于晶体光轴方向,即晶体光轴与入射晶体端面平行时,光束在晶体中仍产生沿光轴方向振动的非寻常光和垂直于光轴方向振动的寻常光。它们虽不产生偏离,但因 $n_0 \neq n_e$,这两束光经过晶体后,形成一定的相位差,$\delta = 2\pi\Delta/\lambda$,$\Delta = d(n_0 - n_e)$,$d$ 为晶体的厚度。这两束光具有一定相位差,只要能使它们的振动方向一致,就可以产生干涉。

图 6-74 是偏振光干涉的原理图;图 6-75 所示为各光束振动方位图,起偏振器与检偏振器的主平面 P_1 和 P_2 正交,晶体光轴沿 x 轴方向。自然光经起偏振器后形成线偏振光,强度为 $I_0 = E_0^2$,经双折射晶体 Q 后,形成振动方向相互垂直,并具有一定光程差的两束传输方向相同的光,其光强度分别为 I_x 和 I_y。再经检偏振器后使两束光振动方向相同,光强度为 I_1 和 I_2。它们将产生干涉,干涉光强度为

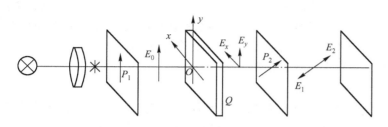 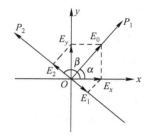

图 6-74　利用晶体双折射实现光调制原理图　　　图 6-75　光束方位振动图

$$I = I_0 \left[\cos^2(\alpha - \beta) - \sin 2\alpha \sin 2\beta \sin^2\frac{\delta}{2} \right] \qquad (6\text{-}72)$$

式中,δ 为两光束间的相位差,将 $\delta = 2\pi \dfrac{|n_0 - n_e|}{\lambda} d$ 代入上式,则有

$$I = I_0 \left[\cos^2(\alpha - \beta) - \sin 2\alpha \sin 2\beta \sin^2 \frac{\Delta}{\lambda} \pi \right] \qquad (6\text{-}73)$$

利用该原理实现对光的调制,只需对光程差进行调制。实质上是对 $|n_0 - n_e|$ 进行调制。

（1）利用克尔效应的光调制

克尔效应是介质电光效应的一种。某些各向同性的介质,在强电场的作用下变成各向异性,光束通过将会产生双折射现象。利用克尔效应实现光调制的装置如图 6-76 所示。

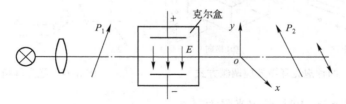

图 6-76　利用克尔效应实现光调制

克尔盒中产生电光效应的液态介质是硝基苯($C_6H_5NO_2$),它在强电场 E 的作用下具有双折射晶体的性质,其光轴沿电场方向。偏振光通过有外加电场作用下的克尔盒时,产生振动面沿电场方向和垂直电场方向的两束光,折射率差为 $|n_0 - n_e|$,它与电场强度 E 的平方成正比。两束光产生的光程差为

$$\Delta = |n_0 - n_e| L = \lambda K L E^2 \qquad (6\text{-}74)$$

式中,λ 为光束的波长;L 为电场作用下光在介质中经过的长度;K 为介质的克尔系数。显然通过该装置的光强为

$$I = I_0 \left[\cos^2(\alpha - \beta) - \sin 2\alpha \sin 2\beta \sin^2(\pi K L E^2) \right] \qquad (6\text{-}75)$$

如果两极板间距离为 d,所加电压为 U,对应电场强度 $E = U/d$,则有

$$I = I_0 \left[\cos^2(\alpha - \beta) - \sin 2\alpha \sin 2\beta \sin^2 \left(\pi K L \frac{U^2}{d^2} \right) \right] \qquad (6\text{-}76)$$

当外加交变电压 $U = U_0 \sin \omega t$ 时,就实现了对光的调制。

装置中偏振器方向和电场方向常采用如图 6-77 所示的两种方案。如按第一种方案放置,$\alpha = \beta = \pi/4$,输出光强度为

$$I = I_0 \left[1 - \sin^2 \left(\pi K L \frac{U^2}{d^2} \right) \right] = I_0 \cos^2 \left(\pi K L \frac{U^2}{d^2} \right) \qquad (6\text{-}77)$$

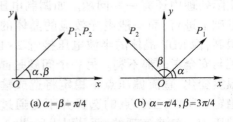

(a) $\alpha = \beta = \pi/4$　　(b) $\alpha = \pi/4, \beta = 3\pi/4$

图 6-77　偏振器放置方位

讨论中克尔盒内介质对光的吸收未加考虑。这种电光效应与电场强度的平方成正比,所以又把克尔效应叫做二次电光效应。

（2）利用泡克耳斯效应的光调制

泡克耳斯效应是在压电晶体上产生的光效应,当外加电场作用在压电晶体上时,使晶体产生非对称性,从而使通过该晶体的光束产生双折射,两束光的光程差为

$$\Delta = |n_0 - n_e| L = bLE \qquad (6\text{-}78)$$

式中,L 为光在晶体中经过的长度;b 为晶体材料的泡克耳斯常数。由式中可见,双折射率差与外电场强度的一次方成正比,所以又把泡克耳斯效应叫做一次电光效应。

常用的压电晶体有磷酸二氢钾(KDP)、磷酸二氢铵(ADP)和钽酸锂($LiTaO_3$)等。利用泡克耳斯效应做成的光调制器,按施加电场的方向可分为纵向调制器和横向调制器,如图 6-78 所示。纵向

调制器模型是在晶体通光的两端面上镀有透明的导电层,在导电层间加入高电压 U,晶体内的电场强度为 $E=U/L$。光束通过晶体因双折射而形成的光程差 $\Delta=bU=bLE$,对应的相位差为 $2\pi\dfrac{bLE}{\lambda}$。

图 6-79 是利用压电晶体实施光调制的原理示意图,P_1 和 P_2 的方向也绘于图中。

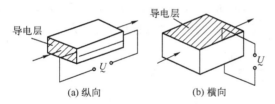

图 6-78　两种泡克耳斯效应调制方式

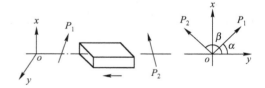

图 6-79　泡克耳斯效应调制系统

如当 $\alpha=\pi/4$,$\beta=3\pi/4$ 时,输出光强为

$$I=I_0\sin^2\left(\frac{\delta}{2}\right)=I_0\sin^2\left(\frac{\pi}{\lambda}bLE\right) \tag{6-79}$$

当施加交变电压 $U=U_0\sin\omega t$ 时,电场 $E=E_0\sin\omega t$,则有

$$I=I_0\sin^2\left(\frac{\pi}{\lambda}bLE_0\sin\omega t\right) \tag{6-80}$$

关于电光调制工作点的选择可结合图 6-80 加以说明。在图中画出了函数 $I/I_0=\sin^2\left(\dfrac{\pi}{\lambda}bU\right)$ 的曲线,变量为 U。工作点选在 $U=0$ 点,输入电压 $U=U_m\sin\omega t$,对应输出调制波强度为 I'/I_0,从图中可以看出该值很小,且波形变形,不宜将 $U=0$ 作为工作点。

欲使输出调制信号尽可能大且不失真,从 $I/I_0=f(U)$ 曲线可知,工作点选在 $U=U_{\lambda/2}/2$ 处较为适宜。式中 $U_{\lambda/2}$ 是对应 I/I_0 正弦函数 1/2 波长点的电压。在 $U=U_{\lambda/2}/2$ 工作点处对晶体施加的调制电压 $U=U_{\lambda/2}/2+U_m\sin\omega t$,相当于附加了一个直流偏压,输出波形 I''/I_0,在电路中除去直流分量后,波形及大小均最佳。这与晶体管放大器工作点的选择类似。

从原理上讲,上述工作点的选择无可非议,但在实际处理中还有一些问题。如调制电压在 $U_{\lambda/2}/2$ 基础上进行,而一般电光效应的晶体的这一电压很高,像 KDP 晶体的半波电压接近 2×10^4V,从实现与安全考虑都不利。另一个问题是晶体特性随温度变化,直流偏压点不稳定将造成输出调制不稳定。所以,工作点的选择并不是通过增加直流偏压 $U_{\lambda/2}/2$ 来实现的,而是引入所谓"$\lambda/4$ 波片"。它也是一块双折射晶体的薄片,其厚度恰能使两束振动方向垂直的偏振光,即寻常光与非寻常光间产生相位差 $\delta=\pi/2$。工作中把 $\lambda/4$ 波片放置在调制装置中的起偏振器和电光效应晶体之间,且使 $\lambda/4$ 波片的光轴与电光效应晶体光轴一致,而起偏振器主方向成 $\pi/4$ 角。图 6-80 中虚线给出了

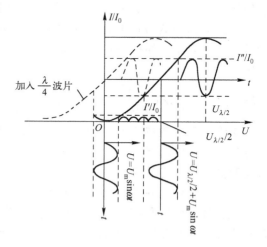

图 6-80　电光调制工作点的选择

I/I_0 曲线左移的情况。这时工作点选在 $U=0$ 处,相当于无 $\lambda/4$ 波片时,工作点选在 $U_{\lambda/2}/2$ 的情况。工作点选择是这类调制器所共有的问题,实际工作中必须给予解决。

（3）利用在磁场作用下介质产生的双折射实现光调制

磁场作用在某些透明的液体介质上,液体分子会形成某种有序的排列,表现出像晶体那样的

双折射性质。当偏振光束的振动面与磁场方向按夹角 $\pi/4$ 入射时,光束分解为两束振动相互垂直、传播速度不同但传播方向一致的偏振光,其中一束的振动与磁场方向平行,另一束光与磁场方向垂直。设两束偏振光经过磁场作用下的介质长度为 L,产生的光程差为

$$\Delta = CLB^2 \qquad (6\text{-}81)$$

式中,C 为与介质性质、温度及波长有关的常数;B 为磁感应强度。

介质在磁场作用下产生双折射的这种效应叫做科登-穆顿效应。利用该效应构成的光调制器原理与利用克尔盒的方案类似。对大多数介质来说 C 值较小,通常需采用很强的磁场,因此调制频率不能太高。

前面所涉及的各种电光和磁光效应,只是简单地介绍了采用这些原理构成光调制器的方案。对于各种不同的调制器,又有许多标志

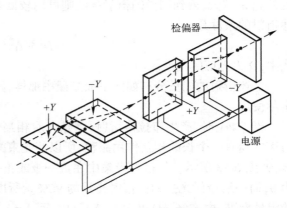

图 6-81 四晶体电光调制结构

其各自性能的参量,如透射比特性、电压特性和品质因数等。此外为使它们稳定工作,其具体结构也很复杂。如图 6-81 所示,典型的电光调制器中的四晶体结构,用成对晶体以补偿晶体固有的双折射,而用旋转了 $\pi/2$ 的两对晶体以减小温度双折射效应的影响。

4. 利用声光效应的光调制

光波在传播时被超声波衍射的现象叫做声光效应。光束与声束之间的相互作用能导致光束的偏转,以及光束在偏振性、振幅、频率及相位上的变化。超声波的频率范围通常从人耳听觉的上限 $10^5\mathrm{Hz}$ 开始直到 $10^9\mathrm{Hz}$ 为止。

为说明声光效应过程,定义声光特征参量

$$Q = (K^2 L)/K_0 \qquad (6\text{-}82)$$

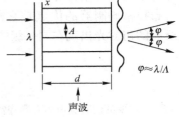

图 6-82 超声衍射光

式中,$K = 2\pi/\Lambda = (2\pi/v_\mathrm{s})f_\mathrm{s}$ 为声波矢;$K_0 = 2\pi/\lambda_0$ 为真空中的光波矢;Λ 为介质中超声波的波长;v_s 为介质中超声波的速度;f_s 为超声波的频率;λ_0 为光束在真空中的波长;L 为声光相互作用的长度。当 $Q \ll 1$ 时,声光介质相当于一个平面光栅,光束垂直入射到声衍射光栅上,形成衍射图案。这一效应产生在液体介质中,如苯、四氯化碳、甘油和甲苯等,被叫做德拜-席尔斯效应。而在固体如铌酸锂、氧化锌和硫化镉等材料中产生的同样效应叫做拉曼-纳恩效应。下面以德拜-席尔斯效应为例说明声光调制的原理。图 6-82 所示是该效应的原理图。一个波长为 λ、角频率为 ω 的平行光束,垂直入射到长度为 d、折射率为 n_0 的矩形媒质上。另外使一个波长为 Λ、角频率为 ω_c 的平面压缩波以垂直于光波入射平面的方向在媒质中传播。压缩波在媒质内部引起折射率的周期变化,沿 x 方向为

$$n_0 + \Delta n \cos(\omega t - 2\pi x/\Lambda) \qquad (6\text{-}83)$$

由于压缩波的传播速度 v_s 远远小于光速,对于一级近似的折射率分布规律固定不变,总效果相当于平面光波垂直入射到固定的光栅上。按光栅衍射的理论,媒质在压缩波作用下相当于一个光栅常数为 Λ 的光栅,形成衍射级亮纹条件或光栅方程为

$$\Lambda\sin\theta = N\lambda \quad N = 0, \pm 1, \pm 2, \pm 3, \cdots \qquad (6\text{-}84)$$

这时零级与一级条纹间的衍射角

$$\theta = \arcsin(\pm\lambda/\Lambda)$$

当压缩波沿传播方向移动时,则衍射条纹也随时间变化。这时用狭缝光阑取其中一部分,则产生调制光输出。由式(6-83)所知,级间间隔与 λ/Λ 有关,当声频较低,Λ 增大时,产生的条纹很密,以至观察不到衍射效应。所以对可见光.必须采用 Λ 较小的超声波形成光栅。当然对于红外光 λ 较大,得到同样的衍射条纹则可用较低频率的声波形成压缩波光栅。通常认为产生上述衍射的条件是

$$D^2\Lambda^2\Delta n^2 \leqslant n/15 \tag{6-85}$$

式中,D 为光束的宽度。

上述衍射的能量分布如同平面光栅中那样,因此这种衍射的效率较低,约为 38.9%,不利于实际使用。

当 $Q\gg1$ 时,产生布拉格衍射,声光介质相当于一个立体光栅。这种调制器设计时,为使光与声之间有一个长的相互作用路程,所以使光束的入射角,由垂直于声束方向向声束传播方向偏转,如图 6-83 所示。使衍射光集中在负一级或正一级处。理论计算指出:当 $\theta=4\pi$ 时,零级光强为 0,而一级衍射光强约占衍射光量的 96%。所以普遍采用 $\theta=4\pi$ 作为器件进入布拉格衍射区的定量标准,由式(6-83)可知 $L=2\Lambda^2/\lambda$。而 $\lambda=\lambda_n/n$ 是光波在介质中的波长。通常又把 $L=\Delta^2/\lambda$ 定义为声光调制器件相互作用的特征长度。常用材料的特征长度可由手册中查出。由此可知进入布拉格衍射区的定量标准是 $L_2\geqslant L_0$。

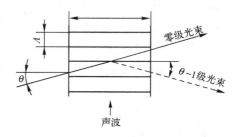

声光器件是由声光介质和超声换能器构成的。超声换能器常用压电晶体来充当,如石英晶片或电气石晶片等。在晶片上施加高频交变电压,使晶片产生高频机械振动,其频率可达 10^8Hz。同时晶片向声光介质发射出弹性波。超声换能器可以是单片的,也可制成多片的平面列阵结构等。

布拉格调制器的优点是它需要较小的声功率,而且所有的衍射光出现在同一级中。

图 6-83 布拉格角超声衍射光

习题与思考题

6-1 主要的固有噪声源有哪些?它们产生的原因、表达式和式中各项的意义是什么?

6-2 在室温 27℃下 10kΩ 的电阻,当测试系统带宽为 10Hz 时,计算热噪声电压和电流的均方根值。

6-3 某探测器的灵敏度为 100mA/lm,敏感面积为 36mm²,暗电流为 10μA,当入射光照度为 100lx、测试系统带宽为 100Hz 时,求散粒噪声的均方值。

6-4 产生-复合噪声在什么条件下可视为白噪声?

6-5 等效噪声带宽、等效噪声电阻、等效噪声温度的定义各是什么?

6-6 习题 6-6 图放大器电路中 $R_i=20$kΩ,$R_L=1$MΩ,$A_V=10$,$T=300$K,$\Delta F=10$kHz,放大器产生的输出噪声电压为 2.88×10^{-5}V,试求等效噪声电阻 R_{eq} 及其引起的输入和输出噪声电压的均方根值。

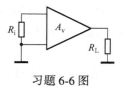

习题 6-6 图

6-7 什么是放大器的噪声系数?当 $F=2$ 时,F_{dB} 为多少?对于一个放大系统,F 如何选择?

6-8 简述晶体三极管和场效应管的噪声系数分析方法。

6-9 简述检测中脉冲波形的保持与带宽之间的关系。

6-10 简述鉴相器、鉴频器、相敏整流器、锁相环的工作原理。

6-11 调制检测光信号有何优点?常用的调制途径、方法有哪些?

6-12 简述一些常用的调制方法。

6-13 简述一些专用调制盘的工作原理及方法。

第7章　非光物理量的光电检测

光电检测技术包含十分丰富的内容,从光信息的获得、光电转换到电信号处理和智能化控制等方面都有很大的差异。光电检测也没有固定的模式,同一目的的检测也可用不同的方法实现。关键是根据具体要求,设计并选择能满足检测精度、检测范围、使用场合、操作难易、自动化水平等诸方面要求的最廉价的方案。

在非光物理量的光电检测中,为便于介绍,将以光信息携带非光物理量的方式不同进行分类。大致可分为光强型、频率型、相位型、脉冲型、偏振型和其他型。脉冲型又可利用脉冲信号的脉冲数、脉冲频率和脉冲宽度等的变化来携带信息。各种类型互相之间也有关系,有的是几种类型的结合。

7.1　光强型光电检测系统

将非光物理量的信息由光强的变化所携带,直接测量光强的方法容易带来多种误差,如光源的不稳定、外界光的干扰,以及探测器性能的波动等。为尽可能消除或减少这些误差的影响,在光路和电路中可采用多种措施。本节首先以测定样品透射比为例,采用多种测试方法,分析误差影响的因素,然后介绍一些具体测试的例子。

7.1.1　直接测量法

1. 直接测量法原理

将携带被检测物理量信息的光量,投射到光电探测器上转换为电信号,经放大后由检测机构直接读出待测量。图7-1所示为采用微安表直接读出入射到光电探测器 GD 上的光通量。

R_w 为校正电阻,用以校正回路的灵敏度。μA 表为读出机构。当探测器处于线性工作区中时,则有

$$\Phi = I/S = C_i(\alpha - \alpha_0)/S \qquad (7\text{-}1)$$

式中,Φ 为信号光通量;I 为探测器产生的光电流;S 为探测器的积分灵敏度;C_i 为比例常数;a_0 为表针指零时的角度;a 为输出电流 I 所对应指针的转角。

在检测回路中,重要特性是仪表指针的灵敏度 S_y,可表示为

$$S_y = \Delta\alpha / \Delta\Phi = S/C_i \qquad (7\text{-}2)$$

说明灵敏度越高,检测微小光通量变化的能力越强。

在上述检测回路中引入简单的晶体管或其他放大器,如图7-2所示。在无光照时,通过调整电阻 R_{w1} 和 R_{w2},使输出电流表为满度。在有光通量 Φ 入射光电三极管 GD 时,则光电流 I_Φ 增加,回路中基极电压 U_b 和基极电流 I_b 下降,使集电极电流 I_c 也下降,指针由满度向减小方向偏转。选定满度对应转角 α_0,则有

$$\Phi = C_i(\alpha - \alpha_0)/(S \cdot K) \qquad (7\text{-}3)$$

式中,K 为晶体管回路的放大倍数。

仪表指针的灵敏度为

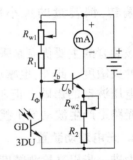

图7-1　直接测量电路

图7-2　利用放大器提高灵敏度

$$S_y = \Delta\alpha/\Delta\Phi = S \cdot K/C_i \tag{7-4}$$

这时灵敏度提高了 K 倍。

2. 系统相对误差和性能评定

设某检测关系为 $A = B \cdot C/D$，则增量间关系为

$$\Delta A = |(C/D) \cdot \Delta B| + |(B/D) \cdot \Delta C| + |BC/D^2 \cdot \Delta D|$$

最大相对误差为

$$\varepsilon = \Delta A/A = \Delta B/B + \frac{\Delta C}{C} + \Delta D/D \tag{7-5}$$

直读法系统的最大相对误差为

$$\varepsilon = \Delta\Phi/\Phi = \Delta K/K + \Delta S/S + \Delta\alpha/\alpha \tag{7-6}$$

式中，$\Delta K/K$ 为放大系统放大率不稳定所引起的相对误差，它与放大电路中的电压波动，环境温度的变化，晶体管工作点的选择等参量有关；$\Delta S/S$ 为光电器件灵敏度的相对误差，与探测器特性的不稳定性有关；$\Delta\alpha/\alpha$ 为测量机械指示值的相对误差，与机械结构不稳定性有关。

由此可见，直接测量法的最大优点是简单方便，仪器设备造价低廉。这种方法的缺点是各环节的误差均直接加入到总误差中。也就是说，检测结果受参数、环境、电压波动等影响较大，精度及稳定性较差。为克服或减弱这些影响，必须认真设计每个环节，选用稳定性好的元器件和电路方案。

直接测量法的另一个缺点是，光电探测的线性范围和测量机构限制了它的量程。可通过光衰减器如光楔、光阑等来扩展量程。也可通过电衰减（如改变电路的放大倍数、改变测量机械灵敏度）等扩展测量机构的量程。

7.1.2 差动测量法

1. 测量原理

该方法采用被测量与标准量相比较，利用它们之间的差或比，经放大后的测量数据去控制检测机构。

图 7-3 所示为利用电差动原理进行光通量检测的例子。晶体管 VT_1、VT_2 和电阻 R_3、R_2、R_5、R_6 及电位计 R_{w2} 组成电桥。采用光电池 GD 作为光电探测器。当无光照射光电池时，调节 R_{w1} 和 R_{w2} 使电桥平衡，μA 表的读数为零。当有入射光通量 Φ 照射光电池时，在外电路中产生光电流，使 VT_1 中的基极电位 U_{b1} 降低，基极电流 I_{b1} 上升，通过三极管的放大作用使集电极电流 I_{c1} 增大；同时使 VT_2 中的基极电位 U_{b2} 增高，基极电流 I_{b2} 减小，并使 I_{c2} 减小。以上两晶体三极管的相反作用使两管集电极间产生电位差，引起 μA 表指针偏转，偏转量的大小反映了入射光通量的变化。

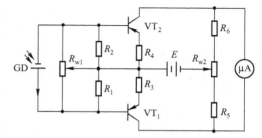

图 7-3　差动检测系统

该装置的主要优点是采用了差动方式，提高了测量的灵敏度。此外，也减小了放大器零点漂移和电源电压波动的影响。但不足之处是未能克服光源及光路上产生波动或干扰的影响。

2. 光电差动装置

为进一步提高检测精度，消除不稳定因素对检测结果的影响，设计了由双光路和电桥组成的光电差动装置，其原理如图 7-4 所示。光源发出的光束经两组由反射镜和准直镜构成的镜组，形

成两束相等的平行光:一束为标准光路,用光楔定出标准通量 Φ_2,并通过聚光镜由光电探测器 GD_2 接收;另一束为待测光路,光束经待测物后获得信息光通量 Φ_1,由聚光镜将其送到光电探测器 GD_1 接收。接收电桥由 GD_1、GD_2、电阻 R_1 和电位计 R_w 组成。两输入端 A、B 间的电位差反映了光通量 Φ_1 和 Φ_2 的差值,该差值信号经放大后由测量仪表读出。R_w 是电桥平衡的调节电阻,即测量仪表的零位调节电阻。

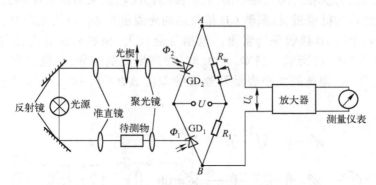

图 7-4　双光路光电差动系统

当两电路光通量相差较小时,光电探测器 GD_1 和 GD_2 的灵敏度分别为 S_1 和 S_2,在线性段中它们近似为常数。于是 GD_1 产生的光电流 $I_1=S_1\Phi_1$,R_1 上产生的压降 $I_1R_1=S_1\Phi_1R_1$;GD_2 产生的光电流 $I_2=S_2\Phi_2$,R_w 上产生的压降 $I_2R_w=S_2\Phi_2R_w$,所以电桥输出的电压为

$$U_o=S_1\Phi_1R_1-S_2\Phi_2R_w \tag{7-7}$$

如果 $S_1=S_2=S$,$R_w=R_1$,则有

$$U_o=SR_1(\Phi_1-\Phi_2)=SR_1\Delta\Phi \tag{7-8}$$

可见式中不出现 Φ_1 和 Φ_2,而只有远小于 Φ_1 和 Φ_2 的 $\Delta\Phi$ 项。于是可采用灵敏度高,而量程较小的测量仪表,也可采用放大倍数大的放大器以提高检测的灵敏度。显然这种方法适用于测量与标准量相差不大的变动量或偏差。

在上述方案中,应选择两个性能尽可能接近的光电探测器,那么相同的杂光或温度等外界因素的影响就可基本抵消,而不产生电桥的输出。此外,光源供电电压波动或老化等其他作用引起的缓慢变化,对检测也不会有大的影响。应当注意这些都必须是光电器件工作在线性段。

两光电探测器接收光通量波动的影响分析如下:设图中两探测器接收到光通量 $\Phi_1\neq\Phi_2$,且 $\Phi_1/\Phi_2=n$。因电源电压波动等原因使光源输出光通量发生变化,在两光路上的光通量也将发生变化,其变化值为 $\Delta\Phi_1$ 和 $\Delta\Phi_2$,两者间关系为

$$\Delta\Phi_2/\Delta\Phi_1=n$$

即两光束光通量分别为由 $\Phi_1'=\Phi_1+\Delta\Phi_1$ 和 $\Phi_2'=\Phi_2+\Delta\Phi_2$,接收的光通量差为

$$\begin{aligned}\Delta\Phi&=\Phi_1'-\Phi_2'=(\Phi_1+\Delta\Phi_1)-(\Phi_2+\Delta\Phi_2)\\&=(\Phi_1-\Phi_2)+\Delta\Phi_1(1-n)\end{aligned} \tag{7-9}$$

式中,右边第一项是原信号,第二项是因波动引起的误差。当 $n\to1$ 时,误差 $\Delta\Phi_1(1-n)\to0$。所以,只有两通道光通量相等时,误差才能完全消除。补偿检测法中将要讨论这一内容。若 $\Phi_1\neq\Phi_2$,上述方案中误差不能消除,两光通量相差越大,误差越大。

在有些电路中,采用两光通量比(除)的信号处理方法,那么光源波动的影响可以完全消除。设 $\Phi_1/\Phi_2=n$,$\Delta\Phi_1/\Delta\Phi_2=n$,则

$$\Phi_1'/\Phi_2'=(\Phi_2+\Delta\Phi_2)/(\Phi_1+\Delta\Phi_1)=n \tag{7-10}$$

可见无上述误差的影响。

3. 单个探测器的差动测量

在上述光电差动测量中，精度在很大程度上取决于两光电探测器性能上的差异，两者完全一致将十分困难。因此提出采用单光电探测器的设想，其装置原理如图 7-5 所示。用透、反相间的调制盘，在电机驱动下，起到分光并对光束进行调制的作用。两光路中其他光学零件间尽可能性能一致，在无样品盒和光楔时，两光路平衡，光电探测器接收到来自两光路的光通量相等。检测时以有光楔的光路作为标准量，探测器 GD 接收到的光通量为 Φ_2，待测光路射到 GD 上的光通量为 Φ_1。当 $\Phi_1 = \Phi_2$ 时，GD 接收保持常量。电信号经放大、相敏整流等电路处理后输出为零。其通量波形图如图 7-6(a) 所示。当 $\Phi_1 \neq \Phi_2$ 时，则产生交变信号，经放大和相敏整流后输出，波形如图 7-6(b) 所示，幅值的大小表示两通量的差值 $\Delta\Phi = \Phi_1 - \Phi_2$，信号的正、负表示 $\Delta\Phi$ 的正负。

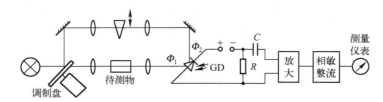

图 7-5　单接收器差动系统

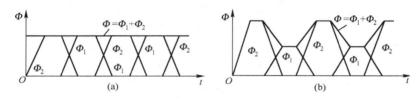

图 7-6　通量波形

该装置的优点是探测器和探测器电源性能随时间缓慢变化的影响可部分消除。光源影响与前述光源差动装置相同，而放大器波动影响依然存在。

7.1.3　补偿测量法

光电补偿测量法的检测原理是，将待测物理量所对应光通量产生的信号用光或电的方法将其补偿掉，这时补偿器所指示的补偿量代表了待测量的大小，而补偿量读数与待测量的关系应预先给予标定。

1. 单通道光电补偿式测量

该检测方法又称补偿直读法，测量原理如图 7-7 所示。由光敏电阻 R_G 和电阻 R_0、R_1、R_2 组成电桥，R_1 和 R_2 由调整电位计 R_w 分出。当无光照时，调整 R_w，使电桥平衡，即 $R_G = R_0 \cdot R_1/R_2$，$R_1 + R_2 = R_w$。当信号光照射光敏电阻时，其阻值降为 R_G'，使电桥失去平衡，检流计 G 中有信号输出。调整 R_w 使电桥恢复平衡，$R_G' = R_0 R_1'/R_2'$。调整 R_w 时标尺指示器 A 随之移动；电桥平衡时，A 指示的数值就是待测量值的大小。以上是单通道电补偿的一个例子。

图 7-8 所示是单通道利用光楔补偿的例子。该系统增加了晶体管放大环节，由 R_1、R_w、R_c 和 R_e 及晶体三极管 VT 构成电桥，检流计 G 用做输出指示。在标准光照时，调整 R_w 使电桥平衡，并使标尺处在与标准光照所对应的体置上。当光照信号变化时，光通量的增、减经光电转换后使电路中三极管基极电流产生对应增、减，造成电桥失去平衡，检流计偏转。采用光楔作

为光补偿器进行补偿,在电桥重新达到平衡时,光楔所产生的补偿量由指示器 A 的标尺刻度读出。

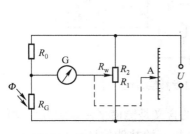 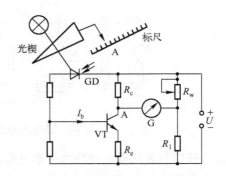

图 7-7　单通道补偿系统　　　　图 7-8　单通道光楔补偿系统

为提高这类装置的灵敏度,要求检流计在零位附近变化灵敏;同时亦要求补偿器(如线性电位计、光楔和可变光阑)等器件的性能稳定,线性度好。

该装置采用单光路工作,因此光源供电电流波动、光源老化等对检测结果将有影响。

2. 双通道光电补偿式测量

在光电差动测量法中,讨论双光路系统光通量变化所引起的误差时,曾导出式(7-9)。当 $\Phi_2/\Phi_1 = n = 1$ 时,则 $\Phi_1' - \Phi_2' = \Phi_1 - \Phi_2$。这说明光通量的相应变化将不引起检测原理的误差,这恰是两光路平衡光通量得到完全补偿的极限情况。因此只要对光电差动装置做适当的改进就可以构成双通道光电补偿式测量。如把图 7-3 中调整电位计 R_{w2} 作为电补偿器或把图 7-4 中的调整光楔作为光补偿器,并使补偿器的可动部分与相应的读数装置相联系,通过补偿器的补偿使测量仪表指零而达到平衡检测的目的。这类装置中可采用一个或两个光电探测器。采用一个探测器时,又可减小由于采用两个探测器的不一致性所造成的误差。

当采用双光路双元件进行补偿测量时,信息光通量 Φ_1 可由下式导出

$$\Phi_1 S_1 = \Phi_2 S_2 K$$

即
$$\Phi_1 = (S_2/S_1)\Phi_2 K \tag{7-11}$$

式中,K 为补偿系数。

这时相对误差的最大值为

$$\varepsilon = \frac{\Delta\Phi_1}{\Phi_1} = \frac{\Delta S_1}{S_1} + \frac{\Delta S_2}{S_2} + \frac{\Delta\Phi_2}{\Phi_2} + \frac{\Delta K}{K} \tag{7-12}$$

当采用双光路单元件进行补偿测量时,则有 $S_1 = S_2 = S$,$\Phi_1 = \Phi_2 K$,最大相对误差为

$$\varepsilon = \frac{\Delta\Phi_1}{\Phi_1} = \frac{\Delta\Phi_1}{\Phi_2} + \frac{\Delta K}{K} \tag{7-13}$$

可见单元件测量时,相对误差小,精度也高。补偿式测量的具体方法按需要可以手动补偿也可以自动补偿;补偿量可以是电量也可以是光量,但通常电补偿比光补偿简单而且量程宽。

图 7-9 所示为双通道单探测器光电自动补偿系统的原理图。当 $\Phi_1 = \Phi_2$ 时,光电探测器得到均匀不变的光照,无交变信号输出。当 $\Phi_1 \neq \Phi_2$ 时,探测器 GD 将交变的光信号转换为电信号输出,信号经放大和相敏整流,获得信号的大小和 $\Phi_1 - \Phi_2$ 正负的信息,并以此信息控制可逆电机的转动量和转向,推拉光楔进行补偿,直至 $\Phi_1 = \Phi_2$ 时为止,从随动的读数装置上读出检测的结果。

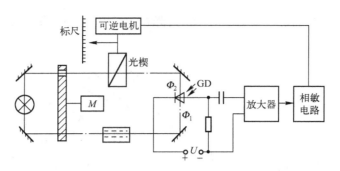

图 7-9　双通道单探测器自动补偿系统

光电自动补偿装置的重要特性之一是灵敏阈,它的含义是能使平衡装置开始动作时,被测物理量有最小变化量 Δx_{min}。如图 7-9 中则是引起可逆电机开始补偿的最小光通量差 $\Delta \Phi_{min}$。要获得高灵敏的检测装置,希望该阈值尽可能小,这就要求光电探测器的灵敏度高,放大器放大倍数大,以及可逆电机的摩擦转矩小等。灵敏阈值的存在将引起附加的测量相对误差 ε',可由下式决定

$$\varepsilon' = \Delta x_{min}/x \tag{7-14}$$

式中,x 为被检测量的正常值。

双通道差动式测量和双通道补偿式测量都是通过比较两束光通量的大小进行检测的,都可叫做比较法。差动式装置两光束光通量不等,由测量仪表读出差值,所以是非平衡比较法。而补偿式装置是使测量仪表指零,由补偿器读出数据,所以是平衡比较法,或称"零"状态比较法。

双光路补偿法检测的优点:

(1)双光路的作用可互相抵消光通量的波动及周围环境的影响。

(2)受电源电压、放大器参数和探测器特性随时间变化的影响小。

(3)不受光电探测器光特性非线性的影响,在光特性弯曲部分也可正常工作,但应注意不能在饱和区域中工作。

总的来说,该工作方式误差小、准确度高。

双光路补偿法的主要缺点是结构复杂、相对造价高,当调制补偿器有惯性时,对较快速的变化量测量不利。

3. 对快速变化过程的测量

有些物理变化过程较快,上述方法将不适用。所谓快速变化的范围很宽,没有一种通用的检测法,只能按不同的变化速度和要求,采用不同的方法。下面介绍两种适用于较快速的测量方法。

(1)光楔动态补偿法

在图 7-9 所示双光路补偿装置的基础上,将可逆电机换成恒速旋转的电机,通过必要的传动装置带动光楔不停地往返运动,造成光楔对入射光通量的不断扫描,其补偿作用从最小到最大,再从最大到最小往复进行。同时电机带动刻有读数的圆筒旋转,电路也做相应改变。当光楔到达其补偿位置时,双光路达到平衡,这时恰是放大器输出电信号的过零点,利用脉冲电路产生信号脉冲,控制发光管使其短暂发光,照亮读数圆筒上的被测读数,供人眼观察读出。由于电机连续旋转,该装置测速较快,其测速主要受人眼观察速度的限制。

这种方法不算先进,测速也不能太快,但其原理却十分有用。在该方法基础上进行改造,如利用微机代替人眼进行不断采样,可在光楔每变化一个周期中测得两个待测数据,并可按时标给出所测值的时间位置,就可获得快速变化过程的规律。还可以用测得的数据对待定环节进行控制。

（2）电动态补偿法

利用电信号的动态补偿法是将信号电流直接控制惯性极小的可控阻值元件，如晶体二极管或三极管等，把它们作为补偿器来实现电动态补偿测量。这种纯电路的处理方法可将检测速度提高很多。

这里的关键是选用可控阻值元件，通常要求其阻值与控制电流或电压成线性关系，且稳定性好。图 7-10 所示是锗晶体二极管的 R-I 曲线。由曲线可知，当电流 I 由 0 变化到 I_0 时，阻值变化基本呈线性，作为可控阻值元件只应使用这一范围。

利用晶体二极管实现快速电动态补偿的一个例子如图 7-11 所示。其中用四个晶体二极管构成电桥，充当可控电阻元件。从电桥的 a、b 两端加入直流电流或电压，则在 c、d 两端间随着加入电流或电压的变化而使其电阻发生变化。为确保线性区工作，晶体二极管电压应控制在 100mV 以内；当用于控制大电压变化时，可在电桥每个臂上用多管串联工作。工作时由光敏电阻 R_G、R_1、R_2 和二极管电桥构成工作电桥。当快速变化的光信号输入光敏电阻时，使 R_G 减小，则工作电桥失去平衡，在 e、f 间产生电位差，经放大器放大后由相敏整流器输出的电流 I_0 减小，该电流流过可控阻值电桥，其阻值增大，使工作电桥达到新的平衡，这时 I_0 的变化就包含了待测信息，可由示波器或测量仪表读出待测值。这是非平衡比较法的一种。

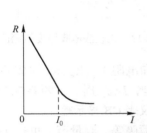

图 7-10　锗晶体二极管的 R-I 曲线

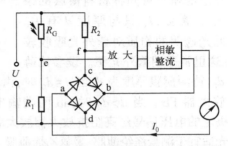

图 7-11　利用二极管的快速动态补偿系统

上述装置中也可增加微机，以提高自动测量及处理的能力。此外，二极管性能随温度变化较大，为提高精度可使它们恒温。

7.1.4　补偿式轴径检测装置

该装置利用光量变化对轴径进行补偿式检测。其工作原理如图 7-12 所示。轴遮挡投射到探测器 1 上光通量 Φ_1 中的一部分，被遮光通量的大小将决定待测轴的直径。探侧器的光电流 I_1 及相应负载电阻上产生的电压降 U_1 包含了轴径的信息。可动光门遮挡光通量 Φ_2 的一部分，由探测器 2 产生的光电流 I_2，并在其负载电阻上产生的电压降为 U_2。把两电压 U_1 和 U_2 输入到差动放大器上，放大器输出电压为

$$U_o = K(U_1 - U_2) \qquad (7-15)$$

式中，K 为放大器的放大倍数。

把放大器输出端引至可逆电机上，可逆电机依据差动放大器输出电压的大小和符号控制光门的移动，以减小或增大通过光门的光质量来进行补偿。当两探测器所获光通量相等时，放大器输出电压为零，可逆电机停止补偿转动。从与光门同步转动的指针与刻度尺上显示轴径。当无待测轴时，光门移动使指针与刻度盘之间归零。

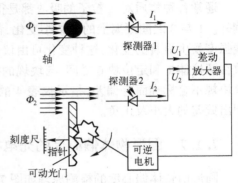

图 7-12　光门补偿式轴径检测原理图

该装置不仅可以测定轴径，经改装后也可测定零件的几何尺寸、表面粗糙度及面积等。这类系统中光束截面上光通量分布的均匀性十分重要，必须在光学系统的设置上给予保证。两探测器性能上的一致性在设计时也应给予考虑，估计它们可能产生的影响，并尽力加以消除。

7.1.5 利用比较法检测透明薄膜的厚度

采用比较法原理测量透明薄膜厚度的装置如图 7-13 所示。光源发出的光束，经透镜组后产生一束平行光，再由分光棱镜分为两束：一束通过参比薄膜和滤光片 1，并由光电管 GD 接收；另一束通过待测薄膜和滤光片 2 由光电管 GD′接收。按照介质对光吸收的指数衰减定律有

$$I_\lambda = I_{\lambda_0} e^{-k_\lambda d} \qquad (7\text{-}16)$$

式中，I_λ 为透过物体的单色光强度；I_{λ_0} 为射入物体的单色光强度；d 为吸收物体的厚度；k_λ 为物体对单色光的吸收系数。

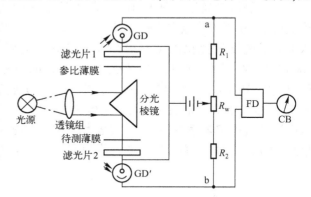

图 7-13 比较法薄膜厚度检测原理

在光源稳定和测量同种材料薄膜的条件下，I_{λ_0}、k_λ 为常数，I_λ 只与厚度 d 有关。一般对可见光透明的物质对紫外光吸收较强，所以在这里常采用紫外光源。设参比薄膜厚度为 d_0，待测薄膜厚度为 d，当 $d=d_0$ 时，由两光电管和电阻 R_1、R_w、R_2 构成的电桥平衡，无信号输入放大器 FD。当 $d>d_0$ 时，ab 两端输出正电压；当 $d<d_0$ 时，ab 两端输出负电压。由 $|d-d_0|$ 决定的电压信号经高阻抗放大器放大后，由测量仪表 CB 显示输出。

紫外光适宜于测量涤纶薄膜、聚氯乙烯薄膜、聚苯乙烯薄膜等。测量范围可达 4～1000μm。以上装置经适当改造，可进行连续测丝和控制。在测定不同材料时，仪器必须进行相应的标定和校正。

7.1.6 利用 α 射线测量块规厚度的装置

在生产中测量微小厚度或偏差是一个重要的课题，如标准块规的尺寸偏差通常约为 0.1μm。利用 α 射线测定这种微小的偏差或微厚度的原理装置如图 7-14 所示。金属圆柱体 1 可沿垂直方向在刚性定位块 6 之下进行上下移动。其下端镀一层能够放出 α 射线的放射性物质，如钋等，并将带有放射性物质的这部分浸在盛有变压器油的容器 2 中，油中还固定有辐射能探测器 3。

通常各种物质对 α 粒子的吸收都是很强的，其中变压器油也不例外。1 与 3 之间距离上的极微小变化，都能使探测器 3 上的 α 射线强度发生显著的变化，这种变化可由仪表 4 测量出来。被测块规放在圆柱体 1 和定位块 6 之间，与块规的接触面都应精细加工。如果块规不合标准而有偏差，指示仪表 4 的指针就会发生偏转，从而测出偏差的大小及正负。

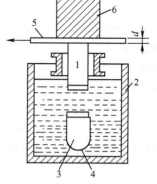

图 7-14 α 射线厚度检测原理

7.1.7 圆形物体偏心度的光电检测

圆形回转体偏心度的检测原理如图 7-15 所示。光源发出的光经透镜 1 形成平行光束，在传播中其中一部分被旋转的圆形物体遮挡。透镜 2 把未被遮挡的平行光束会聚在硅光电池 5 上。

当被检物体旋转时,如无偏心存在,则它所挡住的光通量不变,光电池所接收到的光通量也不受被检物体旋转的影响,硅光电池则产生恒定不变的输出电压;如有偏心存在,则圆盘挡光和光电池接收到的光通量均随旋转发生周期性的变化。偏心度越大,这种变化就越大,即产生的交流分量越大。该交变信号经放大器、检波和滤波器后,可由测量仪表读出圆形物体的偏心度。

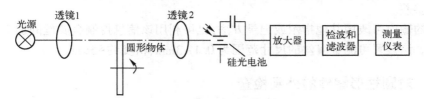

图 7-15　偏心度的检测原理

7.1.8　利用补偿法测量线材直径

该装置的工作原理如图 7-16 所示。由光源发出的光经透镜后形成平行光束,该光束经过光屏上的两个方孔分成两束,其中补偿光束的光通量为 Φ_1,测量光束的光通量为 Φ_2。这两束光同时经聚光镜投向漫射屏,由此产生的漫射光被光电倍增管均匀接收。其中 Φ_1 固定不变,Φ_2 的一部分被待测的金属丝和光门所阻挡。当金属丝的直径变化时,适当地移动光门就可使光束间 $\Phi_1 = \Phi_2$,所以可以用光门的位置来确定金属丝的直径。

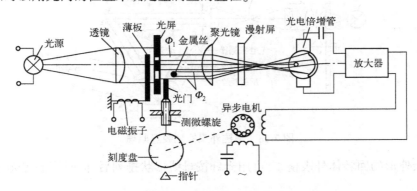

图 7-16　补偿法线径检测装置

实际检测时采用电磁振子和薄板构成光调制器,调制频率为 50Hz。为说明检测和调制的关系,可参见图 7-17。在光屏上的测量光孔较长,调制薄片工作时左右摆动,同时对两光束进行调制,并使两光束通量变化的相位相反。在没有细丝时 $\Phi_2 > \Phi_1$,通过上移光门可使光电倍增管交流分量减小为零,达到平衡,引入待测金属丝如图 7-17(a)所示,使信号交流分量加大。通过下移光门使交流量减小,直到如图 7-17(b)所示光门上沿与金属丝下沿相距 δ 时,重新达到平衡。

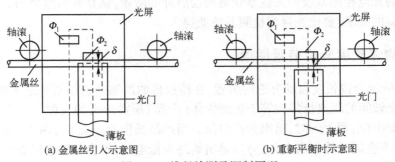

(a) 金属丝引入示意图　　　　　　(b) 重新平衡时示意图

图 7-17　线径检测及调制原理

检测这一移动量就是金属丝的直径。具体控制过程是：当光电倍增管接收到交流信号后产生光电流，再经放大器放大后，驱动两相异步电机，通过测微螺旋将转动转换为移动，从而带动光门运动以达到新的平衡。与之随动的刻度盘在无金属丝时调平衡归零。测量时指针的示值就是金属丝的直径。在检测时金属丝难免有上下跳动，其跳动量一定要调整在小于 δ 的条件下，否则就会产生很大的误差。

该装置的输出可改用其他指示或记录方法，也可利用该信息控制金属丝的加工工艺，以保持直径的精度。该装置可测金属丝的尺寸范围为 0.1~3mm，精度约 ±5μm。

7.1.9　对圆柱形零件的外观检查

该装置原理图如图 7-18 所示。采用反射扫描方式进行检测。光源发出的光经过机械调制盘、孔径光阑 1、聚光镜成像在视场光阑处。视场光阑经物镜组 1 成像在待测圆柱体的表面上。表面反射光经物镜组 2 会聚到光电探测器上。其中物镜 1′、反射镜 1、防杂光光阑、光电探测器、反射镜 2、物镜组 2 组合在一起，并可沿水平方向往复移动，以实现对工件的检测。物镜组 1 与 1′间应是平行光。孔径光阑 2、反射镜 1、防杂光光阑。反射镜 2 用以监视检测位置，检测时应取出。通过探测器信号的变化表明圆柱面外观的质量情况。

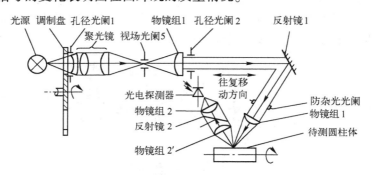

图 7-18　圆柱外观检测装置原理

对于复杂外形的回转体外表检查，可用光纤按母线形状排列后，同时用多组光电探测器对分区进行检测。

7.2　脉冲型光电检测系统

将待测量转换为脉冲数、脉冲宽度、脉冲间隔、脉冲频率等参量，通过对不同脉冲参量的检测获得待测量信息。这种利用脉冲信号通过门电路处理获得信号的方法，有时也叫做光电继电器型检测法。

这种类型的光电检测系统的关键是获得所需脉冲的质量，这是容易做到的。而对光源、探测器等器件及光路的要求，要比光强型检测系统低得多。

7.2.1　物体长度分检装置原理

如图 7-19 所示为按长度自动分选的装置，在传送带的两侧分别配制两组光源——探测器对 5、7 和 6、8，其光轴间的距离恰好应等于被测物体（产品）所需分类的长度。在有光照时，光电探测器的输出为低电位；而无光时，输出为高电位。当产品长度小于 l_0 时，两光电探测器不可能同时被产品遮挡，不会同时输出高电位，与门输出始终为低电位，不会触发单稳态电路，也将无信号输出，横板处于虚线位置，产品将被传送到 $l<l_0$ 的分类传送带 3′上去。当产品长度 $l>l_0$ 时，产品到达横板之前,恰能同时挡住两光束,使两光电探测器同时输出高电位,与门也将以高电位触发单稳态电路,产生与单稳电路时间常数相对应宽度的信号脉冲,经放大器放大,使继电器工作。继电器衔铁把横板推到水平位置,产品在脉冲持续时间内,通过横板进入$l>l_0$的传送带 3 上去,从而完成了自动按长度分选产品的功能。

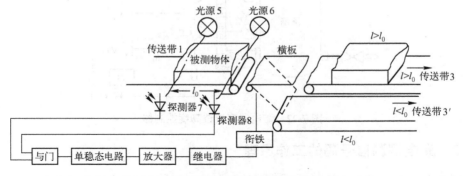

图 7-19　按长度自动分选的装置

如果工作中要对产品长度进行控制,则可采用如图 7-20 所示的三组光源-探测器对的方法。光源-探测器组 Ⅰ 和 Ⅱ 之间的距离是合格产品的最小尺寸,而 Ⅰ 和 Ⅲ 之间是合格产品的最大尺寸,产品同时挡住组 Ⅰ 和组 Ⅱ 的光束时是合格产品的情况;而同时挡住组 Ⅰ、Ⅱ 和 Ⅲ 的光束时,产品尺寸过长;不能同时挡住组 Ⅰ 和 Ⅲ 时,则产品尺寸过短。仍以无光照时光探测器输出高电位为例,上述检测可用如图 7-21 所示的逻辑图来进行信号处理。当与非门 Y 输出为低电位时,控制产品推至合格品的传送带上;其他情况一律送至不合格产品的传送带上去。

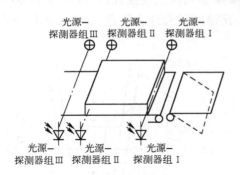

图 7-20　产品长度检控装置

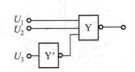

图 7-21　长度检控逻辑图

7.2.2　液位高度控制器

液位高度的控制方法很多,这里介绍一种光电脉冲继电器型的方法。其工作原理如图 7-22 所示。两组光源-探测器对分别安置在液位上、下限的位置上。采用两套类似的控制电路。光束入射到光电三极管 GD 上,晶体三极管 VT 处于截止状态,无光入射时,三极管集电极电流饱和,对应继电器 J 工作。当液位过高时,上部继电器控制常开端闭合,使之打开"排出"口或关闭"流入"口;当液位过低时,下部继电器停止工作,使常闭端闭合,打开"流入"口或关闭"排出"口。具体安排十分灵活,可由用户自定。为防止杂散光等因素的影响,可采用红外光谱区的光源-探测器对。所选工作光谱范围也应与所控液体的性质、环境条件等综合考虑。如能采用调制光源和选频放大等技术措施,系统的抗干扰能力将更强。

以上检测方法可用于多种物料高度的控制。

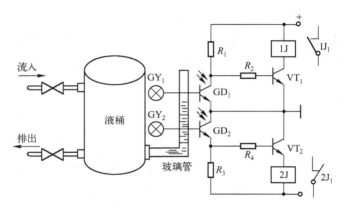

图 7-22　继电器型液位高度控制器

7.2.3　光电探测信号码的工作原理

为区别传送带上同样大小箱子中的不同物体,可在箱体外部某个确定的位置上,统一按物类信息预先印上不同的二进制信号码。分类时用光电探测的这些信号码来区分不同的物类或其他所需的物类特征信息。

光电探测信号码的工作原理如图 7-23 所示。图中箱上打有五个黑或白的信号标记,采用五组反射式光电传感器进行检测,其中黑色标记无反射代表"0",白色标记代表"1",最下面一个是同步信号标志,该标志用来控制检测时间。按照箱体的颜色可以用"1"也可以用"0"作为检测标志。只有当第五道产生标志信号时,才开始检测代码信号。由于实际运行中箱位不一定十分标准,为防止差错同步标记而做得窄一些。图中实际是四位二进制代码,可进行 16 种分类。如采用标记为 N 个,那么可进行 $n=2^{N-1}$ 种分类。为获得更多的分类信息,目前已采用条形码分类系统做为专门分检或标志物品的方法。

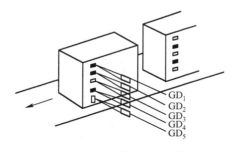

图 7-23　光电信号码探测器

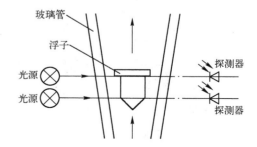

图 7-24　气体流量检控器

7.2.4　气体流量自动检控装置

该装置由转子式流量计和光电探测器组成,如图 7-24 所示。在透明的玻璃管中,放置不锈钢制成的浮子,当气流由下向上通过时,浮子被气流托起。为使浮子的工作稳定,在浮子的边沿开了几条斜槽,在上升气流的作用下浮子产生旋转运动,相当于与锥形管壁不接触的转子稳定在流体束的中心。这时它能非常敏感地反映微小流量的变化。在玻璃管的两侧放置两组光源-探测器对,装于相应控制流量的上限和下限处。当流量变化时,可产生如表 7-1 所示的几种状态,表中接收器受光照为"1",不受光照为"0",利用这些状态的变化,通过放大器、数字

表 7-1　几种输出状态

接收器	1	0	0	1
接收器	0	0	1	1
信号含义	流量小	正常	流量大	不允许

电路,译码器和阀门等,就可进行流量控制,也可用指示灯进行报警。

这种装置原理也可用于液体的流量检控,不论用在何处都应考虑流体材料的透光特性,然后进行综合设计。

7.2.5 利用测量脉冲频率测定转盘转速

脉冲法圆盘转速的测定原理如图 7-25 所示。光源通过转动圆盘上的小孔为光电接收器 GD 提供光脉冲。经光电转换、放大和整形等电路输出脉冲信号。设这时电机转速是 $n(\text{r}/\text{min})$,圆盘上均匀开孔数目为 m,于是输出脉冲的频率为 $f=nm/60(\text{Hz})$,因此只要测出脉冲频率 f 就可计算出圆盘的转速。

$$n = 60f/m \tag{7-17}$$

上述原理稍加改动就可测定圆盘转速的变化;也可改装成恒定转速的控制装置。

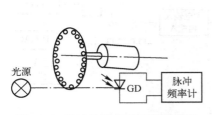

图 7-25 脉冲法圆盘转速测定原理

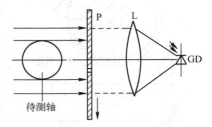

图 7-26 脉冲法测定轴径原理

7.2.6 利用脉冲持续时间测定零件尺寸

脉冲法测定轴径的原理如图 7-26 所示。在平行光路中放置待测轴,带小孔的板 P 按待测方向做匀速直线运动,其速度为 v。P 板上小孔运行在平行光路上,若无零件遮挡,光束通过小孔再经镜物 L 会聚,由光电探测器 GD 接收。当小孔行至光路中有零件挡光时,探测器 GD 接收不到光束,因此测定 GD 产生暗脉冲的持续时间 t 就反应了轴径的大小。按运动关系有 $t=D/v$,则 $D=vt$。D 即为待测轴的直径。在已知 v 的条件下,还须测定 t 值。暗脉冲持续时间 t 可采用多种方法测得。如利用模拟电路中的积分电路,使积分器的输出电压正比于脉冲持续时间,于是输出电压的大小就对应 t 的量值。也可利用高频脉冲发生器发出标准时钟脉冲,记录上述"暗"脉冲间隔内的时钟脉冲个数。如图 7-27 所示,光电探测产生暗脉冲持续时间 t 的信号,打开与非门,脉冲发生器产生周期为 T 的时钟脉冲,通过打开的与非门,使计数器记录对应暗脉冲持续时间内的脉冲数 N,则有 $t=TN$。对应零件的直径 $D=vTN$。也可在零件随传送带传送时对其尺寸进行检测。

如图 7-28 所示是利用光电方法在匀速运动速度为 v 的传送带上测定零件长度的方法。通过测定光电探测器产生暗脉冲的持续时间 t,测定零件的长度 l。其关系为 $l=vt$。

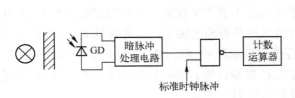

图 7-27 脉宽的脉冲计数原理

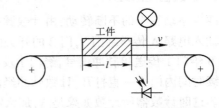

图 7-28 传送带上工件长度检测

以上两例对零件尺寸的测量都要求匀速直线运动,实现起来较为困难,因此常用于精度要求不高的场合。

7.2.7 全脉冲法测定零件尺寸

为提高测量精度,应考虑一种与零件运动速度无关的测试方法。只要被测零件移动单位长度,则不管其运动速度的快慢均使检测系统产生固定的 n 个脉冲,当被测物全部移过时,共计产生 m 个脉冲,则零件长度为 $l=m/n$。

图 7-29 所示是利用全脉冲法检测零件尺寸的例子。其工作原理如下。

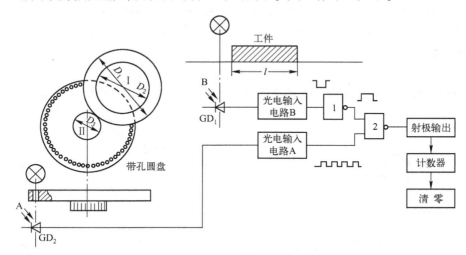

图 7-29 全脉冲法零件长度检测原理

1. 计数脉冲发生系统

光电输入系统 A 的作用是产生计数脉冲。工件置于传送带上,主动轮 I 带动传送带移动的同时,也带动轮 II 转动。轮 II 的周边打有均匀分行的小孔共 n 个。在周边的某个位置上安装光电探测器与光源对,构成脉冲发生系统。主动轮每转动一周,对应工件移动距离是 πD_2,与此对应产生的脉冲数是 $D_1 n/D_3$。显然一个脉冲对应零件移动的距离为

$$\Delta l = \pi D_2 D_3 / (n D_1) \tag{7-18}$$

要提高检测精度,就要使 Δl 尽可能小,通过调整 D_1、D_2、D_3 和 n 可按需要获得 Δl 的值,如 0.1mm,0.01mm 等。

2. 控制脉冲发生电路

光电输入系统 B 的作用是产生控制脉冲。光源与对应的光电探测器安装在待测零件的两侧。当无零件挡光时,光束照射光电探测器产生正信号;当零件挡光时,无光输入光电探测器,无信号产生。零件挡光过程产生暗脉冲,也就是控制脉冲,由光电输入电路 B 输出。

3. 系统检测原理

随着主动轮 I 的不断转动,由计数脉冲发生电路不断产生代表一定移动量的计数脉冲,并从光电输入电路 A 传送给门2,门2的开关由待测零件是否挡光决定。当零件挡光时,由光电输入电路 B 给门1传送暗脉冲信号,经门1反相后成为控制脉冲,将门2打开,对应暗脉冲或控制脉冲持续时间内门2一直打开,计数脉冲经门2给计数器计数,暗脉冲结束门2关闭,计数器停止计数。这时计数器所计数如果是 N,那么零件的长度为

$$l = \Delta l \cdot N = [\pi D_2 D_3 / (n D_1)] \cdot N \tag{7-19}$$

从该方法可知,测量结果和精度与传送带运动的快、慢或短暂的停止都没有关系。但不应有零件与传送带之间或轮与轮之间的相对移动。此外,如因磨损等造成 D_1、D_2 和 D_3 值的变化,也

会影响检测精度。这一误差可用标准长度的零件通过标定修正 Δl 来解决。

7.2.8 光栅数字测径仪

脉冲式光栅数字测径仪工作原理如图 7-30 所示。激光器射出的光束经分光镜分成两束。一束经透镜 1 和 2 及玻璃四方棱镜,由玻璃四方棱镜转动,输出光束沿垂直方向扫描。该扫描光束经窗口,对被测件进行扫描,当扫至未被待测件阻挡处时,光束通过聚光镜 1 为光电接收器所接收,并转换为检测直径的信号脉冲,其脉宽对应于待测直径,并控制门电路的开和关。分光后的另一条光束经透镜 3 和 4 后射向棱镜 1 和 2 转向,再入射光栅 1、四方棱镜,形成扫描光束后射入刻线与光栅 1 平行的光栅 2,最后光束由聚光镜 2 会聚给光电器件。由光电器件输出的信号接近正弦波,再经整形、放大后作为标准脉冲引至门电路,在信号脉宽时间内由计数器记录标准脉冲数,由所计脉冲数和光栅节距就可计算待测件的直径。这种测试仪的测量范围可达 100mm,分辨尺寸是 0.01mm,误差为 0.025mm,最小分辨尺寸可达 1μm,误差为 0.5μm。

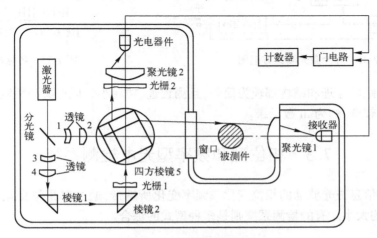

图 7-30　光栅数字测径仪

7.2.9 脉冲激光测距

利用脉冲激光的发射角小、能量在空间相对集中、瞬时功率大(MV 数量级)的优点,可在被检测处设有反射器时获得极远的测程,也可在无反射器时,获得几千米的目标测程。

脉冲激光测距原理是利用对激光传播往返时间的测量来完成测距的。当往返时间为 t、光速为 c 时所测距离为

$$l = ct/2 \tag{7-20}$$

图 7-31 是脉冲激光测距的方框图。由脉冲激光发射系统、接收系统、控制电路、时钟脉冲振荡器和计数显示电路等组成。其工作过程如下:按下启动开关,复原电路给出复原信号使整机复原,处于准备测量状态,同时触发脉冲激光发生器,产生激光脉冲。该脉冲光中一小部分由参考信号取样器直接送到接收系统,作为计时的起始点信号;而大部分激光射向目标,由目标反射后返回测距仪,由接收系统接收,形成测距信号。参考及测距信号的两个光脉冲先后经光阐、干涉滤光片限制探测入射光的波长,它们都是为减小非信号背景的影响,提高信噪比而设置的。由光电探测器产生的电脉冲,经放大器和整形器之后,输出一定形状的负脉冲至控制电路。由参考信号产生的负脉冲 A 经控制电路去打开电子门,这时具有一定频率的时钟振荡器所产生的时钟脉冲,通过电子门,进入计数显示电路,进行计数或计时。当测距信号 B 到来时,关闭电子门,计数或计时停止,从而获得了用脉冲数表示的激光测距往返时间。各脉冲波形之间的相互关系可参

见图 7-32。由于光速很快,计时振荡频率的高低将直接影响所获测距的精度。当测距为 1500m 时,光脉冲往返时间 $t=2l/c=10\mu m$,如果这时采用的时钟脉冲频率 $f=150MHz$,那么在 $10\mu s$ 时间间隔内只对应计数 1500 个脉冲,也就是说每个脉冲所代表的测距为 1m。在检测中如有 1 个脉冲的误差,则测距误差是 1m。这对于远距离测量来说尚能允许,但对近距离如 50m 来说,相对误差就太大了。通过提高时钟脉冲的频率可以减小这一误差,但是过高的时钟脉冲不易获得。

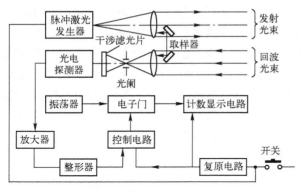

图 7-31 脉冲激光测距方框图

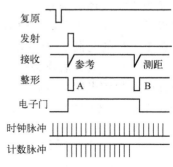

图 7-32 各脉冲波形间的关系

脉冲激光测距的原理和结构都较为简单,且测程远、功耗小。但这类测距装置的主要缺点是绝对测距的精度较低,约为 m 数量级。

7.3 相位型和频率型光电检测系统

将待测量的信息被光波动的相位变化或频率变化所携带,通过对相位变化或频率变化的检测,获得待测量的大小。有的检测系统则是多种型式的综合。

7.3.1 激光相位测距法

该方法的原理是基于受正弦调制的激光波束,通过测定波束传播过程中相位的变化来确定待测的距离。设调制波形如图 7-33 所示,调制频率为 f,光速为 c,调制波波长 $\lambda=c/f$。

调制光波的相位在传播中不断变化,设调制波从 A 到 B 的传播过程中相位的变化为 φ,表示为

$$\varphi=M\cdot 2\pi+\Delta\varphi=(M+\Delta m)\cdot 2\pi \tag{7-21}$$

式中,M 为零或正整数,为相位变化的整周期数;$\Delta m=\Delta\varphi/2\pi$ 为小数,即相位变化不足一周期的尾数。

调制光波每前进一个波长 λ,相当于相位变化 2π。与相位 φ 变化相对应的传播距离为

$$l=\lambda(M+\Delta m) \tag{7-22}$$

可见,只要测得 M 和 Δm,就相当于用调制波长 λ 这把尺子来量出光束所传播的距离。

实际测距时,在调制波形 B 点的对应处设置角反射器,使调制波束返回到测距机处,由专门的反相系统测定经 $2l$ 距离传播后相位的变化量。可用如图 7-34 所示的展开波形来说明。$AB=BA'$,$AA'=2l$,于是有

$$2l=\lambda(M+\Delta m) \tag{7-23}$$

或

$$l=\frac{\lambda}{2}(M+\Delta m)=L_s(M+\Delta m) \tag{7-24}$$

式中,$L_s=\lambda/2$,它相当于测尺的长度。

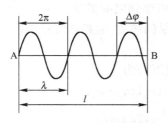

图 7-33　调制波形

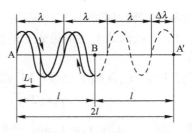

图 7-34　往返波形展开图

在测距时,相位检测只能测定不足 2π 的 $\Delta\varphi$ 值,而整数 M 无法测得。所以要求测尺必须大于所测的距离,也就是说必须使式(7-24)中的 $M = 0$。这样就派生出一个测距精度的问题,欲测大距离就要用长的测尺。如果测尺所测相位误差为 0.1%,那么当测尺为 1m 时,距离误差为 1cm;而当测尺为 1000m 时,误差可达 1m。所以在大距离测量时,误差必然很大。为解决这一矛盾,可以采用多把测尺的方法,即选定决定仪器测距精度的基本测尺,其长度为 L_{sb},再选一把或几把辅助测尺。测距时将各测尺的测距读数组合起来得到单一的和准确的距离值。例如,选用两把测尺,调制频率分别为 $f_{sb} \approx 15\text{MHz}$ 和 $f_{sa} \approx 150\text{kHz}$,对应测尺长度分别为 $L_{sa} = 10\text{m}$ 和 $L_{sa} = 1000\text{m}$,在测定长度为 386.57m 时,用粗尺 L_{sa} 所测得的值为 386m,而精尺的测值为 6.57m,其组合起来的长度是 386.57m。

短程光电测距仪中,采用多测尺的方法可获得满意的结果。在这类测距仪中,通常采用 GaAs 半导体激光器或发光二极管作为测距光源。这些光源的优点是可直接进行调制。该方法目前已被广泛应用。

7.3.2　激光光波比长仪

现代精密加工中,有时要求在很大的测量长度上(如对 1m 长度)进行测量,要求测量误差很小,如不超过 1μm。一般的机械测量很难满足,可采用激光光波比长仪。它是以激光器作为光源的干涉仪,如图 7-35 所示。它以麦克尔逊干涉仪为基础。激光器发出单色激光,经干涉仪后形成两束光干涉,并为光电倍增管所接收。检测时光电显微镜示出待测零件的起始和终止位置,零件被装在可移动的平台上,该平台每移动半个激光波长,即 $\lambda/2$,两束光产生的干涉条纹变化一个周期。平台连续移动则干涉条纹不断明暗交替地变化,这种交替变化经光电倍增管输出电脉冲,由计数器计数后并由打印机输出信号,测出待测零件的长度为

$$l = N \cdot \lambda/2 \qquad (7-25)$$

式中,l 为待测零件长度,λ 为激光的波长,N 为计数器测得的脉冲数。

在激光光波比长仪中,只用一种激光频率叫做单频激光干涉仪,其检测优点是精度高,如测长 1m 的误差约为 0.3μm。但是,单频激光干涉法的缺点是对环境条件要求较高,只适用于实验室中。

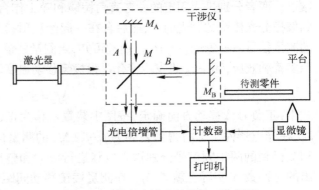

图 7-35　激光光波比长仪的工作原理

7.3.3　双频激光干涉测长系统

该系统采用了双频激光干涉法,除可获得高测量精度外,对环境要求不高,适合现场使用。双频激光器是利用塞曼效应的氦氖激光器,即在氦氖激光器的轴向增加一磁场,使其原发射

的主频线分解为两个旋转方向相反的圆偏振光，且这两束光之间的频差不大。由于激光具有良好的空间和时间相干性，因此上述两束光之间虽有少量的频差，但相遇时仍能产生干涉。这样的干涉常称为"拍"。

设振幅相同的两束光，其频率稍有不同，则其合成振动为

$$y(t) = A\cos(2\pi f_1 t + \varphi_1) + A\cos(2\pi f_2 t + \varphi_2)$$

将其分解并组合后有
$$y(t) = 2A\cos\left(\pi\Delta f t + \frac{1}{2}\Delta\varphi\right)\cos(2\pi f t + \varphi) \tag{7-26}$$

式中，A 为光波的振幅；f_1，f_2 为两束光的频率；φ_1，φ_2 为两束光的初相角；$\Delta f = f_1 - f_2$ 为两束光的频差。其他参量间的关系为

$$f = (f_1 + f_2)/2 ; \quad \Delta\varphi = \varphi_1 - \varphi_2 ; \quad \varphi = (\varphi_1 + \varphi_2)/2$$

从假设可知，f_1 和 f_2 相差很小，Δf 与 f 相比也很小。所以式（7-26）中的 $\cos(2\pi f t + \varphi)$ 项随时间变化比 $\cos\left(\pi\Delta f t + \frac{1}{2}\Delta\varphi\right)$ 项要快得多。可以把合成振动看成一个以 f 为频率的高频简谐振动，而其振幅 $2A\cos\left(\pi\Delta f t + \frac{1}{2}\Delta\varphi\right)$ 不是常数，而是随时间缓慢变化的函数。

合成振动的光强与振幅平方成正比：

$$I \propto 4A^2\cos^2\left(\pi\Delta f t + \frac{1}{2}\Delta\varphi\right) \propto 2A^2\left[1 + \cos\left(2\pi\Delta f t + \frac{1}{2}\Delta\varphi\right)\right] \tag{7-27}$$

光强随时间变化，相邻两最大光强或两对应光强间的时间间隔为

$$T = 1/\Delta f \tag{7-28}$$

可见光强以 Δf 为频率，在 $0 \sim 4A^2$ 之间变化，把 Δf 叫做拍频。采用光电探测器接收这一光强变化，就可获得以 Δf 为拍频的周期性电信号。

图 7-36 是双频干涉测长仪的光学系统和信号处理系统原理图。在单模氦氖激光器的外部套有产生轴向磁场的电磁线圈。根据塞曼效应，产生频率分别为 f_1 和 f_2、频差甚小的双频激光。系统光路按偏振光干涉型布置。双频激光光束经过 $\lambda/4$ 波片后，变成了偏振方向互相垂直的两束线偏振光。设其振动方向分别为垂直和平行纸面，分光镜将总光线分成两部分，其中反射部分经检偏振器 1 后产生干涉，由光电器件 1 取得频差为 $f_1 - f_2$ 的参考信号 $\cos[2\pi(f_1 - f_2)t]$。透过分光镜的光束经偏振分光棱镜，将垂直纸面频率为 f_1 的偏振光产生全反射，而平行纸面频率为 f_2 的偏振光全部透过。两者分别进入固定的参考直角棱镜和随工作台一起移动而用于测量的直角棱镜，都被反射到偏振分光棱镜的分光面上，然后合在一起经反射镜和检偏振器，在光电器件上得到频差为 $f_1 - f_2$ 的测量信号 $\cos[2\pi(f_1 - f_2)t]$。由此可知，当测量棱镜不动时，两信号相同。当测量棱镜移动时，按照多普勒效应，频率 f_2 将发生变化。设棱镜移动速度为 v，则引起的频率变化为

$$\Delta f_2 = \pm 2v/c \cdot f_2 \tag{7-29}$$

式中，正负号依移动方向确定，按图中装置左移为正、右移为负。当测量棱镜随被测物移动距离 l 时，在光电器件 1 上将得到差频为 $f_1 - f_2 \pm \Delta f_2$ 的测量信号 $\cos[2\pi(f_1 - f_2 \pm \Delta f_2)t]$。把光电接收器 1 和 2 得到的两拍频信号分别送入电路进行放大和整形等处理，然后送入减法器相减。减法器输出的脉冲数 N 实际上就是 Δf_2，在测量棱镜移动间距内的积分

$$N = \int \Delta f_2 \mathrm{d}t = \int \frac{2v}{c} f_2 \mathrm{d}t = \frac{2}{\lambda_2}\int \mathrm{d}l = \frac{2}{\lambda_2} l \tag{7-30}$$

则有
$$l = N \cdot \frac{\lambda_2}{2} \tag{7-31}$$

式中，λ_2 是频率为 f_2 的激光波长

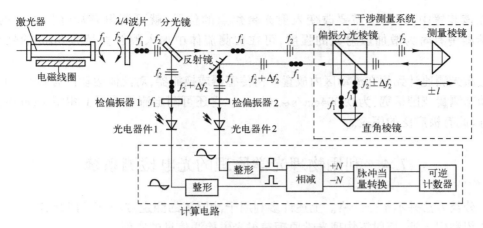

图 7-36　双频激光干涉测长系统

$$c = \lambda_2 f_2, \quad \mathrm{d}l = v\mathrm{d}t,$$

在电路中将累积脉冲数 N 转变为具有长度单位当量的脉冲数,由可逆计数器计数,并由显示器显示 l 的值。由于系统接收的是拍频信号,并有两信号相减的处理,所以对环境要求较低,既保持了高精度的优点,又可在现场进行工作。

7.3.4　激光流速计

激光测速利用了多普勒效应原理。当光源和探测器之间存在相对运动时,光探测器接收到的光束的频率不再是光源发出的频率。如图 7-37 所示,以 v 表示光源 S 对观察者 P 的相对速度,以 α 表示相对速度方向和光传播方向之间的夹角,按多普勒效应原理,观察者在 P 点接收到光波的频率为

$$f = f_0(1 + v\cos\alpha/c) \tag{7-32}$$

式中, f_0 为光源发光的频率; c 为所处介质中的光速。对应多普勒频移为

图 7-37　多普勒效应
关系图

$$\Delta f = f - f_0 = f_0 \cdot v\cos\alpha/c \tag{7-33}$$

如图 7-38 所示,激光流速计采用了上述原理。当激光通过流动的气体或液体时,频率将变化,这种变化只和流体的速度有关。氦氖气体激光器发出激光,由透镜 1 将光束聚焦在待测速小区上,液体或气体待测物从管中通过,在小区内微小的粒子使一部分光发生散射,由透镜 2 收集部分散射光,由 Φ_2 形成信号光束。透过流体而未被散射的那部分光 Φ_1 为参考光,由透镜 3 收集,通过中性减光片,使其减弱到适当的程度,再经反射镜和析光镜,与信号光束 Φ_2 叠加,并引入光电倍增管中。流体中运动的微粒使光束散射的同时产生多普勒效应,信号光与参考光之间产生频差,由频率计捡出。

频差 Δf 与流体流速间的关系为

$$\Delta f = \frac{2nv}{\lambda_0} \sin\frac{\theta}{2} \sin\left(\varphi + \frac{\theta}{2}\right) \tag{7-34}$$

式中, n 为流体的折射率; v 为流速; λ_0 为激光在真空中的波长; φ 为流动方向和激光入射方向的补角; θ 为散射方向与激光入射方向的夹角。

在已知有关各参量的条件下,就可计算出流体的

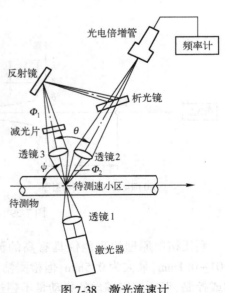

图 7-38　激光流速计

流速。在该装置中，只要按需要改变入射光聚焦点的位置，就可测得各局部位置处的流速。在实际检测中有时为增加散射光的强度，可在被测流体中加入颗粒直径为 $6\mu m$ 的聚苯乙烯粉末。

上述激光测速计无须在流动区内放置任何传感器或换能器，对流体运动没有影响。此外，该方法的动态测量范围很宽，为 $0.004cm/s \sim 10^4 m/s$。它还可测定流管截面上相距 $1mm$ 的局部流速分布，因此有极广泛的用途。

7.4 利用物理光学原理的光电检测系统

这一分类方法并不十分严格。上述许多利用干涉原理的测定方法，也可归到这一类中。本节主要介绍利用干涉、衍射等物理光学原理获得光电检测信息的实例。

7.4.1 利用衍射测量细丝的直径

测量装置原理如图 7-39 所示。当用激光器或平行光束照射细丝时，在其后较远的屏幕上能获得细丝的夫琅禾费衍射图（见图 7-39（a））。O 点为中央亮纹，能量最多，各级暗纹和亮纹对称地分布在两侧。被测细丝的直径 d 可依据衍射定律计算

$$d = \lambda L / s \tag{7-35}$$

式中，λ 为光束的波长，L 为细丝到屏幕之间的距离，s 为衍射条纹相邻两暗纹之间的距离，或除中央亮纹外，相邻亮纹之间的距离。当检测装置确定后，λ 和 L 为定值，关键在于测定衍射条纹的间距 s。

图 7-39（b）中给出了检测原理图。由稳速同步电机带动转镜，使衍射图样形成在狭缝的平面上。随着反射镜的转动，衍射条纹将相继扫过狭缝，并由光电探测器所接收。随着扫过的亮暗条纹相应产生脉冲信号，其脉冲间隔随条纹间距 s 的变化而改变。这样按条纹间距转换为时间信号，并用控制电路形成相应间距的脉冲，控制计数门的开启和关闭。计数门的另一个输入端加入频率稳定且与电机转动相关的时钟脉冲。由计数器在同一个条纹间隔内所计的脉冲数将与 s 对应。引入结构参数就可计算出 s，进而计算出细丝直径 d。

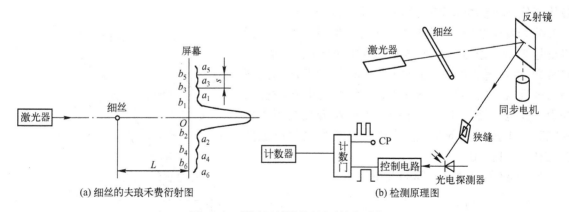

图 7-39 利用衍射测量丝径的原理图

利用衍射原理的测径仪具有高的灵敏度，可达 $0.05 \sim 0.1\mu m$，该方法只能用于测细丝，如 $0.01 \sim 0.1mm$，最大为 $0.5mm$，但检测精度将随之下降；该方法也可对加工中运动的细丝进行监测或控制，但须控制细丝的抖动量不超过激光直径的 25%。

7.4.2　利用全反射检测液面的装置

当光束从折射率为 n_1 的光密介质向折射率为 n_2 的光疏介质传输时,如果入射角大于或等于临界角 i_0,则这时光束在两介质介面处不产生折射,只将光束全部反射,临界角 i_0 可用下式表示

$$i_0 = \arcsin(n_2/n_1) \qquad (7\text{-}36)$$

利用全反射制成液面控制装置的原理图如图 7-40 所示。导光管平行放置于需检测的液面高度上,其折射率和倾斜面 AB 按全反射定律进行适当选择。当被测液面超过 BC 面时,由光源发出的光束经导光管传到 AB 面上,将有大部分光束折射到液体中,只有少量的光束经 AB 面反射,并由光电探测器所接收。当被测液面低于 BC 时,光束在 AB 面上产生全反射,则将全部光束传输给光电探测器,反射光束的变化反映了液面位置的变化,经处理实现控制。该装置的缺点是在不发生全反射时仍有一部分光束传到光电探测器上,容易产生误控制。

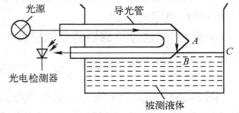

图 7-40　液面全反射检测装置原理图

7.4.3　利用偏振光全反射检测液面的装置

这是对上述自然光全反射检测液面方法的改进。这里先引出全偏振角的概念。全偏振角 i_c 又叫做布儒斯特角,表示为

$$\tan i_c = n_2/n_1 \qquad (7\text{-}37)$$

自然光以全偏振角入射到两介质介面上时,反射光中只有垂直于入射面振动的光束,而无平行于入射面振动的光束。也就是说,反射光是线偏振光。

利用偏振光全反射检测液面位置的原理图如图 7-41 所示。容器中盛有待测液位的液体,在需检控液位点 A 处,装有一棱镜窗,来自光源的单色准直光束,通过偏振片后产生平行于纸面振动的偏振光。再经反射镜投入棱镜窗,并到达 A 点。棱镜的设计应满足以下两个条件:一是当液面高于 A 点时,光束入射角恰为全偏振角 i_c,这时无反射光产生,光电探测器无光输入和信号输出;二是当液面低于 A 点时,光束入射角 i_c 大于临界角,偏振光束产生全反射,光束经反射镜后,由光电探测器接收并转换为电信号输出。

参量可按下述公式计算,设棱镜折射率为 n_1,液体折射率为 n_2,液面以上折射率为 n_2'。于是满足全偏振角的关系为

$$\tan i = \tan i_0 = n_2/n_1 \qquad (7\text{-}38)$$

满足全反射角的关系为

$$\sin i = \sin i_0 = n_2'/n_1$$

利用 $\sin^2 i + \cos^2 i = 1$ 的关系,经整理后有

$$n_1 = n_2' \Big/ \sqrt{1 - (n_2'/n_2)^2} \qquad (7\text{-}39)$$

在上述装置中,如在 B 点设置一个检测系统,则可将液位控制在 AB 之间。

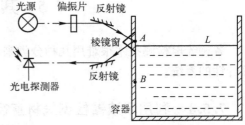

图 7-41　偏振光全反射检测液面的原理

7.4.4　利用双折射和干涉原理的测力计

该装置利用人工双折射原理和偏振光干涉原理设计而成。当起偏器、检偏器和双折射晶体按图 7-42 所示放置时,从检偏器输出的光通量 Φ 与通过起偏器的光通量 Φ_0 间有以下关系

$$\Phi = \Phi_0 \sin^2 \frac{\delta}{2} = \Phi \sin^2 \frac{\pi}{\lambda}\Delta \qquad (7\text{-}40)$$

式中, Δ 和 δ 分别为通过晶体的寻常光与非寻常光之间的光程差和相位差。

人工双折射晶体的双折射与晶体所受外力有关:外力增大,双折射加剧;外力消失,双折射现象也消失。在图 7-42 所示的装置中,由双折射产生的寻常光与非寻常光的光程差为

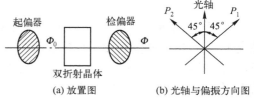

$$\Delta = CF \qquad (7\text{-}41)$$

式中, F 为垂直作用于人工双折射晶体表面的力; C 为由材料决定的常数。

图 7-42　偏振器与晶体的放置

由此可知,通过检偏器的光通量为

$$\Phi = \Phi_0 \sin^2 \frac{\pi}{\lambda}\Delta \qquad (7\text{-}42)$$

图 7-43 所示为光电测力计的原理图。测力元件是由人工双折射透明硬质材料(如玻璃)制成的。白炽灯发出的光线经聚光镜、滤光片和中性光楔投射在析光镜上。通过析光镜的光束再经起偏器、测力元件和检偏器后,由光电池 1 所接收。起偏器、测力元件和检偏器之间的方位布置仍按图 7-42 所示进行。光电池 1 可测得 Φ 值,而另一路反射光经中性光楔后,由光电池 2 所接收。该光电池起补偿作用,与检流计和光电池 1 配合调整则可测出力 F 的大小。

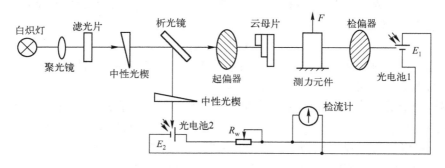

图 7-43　光电测力计的原理图

实际检测还利用了几块云母片,形成附加光程差,以利于工作点等性能点的选择。

7.5　其他光电检测系统

各种光电检测技术很难用几种分类来包括。前面介绍的系统,原理比较单一,本节介绍几个综合性的系统。

7.5.1　利用示波器检测线材直径的方案

该装置的原理图如图 7-44 所示。由白炽灯发出的光经透镜 1 变成平行光束,经具有三个孔的屏和透镜 2 之后,由光电探测器接收。欲测直径的线材放于中间孔中,应保证检测时线材横向振动不超出该孔的范围。屏的下孔和上孔宽度,应使通过的光通量与线材允许的最小和最大直径相对应。三孔的旋转盘,使屏内下、中和上孔的光轮流通过并投射在光电探测器上,使之输出与通过三孔光通量有关的三个电压,依次引入放大器,经放大后的脉冲电压加在示波管的垂直偏转板上,与旋转盘同步的扫描波发生器的电压加在示波管的水平偏转板上。

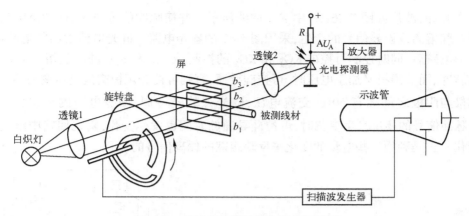

图 7-44　示波器检测线材直径的原理图

设被测线材直径为 D，其允许的下限值为 D_{min}，上限值为 D_{max}。下、中和上孔的宽度分别为 b_1、b_2 和 b_3，它们应满足下述关系

$$b_1 = b_2 - D_{min} \tag{7-43}$$
$$b_3 = b_2 - D_{max} \tag{7-44}$$

中孔的宽度 b_2 一定，于是 $b_1 > b_3$。通过 b_1 的光通量 Φ_1 大于通过 b_3 的光通量 Φ_2，所以 Φ_1 产生的光电流和电阻 R 上的压降大，A 点的电位 U_{A1} 低，在示波器上示出 U_{A1} 线亦低，见图 7-45。而对应 Φ_3 产生光电流小，A 点的电位 U_{A3} 高，在示波器示出的 U_{A3} 线亦高。

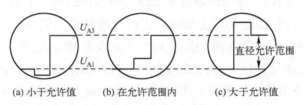

图 7-45　不同线材直径下，示波器输出波形

当被测直径 D 在允许范围内时，满足下式

$$D_{max} \geqslant D \geqslant D_{min} \tag{7-45}$$

中间孔可透过光的宽度为 $b_2 - D$，它比 b_1 小，比 b_3 大，透过它的光通量及由它产生的 A 点电位 U_{A2} 处于上述两种情况之间，即 U_{A2} 的值在 U_{A1} 和 U_{A3} 之间。

随待测线径的变化，在示波管上可能出现如图 7-45 所示的三种可能的波形。其中图（a）表示 $D < D_{min}$；图（b）表示 $D_{max} \geqslant D \geqslant D_{min}$；图（c）表示 $D > D_{max}$。如果显示屏纵向有刻度，则可读出被测直径的大小。

以上装置可测 33mm 以下的线径，其精度可达 2.5~5μm。

7.5.2　光电跟踪装置的工作原理

该装置的应用很广，如用于线切割机、铣床、自动刻线、自动跟踪等设备中。实质上它是一种光电仿形跟踪装置。将预定的工件形状或线路制成仿形图，用光电头对所要求的方位进行跟踪。例如，线切割机中，将工件形状经放大后的图样放在跟踪台上，仿形图样一般是由透明底上的黑色不透明线绘成的，如图 7-46（a）所示。光源装在图样的上面，而在图样下面放置接收光束的硅光电池等探测器，光源与硅光电池同步移动。光源内有光学系统，并用同步电动机使光点转动形成光环。由于跟踪的曲线不透明，光点每转一周与曲线相交两次，硅光电池就被遮光两次。对应获得两个电脉冲,波形如图 7-46(b)中 E、I 曲线所示。并使脉冲信号与 50Hz 的市电频率同步。为了说明跟踪偏离或误差信号的产生,采用图 7-47 的鉴相电路。硅光电池发出的电脉冲信号经放大和整形电路后,同时控制可控硅 KG_1 和 KG_2 的控制端 a、b 和 c、d 进行鉴相。当 a、b 或 c、d 端有触发脉冲,而其阳极又加正电压时,可控硅导通,直到可控硅阳极交流电压变为零时才截止。可控硅阳极与阴极之间加有 50Hz 交流电压,随光点旋转一周,阳极电压的相位由 0° 变化到 360°。当脉冲信号的相位发生变化时,可控硅导通的时间也发生变化,随之回路中电流、电压值也对应变化。正是利用这些电量的变化来反映跟踪的偏离信号的。

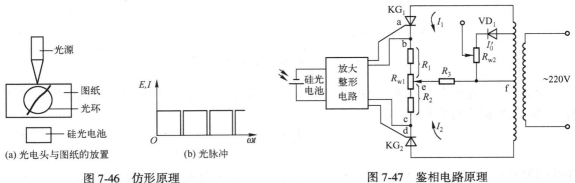

| (a) 光电头与图纸的放置 | (b) 光脉冲 | 图 7-47 鉴相电路原理 |

图 7-46　仿形原理

通常光环与线条的相对位置可有三种基本情况。

(1)正常位置或平衡状态,这时线条位于光环正中,如图 7-48(a)所示。在前半周期,当 U_{ab} 和 U_{dc} 出现正的触发脉冲时,恰好 KG_1 上阳极电压由 0 增到最大值,即 90° 时,产生电流 I_1,直至阳极电压为零,即 180° 时为止,此期间 KG_2 上虽有正触发脉冲存在,但因阳极电压始终为负,故 $I_2=0$。在后半周则情况相反,当相位为 270° 产生脉冲时,KG_1 上阳极电压为负,$I_1=0$;KG_2 上阳极电压为正,因导通产生电流 I_2。电流 I_1 和 I_2 恰好各导通 1/4 周期,它们在总量上相等。电压 $U_{bc}=I_1R_1-I_2R_2$,通常选 $R_1=R_2$,所以 $U_{bc}=0$。由于 U_{bc} 是两电压之差,称其为“差信号”电压;$U_{ef}=I_1R_3+I_2R_3=(I_1+I_2)R_3$,令 $I=I_1+I_2$ 恰为半个周期的电流。

由于 U_{ef} 是两电压之和,称其为“和信号”电压。

(2)光环与线条有距离偏差 δ,如图 7-48(b)所示。此时每个周期中,I_1 导通 120° 即 1/3 周期;I_2 只导通 60°,即 1/6 周期,$I_1>I_2$,$U_{bc}=I_1R_1-I_2R_2\neq0$,$U_{ef}=(I_1+I_2)R_3=I_0R_3=\text{const}$。可见差信号电压 U_{bc} 反映光环在线条上的距离偏差。

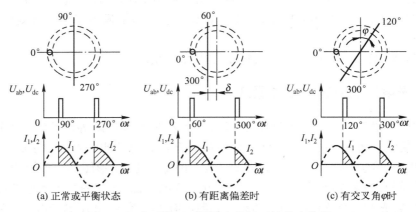

| (a) 正常或平衡状态 | (b) 有距离偏差时 | (c) 有交叉角 φ 时 |

图 7-48　光环位于不同线条位置时的输出信号

（3）光环与线条有交叉角 φ 时，如图 7-48（c）所示。此时 I_1 和 I_2 都导通 60°，即 1/6 周期，$U_{bc}=I_1R_1-I_2R_2=0$，而 $U_{ef}=(I_1+I_2)R_3=I_0R_3\neq$ const。所以"和信号"电压 U_{ef} 反映光环与线条有交叉角 φ。

由上可知光环的几何位置可用"差信号"电压与"和信号"电压表示。下面进一步讨论有关偏差的正负、大小与信号电压的关系。实际工作时，事先调整好光点的瞬时位置，当鉴相器电源的交流电压过零时，要求光点正好处于被跟踪线段的法线上，如图 7-49（a）所示。光电脉冲出现在 90° 和 270° 的地方，对可控硅的触发也在两阳极电压波形的中间，这时 $I_1+I_2=I_0$，即半个波的电流。当跟踪线条向右转时，如图 7-49（b）所示，I_1+I_2 小于以半个波电流定义的 I_0；当线条向左转时，如图 7-49（c）所示，则有 $I_1-I_2>I_0$。通常在图 7-47 所示的电路中，取一个恒定的参考电压 $I_0'R_{w2}=I_0R_3$。当线条正中时，$(I_1+I_2)R_3-I_0'R_{w2}=0$；当线条右转时，$\Delta\varphi\propto[(I_1+I_2)R_3-I_0'R_{w2}]<0$；当线条左转时，$\Delta\varphi\propto[(I_1+I_2)R_3-I_0'R_{w2}]>0$。利用该信号送入转动角度 φ 的伺服系统，驱动移相器旋转，使光电头的光零点回到法线上去，重新达到 $\Delta\varphi=0$，而转过的角度恰好是曲线拐变时应改变的角度值。"差信号"电压与光环在线条上的距离偏差关系如图 7-50 所示。当无偏差时，$\Delta i=I_1-I_2=0$；当偏差向左时，$\Delta i=I_1-I_2>0$；当偏差向右时，$\Delta i=I_1-I_2<0$。可见"差信号"电压 U_{bc} 反映了光环与线条间的距离偏差 δ 的方向和大小。当 $\Delta\varphi$ 和 δ 并存时，跟踪系统将同时进行校正。实际的鉴相器电路要更复杂一些，这里不再详述。

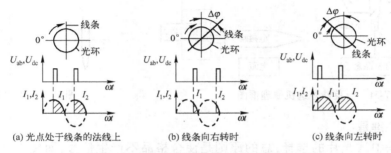

图 7-49　光环与线条有不同转角时的输出信号

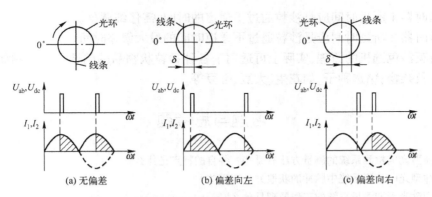

图 7-50　光环与线条有距离偏差时的输出信号

7.5.3　石英沙色选机

石英沙是炼制石英玻璃的材料，其颗粒的线度约为 2~3mm。为保证石英玻璃的质量，需将其中的杂粒和带有共生铁质的黄色颗粒去除，而保留洁白的纯度较高的石英沙颗粒。

这一精选工艺可利用石英沙色选机来完成。其原理框图如图 7-51 所示。待选石英沙置于振动落料箱内，在机械振动的作用下，石英沙依次落入上通道中。上通道和下通道在光箱中对准并相距一段检测距离。光箱内腔为白色漫射面,在光源的照射下形成各处均匀的漫射光照明。在光箱的两侧各装有一个色选头,色选头的结构原理如图 7-52 所示。它主要由物镜、狭缝、滤光片和光电倍增管组成。石英沙由上通道落到下通道的过程中,其信息恰可为色选头接收,这时使石英沙通过物镜成像在狭缝处。若石英沙为白色,与光箱背景一致,虽通过检测色选头的视场,但不产生信号。当有杂色,特别是黄色石英沙通过色选头视场时,经蓝紫色滤光片产生黑色信号,即产生负脉冲。由光电倍增管输出的负脉冲经放大整形电路后,再经或门输出。两色选头中只要一个接收到黑色信号,都可从或门得到负脉冲信号。该信号经延时器 1 后控制电磁阀工作。即当不合格沙粒正好从下通道落出时,电磁阀控制气源产生气流将其吹到不合格品的盒子中,打开电磁阀的信号经延时器 2 控制产生关闭电磁阀的信号,使吹气停止。合格石英沙经过光箱不产生信号,将直接落到合格品的盒子中去。

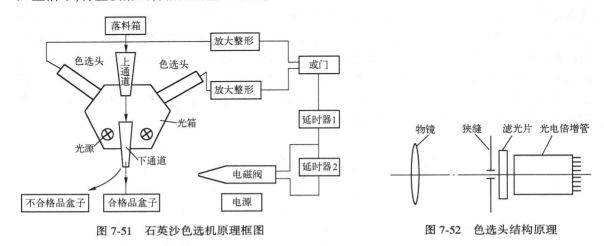

图 7-51　石英沙色选机原理框图　　　　图 7-52　色选头结构原理

该装置的关键是:

(1)色选头中滤光片的选择,总的原则是使合格品不产生信号,而使不合格品产生脉冲信号。

(2)延时器 1 所延时间应是沙粒通过下通道的时间,需仔细调整。

(3)延时器 2 所延时间应是沙粒通过下通道时间的最大偏差时间。

上述石英沙色选机的原理,实际上可适用于各种颗粒状物品的精选工作。例如,精选大米,以去除沙粒及杂物;精选种子,如花生、大豆、蚕豆等。

习题与思考题

8-1　光强型光电检测系统的测量方法有哪些? 各自的特点是什么?

8-2　脉冲型光电检测系统中脉冲的获取方法有哪些?

8-3　双频激光干涉测长系统的工作原理是什么?

8-4　举例说明利用干涉、衍射物理光学原理是如何获得光电检测信号的?

第8章　现代光电检测技术与系统

8.1　光谱仪器

8.1.1　单色光的产生

单色仪用来将具有宽谱段辐射的光源分成一系列谱线很窄的单色光,因而它既可作为一个可调波长的单色光源,也可作为分光器。

单色仪的构思萌芽可以追溯到 1666 年,牛顿在研究三棱镜时发现将太阳光通过三棱镜,太阳光分解为七色光。1814 年夫琅禾费设计了包括狭缝、棱镜和视窗的光学系统并发现了太阳光谱中的吸收谱线(夫琅禾费谱线)。1860 年克希霍夫和本生为研究金属光谱设计成了较完善的现代光谱仪——光谱学诞生。由于棱镜光谱是非线性的,人们开始研究光栅光谱仪。光栅单色仪是用光栅衍射的方法获得单色光的仪器,它可以从发出复合光的光源(即不同波长的混合光的光源)中得到单色光,通过光栅一定的偏转角度得到某个波长的光,并可以测定它的数值和强度。因此可以进行复合光源的光谱分析。

单色仪利用色散元件(棱镜、光栅等)对不同波长的光具有不同色散角的原理,将光辐射能的光谱在空间分开,并由入射狭缝和出射狭缝的配合,在出射狭缝处得到所要求的窄谱段光谱辐射。按其作用原理可分为:

(1)物质色散:不同波长的辐射在同一介质中传播的速度不同,因而折射率不同,例如光谱棱镜。

(2)多缝衍射:不同波长的辐射在同一入射角条件下射到多缝上,经衍射后其衍射主极大的方向不同,如光栅。

(3)滤光片:包括吸收、干涉、反射滤光片等,起辅助色散作用,如消除衍射光栅的光谱级的重叠等。当要求较低时,可用成套的滤光片(如窄带干涉滤光片)作为色散元件组成色散系统。

单色仪的主要性能指标有:色散率和光谱分辨率。

1. 色散率

色散率表明从色散系统中射出的不同波长的光线在空间彼此分开的程度(角色散率),或者会聚到焦平面上时彼此分开的距离(线色散率)。

角色散率表明两不同波长的光线彼此分开的角距离:$d\theta/d\lambda$,单位为 rad/nm,$d\theta$ 为两不同波长的光线经色散系统后的偏向角之差;$d\lambda$ 为二光线的波长差。角色散率的大小主要决定于色散系统的几何尺寸和它在仪器中的安放位置。

线色散率表明不同波长的二条谱线在成像系统焦平面上彼此分开的距离:$dl/d\lambda$,单位为 mm/nm。

在棱镜或光栅单色仪中,角色散率与线色散率的关系如下:

$$dl/d\lambda = f_2' \cdot d\theta/d\lambda \qquad (8-1)$$

f_2' 为成像物镜的焦距。

单色仪的线色散率倒数:小型和中型约为 10~1nm/mm,大型约为 1~0.1nm/mm。

2. 光谱分辨率

分辨率用来表明单色仪分开波长极为接近的两条谱线的能力。它不仅取决于色散率,而且还和这两条谱线的强度分布轮廓及其相对位置有关。光谱线的强度分布轮廓是一个复杂的函数,它与谱线的真实轮廓、仪器的色散系统、所用狭缝的宽度、入射狭缝的照明情况及光学系统的像差等因素有密切的关系。

由于实际分辨率的问题很复杂,通常用瑞利提出的仅考虑衍射现象的分辨率——理论分辨率加以讨论。根据瑞利准则,理论分辨率为

$$R = \frac{\bar{\lambda}}{\delta\lambda} \tag{8-2}$$

棱镜或光栅单色仪中,一般都采用矩形孔径光阑,根据矩形孔径衍射,每一谱线的衍射宽度用角度来表示,理论分辨率等于角色散率与有效孔径在色散平面内宽度的乘积。

$$R = \frac{\lambda}{\delta\lambda} = D' \frac{d\theta}{d\lambda} \tag{8-3}$$

一般中、小型棱镜单色仪的分辨率为 $10^3 \sim 10^5$,特大型棱镜可达 1.4×10^5,衍射光栅的分辨率可达 5×10^5。

8.1.2 光谱仪器的分类

光谱仪器的种类很多,分类方法也很多,它与分类者的出发点有关。设计、制造者往往从仪器的原理、结构等方面进行分类;学者们则喜欢从使用和仪器特性等方面进行分类。

根据光谱仪器所采用的分解光谱的工作原理,它可以分成两大类:经典光谱仪器和新型光谱仪器。经典光谱仪器是建立在空间色散(分光)原理上的仪器;新型光谱仪器是建立在调制原理上的仪器,故又称为调制光谱仪。

根据接收和记录光谱的方法不同,光谱仪器可分为:看谱仪、摄谱仪、光电光谱仪。

根据光谱仪器所能正常工作的光谱范围,光谱仪器可分为:真空紫外(即远紫外)光谱仪、紫外光谱仪、可见光光谱仪、近红外光谱仪、红外光谱仪、远红外光谱仪。

根据仪器的功能及结构特点,光谱仪器也可以分为:单色仪、发射光谱仪、吸收光谱仪器、荧光光谱仪器、调制光谱仪及其他光谱仪器(如激光拉曼光谱仪、光声光谱仪、成像光谱仪、多光谱扫描仪等)。

8.1.3 分光光度计

分光光度计主要用于测量物质的光谱反射比或光谱透射比。

图 8-1 是美国通用电气公司生产的一种由双单色仪系统和工作在零读数下的偏光光度计组成的分光光度计的结构图。光源发出的光束,经聚光镜会聚在第一色散系统的入射狭缝 1 上,经色散棱镜在狭缝 2 上产生一连续光谱;轴向移动反射镜和狭缝 2 组成的狭缝,可改变由狭缝 2 出射的单色光波长;再经第二色散棱镜,由狭缝 3 出射单色辐射能。由双单色仪出射的光,进入由罗雄棱镜和渥拉斯顿棱镜组成的偏光系统。光线经罗雄棱镜,光束传输方向不变,但光线成为线偏振光;再经过与入射偏振方向成一夹角 α 的渥拉斯顿棱镜,将光束分成两路偏振方向相互垂直的偏振光,一束光的出射辐射通量与 $\sin^2\alpha$ 成正比,另一束与 $\cos^2\alpha$ 成正比。两路光束经调制,交替地射向积分球的入射孔。

测反射比时,透射样品盒不放样品,在一束光照射的积分球侧壁孔处安放一块标准反射块,这时探测器的输出信号正比于 $\rho_{\lambda_s}\sin^2\alpha$($\rho_{\lambda_s}$ 是标堆反射块的定向-半球光谱反射比),而另

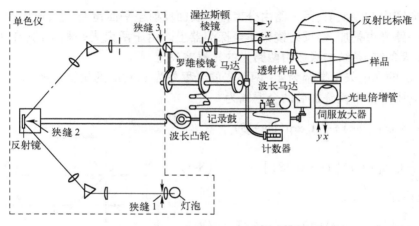

图 8-1　美国 GE 公司生产的一种分光光度计的结构图

一束光照射的积分球侧壁孔处安放一待测反射比的样品,探测器的输出信号正比于 $\rho_{\lambda_a}\cos^2\alpha$($\rho_{\lambda_a}$ 是样品的定向-半球光谱反射比)。转动渥拉斯顿棱镜,使在某一 α_1 时,$\rho_{\lambda_a}\cos^2\alpha_1 = \rho_{\lambda_s}\sin^2\alpha_1$,即

$$\rho_{\lambda_a}/\rho_{\lambda_s} = \tan^2\alpha_1 \tag{8-4}$$

图 8-1 中由马达带动渥拉斯顿棱镜转动的转角 α,通过机械装置与记录笔相连,从而确定了 $\tan^2\alpha_1$ 值。已知标准反射块的光谱反射比 ρ_{λ_s},即可算出样品的光谱反射比 ρ_{λ_a}。

波长马达带动记录鼓转动,记录纸水平方向表示波长值。同时,记录鼓经波长凸轮使中央狭缝 2 进行扫描,使双单色仪出射光的波长与记录鼓波长值吻合。

测透射比时,将测反射比时放置标准样品的位置上放上具有相同反射比的中性漫反射块(例如硫酸钡等),而透射样品盒内一侧放上待测样品,另一侧放标准透射样品(标准配方的溶液,标定了光谱透射比的有色玻璃或以空气作为透射比为 1 的标准等),这样,记录纸上纵坐标就是待测样品光谱透射比和标准样品光谱透射比之比。

该仪器最大的特点是零信号检测。因为探测器只起到零信号平衡检测的作用,这样测量系统的动态范围很小,探测器的非线性响应对测量没有影响。

该仪器主要工作在可见光范围内。两分钟内可自动记录波长由 $0.40\sim0.75\mu m$ 的待测样品相对标准样品的光谱反射或透射比的比值。仪器备有一块钕谱滤光片和一块反射瓷板,分别用做波长、光谱透射比及光谱反射比读数的快速标定标准。

商品化的分光光度计很多,一般可测 $0.4\sim1.1\mu m$(或到 $2.5\mu m$)的光谱反射(透射)比。红外分光光度计一般可测 $1\sim14\mu m$(或更宽)的光谱反射(透射)比。

8.1.4　傅里叶变换光谱仪

随着光谱技术应用领域的迅速扩大,各种光谱仪器得到越来越广泛的应用。提高光谱分辨率常受到光谱谱段变窄使光谱信号减弱、测量时间增长等的限制,增加了精细光谱测量的困难。尤其是红外谱段,近十多年来发展起来的傅里叶变换光谱辐射计(简记作 FT 辐射计)、哈达玛变换光谱仪等,以光谱分辨率高、信噪比大、测量时间短等一系列优点得到日益广泛的应用。新型光电探测器、信号处理技术及计算机技术的发展,使傅里叶光谱仪器的应用前景更为广阔,不仅在实验室,而且被广泛用于航空航天的光谱测量仪器中。

图 8-2 是迈克耳孙干涉仪的光学系统。单色光源发出的光经反射镜(或物镜)变为平行光束,射到分束镜 SP 上;分束镜将光束分成两路,一路透过 SP 射到平面反射镜 M_1 上,并返回到分

束镜上表面,向图中右侧反射,另一路由分束镜下表面反射至平面镜 M_2 上,再由 M_2 反射并透过分束镜,与前一路光束叠加,经反射镜聚集至探测器上。由于两束光是相干的,在探测器平面上得到某一干涉级条纹,条纹的级数由两路光的光程差决定。

设光源发出的光电矢量振幅为 A_0,两路光的光程差为 x,对应的相位差 $\beta = 2\pi x/\lambda$,再设两路光的强度相同,则经分束镜叠加后的合振幅为

$$A = \frac{1}{2}A_0\exp(\mathrm{i}\omega t) + \frac{1}{2}A_0\exp(\mathrm{i}\omega t + \mathrm{i}\beta)$$

$$= \frac{1}{2}A_0\exp(\mathrm{i}\omega t)\left[1 + \exp(\mathrm{i}\beta)\right] \qquad (8\text{-}5)$$

A 的共轭复振幅为

$$A^* = \frac{1}{2}A_0\exp(-\mathrm{i}\omega t)\left[1 + \exp(-\mathrm{i}\beta)\right] \qquad (8\text{-}6)$$

因合成光束的辐亮度 $L(\lambda)$ 与 AA^* 成正比,故

$$L(\lambda) = K\frac{A_0^2}{4}\left[2 + \exp(\mathrm{i}\beta) + \exp(-\mathrm{i}\beta)\right]$$

$$= \frac{1}{2}L_0(\lambda)\left[1 + \cos\frac{2\pi x}{\lambda}\right] \qquad (8\text{-}7)$$

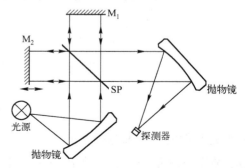

图 8-2　迈克耳孙干涉仪的光学系统

式中,$L_0(\lambda)$ 是 $x = 0$ 时的 $L(\lambda)$,即两路光没有光程差时 0 级亮斑的辐亮度;K 是比例常数。

FT 光谱辐射计和迈克耳孙干涉仪的差别在于:①平面镜 M_2 以一恒速 v 运动,位移量 $x = vt$;②光源不只是单色光,可以是连续光谱。

由于探测器上接收的是光源各个波长干涉条纹中央环能量的叠加,因此,活动镜运动时,将对各个波长以调制频率 $f = v/\lambda$ 进行调制。探测器上的光谱辐照度

$$E(x) = \frac{1}{2}\int_{\lambda_1}^{\lambda_2}L_0(\lambda)\Omega\tau_0(\lambda)\left[1 + \cos\frac{2\pi x}{\lambda}\right]\mathrm{d}\lambda \qquad (8\text{-}8)$$

式中,Ω 为探测器的受光立体角;τ_0 为位相 $\beta = 0$ 时仪器的光谱透射比;$[\lambda_1, \lambda_2]$ 为仪器光谱响应波段。

探测器的输出电压信号

$$U(x) = \int_{\lambda_1}^{\lambda_2}R_E(\lambda)E(\lambda)\mathrm{d}\lambda = U_0 + \int_{\lambda_1}^{\lambda_2}W(\lambda)\cos\left(\frac{2\pi x}{\lambda}\right)\mathrm{d}\lambda \qquad (8\text{-}9)$$

式中,$W(\lambda) = \frac{1}{2}R_E(\lambda)L_0(\lambda)\Omega\tau_0(\lambda)$;$U_0 = \int_{\lambda_1}^{\lambda_2}W(\lambda)\mathrm{d}\lambda$ 是与 x 无关的直流分量;$R_E(\lambda)$ 为探测器响应率。

活动镜扫描时,各光谱能量干涉条纹在探测器上产生变化的电压信号 $U(x)$,它和 $W(\lambda)$ 之间是傅里叶余弦变换的关系。由 $U(x)$ 信号求光源光谱辐亮度 $W(\lambda)$,需要对 $U(x)$ 进行傅里叶反变换。

① 测得 $x = 0$ 时探测器输出电压值 U_o;

② 对测得的 $U(x) - U_o$ 信号进行傅里叶反变换,得到 $W(\lambda)$。

$$W(\lambda) = \int_{-\infty}^{\infty}\left[U(x) - U_o\right]\cos\left(\frac{2\pi x}{\lambda}\right)\mathrm{d}x \qquad (8\text{-}10)$$

③ 由仪器标定值 $R_E(\lambda)\tau_0(\lambda)\Omega$,求得 $L_0(\lambda)$。

$$L_0(\lambda) = \frac{2W(\lambda)}{R_E(\lambda)\tau_0(\lambda)\Omega} \qquad (8\text{-}11)$$

图 8-3 给出了 $U(x)$ 及其傅里叶反变换。

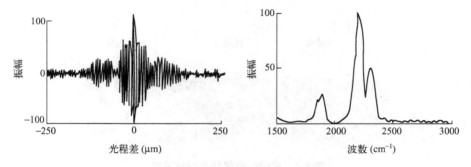

图 8-3　$U(x)$ 及其傅里叶反变换

与棱镜、光栅单色仪相比,FT 光谱辐射计的主要优点如下。

（1）高的能量传输

普通光谱仪(单色仪)采用狭缝,为了提高光谱分辨率,狭缝常很窄(如一般狭缝面积不会超过 $1cm^2$),而 FT 光谱辐射计采用整个光束口径,没有普通光谱仪的狭缝遮挡使光能损失,故 FT 光谱辐射计比普通光谱仪的信噪比大得多。这对于光谱仪器十分重要,在许多光谱辐射度量的测量中,常常由于光谱仪输出窄谱段光信号强度不足而损失光谱分辨率,尤其是红外光谱,信号本身就相当弱。这一优点首先被用于远红外光谱仪器。例如,可工作在 $100\mu m$ 长波区且性能优异,制冷探测器可使其工作谱段扩展至更长。

（2）高的信噪比

普通光谱仪用色散元件转动而在狭缝处获得光谱能量,在时间 t 内要分别测 m 个不同的单色辐射能,而 FT 光谱辐射计活动镜的一次移动对各个波长的光能同时进行调制(波长不同,调制频率也不同),这样如果测量时间和普通光谱仪相同,那么 FT 光谱辐射计的信号积分时间就增加到原来的 m 倍,相当于把探测器的噪声减小为原来的 $1/\sqrt{m}$。或者说,在相同的测量时间内,FT 光谱辐射计比普通光谱仪的信噪比增大到原来的 $\sqrt{m}$ 倍。反过来说,FT 光谱辐射计的测量时间大为缩短,一般其测量时间比普通光谱仪缩短几个数量级。

（3）高的分辨率

普通光谱仪色散元件的光谱分辨率 $R_{棱}=t\mathrm{d}n/\mathrm{d}\lambda$,$R_{光栅}=mN$,即与色散元件的尺寸($t$ 和 N)成正比。FT 光谱辐射计的理论分辨率与活动镜的位移量成正比,即 $R_{FTS}=2x/\lambda$,增加活动镜位移量 x,可提高光谱分辨率。例如,$x=1cm$,$\lambda=10\mu m$,则 $R_{FTS}=10^4$。如果用光栅,同样的光谱分辨率时要求 $N=10000$(当 $m=1$ 时)。

FT 光谱辐射计还有工作谱段宽、杂散光很小等优点。

8.1.5　成像光谱仪

成像光谱仪能够在连续光谱段上对同一地物同时成像,能从这一图像上的任一像元获取物体的光谱特性。成像光谱数据可以在空间配准和光谱配准两个方面对目标进行分析和识别,它在找矿、农业、水体、环境等定量研究中表现出巨大的潜力。目前,具有实用功能的成像光谱仪及其应用主要集中在航空遥感领域。

1. 场景扫描模式

成像光谱仪场景扫描常用的模式包括掸帚式、推帚式和凝视扫描三种,如图 8-4 所示。

（1）掸帚式成像仪

用于扫描一个场景中的瞬时视场。掸帚式成像的一个优点是定标辐射性能较好,因为用一

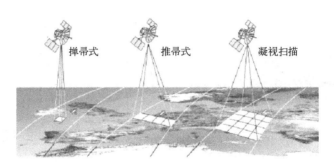

图 8-4　成像光谱仪场景扫描模式

个视场一定的设备定标比较简单。缺点是数据收集效率比较低,面积覆盖率较低(即空间分辨率比较差)并使扫描仪机理变得较复杂,因为场景的每一个空间元是必须获得的。

（2）推帚式成像仪

对二维场景中的一行像素进行扫描,对于大多数飞机及低地球轨道平台来说,主平台的移动提供沿轨方向的扫描。推帚式扫描比掸帚式扫描更有效,因为它可以瞬时收集场景的大部分数据。就大多数推帚式成像仪而言,机械扫描器是不需要的,以降低仪器的成本和复杂性。然而,对于相对场景同步的平台,如地球同步轨道卫星和侦察机来说,推帚式系统需要使用机械式扫描器。

（3）凝视扫描

它是一种电子扫描方式,能同时探测二维空间视场,沿轨和穿轨的单元视场对应阵列探测器的两个维度,两个主要组成部分是劈形成像光谱仪和时间延迟积分(TDI)成像仪。入射光通过线性劈形滤波器时,对于确定波长,探测器得到与空间一一对应的图像,TDI 成像仪对行追踪,来自场景的光就被线性滤波器分开。

2. 光谱接收模式

成像光谱仪的光谱接收模式有色散型、干涉型和滤光片型。模式的最终选择取决于灵敏度、空间分辨率、光谱分辨率、视场之间的折中。目前常见的成像光谱仪大多为基于分光棱镜、色散棱镜和衍射光栅的色散型成像光谱仪,其中又以采用光栅的色散型成像光谱仪最为突出。

（1）色散型成像光谱仪

它包括衍射光栅系统和棱镜系统。其原理是通过光栅或棱镜将来自同一个光源的不同波长的光送入不同的角度,并将它们聚焦在探测器列阵的不同部位。图 8-5 为基于反射光栅的色散超光谱系统,它原理简洁、性能稳定,可同时获得每一谱线且光谱分辨率高,简化了飞行后数据的处理,应用广泛。色散型成像光谱仪尽管能量利用率低,但通过选择高灵敏度探测器和高效光学系统,可以获得足够灵敏度。

在光栅色散系统的实现形式上,凹面光栅由于兼具色散和成像作用,比平面光栅系统结构简单,光学结构紧凑、轻巧,设计简洁,常用于实际外场应用。凹面光栅的原理图及效果图如图 8-6 所示。

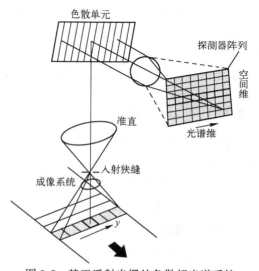

图 8-5　基于反射光栅的色散超光谱系统

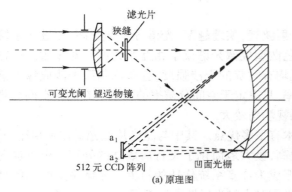

(a) 原理图　　　　　　　　　　　　　　(b) 效果图

图 8-6　凹面光栅

（2）干涉型成像光谱仪

干涉型成像光谱技术所具有的多通道、高通量和较大的视场角等显著优点，具有良好的发展前景，成为各国学者研究的热点，包括时间调制型和空间调制型。时间调制干涉成像光谱仪，将入射光分裂成两部分，并通过一种可变光程差将这两束光复合，从而产生一幅场景光谱干涉图（见图 8-7）。光程差在时间上的变化可通过移动反射镜来实现，具有傅里叶变换光谱仪的优点，如光谱分辨率高、光通量大、光学设计比色散光谱仪简单，以及在探测器噪声受限制的条件下具有优良的性能等。空间调制成像光谱仪是一种推帚式成像，干涉仪沿焦平面列阵的一条轴线产生光程差变化。

（3）滤光片型成像光谱仪

包括可调谐滤光片系统和空间可变滤光片系统。通过光学带通滤光片把来自场景光谱的一个窄波段透射到单个探测器或者整个焦平面探测器列阵上。可采用可调谐滤光片、分立滤光片或空间可变滤光片。可调谐滤光片包括声光和液晶两种。声光可调谐滤光片通过改变声波频率而改变有效间隔，并将滤光片调到不同波长，对于给定的声频只有很窄的光波范围满足相位匹配条件。液晶可调谐滤光片利用双折射效应，通过改变寻常入射光线和非常入射光线之间的光程差选择波长，但其调谐速度慢。采用调谐滤光片的成像光谱仪谱段可任意选择，控制方便，但很难同时获得多谱段的图像。空间可变滤光片的典型是劈形滤光片。采用劈式滤光片的成像光谱仪（见图 8-8）原理十分简单，但工艺复杂。

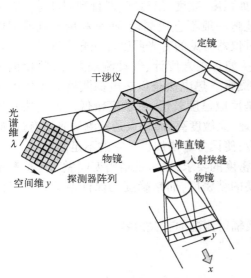

图 8-7　时间调制干涉成像光谱仪

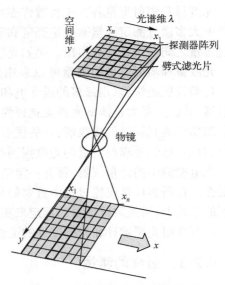

图 8-8　劈式滤光片型成像光谱仪

几种光谱接收模式比较如下：

（1）由于色散型成像光谱仪中均含有入射狭缝，狭缝越窄，光谱分辨率越高，而进入系统的光通量就越少，即光谱分辨率和光通量成为色散型成像光谱仪中相互制约的一对矛盾。而在干涉型成像光谱仪中同时测量的却是所有谱元均有贡献的干涉强度，空间调制型干涉成像光谱仪虽然也有狭缝，但狭缝宽度不影响光谱分辨率，只决定于空间分辨率的要求。在满足空间分辨率的前提下，狭缝可以较宽，从而使狭缝面积和视场角较大。

（2）光栅比棱镜、楔型滤光片和干涉技术有很多优点。其中与滤光片型光谱技术相比，其主要优点是可同时获得每一谱线且光谱分辨力高，极大地简化了飞行后数据的处理。由于透射全息光栅难以解决低失真和杂散光，反射式光栅成为许多系统优选的对象。光栅主要的局限是传统的光栅系统存在光学失真、多衍射级杂散光及对入射光极性灵敏度问题，但通过使用具有杂散光修正的反射式衍射光栅可回避这些问题，如选择镜子的斜度和光栅全息构造点来优化设计，平衡第三、四级杂散光。

近年来，焦平面探测器推扫成像技术以其探测器积分时间长、成像部件无须机械运动等特点，通过先进的光学设计和高新电子技术的应用，使得仪器光谱波段达到几百个，光谱分辨率高达 2nm，并可在高的光谱分辨条件下具有信噪比高、体积小、重量轻等特点。

8.2 光度量和辐射度量检测技术

光度量和辐射度量的工程测量是光电检测的重要组成部分，也是研究一切与光辐射有关的物理或化学过程所不可缺少的内容。例如，对光电或热电探测器特性的研究，对夜天光和各种照明器材的发光特性研究，对物体辐射特性的研究，以及各种测温、控温等技术都离不开光度量和辐射度量的测量。

辐射度量是用能量单位描述辐射能的客观物理量。光度量是光辐射能为平均人眼接受所引起的视觉刺激大小的度量。因此，辐射度量和光度量都可定量地描述辐射能强度。但辐射度量是辐射能本身的客观度量，是纯粹的物理量；而光度量则还包括了生理学、心理学的概念在内。两者之间通过人眼光谱光视效率 $V(\lambda)$（视见函数）和最大光谱光视效能 K_0 实现转换。在明视觉条件下，频率为 $540 \times 10^{12} \mathrm{Hz} (\lambda = 0.555 \mu\mathrm{m})$ 单色辐射的最大光谱光视效能 $K_\mathrm{m} = 683 \mathrm{lm/W}$。暗视觉的转换为 $0.51 \mu\mathrm{m}$ 单色辐射的最大光谱光视效能 $K'_\mathrm{m} = 1725 \mathrm{lm/W}$。

光度量和辐射度量各自包含着许多对应的量，如强度、亮度、出射度、通量和照度等。在工程测量中大多通过测定通量来确定亮度和照度。其他量一般不直接测量，而是利用亮度或照度值通过各量之间的关系计算得出。例如光度量的计量仪器常见的有光照度计和光亮度计。

光度量和辐射度量的测量可以采用多种方法。如目视光度计、气动测辐射计、照相测辐射等。目前发展最快、采用最多的是光电和热电法的测量。热电法是以热电探测器为光辐射量的接收器，其优点是对检测的光谱无选择性，而缺点是反应速度较慢，灵敏度较低。光电法是用光电探测器作为光辐射的接收器，它的优点是反应迅速，灵敏度高；而缺点是检测对光谱有选择性。此外，对中、远红外辐射测量的光电探测器常需制冷，使设备量增加也是它的不足之处。

光电检测中的计量仪器，都有一定精确度和精密度的要求，通常把精密度叫做对定值测量的重复性。在研制计量仪器过程中重要的是确保必要的精密度，而精确度的保证通常是在保证精密度的基础上，通过对标准量的标定来实现的。

本节介绍光照度计和光亮度计的工作原理以及辐射测温的有关内容。

8.2.1 照度的测量

光强度、光通量的测量往往是通过测量照度来实现的，照度测量比其他光度量的测量应用更广泛。光照度的定义:在某个受光面的小面元 ds 上,接收到入射的光通量为 $d\Phi$,则小面元上的照度 $E = d\Phi/ds$。如果整个受光面 s 上照射均匀,总入射通量为 Φ,则 s 面的照度 $E = \Phi/s$,单位为 lm/m^2,或 lx。

目前在实际工作中主要采用客观法测量照度,即将照度计的光辐射探测器放在待测平面,光照引起探测器的光电流,放大后通过仪表或数字读出。对于标定过的照度计,读出的数据代表了所测平面的照度值。照度计的基本结构是光电测量头及其示数装置。光电测量头包括光电探测元件、光谱修正滤光片,以及扩大测量量程的减光器(中性滤光片等),如图 8-9 所示。

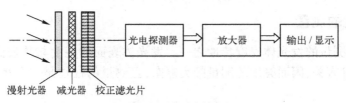

漫射光器　减光器　校正滤光片

图 8-9　照度计原理图

为了可靠地测量照度,照度计必须满足以下条件:

(1) 光电探测器的光谱响应应符合照度测量的要求。由于照度计通常用硒光电池或硅光电池、光电倍增管等作为测光部件,其光谱响应和人眼光谱光视效率有较大差别。当进行同色温光源下照度测量时,只要这种光源的色温和种类与照度计标定时所用标准光源的色温、种类一致,就不会产生测量误差。但当待测光源色温或种类与标定光源的不同时,由于测光部件光谱响应和人眼光谱光视效率之间的差异,就会成为引入照度测量误差的重要因素。为了使测光部件的光谱响应符合照度测量的精度要求,一般选用合适的滤光片,修正照度计的光谱响应,使两者组合后的光谱响应尽量接近人眼光谱光视效率。对于硒光电池和硅光电池的光辐射探测器,用现有玻璃滤光片进行 $V(\lambda)$ 匹配,其理论计算的误差可在 1% 以内。

(2) 探测器的余弦校正。根据余弦定理,使用同一光源照射某一表面,表面上的照度随光线入射角而改变。设光线垂直入射时,表面照度为 E_0;当光线与表面法线夹角为 α 时,表面上的照度为

$$E_\alpha = E_0 \cos\alpha$$

使用照度计测量某一表面上的照度时,光线以不同的角度入射,探测器产生的光电流或者说照度计的读数,也应随入射角的不同而有余弦比例关系。但是由于测量仪器并不能达到各种理想状态,探测器的这种非余弦响应主要是由于菲涅耳反射所致的。为消除或减小探测器的非余弦响应给照度测量带来的误差,设计了多种余弦校正器(见图 8-10),余弦校正器的基本原理是利用光电探测器的透镜或漫透玻璃,改变光滑平面的菲涅耳反射作用,从而克服探测器的非余弦响应。

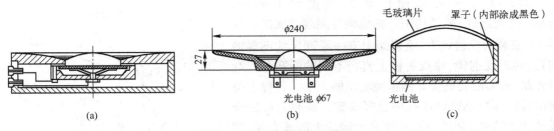

图 8-10　几种余弦校正器

(3) 照度示值与所测照度有正确的比例关系。要求照度计光电探测器的光电流应与所接收的照度成线性关系。目前精度较高的照度计,在 $0.01lx$ 至 $2\times10^5 lx$ 之间的线性误差小于 0.5%。

有些照度计在测光部件上还可加一些光衰减器(如中性密度滤光片等)或在信号输出读数显示上加一些固定倍率的衰减,以扩大照度计照度测量范围。

(4)照度计要定期进行精确标定。使用一段时间后,光探测器会发生老化,即灵敏度发生永久性改变。故照度计应定期进行标定,确定测光部件表面照度与输出光电流或照度计读数之间的关系。

(5)照度计要有较好的环境适应性。环境温度的变化会影响到光探测器的响应度。为避免受温度变化的影响,在精密测量时,应保持恒温。

8.2.2 亮度的测量

亮度是经常要测量的发光体光度特性之一。发光体表面的亮度与其表面状况、发光特性的均匀性、观察方向等有关,因而亮度的测量颇为复杂,且测量的往往是一个小发光面积内亮度的平均值。

常用的亮度计用一个光学系统把待测光源表面成像在放置光辐射探测器的平面上。图 8-11 示出一种亮度计的结构,亮度计的测光系统由物镜 B、光阑 P、视场光阑 C、漫射器和探测器等组成;光阑 P 与探测器的距离固定,紧靠物镜安置;视场光阑 C 和漫射器位于探测器平面上;C 限制待测发光面的面积。对于不同物距的待测表面,通过物镜的调焦,使待测发光面成像在探测器受光面上。

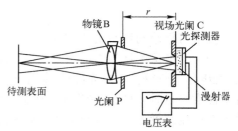

图 8-11 亮度计结构图

设待测发光面的亮度为 L,物镜的透射比为 τ,若不考虑亮度在待测表面到物镜之间介质中的损失(物距太长时应考虑),则在光阑 P 平面上的亮度为 πL,像平面上的照度为

$$E = \tau L \frac{S}{r^2} \tag{8-12}$$

式中,S 是光阑 P 的透光面积,r 是光阑 P 到像平面的距离(不随测量距离不同而改变)。

设探测器的照度响应度为 R_E,则输出信号 $V = R_E E$,则亮度计的亮度响应为

$$R_L = \frac{V}{L} = \tau \frac{S}{r^2} R_E \tag{8-13}$$

光阑 P 的设置非常重要,因为如果只用物镜框来限制通光孔面积,那么在测量物距不同的发光表面时,物镜框到像平面的位置将随着物镜的调焦而改变,结果对应不同的物距就有不同的亮度响应度,若对物距的变化不加修正,就会引起亮度测量误差。例如,一种物镜焦距为 180mm 的亮度计,仪器对 2m 物距进行标定,当用它测量 10m 物距的发光面时,会产生约 17%的误差。

图 8-12 是一种用途广泛的亮度计(Spectra Pritchard 光度计)的结构图。物镜将待测表面成像在倾斜45°安装的反射镜上;反射镜上有一系列尺寸不等的圆孔,转动反射镜,将反射镜上直径不同的圆孔导入测量光路,从而改变亮度计测量视场角的大小。目标上待测部分的面积也就由小孔的直径决定。来自目标的光线经物镜成像,穿过小孔和滤光片转轮上的滤光片,照到光电倍增管上。光电倍增管的光谱响应已进行修正;经标定产生的信号代表了待测亮度值。

待测表面在反射镜上的像向上进入上部取景器,取

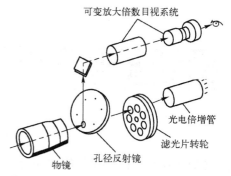

图 8-12 Spectra Pritchard 光度计结构图

景器起取景与调焦功能。取景器的视场比光电倍增管的测量视场大,人眼通过取景器,可看到中央一黑斑,黑斑的大小即亮度计的测量视场。当测量不同距离的目标时,调节物镜前后移动,可使取景器视场内待测表面清晰可见,这时待测表面经物镜成的像正好落在反射镜位于光轴上孔径中心所在的垂直平面上。

为满足测量要求,亮度计允许更换物镜。使用焦距 17.78cm 的标准物镜,视场角约为 6′,在 1.5m 处可测量 0.25cm 直径面积内的平均亮度。亮度测量范围为 $3.426 \times 10^{-4} \sim 3.426 \times 10^{8} cd/m^2$。

为了测量更远的目标,可换长焦距物镜。如果物镜的焦距为 200cm,视场角为 0.17′,在距离为 1.6km 时,测量面积为直径约 7.6cm 的圆。用这种物镜测量亮度,可测目标的最小距离约为 10m。物镜焦距长,视场角度小,亮度计测量灵敏度降低,可测的最低亮度值变大。

亮度计的最大误差源由其光学系统各表面产生的反射、漫射和杂散光所引起,它们使探测器对仪器视场外的亮度源产生响应。在被测目标的背景较亮时,亮度计必须加上挡光环或使用遮光性能良好的伸缩套。

亮度是人眼对光亮感觉产生刺激大小的度量。人眼视觉视场为 2°,为与人眼明视觉的观察一致,应使亮度计的视场角不超过 2°。亮度计视场的减小受到探测器灵敏度的限制。

因为亮度计得到的是平均亮度,故测量时待测部分应亮度均匀。如果在测量方向上有明显的镜面反射成分,即待测表面的反射和透射特性不均匀,则不同视场角测得的平均亮度将会有明显的差异。若待测亮度表面不能充满亮度计视场,如测量小尺寸点光源或线光源时,应当把光源投影到一块屏上,光源像应有足够大的尺寸。先测得光源像的亮度,再计算出光源的实际亮度。

8.2.3 辐射测量与测温

在检测中,常将辐射测量和温度测量结合在一起讨论,这里测温是通过测定辐射,再转换为目标温度。辐射测温是依据黑体辐射的基本规律,然后按待测目标的性质进行换算和修正,从而实现测温的。

1. 总辐射度量的测量

总辐射度量的测量是对待测光源在整个辐射谱段内总辐射能的测量,具有以下一些特点。

(1) 由于待测光源一般包含相当宽光谱范围的辐射能,信号较强,在测量时一般可不需用光学系统聚光,从而可避免光学系统吸收、反射等所引入的辐射能损失使测量不精确。在辐亮度测量中,光学系统则是为了使测量有确定的视场大小。

(2) 由于要适应测量光谱范围的光辐射能,探测器的光谱响应范围应足够宽,随之也带来背景辐射对测量值有较大影响的问题。

减少背景噪声影响的一种方法是将探测器以及挡光片、快门、滤光片等在探测器附近的对产生噪声电流影响较大的部件一起制冷,使它们在测量中温度恒定。

另一种方法是调制光信号。调制盘在测量光路中的位置是较重要的。在图 8-13 所示的辐亮度测量装置中,调制盘距光源有一定的距离,以免光源加热调制板,使之成为另一个热源。当调制盘打开测量光路时,入射光信号包括待测光源的直射辐射通量和探测系统背景辐射通量,而当调制盘切断测量光路时,调制盘朝向探测器侧的镀银表面(低的发射率)对探测器输出的贡献甚小,探测器的输出值只是探测系统内部各元件温度产生的辐射的贡献,这样,调制板就把较强的背景噪声源影

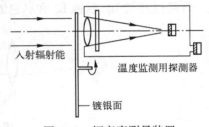

图 8-13 辐亮度测量装置

入射辐射能

温度监测用探测器

镀银面

响消除掉了。图 8-13 中,温度监测用探测器用于监测探测系统内温度的变化。

（3）在宽谱段内测量时,应考虑光辐射能传输介质可能出现的吸收对测量结果的影响。介质中水蒸汽、二氧化碳等过量及其变化,都会在测量结果中引入误差。所以,除了平方反比定律等对测量距离的限制外,测量距离不宜过大。也可用强迫通风、充入惰性气体、局部抽真空等方法,使介质的吸收、散射对测量的影响减小。

在比对测量中,当待测光源和标准光源具有近似相同的光谱辐射特性时,介质的散射、吸收对测量的影响将自行消除。

总辐射度量的测量可用已知光谱辐射特性的光源和已知光谱响应度的探测器来测量。

2. 辐射体的温度

一般地,各种发射辐射能的物体表面在不同的温度下可能具有不同的光谱辐射特性,其发射的辐射能比黑体发射的辐射能小,且发射率是波长、温度的函数。在辐射度学和光度学及其应用中,常常需要类似于黑体那样,用温度描述光源、辐射体等的某些辐射特性。常用的有亮温、色温（相关色温）和辐射温度。下面介绍这些温度的概念及其与发射体真实温度之间的关系。

（1）亮温

当实际发射体在某一波长（窄谱段范围内）的光谱辐亮度和黑体在同一波长下的光谱辐亮度相等时,把黑体温度称为发射体的辐亮度温度。如果波长在可见光谱范围内,用人眼（或具有人眼光谱光视效率响应的探测器）来判断其间亮度相等时,则称为亮度温度,简称亮温。

（2）色温和相关色温

色温是颜色温度的简称,在可见光谱段内,当发射体和某温度的黑体有相同的颜色时,那么黑体温度就称为发射体的色温。即色温是由人眼从主观色度感觉上把光源用相当于一定温度的黑体来描述的。

严格地说,任意光源的色只能说与某一温度黑体的色相近,不可能完全相同,所以更多的是用相关色温的概念。相关色温就是发射体和某温度的黑体有最相近的色时黑体的温度。相关色温提供了用黑体色近似地描述光源色的可能性。

（3）辐射温度

辐射体的辐射温度是指在整个光辐射的谱段范围内的辐亮度与某温度黑体辐亮度相等时黑体的温度,即 $\varepsilon(T)\sigma T^4 = \sigma T_b^4$,解得

$$T = T_b / \sqrt[4]{\varepsilon(T)} \tag{8-14}$$

式中,$\varepsilon(T)$ 是材料的平均发射率;T 是辐射体的真实温度;T_b 是其等效黑体温度,即辐射温度。

同样,因为 $\varepsilon(T)$ 总小于 1,故 $T > T_b$。$\varepsilon(T)$ 越接近于 1,T 和 T_b 在数值上越接近。

3. 亮温的测量

测量亮温最常用的仪器是光学高温计,图 8-14 是其结构图。待测亮温的光源 B 置于仪器的通光孔前,通过仪器物镜 B_1、光阑 D_1 和中性滤光片 A 后,光源成像在高温计灯泡 P 的灯丝平面上。再经过光阑 D_2、目镜 B_2 和红色滤光片 F,由观察孔出射,人眼位于观察孔处。

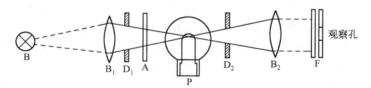

图 8-14 光学高温计的结构图

光学高温计红色滤光片和人眼光谱光视效率曲线的组合,构成了中央波长约 0.65μm、谱段宽度约 80nm 的响应特性(见图 8-15 中带剖面线部分)。由于人眼在这个窄的红色谱段内灵敏度很低,故辐射源温度变化所引起的颜色的变化,已很难为人眼所察觉,故不会因为色差异造成亮度平衡的困难。

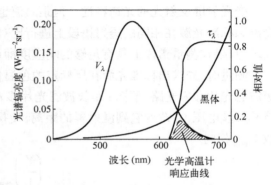

光学高温计的观察视场内,人眼可看到待测辐射源和高温计灯泡灯丝像(见图 8-16)。调节灯泡的灯丝电流,使人眼在视场内看到的灯丝像逐渐"消隐",由指示仪表读数,可直接读得待测辐射源的亮温值。灯丝"消隐"表示灯丝亮度和待测辐射源在 0.65μm 窄谱段内亮度值相等,只要灯丝电流和亮温读数事先经过标定,则仪器就可方便地用于辐射源亮温的测量中。由于灯丝电流和亮温值之间的非线性关系,故亮温指示仪表刻度也是非等间隔的。

图 8-15　光学高温计的光谱响应

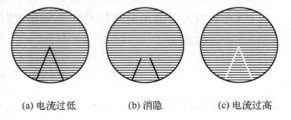

图 8-16　高温计灯泡灯丝的消隐

4. 色温的测量

最常用的测量色温的方法有两种:

(1)测量待测光源的相对光谱能量分布,利用色度计算公式,求出光源在色度图上的色坐标,从而由色度图上等温相关色温线确定光源在给定工作电压下的色温或相关色温。

(2)双色法。这是最常用的色温测量或标定的方法。

测量需要已标定色温值的标准光源,再用待测光源和标准光源进行双色比对测量,求出待测光源的色温值。测量原理是:选定两个窄谱段(原则上是任意的,例如在可见谱段,常在蓝色和红色中各选一个谱段),如果待测光源在这两个谱段探测器输出信号的比值与某色温的标准光源相同,那么标准光源的色温值就是待测光源的色温值(见图 8-17)。

测量装置如图 8-18 所示。光源照射具有朗伯反射特性的白色漫射屏,在离屏一定距离处安置前部有两块滤光片的转动架,一块滤光片透射的峰值波长为 0.46μm,另一块为 0.66μm,它们正好在可见谱段最大光谱光视效率所对应波长 0.55μm 的两侧。由于测量值是两块滤光片移入测量光路时探测器的读数比,故对光源到漫射屏的距离没有特殊的要求,因为距离的变化不会改

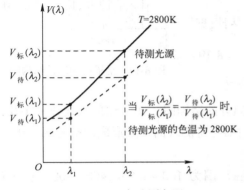

图 8-17　双色法测色温

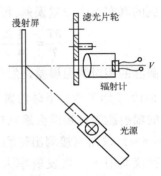

图 8-18　双色法测色温的装置

变漫射屏反射光的光谱特性。但距离值也不宜过小。由于两块滤光片透射谱段很窄,待测光源和标准光源在相同的透射谱段上进行比对测量,所以对探测器的光谱响应特性也没有特殊要求,只要在测量谱段上具有足够的响应度即可。

测量时,先求出标准光源在所标定的色温值下探测器的电压读数比$(V_s/V_i)_{标准}$,下标 s 表示短波滤光片移入光路,下标 i 是长波滤光片移入光路。然后将待测光源移入测量光路,边测边调节其灯丝电压,并改变它到漫射屏的距离,使探测器的读数$V_{i待测}$和标准光源移入时探测器的读数$V_{i标准}$相同

$$\left(\frac{V_s}{V_i}\right)_{待测}=\left(\frac{V_s}{V_i}\right)_{标准} \tag{8-15}$$

则待测光源工作在标定电压值时具有与标准光源相同的色温。

当光源的光谱能量分布特性和黑体相近时,例如白炽灯,利用维恩近似式,可将光源的光谱辐射强度表示成

$$I(\lambda)\propto\lambda^{-5}\exp\left(-\frac{C_2}{\lambda T}\right) \tag{8-16}$$

按照色温定义可推导出:

$$\frac{1}{T_d}=\frac{1}{T_s}-\frac{\ln\left[\left(\frac{V_s}{V_i}\right)_d\Big/\left(\frac{V_s}{V_i}\right)_s\right]}{C_2\left(\frac{1}{\lambda_s}-\frac{1}{\lambda_i}\right)} \tag{8-17}$$

式中,T_d 是待测光源的等效黑体温度(即色温),T_s 是标准光源的等效黑体温度(即色温)。

当待测光源和标准光源种类相同且光谱能量分布和黑体相近时,由已知标准光源的色温以及由测得的$(V_s/V_i)_d$ 和$(V_s/V_i)_s$,就可求得待测光源的色温值。改变待测光源灯丝电压,测得一系列$(V_s/V_i)_d$,由式(8-17)可算出对应的 T_d,从而可建立待测光源色温随灯丝电压的关系。

5. 辐射温度的测量

由辐射温度的定义得 $T=\varepsilon(T)^{-1/4}T_b$ (8-18)

式中,T 是辐射体的真实温度;T_b 是其等效黑体温度,即辐射温度。

在测得辐射温度条件下,由已知发射体的发射效率可求得其真实温度。由于发射率的误差而造成的真实温度测量误差,可由上式的偏导数来估计,即

$$\frac{\partial T}{T}=-\frac{1}{4}\frac{\partial\varepsilon(T)}{\varepsilon(T)} \tag{8-19}$$

即辐射测温的相对测温误差是发射率相对误差的四分之一。

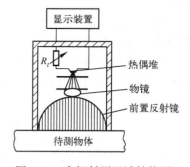

图 8-19   全辐射测温计结构图

图 8-19 是加了镀金半球前置反射器的全辐射测温计的结构图。在半球顶点处开一小孔,待测表面的辐射能通过物镜会聚在热偶堆上。前置反射器与待测表面接触形成的空腔相当于一个黑体,其 $\varepsilon\approx1$,仪器直接测出待测表面的真实温度。

这种仪器用于测量发射率大于 0.5 的表面,测温范围为 100~400℃,400~800℃和 800~1300℃,误差约±10℃。由于镀金半球要和待测表面接触,表面温度较高时,易损坏测量头,故高温时只用于短时间接触测量。

8.3 光电三维测量技术

随着工业生产需求的多样化以及现代检测技术的进步,三维测量技术得到了广泛的研究与应用,基于光学的三维测量技术得到了高速的发展。相比于主要对光信号强度进行探测的二维光电测量技术,光电三维测量技术利用光学特性对深度信息进行感知,因此可将光电三维测量技术称为光电测距技术。

目前,可以获得深度信息的方法有很多且发展日趋成熟,但不同的方法基于不同的原理及不同的光学特性,都有一定的适用范围与局限性,因此在不同的应用场景中应选用最合适的方法。其中按照光学照明方式不同可将光电三维测量技术分为被动测距和主动测距两大类,如图 8-20所示,前者直接利用环境光进行测量,而后者的成像系统需要配有特殊的光源进行照明与信息解算。

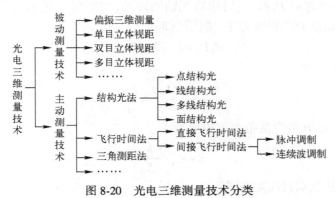

图 8-20 光电三维测量技术分类

主动测量方法通常具有测距精度较高、抗干扰能力强的特点,而被动测量方法的光电测量设备相对简单、成本较低。本节将详细介绍目前较为常用的四种光电三维测量方法:双目立体视觉法、结构光法、飞行时间法以及偏振三维测量法。

8.3.1 双目立体视觉法

双目立体视觉模仿人眼的立体感知过程,从两个不同的视点观察同一待测目标,基于视差来获取目标的深度信息,是一种典型的三维光学被动测量方法。双目立体视觉三维测量系统通常由两台相机或两个摄像头构成,如图 8-21 所示,两个摄像头的相对位置固定,以一定的基线长度分别从两个不同角度对待测目标进行成像,或者由一台相机于不同的时间点先后在不同角度对待测目标进行成像,运用不同角度下拍摄的图像可实现三维测量,以确定被测目标的位置及三维空间信息。

1. 工作原理

三维双目立体视觉工作原理图如图 8-22 所示,O_L 和 O_R 分别是左右两相机的光心,$O_L O_R$ 为双目立体视觉系统的基线,设其长度为 b。设待测目标上一点 $P(x,y,z)$ 在左右两成像面上像点分别为 $P_L(X_L,Y_L)$ 和 $P_R(X_R,Y_R)$。

理想条件下,左右两相机的高度相同,即 $Y_L = Y_R = Y$,因此只需考虑延 x 轴方向上两像点的视差 $d = X_L - X_R$,可将图 8-22 转化为如图 8-23 所示的二维图形,其中 Z 为需要计算的待测物体深度信息,f 为已知的相机焦距。

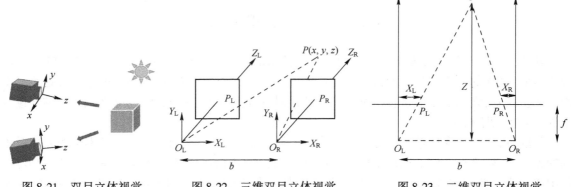

图 8-21 双目立体视觉　　　图 8-22 三维双目立体视觉　　　图 8-23 二维双目立体视觉
系统示意图　　　　　　　　　工作原理图　　　　　　　　　工作原理图

图中 X_L、X_R 分别为像点 P_L 和 P_R 到相机光轴的距离,规定位于光轴左侧的像点对应距离为负,位于光轴右侧的像点对应距离为正,由图可知

$$P_L P_R = b - (X_L - X_R) \tag{8-20}$$

根据三角形相似原理

$$\frac{b - (X_L - X_R)}{b} = \frac{Z - f}{Z} \tag{8-21}$$

则待测目标上一点 P 的深度信息可表示为

$$Z = \frac{f \cdot b}{(X_L - X_R)} \tag{8-22}$$

其中,视差 $X_L - X_R$ 可通过双目匹配获得。

P 在空间中的坐标可以表示为

$$x = \frac{X_L \cdot b}{X_L - X_R}$$
$$y = \frac{Y_L \cdot b}{X_L - X_R} \tag{8-23}$$
$$z = \frac{f \cdot b}{X_L - X_R}$$

2. 测量过程

依据双目测距原理,基于双目立体视觉的三维测量技术主要由以下四个步骤组成。

（1）相机标定

双目立体视觉通过相机获取的图像信息解算待测目标在三维空间中的几何坐标信息,进而重建待测目标,这是一个从图像坐标系到相机坐标系再到世界坐标系的转化过程,待测目标上某点的空间几何位置与图像中的对应点之间存在固定的映射关系,该映射关系由用于双目测量的一组相机的几何模型决定,该模型既包括相机各自的内部参数,例如镜头的焦距、像元尺寸等,也包括一组相机在世界坐标系中的相对位置关系。通常情况下,该模型需通过实验确定,通过实验获得双目测量系统相关参数的过程即为相机标定过程。

常用的相机标定技术大致包括传统的相机标定方法、相机自标定方法以及主动视觉标定方法三大类。

（2）双目校正

双目立体视觉的解算可以看成一个将两个相机采集到的图像进行逐行逐像素匹配再根据上

文所述的双目测距原理计算深度的过程。在理想的双目视觉系统中，两个相机的高度应严格一致且光轴平行，可直接对左右两幅图像进行逐行匹配。但在实际的生产与使用过程中，两个相机的高度难以保持严格的一致且会受到光学镜头不同程度畸变的影响，因此匹配前的双目校正至关重要。双目校正主要是对已经去噪、增强等预处理后的相机拍摄的图像进行畸变消除与行对准，使得左右视图的成像原点坐标一致、两相机的光轴平行以及左右成像平面共面。

（3）双目匹配

双目匹配是双目立体视觉中最重要的环节，通过匹配左右两视图中的对应点可以获得待测目标在双目系统中的视差图，进而求得距离信息。双目匹配的主要难点在于受光照条件、待测目标几何形状、物理特性、噪声等影响，对于同一场景不同视角下的二维图像会有较大差异，因此选择正确的匹配特征、寻找特征间的本质属性、建立能正确匹配所有特征的稳定算法是双目匹配的关键。现有的立体匹配算法包括稀疏匹配、稠密匹配等。

（4）三维重建

在完成双目校正与匹配、已知三维空间坐标至图像像点坐标的映射关系后，利用映射关系可计算得出待测目标的深度信息。

3. 应用现状

双目立体视觉的成本较低，运用常见的成像设备即可完成，但在实际应用中，双目立体视觉存在计算量大的问题；双目视觉依赖待测目标纹理进行配准，对于光滑无纹理的目标无法利用双目立体视觉进行三维测量；由于双目视觉运用的是被动光照明技术，测量结果易受到外部光线的干扰，当外部光线较暗或过强时，会影响双目立体视觉的测量精度；另外，双目系统的测量精度与两相机之间的基线长度成正向关系，理论上讲，基线长度越长，测量的精度也越高，一定程度上基线限制了系统的测量精度，导致双目立体视觉系统难以实现较高的集成度。

8.3.2 结构光三维测量方法

作为主动测量技术，结构光三维测量方法的诞生基于双目立体视觉，目的是解决双目立体视觉中匹配算法的复杂性，提升匹配算法的健壮性。基于结构光的三维测量系统如图 8-24 所示。结构光系统的投影光源包含特定的光学图案编码，光学图案投射至待测目标后发生反射，目标表面面形起伏对投射的结构光进行调制并反射至探测器，运用相应的解码运算可以获得目标表面的深度信息。

图 8-24　基于结构光的三维测量系统

1. 工作原理

依据投影光束的形态不同，结构光可分为点结构光、线结构光、多线结构光、面结构光等，如图 8-25 所示：

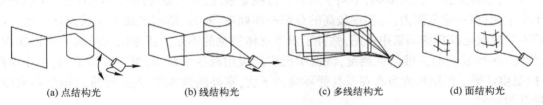

(a) 点结构光　　(b) 线结构光　　(c) 多线结构光　　(d) 面结构光

图 8-25　不同类型结构光工作示意图

点结构光以激光点作为光源,光束投射至待测目标表面产生一个光点,光点反射后成像在探测器的像平面,形成一个二维点,如图 8-25(a)所示,探测器、光源与待测目标上的光点构成三角形关系,在已知光源与探测器位置关系的条件下可以求得光点所在处待测目标的位置。点结构光主要用于一维测量,例如目标的测距,对于三维目标的测量需要与扫描相结合。

线结构光以线激光器作为光源,向待测目标投射一条激光线,线激光束经目标表面的调制产生畸变及不连续,畸变的程度与深度成正比,而不连续则表示物体表面的物理间隙,被目标表面调制后的线激光被探测器接收,根据激光线条在探测器像平面上的位置,以及探测器与光源之间的相对位置关系,可以获得目标表面的深度信息。与点结构光相比,线结构光包含了更多的信息量,实现了二维测量,但对于三维测量仍需要扫面系统的配合。

多线结构光是在线结构光的基础上投射多条激光线进行测量的,可在一幅图像中对多条光线同时进行处理,提高了测量效率;另一方面可实现待测目标表面的多光条覆盖,以增加测量的信息量。

面结构光又称编码结构光,直接将二维的结构光图案投射至待测目标,无须扫描过程,测量的实时性得到了极大的提升。为了准确目标表面点与图像像素点间的对应关系,需对二维投射图像进行编码。

图案编码分为空域编码和时域编码,空域编码只需要一次投影即可获得待测目标的深度信息,可实现动态目标的测量,但在分辨率、测量精度方面还有待提升;时域编码需要将一系列不同的编码图案依次投射至待测目标,并对探测器接收到的反射光图像组合起来进行解码,如图 8-26 所示,虽然其测量速度与空域编码相比有所损失,但在测量精度上有明显提升且便于解码。随着对面结构光研究的深入,时域编码方式也十分多样化,较为常用的有二进制编码、灰度编码、二维网格图案编码、随机图案编码等(见图 8-27)。

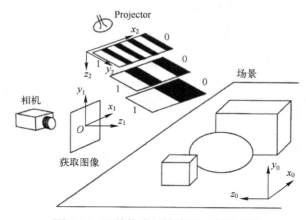

图 8-26　面结构光时域编码工作原理图

2. 应用现状

目前,结构光技术较为成熟,不同于双目立体视觉系统,其光源与探测器间的距离可以较短,便于小型化;在一定范围内,可实现较高的分辨率和帧率;同时,结构光属于主动测量技术,可在光照不足或缺乏纹理的场景中使用,弥补了双目立体视觉的不足。正是因为结构光可以实现精确、快速、非接触式的三维信息测量,该技术已广泛应用到各个领域,例如人脸识别、工业检测、3D 模型重建等。但结构光也存在着易受环境光干扰,室外测量效果较差,精度随检测距离增加而降低的问题。

<table>
<tr><td>(a) 8位时域二进制编码</td><td>(b) 8位时域灰度编码</td></tr>
</table>

图 8-27　时域编码示意图

8.3.3　飞行时间法

飞行时间法(Time-of-Flight)简称 TOF,该技术基于光速不变的原理,通过测量光信号的传播时间进行测距。TOF 成像系统由光源、TOF 相机、后续信号处理模块三部分组成,如图 8-28 所示,通常情况下,TOF 相机采用 LED 光源,波长通常为 940nm(室外)和 850nm(室内)。

1. 工作原理

TOF 根据工作原理的不同可以分为直接型 TOF(d-TOF)与间接型 TOF(i-TOF)。d-TOF 技术根据脉冲发射和接收的时间差乘以光速直接计算距离,如式(8-24)所示,其调制光源为脉冲型。

$$d = \frac{c \cdot \Delta t}{2} \tag{8-24}$$

而 i-TOF 技术通过测量出射光波与探测器接收光波之间的相位差经解算后间接获得相机各点对应的距离信息。i-TOF 技术根据调制方法的不同可以分为两种:脉冲调制和连续波调制。脉冲调制的照明光源通常采用方波脉冲调制,连续波调制通常采用正弦波调制,由于待测目标据探测器的距离与接收端和发射端间光波的相位变化成正比,如图 8-29 所示,可以通过计算正弦调制光信号从发出到被接收之间的相位变化来计算距离,距离与相位变换之间的关系式为

$$d = \frac{c}{4\pi f} \Delta \varphi \tag{8-25}$$

其中 c 为光速,$\Delta \varphi$ 为出射光波与探测器接收光波之间的相位差,f 为光源的调制频率,光源的调制频率会直接影响 TOF 技术的最大可探测距离,以及运动情况下的时间分辨率,改变光源的调制频率可以调整 TOF 相机的距离探测范围。

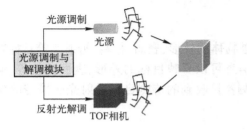

图 8-28　TOF 系统示意图

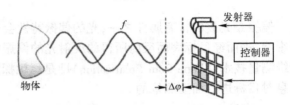

图 8-29　连续波调制性 TOFjishu1 工作原理图

2. 应用现状

TOF 技术可广泛应用于航空航天、汽车驾驶辅助系统、手机摄像头、医疗、工业自动化等各领域。TOF 技术使用主动光源照明,受外界光线影响小,与结构光、双目视觉相比,具有只需单一成像设备、无扫描过程、各像素点同时成像、帧频高的优点,同时,TOF 可以通过改变光源的调制频

率更改测距范围,灵活性较强,而且其测量精度不随测量距离的增大而降低,测量误差在整个测量范围内基本固定,对于自动驾驶及较远距离的测量有明显的优势。

但 TOF 技术也存在一些缺点,其中多径干扰是主要问题,如图 8-30 所示,由于 TOF 是根据光波从出射至目标发生反射并被探测器接收的传播距离来计算深度信息的,当测量光波在传播路径中存在镜面反射目标、半透半反目标、散射介质或多次反射时,光波的传播路径发生变化,对测距的精度产生较大的影响。目前关于解决 TOF 技术多径干扰问题的研究及方法较多,可通过算法优化、硬件改装等方法改善不同类型的多径干扰问题。

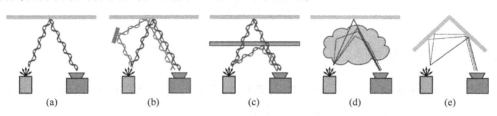

图 8-30　TOF 技术中的多径干扰问题示意图

除此之外,TOF 对时间的测量精度要求较高。对于近距离(小于 1m)的目标测量其他三维测量方法相比其精度较低;另一方面受 TOF 光源的能量限制,其最大目标探测距离有限,因此 TOF 的测量范围有一定的限制;同时,目标边缘的深度信息难以准确获取,会产生信息丢失导致的空洞现象;TOF 相机需对每个像元所接收到的光信号进行解算,难以实现高分辨率,对目标细节的成像能力较差,目前分辨率最高的 TOF 相机仅可实现 VGA 水平。

表 8-1　典型三维测量技术特点对比

技术指标	双目立体视觉	结构光	TOF
照明方式	被动	主动	主动
测量距离	近距离	近距离	中远距离
响应时间	中	慢	快
分辨率	由相机分辨率决定	由相机分辨率决定	较低
精确度	近距离较高	近距离较高	在工作范围内相对固定
低光照表现	较差	良好	良好
高光照表现	良好	一般	一般
功耗	较低	适中	适中

3. 典型三维测量技术对比

典型三维测量技术特点对比如表 8-1 所示。

一些现有研究将以上三种三维光电测量技术结合使用,例如将双目立体视觉分别与结构光、TOF 相结合,以实现不同方法间的优缺点互补,提升系统总体的三维测量精度。

8.3.4　偏振三维测量法

偏振是光波的特有属性之一,光的偏振特性会被物体的外形、表面、材料、折射率等目标特性所影响,进而经目标表面反射所得的反射光的偏振信息可以反映目标的外形、表面特性等,偏振三维测量技术(Shape from Polarization)即是运用探测器接收到的待测目标反射光所携带的偏振信息对目标进行面型测量的。

1. 基本原理

自然光照射物体表面后反射光的偏振特性发生变化,反射光的偏振特性可以反映被照射物体表面的面型与表面特性。如图 8-31 所示,偏振三维测量系统由完全非偏振光源(太阳光等)、偏振相机(或偏振片与光电探测器)构成,系统的坐标系与光电探测器的坐标系一致。

如图 8-31 所示,待测目标表面上任意一点的法线方向可以由法线的天顶角 θ 和方位角 φ 确定,已知待测目标表面各点的法线方向,运用面积分可测量完整的目标表面,而天顶角 θ 和方位

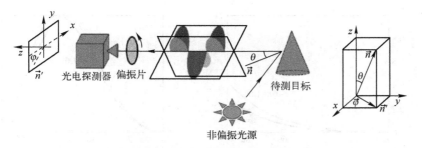

图 8-31　偏振三维测量工作原理图

角 φ 可通过旋转光电探测器前的偏振片获得一系列不同偏振方向下的偏振强度图像求得,求解过程如图 8-32 所示。

图 8-32　偏振三维测量深度信息解算流程

通常,运用 0°、45°、90°、135°四幅偏振图进行求解,此时探测器所接收到的反射光的偏振特性可以用斯托克斯矢量表示为

$$
S=\begin{bmatrix} I \\ Q \\ U \\ V \end{bmatrix}=\begin{bmatrix} I_0+I_{90} \\ I_0-I_{90} \\ I_{45}-I_{135} \\ 0 \end{bmatrix} \tag{8-26}
$$

由于自然环境中圆偏振成分较少,可忽略不计,因此式(8-26)中 $V=0$。整幅图像各像素点的线偏振度 ρ 与偏振角 Φ 可表示为

$$
\rho=\frac{\sqrt{Q^2+U^2}}{I} \tag{8-27}
$$

$$
\Phi=\frac{1}{2}\arctan\left(\frac{U}{Q}\right) \tag{8-28}
$$

其中偏振角在求解过程中存在 π 相位歧义,$\Phi=\Phi$ 或 $\phi=\phi+180°$,需运用相应的辅助技术或算法去歧义。

已知待测目标各点的线偏振度,根据菲涅耳公式可解得各点对应的天顶角 θ,由于漫反射表面与镜面反射条件下天顶角 θ 与偏振度 ρ 的表达式不同,因此应根据待测目标表面特性的不同分别求解,其中漫反射条件与镜面反射条件下的菲涅耳公式分别如式(8-29)与式(8-30)及图 8-33 所示。

$$
\rho_d=\frac{(n-1/n)^2\sin^2\theta}{2+2n^2-(n+1/n)^2\sin^2\theta+4\cos\theta\sqrt{n^2-\sin^2\theta}} \tag{8-29}
$$

$$
\rho_s=\frac{2\sin^2\theta\cos\theta\sqrt{n^2-\sin^2\theta}}{n^2-\sin^2\theta-n^2\sin^2\theta+2\sin^4\theta} \tag{8-30}
$$

由图 8-33 可知,漫反射条件下 ρ 较小,θ 的求解对噪声较为敏感,而镜面反射条件下一个 ρ 对应两个 θ,存在歧义解问题,与此同时,在由 ρ 求解 θ 的过程中需已知待测目标的折射率 n,实际应用中 n 未知需进行估算,一定程度上会引入误差。

另一方面,由于偏振角 Φ 是反射光最大光强对应偏振方向与相机参考方向的夹角,方位角

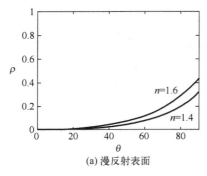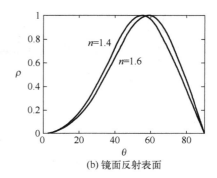

(a) 漫反射表面　　　　　　　　　　　(b) 镜面反射表面

图 8-33　漫反射条件与镜面反射条件下天顶角 θ 与偏振度 ρ 的关系

φ 是反射光所在入射面与相机参考方向的夹角,因此由待测目标各点的 Φ 可以求得对应点的 φ,两者的关系为

漫反射目标:
$$\varphi = \Phi + \frac{\pi}{2} \tag{8-31}$$

镜面反射目标:
$$\varphi = \Phi \tag{8-32}$$

已知待测目标各点的 θ 和 φ,各点的法线可表示为

$$\vec{n} = \begin{bmatrix} n_x \\ n_y \\ n_z \end{bmatrix} = \begin{bmatrix} \cos\theta\cos\varphi \\ \cos\theta\sin\varphi \\ \sin\theta \end{bmatrix} = \begin{bmatrix} \tan\theta\cos\varphi \\ \tan\theta\sin\varphi \\ 1 \end{bmatrix} \tag{8-33}$$

在已知目标边界条件的情况下,运用目标各点的法线方向,通过面积分可测量目标的三维表面。

2. 应用现状

偏振三维测量技术充分利用了电磁波特有的偏振特性,为光电三维测量技术提供了新的视角,但相比双目立体视觉以及 TOF 技术,偏振三维测量仅能获得待测目标的相对距离信息,无法获得目标至相机的绝对距离信息。与此同时,偏振三维测量在深度信息解算的过程中存在折射率未知、方位角与天顶角求解存在歧义解、待测目标往往为非严格的镜面反射或漫反射、深度突变处无法利用法线积分等问题。

因此,基于光学偏振特性的三维测量存在较强的局限性,仅使用偏振信息进行三维测量在实际应用中难以得到广泛的应用,但偏振三维测量为研究光的偏振特性提供了帮助,同时,其可与结构光法或飞行时间法结合使用,以提高结构光与飞行时间等主动测量方法的三维测量精度。

8.4　光电图像检测技术

光电图像检测技术是以光学为中心发展起来的检测方法技术。由于光电探测技术和计算机技术的发展,使得光电图像检测技术进一步趋于实际应用。它广泛地应用于航空航天、冶金、气象、医学、农业、渔业、机械工程和国防等各个技术领域。例如航空遥感、气象卫星和资源卫星、导弹制导、生产线上的零件检验和分类、复杂构件的尺寸检验和外观检验、应力应变场、光学干涉图判读、医用图像等。光电图像检测技术不仅适用于可见光,而且更适用于 X 射线、紫外线、红外线、放射线、声波及超声波。

光电图像信息的获取是光电图像检测与处理的基础。所谓图像信息的获取就是采用各种手段将光学图像信息转换为电信号的过程。针对图像信息来源和种类的不同,有不同的图像信息获取方法。对图像信息的获取一般要求所得到的图像信息均匀性好、线性度好、分辨率高、速度快、噪声小,所用设备精小、价格低廉、便于维护。光电图像采集设备的种类很多,近年来在光电检测领域使用较多的是固体摄像器件,如 CCD(电荷耦合器件)、CMOS、红外焦平面探测器件等。

光电图像检测系统的组成如图 8-34 所示。

图 8-34　光电图像检测系统的组成

在具体系统中,可以将这些功能环节独立或联合地来设计产品,以不同形式的硬件出现。例如,将光学成像设备和图像数字化设备结合就形成了数字摄像机,图像数字化设备和图像存储设备结合就形成了图像采集板。若将光学成像设备和图像数字化设备合并,存储设备和计算机合并,即模拟电信号的数字化过程在摄像机中完成,图像数字信号直接传入计算机,此时需要一块数字图像与计算机之间的接口卡,也称为数字图像卡,这种方式是数字图像采集硬件设备的发展制造趋势。

8.4.1　图像的预处理技术

随着数字图像测试技术的发展,越来越多地利用计算机来分析光学图像从而达到测试目的。利用光传感器和计算机的强大数据运算能力对光学图像进行自动测量、处理和分析,可以获得被测物的各类数据,并给出测试的结果数据、分类结果或进行实时显示等。一般地,采集到计算机中的图像首先要进行预处理,本节简要地介绍一些常用预处理技术。

1. 灰度直方图

灰度直方图是灰度级的函数,描述的是一幅图像中的灰度级与出现这种灰度的概率之间的关系的图形,其横坐标是灰度级,纵坐标是该灰度出现的概率(像素的个数)。当一幅图像被压缩为直方图后,所有的空间信息都丢失了。直方图描述了每个灰度级具有的像素的个数,但不能为这些像素在图像中的位置提供任何线索。因此,任一特定的图像有唯一的直方图,但反之并不成立。即不同的图像可以有相同的直方图,如在图像中移动物体一般对直方图没有影响。

2. 图像增强处理

图像增强是指按特定的需要突出一幅图像中的某些信息,同时削弱或去除某些不需要的信息的处理方法。主要目的是使处理后的图像对某种特定应用来说,比原始图像更适用。因此,这类处理是为了某种应用目的而去改善图像的质量的,处理的结果使图像更适合于人的视觉特性或机器系统的识别。应该明确的是,增强处理并不能增强原始图像的信息,其结果只能增强对某种信息的辨识能力,而且可能会损失一些其他信息。

(1) 灰度直方图均衡化处理

对曝光不均匀的图像来说,在某些灰度级上分布的像素数特别密集,而在另外的一些灰度级上的分布却为零,动态范围很窄。灰度直方图均衡化处理就是经过灰度级的变换,使变换后的图像的灰度级分布具有均匀概率密度,扩展了图像像素取值的动态范围,增强了图像的识别能力。

图 8-35(a)所示为原始图像的直方图(灰度级的概率密度分布),从图中可以知道,该图像的灰度集中在较暗的区域,相当于一幅曝光过强的照片。其概率密度函数为

$$P_r(r) = \begin{cases} -2r+2 & 0 \leqslant r \leqslant 1 \\ 0 & \text{其他} \end{cases} \qquad (8-34)$$

式中，r 是归一化的像素灰度级，采用累积分布函数原理可以求出其变换函数为

$$s = T(r) = \int_0^r P_r(\omega)\,\mathrm{d}\omega = -r^2 + 2r \qquad (8\text{-}35)$$

式中，s 为变换后的像素灰度级，其变换函数曲线如图 8-35（b）所示。可以证明，变换后的像素分布概率密度是均匀的，如图 8-35（c）所示。

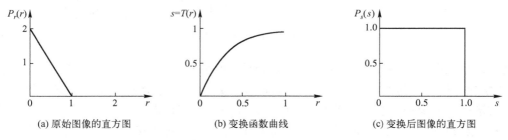

图 8-35　直方图均衡或处理的均匀密度变换

（2）直方图规定化处理

直方图均衡化的变换函数采用的是累积分布函数，只能产生近似均匀的直方图效果。在某些应用中，并不总是需要具有均匀分布直方图的图像，而是需要具有特定直方图的图像，以便能够对图像中的某些灰度级加以增强。

设 $P_r(r)$ 是原始图像灰度分布的概率密度函数，$P_z(z)$ 是希望得到的图像的概率密度函数。首先，对原始图像进行直方图均衡化处理，即有

$$s = T(r) = \int_0^r P_r(\omega)\,\mathrm{d}\omega \qquad (8\text{-}36)$$

假设对希望得到的图像也做直方图均衡化处理，有

$$u = G(z) = \int_0^z P_z(\omega)\,\mathrm{d}\omega \qquad (8\text{-}37)$$

由于两幅图像同样做了均衡化处理，那么，$P_s(s)$ 和 $P_u(u)$ 具有同样的均匀密度分布。如果用从原始图像中得到的均匀灰度级 s 来代替 u，则式（8-37）的逆过程的结果，其灰度级就是所要求的概率密度函数 $P_z(z)$ 的灰度级。

$$z = G^{-1}(u) = G^{-1}(s) \qquad (8\text{-}38)$$

用这种处理方法得到的新图像的灰度级具有事先规定的概率密度函数 $P_z(z)$。这种方法在连续变量的情况下涉及求反变换函数的解析式的问题，一般比较困难，但是数字图像处理的是离散变量，一般采用近似方法绕过这个问题。

（3）图像平滑化处理

图像平滑化处理追求的目标是，消除图像中的各种寄生效应又不使图像的边缘轮廓和线条模糊。图像平滑化处理方法有空域法和频域法两大类，主要有邻域平均法、低通滤波法、多图像平均法等。

邻域平均法的基本思想是用几个像素的平均值来代替每个像素的灰度，假定有一幅 $M \times N$ 个像素的图像 $f(x,y)$，平滑处理后得到一幅图像 $g(x,y)$，则

$$g(x,y) = \frac{1}{M} \sum_{(m,n)\in s} f(m,n) \qquad (8\text{-}39)$$

式中，$x,y = 0,1,2,\cdots,N-1$；S 是 (x,y) 点邻域中点的坐标的集合，其中可以包含也可以不包含 (x,y) 点；M 是集合内坐标。

低通滤波法是一种频域处理法。在分析图像的频率特性时，图像的边、跳跃部分及颗粒噪声

表现为图像信号的高频分量,而大面积的背景区域则表现为图像信号的低频分量,用滤波的方法除去高频部分,就能抑制噪声,使图像平滑。由卷积定理可知

$$G(u,v)=H(u,v)F(u,v)$$

式中,$F(u,v)$ 是含有噪声的图像的傅里叶变换;$G(u,v)$ 是平滑处理后的图像的傅里叶变换;$H(u,v)$ 是传递函数。选择低通滤波特性的 $H(u,v)$ 使 $F(u,v)$ 的高频分量得到衰减,得到 $G(u,v)$ 后再经反傅里叶变换就得到所希望的平滑图像 $g(x,y)$。常用的低通滤波器有以下几种,其 $H(u,v)$ 的剖面图如图 8-36 所示。

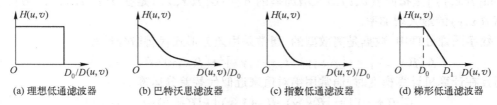

(a) 理想低通滤波器　　(b) 巴特沃思滤波器　　(c) 指数低通滤波器　　(d) 梯形低通滤波器

图 8-36　低通滤波器传递函数剖面图

理想低通滤波器的传递函数为

$$H(u,v)=\begin{cases}1 & D(u,v)\leqslant D_0 \\ 0 & D(u,v)>D_0\end{cases} \tag{8-40}$$

巴特沃思(Butterworth)低通滤波器的传递函数为

$$H(u,v)=\cfrac{1}{1+\left[\cfrac{D(u,v)}{D_0}\right]^{2n}} \tag{8-41}$$

指数低通滤波器的传递函数为

$$H(u,v)=\mathrm{e}^{-\left[\frac{D(u,v)}{D_0}\right]^{n}} \tag{8-42}$$

梯形低通滤波器的传递函数为

$$H(u,v)=\begin{cases}1 & D(u,v)<D_0 \\ \cfrac{D(u,v)-D_1}{D_0-D_1} & D_0\leqslant D(u,v)\leqslant D_1 \\ 0 & D(u,v)>D_1\end{cases} \tag{8-43}$$

式中,D_0 是截止频率,它是一个规定的非负的量;$D(u,v)$ 是从频率域的原点到 (u,v) 点的距离;D_1 是大于 D_0 的频率值。

　　用低通滤波器进行平滑处理可以使噪声伪轮廓等寄生效应减低到不显眼的程度。但是由于低通滤波器对噪声等寄生成分滤除的同时,对有用的高频成分也滤除,因此,这种去噪处理是以牺牲清晰度为代价的。

　　如果一幅图像包含有加性噪声,这些噪声对于每个坐标点是不相关的,并且其平均值为零,就可以用多图像平均法达到抑制噪声的目的。这种方法在实际应用中的最大困难是如何把多幅图像配准起来。

　　(4) 图像锐化处理

　　图像锐化处理主要用于增强图像的边缘和灰度跳跃部分。与图像平滑化处理一样,图像锐化处理方法也有空域法和频域法两大类。

　　梯度微分法是最常用的图像锐化方法。如果给定一个函数 $f(u,v)$,则在坐标 (x,y) 上的梯度可以定义为一个矢量

$$\text{grad}[f(x,y)] = \begin{bmatrix} \dfrac{\partial f}{\partial x} \\[2mm] \dfrac{\partial f}{\partial y} \end{bmatrix} \tag{8-44}$$

如果用 $G[f(x,y)]$ 来表示 $\text{grad}[f(x,y)]$ 的幅度,则

$$G[f(x,y)] = \max\{\text{grad}[f(x,y)]\} = \left[\left(\frac{\partial f}{\partial x}\right)^2 + \left(\frac{\partial f}{\partial y}\right)^2\right]^{1/2} \tag{8-45}$$

$\text{grad}[f(x,y)]$ 是指向 $f(u,v)$ 最大增加率的方向;$G[f(x,y)]$ 是在 $\text{grad}[f(x,y)]$ 方向上每单位距离 $f(x,y)$ 的最大增加率。

在数字图像处理中,数据是离散型的,通常采用差分形式代替微分运算

$$G[f(x,y)] \approx \{[f(x,y)-f(x+1,y)]^2 + [f(x,y)-f(x,y+1)]^2\}^{1/2} \tag{8-46}$$

而且在计算机计算梯度时,通常用绝对值来近似代替差分运算

$$G[f(x,y)] \approx |f(x,y)-f(x+1,y)| + |f(x,y)-f(x,y+1)| \tag{8-47}$$

由上面的公式可以知道,梯度的近似值和相邻像素的灰度成正比。在一幅图像中,边缘区梯度值较大,平缓区梯度值较小,而在灰度值为常数的区域梯度值为零。当选定了近似梯度的计算方法后,可以有多种方法产生梯度图像。例如,最简单的方法是让坐标 (x,y) 处的值等于该点的梯度。

在实际应用中,检测图像中灰度级跃变的边缘可以将上述算法简化为各种掩膜算子,这些算子与图像的卷积,可以找出图像上存在的边缘、位置和方向,最常见的几个算子如图 8-37 所示。

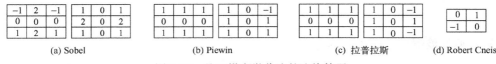

(a) Sobel (b) Piewin (c) 拉普拉斯 (d) Robert Cneis

图 8-37 基于梯度微分法的边缘算子

与图像平滑方法相反,采用高通滤波法可以锐化图像。常用的高通滤波器有以下几种,其 $H(u,v)$ 的剖面图如图 8-38 所示。

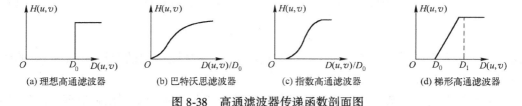

(a) 理想高通滤波器 (b) 巴特沃思滤波器 (c) 指数高通滤波器 (d) 梯形高通滤波器

图 8-38 高通滤波器传递函数剖面图

理想高通滤波器的传递函数为

$$H(u,v) = \begin{cases} 0 & D(u,v) \leqslant D_0 \\ 1 & D(u,v) > D_0 \end{cases} \tag{8-48}$$

巴特沃思高通滤波器的传递函数为

$$H(u,v) = \frac{1}{1 + \left[\dfrac{D_0}{D(u,v)}\right]^{2n}} \tag{8-49}$$

指数高通滤波器的传递函数为

$$H(u,v) = e^{-\left[\frac{D_0}{D(u,v)}\right]^n} \tag{8-50}$$

梯形高通滤波器的传递函数为

$$H(u,v)=\begin{cases} 0 & D(u,v)<D_0 \\ \dfrac{D(u,v)-D_0}{D_1-D_0} & D_0\leqslant D(u,v)\leqslant D_1 \\ 1 & D(u,v)>D_1 \end{cases} \tag{8-51}$$

在图像锐化处理中也可以采用空域离散卷积的方法，该方法与高通滤波有类似的效果，这种方法是先确定掩膜，然后对图像做卷积处理。几种高通形式的掩膜如下式

$$h=\begin{bmatrix} 0 & -1 & 0 \\ -1 & 5 & -1 \\ 0 & -1 & 0 \end{bmatrix} \quad h=\begin{bmatrix} -1 & -1 & -1 \\ -1 & 9 & -1 \\ -1 & -1 & -1 \end{bmatrix} \quad h=\begin{bmatrix} -1 & -2 & -1 \\ -2 & 5 & -2 \\ -1 & -2 & -1 \end{bmatrix} \tag{8-52}$$

值得注意的是，在锐化处理过程中，图像的边缘细节得到了加强，但是图像中的噪声也同时被加重了。实际应用中往往采用几种方法处理以便获得更加满意的效果。

3. 失真校正

来源不同的图像可能会存在几何失真，如图像透视失真、光学成像失真和扫描系统产生的畸变失真等，给图像测量与判读带来重大影响。因此，图像处理前首先需要对存在失真效应的图像进行失真校正。

任意的几何失真由非失真坐标系(x,y)变换到失真坐标系(x',y')的方程来定义，即

$$\begin{cases} x'=h_1(x,y) \\ y'=h_2(x,y) \end{cases} \tag{8-53}$$

式中，h_1和h_2是几何失真系数，它们随几何失真的性质而变化。

例如透视失真的变换是线性的，其形式为

$$\begin{cases} x'=ax+by+c \\ y'=dx+ey+f \end{cases} \tag{8-54}$$

式中，a、b、c、d、e、f是线性方程组的系数。通常情况下，h_1和h_2是未知数，可以通过对标准网格成像进行标定，即测量失真网格中网格点的位置来决定此失真变换中h_1和h_2的近似值。图 8-39 所示为一个标准测试板和其在鱼眼透镜中的成像图形，变形极为严重。借助于此，可以设计一种变换方程，将透过该鱼眼透镜拍摄的图像校正到一个矩形坐标系中。

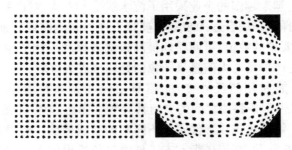

图 8-39　测试板和对应的鱼眼图像

4. 图像坐标变换

图像坐标变换是计算机绘图的基础，也是数字图像检测中控制输出图像的形状、大小、位置，以及使图像旋转、平移、分割等的基础。图像坐标变换主要通过矩阵变换来实现，把图像中相应的点看做是一个位置矢量，将许多点构成的矩阵当成一个算子，用矩阵对定义点的位置进行运

算,就可以完成坐标变换。

下面给出二维平面的变换矩阵,三维变换可以查阅其他参考资料。

（1）平移变换

$$[x',y',H]=[x\ y\ 1]\begin{bmatrix}1&0&0\\0&1&0\\m&n&1\end{bmatrix}=[x+m,y+n,1] \tag{8-55}$$

式中,m、n 是平移常量。于是有

$$x'=x+m,\ y'=y+n \tag{8-56}$$

（2）比例变换

$$[x',y',H]=[x\ y\ 1]\begin{bmatrix}\cos\theta&\sin\theta&0\\-\sin\theta&\cos\theta&0\\0&0&1\end{bmatrix}$$
$$=[x\cos\theta-y\sin\theta,x\sin\theta+y\cos\theta,1] \tag{8-57}$$

式中,N_x、N_y 是 x,y 方向的比例因子,于是有

$$x'=N_x x,\ y'=N_y y \tag{8-58}$$

（3）旋转变换

$$[x',y',H]=[x\ y\ 1]\begin{bmatrix}\cos\theta&\sin\theta&0\\-\sin\theta&\cos\theta&0\\0&0&1\end{bmatrix}$$
$$=[x\cos\theta-y\sin\theta,x\sin\theta+y\cos\theta,1] \tag{8-59}$$

式中,θ 为要求的旋转角,于是有

$$x'=x\cos\theta-y\sin\theta,\ y'=x\sin\theta+y\cos\theta \tag{8-60}$$

8.4.2 光电图像检测技术的应用

光电图像检测技术广泛地应用于航空航天、冶金、气象、医学、农业、渔业、机械工程和国防等各个技术领域。下面介绍几个应用的实例。

1. 自动在线检测

在现代工业生产中,越来越多的企业采用了流水线生产方式,对产品实施非接触在线检测是适应客观要求的必然选择。采用合适的装置将被测工件的光学图像转换成数字图像,进一步对其分析以得出有关被测要素的数值,可明显地提高检测效率和检测适应性。当前计算机硬件运行速度的提高,使得在生产现场对大信息量图像的处理也成为可能。

由于原材料物理性能和几何尺寸变动、模具安装与调整位置不准确等因素的影响,如图 8-40 所示的被检测工件两条斜边之间的夹角常会发生变动,为保证将不合格成形件及时剔除并为工艺过程提供参考,需要对该成形件实施不间断的在线检测。经模具冲压机加工成形的被测工件随传送带由右向左移动,在传送带上方工件经过位置设置工业摄像机（如 CCD 摄像机）,用来拍摄工件图像。摄像机的输出为标准 PAL 制式视频信号,经过视频接口卡转换成数字图像信息存入计算机。工件图像的采集时机和周期可根据不同的情况设定。根据设计的程序,计算机对被检测工件的数字图像进行分析处理,得出该工件有关的几何尺寸的数值,然后根据所得的结果判定该工件应送向何处,随即发出控制信号,使相关执行机构动作,将检测过的工件送入相应的储件箱。

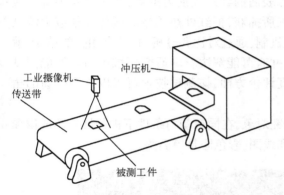

图 8-40 工件形状在线测量系统

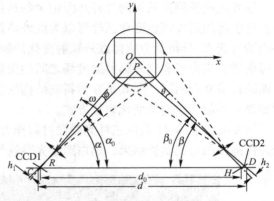

图 8-41 两个 CCD 交汇测量空间目标坐标原理图

2. 基于双目立体视觉的空间目标坐标测量

采用基于双目立体视觉的 CCD 成像技术,可以测量空间目标的二维坐标。在垂直平面内布置两个线阵 CCD 摄像机,两个 CCD 摄像机的主光轴在物空间交汇于一点,构成一个竖直的测量区域,待测目标在两个 CCD 上各有一个像点与之对应,这样,CCD 靶面内的任意一点都可以通过它在 CCD 上的像高计算出来。如图 8-41 所示,两台线阵 CCD 摄像机焦距分别为 f_1 和 f_2,主光轴相交于 O 点,以 O 点为坐标原点,建立 xOy 平面直角坐标系,两摄像机的主光轴与地面的夹角分别为 α_0 和 β_0,基线长度为 d_0。α_0 和 β_0,以及摄像机的视场角 ω 来形成不同形状和面积的测量靶面。一目标点 P 在两摄像机上的像高分别为 h_1 和 h_2,P 点与主光轴之间的夹角分别 φ 和 θ,像在主光轴上方 h 取正,下方 h 取负,α 和 β 是 P 点经镜头与基线之间的夹角,可得

$$\varphi=\arctan\left(\frac{h_1}{f_1}\right) \qquad \theta=\arctan\left(\frac{h_2}{f_2}\right) \qquad \alpha=\alpha_0-\phi \qquad \beta=\beta_0-\theta \qquad (8-61)$$

于是

$$\begin{cases} d=d_0+CA+BD=d_0+\dfrac{f_1\sin\phi}{\sin\alpha}+\dfrac{f_1\sin\theta}{\sin\beta} \\[2mm] x=CP\cos\alpha-CA-\dfrac{d_0}{2}=\dfrac{d\cos\alpha\sin\beta}{\sin(\alpha+\beta)}-\dfrac{f_1\sin\phi}{\sin\alpha}-\dfrac{d_0}{2} \\[2mm] y=CP\sin\alpha-\dfrac{d_0\tan\alpha_0}{2}=\dfrac{d\sin\alpha\sin\beta}{\sin(\alpha+\beta)}-\dfrac{d_0\tan\alpha_0}{2} \end{cases} \qquad (8-62)$$

由上述公式可知,只要确定摄像机的焦距 f_1 和 f_2,测出基线长度 d_0、交汇角 α_0 和 β_0,并由 CCD 输出信号确定像高 h_1 和 h_2,就可以求出靶面内任意位置 P 点的坐标。

3. 基于热成像技术的应力分析

目前,随着科技的不断发展和进步,以凝视型红外焦平面技术为代表的第二代红外热像仪,在军事以外的科学技术领域中应用越来越广泛,红外热像仪的精度越来越高,像元的数目不断增加,温度分辨率也越来越高。对于这样高性能的红外产品,除了原来简单的红外侦察或观察应用外,科研工作者已经把它的应用范围拓展到了几乎所有与表面温度有关的科学研究领域中。在这些研究中,发现了许多很有价值的、和力学现象有关的红外辐射现象。例如,人们发现由地应力变化引发的地震过程及其前后的阶段内,总是伴随着局部地表甚至海洋的红外辐射现象的异常;矿井中岩爆、瓦斯突出等事故的前后也有相当明显的红外辐射异常,有时在温度上显现出明显的变化等;在对多种岩石进行的力学实验中,发现红外辐射温度异常现象,并能够通过这种异常对即将破坏的位置给出预示。这也就是说,当物体受到力的作用时会发生变形,在这个过程中,会伴有红外辐射的变化。

红外热成像测试获得的红外热图记录的是目标表面的红外辐射温度场,而由材料内部的应力变化引起的红外辐射变化已经可以为红外热像仪所捕获,把红外热成像测试与其他应力测试手段结合起来,分析受力物体红外辐射变化的物理机制,通过对比和分析,并结合相关的结论,就有可能建立应力场和红外辐射温度场之间的关系,并有可能解决材料研究领域中力学性能测试方面的许多复杂问题。尤其是在材料或结构的强度评价方面,该测试技术可以以一个全新的角度提供一种新的应力场变化表征方式。

图 8-42 至图 8-44 是以三种光弹性材料作为研究对象,在同等受力条件下进行红外热成像和光弹性测试的对比实验结果。黑白图是光弹性等和线图,彩色图是等温图。

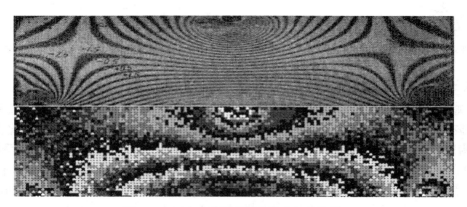

图 8-42　三点弯曲梁的等和线和红外热图

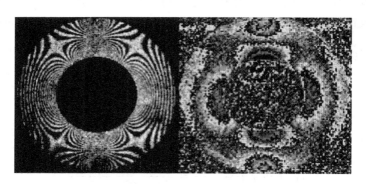

图 8-43　径向受压圆环的等和线和红外热图

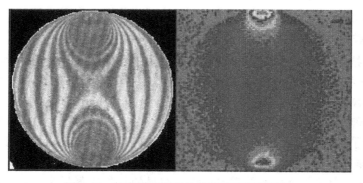

图 8-44　径向受压圆盘的等和线和红外热图

基于热成像技术的应力分析具有如下特点。

(1) 等和线条纹和红外辐射等温层的形状极其相似;

（2）区域分布对应性很好，高应力区温度变化大，而低应力区温度变化小，并且等和线条纹和等温层的梯度变化是相似的；

（3）拉应力区和压应力区分别对应着红外辐射降温区和升温区，而在等和线图中，拉应力区和压应力区分别对应着正级和负级条纹；

（4）零应力区有明显的对应，如拉、压应力区的交界。

这说明，应力变化对应着等和线与等温层的变化，这种对应关系是有确定性的，呈线性关系。

4. 机器视觉系统

机器视觉就是用机器代替人眼来做测量和判断。机器视觉系统是指通过机器视觉产品（即图像摄取装置，分 CMOS 和 CCD 两种）将被摄取目标转换成图像信号，传送给专用的图像处理系统，根据像素分布和亮度、颜色等信息，转变成数字化信号；图像系统对这些信号进行各种运算来抽取目标的特征，进而根据判别的结果来控制现场的设备动作。机器视觉系统的特点是提高生产的柔性和自动化程度。在一些不适合于人工作业的危险工作环境或人工视觉难以满足要求的场合，常用机器视觉来替代人工视觉；同时在大批量工业生产过程中，用人工视觉检查产品质量效率低且精度不高，而用机器视觉检测方法则可以大大提高生产效率和生产的自动化程度。而且机器视觉易于实现信息集成，是实现计算机集成制造的基础技术。正是由于机器视觉系统可以快速获取大量信息，而且易于自动处理，也易于同设计信息以及加工控制信息集成，因此，在现代化生产过程中，人们将机器视觉广泛用于工况监视、成品检测和质量控制等领域。

从原理上机器视觉系统主要由三部分组成：图像的采集、图像的处理和分析、输出或显示。一个典型的工业机器视觉系统的组成方框图如图 8-45 所示。从中我们可以看出机器视觉是一项综合技术，其中包括数字图像处理技术、机械工程技术、控制技术、光源照明技术、光学成像技术、传感器技术、模拟与数字视频技术、计算机软硬件技术、人机接口技术等。只有这些技术的相互协调应用才能构成一个完整的机器视觉应用系统。其关键技术主要体现在光源照明、光学镜头、摄像机（CCD）、图像采集卡、图像信号处理以及执行机构等。

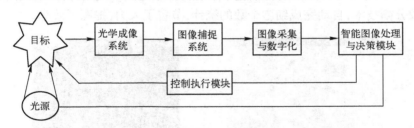

图 8-45 典型的工业机器视觉应用系统的组成方框图

机器视觉的最大优点是与被观测对象无接触，对观测与被观测者都不会产生任何损伤，十分安全可靠，理论上，人眼观察不到的范围机器视觉也可以观察，例如红外线、微波、超声波等，而机器视觉则可以利用这方面的传感器件形成红外线、微波、超声波等图像，且其比人眼具有更高的精度与速度，因此极大地拓宽了机器视觉技术的检测对象与范围。正是因为机器视觉所具有的诸多优点，其才越来越广泛地应用于国民经济的各个行业。

（1）机器视觉技术在工业的应用

当今大批量的工业生产，要求有高精确和高速度的检测手段以满足生产过程的高度自动化和产品质量要求的日益提高，机器视觉技术能够保证在复杂工业现场环境下的检测可靠性与稳定性，提高生产自动化程度，从而最终提高生产效率。工业领域是机器视觉应用中比重最大的领域，按照功能又可以分成 4 类：产品质量检测、产品分类、产品包装、机器人定位。自动视觉识别检测目前已经用于产品外形和表面缺陷检验，如木材加工检测、金属表面视觉检测、二极管基片检查、印刷电路板缺陷检查、焊缝缺陷自动识别等。这些检测识别系统属于二维机器视觉，技术已经较为成熟，其基本流程是用一个摄像机获取图像，对所获取的图像进行处理及模式识别，检测出所需的内容。下面以木材加工中检测木料缺陷为例来说明。图 8-46 所示是使用 3 台激光扫描仪和 3 台线阵式 CCD 摄像机完成对木料的 360 度全检测。图 8-47 所示为在将芯片安装到印刷电路板上之前，检测芯片管脚是否符合要求。

 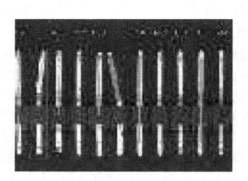

图 8-46　木材检测示意图　　　　　图 8-47　芯片管脚检测

（2）机器视觉技术在医学中的应用

在医学领域，机器视觉主要用于医学辅助诊断。首先采集核磁共振、超声波、激光、X 射线、γ 射线等对人体检查记录的图像，再利用数字图像处理技术、信息融合技术对这些医学图像进行分析、描述和识别，最后得出相关信息，对辅助医生诊断人体病源大小、形状和异常，并进行有效治疗发挥了重要的作用。不同医学影像设备得到的是不同特性的生物组织图像，如 X 射线反映的是骨骼组织，核磁共振影像反映的是有机组织图像，而医生往往需要考虑骨骼与有机组织的关系，因而需要利用数字图像处理技术将两种图像适当地叠加起来，以便于医学分析。图 8-48 是用数字图像处理的办法进行细胞个数统计的示意图。使用计算机，利用数字图像的边缘提取与图像分割技术，自动完成细胞个数的统计，节省了人力，提高了效率。

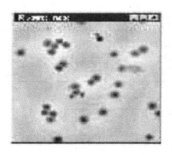 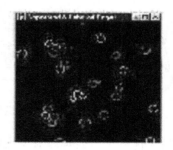

图 8-48　细胞个数统计

（3）机器视觉技术在其他领域的应用

在卫星遥感系统中，机器视觉技术被用于分析各种遥感图像，进行环境监测、地理测量，根据地形、地貌的图像和图形特征，对地面目标进行自动识别、理解和分类等工作。在交通管理系统中，机器视觉技术被用于车辆识别、调度，向交通管理与指挥系统提供相关信息；在闭路电视监控系统中，机器视觉技术被用于增强图像质量，捕捉突发事件，监控复杂场景，鉴别身份，跟踪可疑目标等。

8.4.3 计算成像技术

计算成像技术(CIT)是一类有别于传统光学成像"所见即所得"的信息获取和处理的新体制成像方式。随着新型光电器件的发展和硬件计算能力的提升,计算成像技术在光电成像领域呈现出蓬勃发展的趋势。

以费马引理为成像准则的传统光电成像系统,因信息获取方式所限导致相位、偏振、光谱等光场信息存在缺失,使得探测器仅获得二维强度图像的单一物理量信息(成像视场),更小(功耗和体积)"的成像需求难以达到。随着科技的不断发展,传统光电成像技术虽得到了长足的发展,但依然存在很多缺点:①信息获取器件有限导致光电成像探测器只能探测强度信息,无法获取光谱、偏振、相位等其他多维物理量,造成成像过程中光场信息的丢失;②光场信息解译难致使光电成像系统在雾霾天气条件及云雾遮挡等恶劣环境下往往无法正常工作;③受到光学口径的限制,成像分辨率和作用距离严重受限,单纯依靠传统成像方法无法达到要求;④离焦、运动模糊及深度信息缺失是传统光电成像装备难以解决的问题;⑤新型成像理论的缺失导致传统成像系统存在体积和质量大、功耗高、结构复杂、透过率差、成本高等缺点;⑥平面探测器的均匀采样技术导致成像数据大量冗余、图像畸变大等难题。因此,探索光电成像新体制,利用新方法挖掘光场信息就成为了新型计算成像技术(CIT)的必经之路。

伴随着传感器的多功能化、信息计算能力飞升等新一代技术的快速发展而出现的新型计算成像技术,是集光学、数学、信号处理于一体的新兴交叉技术。该技术打破了传统光电成像技术对成像过程的分立式表征,而将照明、光经过介质的传输、光学系统、成像探测器、成像电路和显示等一体化考虑,系统地以全局观点描述光学成像。计算成像技术是面向问题导向的,即针对特定问题对成像链路中光源、传输介质等进行相应处理以达到预期目的,其全链路示意图如图8-49所示。新型计算成像技术由于具有高性能的计算能力及全局化的信息处理能力,突破了传统成像技术难以解决的种种难题,使得超衍射极限成像、无透镜成像、大视场高分辨率成像及透过散射介质清晰成像成为可能,带来了成像领域又一次新的变革。

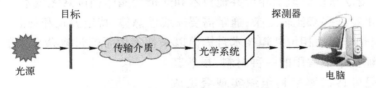

图 8-49　计算成像全链路示意图

1. 透过散射介质成像技术

光波经过云雾、烟尘、生物组织、浑浊液体等散射介质时,其中一部分光波会偏离原来的传播方向而向不同方向散开,从而形成散射现象。由于介质对光波的散射作用不仅会改变光波的传播方向,同时也会改变入射光波的强度、相干性、偏振等特性。在早期的研究中,散射光通常被视为阻碍成像的噪声,需借助时间、空间、偏振、相干等技术对其进行抑制,提升光学系统对弹道光的响应,这在一定程度上提升了成像质量。然而,弹道光的强度随入射深度的增加呈指数规律衰减,当光波在介质中的入射深度大于散射平均自由程的5倍时,99%以上的光都会发生散射,导致用于成像的弹道光非常微弱,此时上述几种技术将不再适用,如何透过散射介质实现高分辨率成像是光学成像中亟待解决的问题。

现有的透过散射介质成像方法主要有波前整形和基于光学记忆效应的散射成像技术。波前整形技术,包含光学相位共轭、基于反馈优化的波前整形和光学传输矩阵技术三部分,该技术主要研究光波在介质中的传播规律及特性,为散射效应的利用奠定基础。基于光学记忆效应的散射成像技术的核心在于利用散斑统计分布来实现透过散射介质成像及相关工作。

（1）基于波前整形的散射成像技术

光在散射介质中传播时会受到散射效应的影响,在像面上形成系列散斑。如何定量或定性地描述散射介质在光传播过程中的影响已成为利用光散射效应的关键问题。虽然光在多重散射介质中的传播具有很高的随机性,但当散射介质处于稳定状态时,光在散射介质中的传播就具有确定性。散射介质的特性可以与多模光纤的特性进行类比,其输出光场可以看成多种模式的耦合与叠加。为了精确地描述散射介质在光传播过程中的作用,光学传输矩阵的思想被提出,从而可以有效地将入射光场与出射光场联系起来。近年来,随着光散射理论与实验技术的飞速发展,研究人员基于光学相位共轭、反馈优化的波前整形和光学传输矩阵等技术,实现了透过散射介质的聚焦或者成像。在未能获得完善的光学传输矩阵的条件下,为实现透过散射介质聚焦或成像,通常采用光学相位共轭技术或者基于反馈优化的波前整形技术;而在测得完备的光学矩阵之后,利用光学传输矩阵技术往往能够有效地实现对出射光场的控制。相关研究表明,波前整形技术在生物医学成像、超分辨成像和光通信等方面有着广阔的应用前景。

① 光学相位共轭技术

光学相位共轭技术是时间反演技术在光学领域的应用,最早的光学相位共轭技术通过在照相板上记录全息图来实现。本质上,光学相位共轭技术利用的是光传播的可逆性,获得透过介质的光场分布后,反向输入透射光场的相位共轭波形,就可以重建原始的入射光场。光学相位共轭的实现步骤可以分为两步:第一步,光场信息的记录;第二步,相位共轭光的生成。按照相位共轭光产生方式的不同,光学相位共轭技术可以分为非线性光学相位共轭技术和数字光学相位共轭技术两类。前者可以通过数字全息或定量相位成像技术来实现,后者则可以通过空间光调制器实现。在实验中,在多重散射材料的情况下即便是只获得散射介质某一侧的部分光场信息,也可以通过光学相位共轭实现初始波前的重建。

根据非线性过程的差异,非线性光学相位共轭技术可以分为三波混频相位共轭技术、四波混频相位共轭技术、受激布里渊散射相位共轭技术和光折变晶体相位共轭技术。总体而言,非线性光学相位共轭技术实施起来比较复杂,通常需要非线性晶体、特定波长和强激光光源。虽然实施起来比较复杂,但是非线性相位共轭技术自提出以来就多用于透过复杂介质的聚焦。光折变晶体是光学相位共轭技术中常用的一种材料,虽然其调节速度较慢,但可透过厚生物组织实现聚焦成像。随着材料技术的飞速发展,许多新型的光学共轭材料不断地被研发出来,其调节速度可与 SLM 相媲美。许多增益介质能够提供快速的光学共轭调节,但受到其物理效应的限制,仅适用于窄谱光源。三波混频相位共轭技术具有速度快、频带宽的特点,但其有效角度较小。与数字光学相位共轭技术相比,非线性光学相位共轭技术在模式耦合效率方面具有较大优势,因此,非线性光学相位共轭技术在生物医学方面仍具有很大潜力。

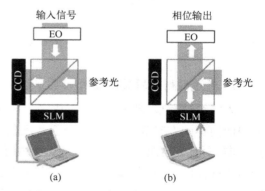

图 8-50　数字光学相位共轭技术的工作原理

SLM 和 DMD 等元件的出现,使得数字光学相位共轭调制变成可能,数字光学相位共轭技术的工作原理如图 8-50 示（EO 为电光调制器,OPC 表示光学相位共轭）。在获得输出场的光场信息后,利用数字元器件产生相位共轭光,进而实现透过散射介质的聚焦和成像。数字光学相位共轭技术虽然在调制效率方面具有一定劣势,但是在透过复杂介质成像方面却有着得天独厚的优势。它利用计算机记录输出光场分布,利用调制器生成共轭光,可以对无数个输入光场进行重构。相比较而言,非线性光学相位共轭技术不具有这一特点。如何提高数字光学相位共轭技术的效率,将决定其在未来应用中的地位。

② 反馈优化波前整形技术

基于反馈优化的波前整形技术利用优化算法(非线性或线性),通过迭代获取目标光场对应的最优波前,从而实现透过散射介质聚焦或成像。本质上,基于反馈优化的波前整形技术将散射介质对光场的调制过程看成“黑箱”,通过迭代算法获取相应的波前,进而实现对输出光场的模式及不同模式之间耦合的控制。

波前整形示意图如图 8-51 所示。利用 SLM 对入射到随机散射介质中的光波进行波前相位调制,采用反馈控制算法对空间光调制器的 SLM 像素进行逐个优化,通过不断迭代的方式获得最优波前,利用所得的最优波前幅值或相位可以适当补偿由介质散射引起的波前畸变,最终得到亮度高于调制前散斑 1000 倍的聚焦光斑,远远优于光学透镜的聚焦效果。

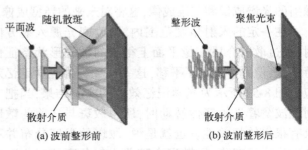

(a) 波前整形前   (b) 波前整形后

图 8-51 波前整形示意图

值得注意的是,有研究者提出的基于反馈优化的波前整形技术,采用非相干光源实现了透过散射介质的实时成像,此项工作极大地推动了波前整形技术在实际应用上的进程。同时,该技术在透过多模光纤的光学精密控制和成像方面也有着重要意义。此外,考虑到实际应用中散射介质的时变特性,如何实现透过动态散射介质的快速聚焦或成像是未来研究中的重要课题。

③ 光学传输矩阵的散射成像技术

测量传输矩阵是一种新的波前调制技术,该方法的核心思想是利用一个复杂的矩阵将入射光场与出射光场联系起来,通过测量传输矩阵并结合相位共轭技术,能够在任意位置、任意时刻实现聚焦和成像。

假设光源是线性极化的,则对于光波在任何介质中的传播过程,都可以用格林函数进行描述。离散化的格林函数可以表征介质对入射光波的作用,离散化的格林函数就是上述提到的光学传输矩阵,它表示 m 个输出单元与 n 个输入单元的光场信息(振幅和相位)之间的相互关系,可以表示为

$$E_m^{\text{out}} = \sum_{n=1}^{N} k_{mn} E_N^{\text{in}}, \tag{8-63}$$

式中,E_N^{in} 为输入光场信息;E_m^{out} 为输出光场信息;k_{mn} 表示光学传输矩阵的元素;N 为光场调制模式总数。

在测得光学传输矩阵 K 后,假设目标输出光场为 $E_{\text{out}}^{\text{target}}$,利用相位共轭技术可以估计出输入光场,即

$$E_{\text{cal}}^{\text{in}} = K^* \cdot E_{\text{out}}^{\text{target}}, \tag{8-64}$$

式中,$E_{\text{cal}}^{\text{in}}$ 为计算得到的输入光场;* 表示取共轭。则实际输出光场 E^{out} 可以表示为

$$E^{\text{out}} = K \cdot E_{\text{cal}}^{\text{in}} = K \cdot K^* \cdot E_{\text{out}}^{\text{target}} \tag{8-65}$$

由以上分析可知,一旦测得散射介质的光学传输矩阵,就可以采用相位共轭的方法实现聚焦。基于光学传输矩阵的散射成像方法的优点在于只要测量出成像系统的光学传输矩阵,便可以从任意目标所成的散斑中迅速恢复出待测目标。但是,就现阶段的研究来看,该方法所需系统较复杂,对系统稳定性的要求非常高,任何改变都有可能导致无法重建目标,目前的研究水平还

无法做到对实际物体成像。多物理量探测有助于信号的探测和识别,增加光学传输矩阵的测量维度(光谱和偏振)等将在未来的实际应用中起到至关重要的作用。另外,如何保证光学传输矩阵测量的实时性是未来研究的重要方向。

（2）基于光学记忆效应的散射成像技术

基于光学记忆效应的散射成像技术是透过散射介质成像的重要组成部分,它可以利用散斑,通过自相关运算,获取目标信息的傅里叶振幅,进而结合有效的相位恢复算法实现目标的重建。与波前整形技术相比,基于光学记忆效应的散射成像技术具有非入侵的特点,且对于光源、介质和系统的要求较低。随着对光学记忆效应研究的深入,利用散射介质的退相关特性,可实现透过散射的光谱成像和三维成像,这将对未来的新型成像系统具有重要意义。

在一定的入射角度范围内,当改变光源入射方向时,经过散射介质在像平面上得到的散斑形状特征保持不变,但整体发生了平移,这一现象称为光学记忆效应。图 8-52 所示为光学记忆效应的实验结果,当把入射光波绕着光轴轻微转动时,所得散斑与之前的散斑具有很强的相关性。也就是说,散斑的强度分布并不会发生明显变化,但散斑会随着入射角度的变化而发生相应的移动。进一步改变入射角度,可以看到散斑依然会发生相应的偏移,但其相关性逐步降低,直到相关性完全消失。如图 8-52 所示,左侧一列为散斑相关度的测量结果,右侧一列为随着光波入射角度变换的散斑。光学记忆效应表明,入射光波经过散射介质并发生多次散射后,随着入射角度在小范围变化,出射光波形成的散斑仍然保留了入射光波的有效信息。

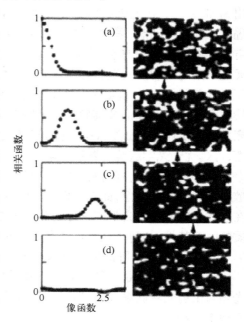

图 8-52 光学记忆效应实验结果

基于光学记忆效应的散射成像方法具有系统简单且能够实现非侵入式成像的特点,但其缺点也很明显,如:成像的视场受记忆效应范围的限制,与平均传输自由程成反比。鉴于此,许多扩展光学记忆效应的方法和技术应运而生,如:利用参考目标或先验知识实现超记忆效应范围成像的技术,通过光场估计或散斑估计的方法实现透过散射介质成像的景深扩展。除了以上所描述的基于散斑相关的透过散射介质成像技术外,将散斑相关成像技术与光谱编码技术、压缩感知技术、双目视觉技术等相结合,也可实现透过散射介质的彩色成像、光谱成像和三维成像等。

2. 基于光子计数的成像技术

光子计数集成成像系统利用光子计数型探测器对目标场景进行多个视角二维图像的采集,获得多幅光子计数集成成像系统的光子计数元素图像,实现了光子计数成像技术与集成成像技术的有效结合。通过充分地采集微光环境下的三维目标信息,不仅实现了微弱目标的三维重构,而且在单张光子计数图像的基础上提高了目标图像的分辨率及成像质量,有助于目标的探测与识别。

由于光子计数集成成像能够实现微弱光环境下三维目标的被动式成像,为了得到高质量三维重构图像,在光子计数集成成像系统结构、三维重构算法等方面国内外许多科学家进行了一系列研究工作。其中在光子计数集成成像系统结构研究方面,主要有基于微透镜阵列（MLA）的集成成像、基于合成孔径集成成像（SAII）和基于轴向分布感知（ADS）集成成像系统。在重构算法研究方面,典型的有:①基于光子计数的泊松分布模型,采用最大似然估计器（MLE）来重构不同深度处的目标强度图像;②采用截断泊松分布作为光子数极少情况下的探测模型,同样通过

MLE 对目标像素的平均光子数进行估计;③基于贝叶斯框架的后验概率分布模型,采用 Gamma 分布作为先验分布,对光子计数元素图像的像素光子数进行重新估计,并通过重构结果的直方图对比以及均值平方误差的计算进行算法验证。

下面简要介绍基于光子计数成像的典型应用——非视阈成像技术。

（1）非视域成像技术概述

非视域成像技术作为光子计数系统的典型应用,因其特殊的成像模式,在无人驾驶、医学检测、反恐防暴、军事等领域有巨大的应用价值。现对其基本原理进行简单介绍,读者可根据自身兴趣进行进一步研究学习。

对于视线被障碍物遮挡而无法直视目标的场景,传统成像技术无法满足这类特殊条件或特殊环境下目标探测和识别的需求。因而如何利用现有器件实现对拐角处或隐藏物体的探测和成像成为国内外研究关注的重点。随着传感技术的发展,出现了一种通过测量视域之外拐角处物体微弱的回波信号来重构物体三维形状的新成像模式,该模式称为非视域成像技术,成像模式示意图如图 8-53 所示。其中非视域区域定义为目标不在人眼或探测器视场范围内的区域。

图 8-53 非视域成像模式示意图

非视域成像可实现的技术手段十分丰富,其中包括利用反射信息的激光选通成像、采用超快激光器和时间分辨探测器的瞬态成像,以及使用普通相机主动或被动调制的成像方法等。基于光子计数的瞬态非视域成像系统由于其具有探测精度高、价格较低的特点,近年来得到了广泛的应用。该系统中激光通过主动照明中介面,获取散射的强度、光子的飞行时间等信息,进而重构得到非视域目标三维图像。根据激光在中介面的照射点与探测器对准点是否相同,该系统可以分为共聚焦系统与非共聚焦系统。新型探测器与阵列的出现以及选通技术和计算成像理论的深入研究,促进了基于光子计数的非视域成像系统与重构理论的不断发展。

随着传感技术与计算成像理论研究的深入,非视域成像系统的器件组成呈多样化发展的趋势。根据光源与探测器件的差异,将非视域成像系统做如下分类:

① 根据探测系统是否具有时间分辨能力,可以分为瞬态(transient)成像系统与定态(steady-state)成像系统。

② 根据是否存在主动照明光源,可以分为主动探测和被动探测。

典型非视域成像系统的发展时间轴如图 8-54 所示。

图 8-54 典型非视域成像系统发展时间轴

按照探测器类型,将典型非视域成像系统的组成及其特点列于表8-2。

表8-2　典型非视域成像系统组成及特点

成像器件	系统类型	扫描模式	探测模式	系统特点
条纹管相机	瞬态系统	非共聚集	主动	线阵探测器 扫描范围广、速度较快 价格昂贵
SPAD&TCSPC	瞬态系统	共聚焦 /非共聚集	主动	单个探测器/探测器阵列 扫描速度较慢、已有成熟系统
ToF 相机	瞬态系统	无	主动	探测器阵列 图像获取速度快、时间分辨力低
SPAD	定态系统	无	主动	无时间分辨能力 场景需要先验条件
普通相机	定态系统	无	主动/ 被动	图像获取速度快、无时间分辨能力 目标需要自身发光、场景需要先验

非视域成像系统的迭代更新伴随着非视域成像重建方法的优化和提升,在系统更贴近于实际应用的同时,重建算法也在朝着提高运行速度、应用于复杂场景的方向发展。非视域领域内的典型重建方法大多是已有学科重建算法的迁移应用,如滤波反投影算法(计算层析成像)、$f-k$ 迁移算法(地震学)等,也有部分算法通过对场景中光的传播建立模型进而求解。重建算法的优化是在实验设备限制条件下提升非视域成像技术实际应用能力的重要途径。典型非视域重建算法特点,如表8-3所示。

表8-3　典型非视域重建算法特点

重构算法	运行速度	成像质量	应用系统	算法特点
FBP	慢	低	瞬态系统	算法鲁棒性好 适用于非平面中介面
Transport model inverse	慢	中	瞬态/定态	线性系统传输模型对误差敏感 非线性传输模型优化算法复杂
LCT	快	较高	共聚焦系统	算法可以对噪声进行处理 不适用于非平面中介面
Occluder-based	慢	中	定态系统	需要先验场景知识 遮挡物的加入提高了算法健壮性
Wave-based	快	高	瞬态系统	算法无噪声处理步骤 适用于非平面中介面 适用于非朗伯体材质和多次反射

（2）基于光子计数的非视域成像原理

主动非视域成像技术是一种通过照明中介面获取信息,重构非视域目标三维图像的计算成像技术,其中时间分辨型非视域成像系统利用探测器获取经过三次反射或散射光子的飞行时间信息,利用重构算法实现"拐角成像"。随着传感技术的发展,具有单光子级别探测能力的探测器,如 SPAD 等,因其性能满足对三次散射后微弱光信号的探测需求,开始广泛应用于非视域成像系统中。基于光子计数的非视域成像系统的器件组成通常包括飞秒或皮秒激光器、单光子探测器、TCSPC 模块和扫描装置。其中 TCSPC 模块用于产生光子计数相对于距离照明激光脉冲发出后时间段的统计直方图,该系统使用激光的输出触发端作为计时的开始。系统的主要成像过程与光脉冲传输路径如图 8-55 所示。

激光器发射超短光脉冲,聚焦在场景的可见部分,例如一面墙,该部分通常被称为中介面。光子到达中介表面 L 点发生一次散射,其中一部分光子可以到达遮挡物后的目标,经过在目标表面的二次散射,部分光子又重新回到中介面点 *C* 处并在表面发生第三次散射。经过三次散射的部分光子可以被单光子探测器接收,信号处理端输出光子计数-时间的统计分布直方图。

通过扫描装置对中介面多个位置进行采样,可以得到多组采样点处的光子数与飞行时间数据,图 8-56 为 TCSPC 模块在一个采样点处对非视域目标采集并输出的直方图。从图中可以看出,探测器可以接收到经过多种散射传输路径的光子,其中信号最强的部分来自于激光脉冲到达中介面后直接返回探测器的一次散射光子。对于这一部分信号可以通过人为操作直接移除,或者使用选通探测器避免一次散射信号的干扰。在实际使用中,即使是共聚焦扫描系统,探测器和激光器对准的位置也会稍作偏移,原因是较强的直接散射信号可能会引起后向脉冲,影响探测器对于后续光子探测的准确性。

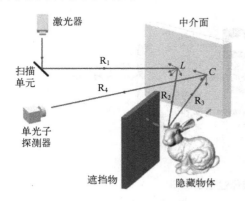 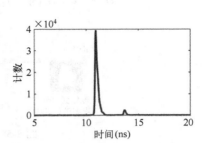

图 8-55　非视域成像过程及　　　　图 8-56　TCSPC 采集得到光子数-时间段
　　　　光脉冲传输路径　　　　　　　　　　　统计分布直方图

光子从激光器发出到被探测器接收,经历了三次散射和四段传输路径 R_1, R_2, R_3, R_4。由于 R_1 和 R_4 的起始点可以直接通过测量得到,因此这两段光子飞行的时间可以提前计算得出并在实际测量的时间数据中被移除。实验采集数据经过校正之后得到光子在 R_2 和 R_3 路径的飞行时间,将这部分信号作为输入数据,后续利用相应的重构算法重建即可得到非视域目标。重构算法的详细原理在此不进行赘述,读者可查阅相关资料进一步了解。典型非视域成像实验系统及目标重构效果如图 8-57 所示。

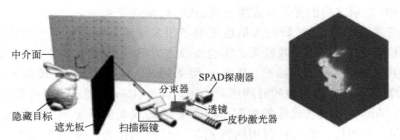

图 8-57　典型非视域成像实验系统及目标重构效果

非视域成像技术开拓了新的成像维度与成像模式,目前已可以实现简单场景中物体的三维重建,但该技术在成像理论方面,如传输模型、仿真模型的构建、目标可见性与成像分辨率模型等仍需要进一步研究优化。在重构算法方面,算法的运行速度、重构质量,以及对于噪声的健壮性需要进一步提升,且需要在实际实验中应用和验证。

3. 关联成像技术

关联成像是一种利用光场的高阶关联来获得物体的空间或相位分布信息的技术,其成像过程如图 8-58 所示。光源发出的光经过分束器分成测试光路和参考光路,其中测试光路中放置物体,并在物体后面使用不具有空间分辨率的桶(点)探测器接收信号;参考光路中不放置物体,光直接照射到具有空间分辨率的探测器上。由于桶(点)探测器不具有空间分辨率,而具有空间分辨率的探测器没有接触物体,因此仅通过单路探测器的输出都不能单独得到物体信息,但通过对两路输出信号进行符合计算可恢复物体的信息。这种成像方法实现了探测和成像的分离,是一种非定域的成像方式,即离物成像,故也被称为鬼成像。关联成像以其非定域性、抗干扰能力强等特点得到研究人员的广泛关注,在三维成像、遥感成像、生物医疗、国防军事等领域具有广阔的应用前景。

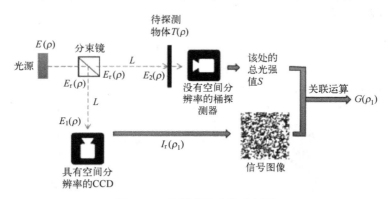

图 8-58　关联成像过程示意图

纵观关联成像的发展历程可以看出,人们对关联成像的研究经历了纠缠双光子关联成像、(赝)热光关联成像和计算关联成像 3 个重要阶段。纠缠双光子关联成像背景噪声小,但纠缠光源的制备难度大,且外界因素如杂光、仪器的暗噪声等容易影响成像的质量,因此对实验的环境要求较高。(赝)热光关联成像的光源更容易获得,甚至可以直接利用太阳光进行实验,这使得其更具应用价值。但(赝)热光关联成像在实验过程中存在分辨率和对比度相互矛盾的问题,降低了图像的信噪比。在(赝)热光关联成像中,光源的尺寸和距离决定了光场的散斑(或横向相干面积),散斑越小,分辨率越高,但会减低图像的对比度;散斑越大,对比度越高,但此时分辨率又会降低。计算关联成像中,可以通过调制 SLM 或者 DMD 产生强度涨落光场作为光源。但是,经过 SLM 或 DMD 反射之后的光场会发生变化,从而给系统带来噪声。

随着关联成像技术的发展,研究人员也提出了很多理论试图去解释关联成像的物理本质。有研究者对比了热光和双光子关联成像的实验现象之后得出纠缠光源相当于一面镜子,而热光源类似于一面相位共轭的镜子的结论。Padgett 等采用 Klyshko 模型直观地解释了关联成像,认为二者是等价的,只不过事件发生的时间序列不同。此外,Cao 等利用傅里叶变换解释了远场的热光关联成像。Shih 等对关联成像的物理本质是量子的双光子非定域干涉还是经典的强度涨落关联进行了深入的探讨。他们将利用纠缠光和(赝)热光作为光源的关联成像分别称为 I 型关联成像和 II 型关联成像,认为 I 型关联成像是由于相长-相消干涉导致了不可分解的点对点成像关联,其二阶关联函数为

$$G^{(2)}(\rho_0,\rho_i) \approx \delta\left(\rho_0+\frac{\rho_i}{m}\right) \tag{8-66}$$

式中,ρ_0、ρ_i 分别对应物面和像面横截面的二维向量;$m=s_i/s_0$、s_i、s_0 分别对应 Klyshko 图中成像透镜到物面和像面的距离;δ 为狄拉克函数。II 型关联成像则是由双光子振幅叠加导致的不可分解的点对点成像关联,其二阶关联函数为

$$G^{(2)}(\rho_0,\rho_i) \approx 1+\delta(\rho_0-\rho_i) \tag{8-67}$$

一种观点认为,上述两种不可分解的点对点成像系统都是属于量子层面的,只有可分解的散斑对散斑关联成像才是经典的,且不具有非定域的特征。另一种观点认为,光本质上就是量子的,所以光学成像现象都是以量子力学为基础的。当照射的光源是相干态或者相干态的随机混合时,利用半经典光电探测理论和量子光电探测理论得到的定量预测结果是一致的。因此对于经典态的光和经典成像或者量子成像的定义需要更加谨慎。

对于热光关联成像的本质问题,也有研究人员进行了一些研究和探讨。利用 OAM 本征态构建的 Hilbert 空间中的密度矩阵来描述热光关联成像中的双光子态,但是从本质上来讲,描述热光双光子的密度矩阵不是纠缠的。

关联成像相对于传统的基于光场一阶关联的成像技术有着明显不同的特性,可以和传统成像形成有益的互补,实现传统成像难以(或无法)实现的功能,但同时也存在着一些不足。因此,对关联成像系统本质的探讨和对高性能关联成像技术的改进成为了深入研究的重点。相比于传统成像技术,关联成像具有非定域性的特点。此外,由于关联的特性,其抗干扰能力更强,可有效抑制大气湍流对成像质量的影响。但是,关联成像也存在着明显的局限和不足:①图像信噪比低;②成像时间(探测时间和后期解析时间)比较长;③对复杂物体的还原程度还不够高。这些因素都影响着关联成像系统的成像质量,制约了关联成像技术实用化的进程。

4. 傅里叶叠层显微成像技术

近年来尽管显微成像技术已经取得了巨大的进步,但其成像系统的成像机制并没有产生根本性的变革,还是基于传统透镜式成像原理,即所见即所得的成像模式。这种传统成像模式虽然看似简单易行,但仍面临着许多瓶颈问题。

从成像系统角度看,为了实现高分辨率,必须增加显微物镜的数值孔径(NA),但空间分辨率的提高与视场的扩大往往是一对难以调和的矛盾。简言之,就是在低倍镜下可以看到被检物体的全貌,换成高倍物镜时,就只能看到被检物体的很小一部分。为解决这一矛盾,常规显微镜系统主要采用精密电动平台实现大范围空域扫描,并通过软件将显微镜下比较小的连续视野区域的图像进行图像拼接融合。然而该方法需要精密的机械扫描部件,因此必须依赖高度复杂的全电动平台显微镜,这也是显微镜系统价格日趋昂贵的主要因素之一。

同时实现大视场、高分辨率、定量相位测量是光学显微技术的一个发展目标,而采用常规的光学显微系统显然难以应对这一挑战,因此迫切需要引入新概念、新理论、新方法来推动光学显微技术的变革,最具代表性的就是傅里叶叠层成像技术(FPM)。FPM 是近年来发展出的一种大视场高分辨率定量相位计算显微成像技术,该方法整合了相位恢复和合成孔径的概念,与其他相位恢复方法相似,傅里叶叠层成像技术的处理过程也是根据在空域中记录的光强信息和在频域中某种固定的映射关系来进行交替迭代的,特别是该技术借用了合成孔径叠层成像的思想,在传统的傅里叶叠层成像的系统中,样品被不同角度的平面波照明并通过一个低数值孔径的物镜进行成像。二维的薄物体由来自不同角度的平面波照明,在物镜后焦面上物体的频谱被平移到对应的不同位置上。因此,一些本来超出物镜数值孔径的频率成分被平移到物镜数值孔径以内,从而能够传递到成像面进行成像。反过来看,不同角度的入射光可等效为在频谱上不同位置的交叠光瞳函数(子孔径),每次通过不同位置子孔径的频谱在频域上形成叠层,之后再利用相机拍摄到的一系列低分辨率图像在频域里迭代,依次更新对应的子孔径里的频谱信息,子孔径与子孔径交叠着扩展了频域带宽并恢复出超过物镜空间分辨率限制的高频信息(合成孔径),最终同时重构出物体的大视场高分辨率光强和相位图像(相位恢复)。这样就实现了使用一个低数值孔径、低放大率物镜,获得大视场和高分辨率的成像结果,最终重构的分辨率取决于频域中合成数值孔径的大小。

傅里叶叠层成像的重构过程是以采集到的低分辨率图像为约束,寻找物体的高分辨率复振幅解的过程。这一过程可以看成一个优化问题,通过优化使由重构的物体复振幅在迭代过程中计算生成的低分辨率图像与拍摄到的低分辨率图像之差最小。传统的傅里叶叠层成像算法在空域和频域中交替迭代来重建物体高分辨率的复振幅信息,重构过程中利用了两种约束:①在空域中,拍摄到的低分辨率图像被当成最优解的振幅约束;②在频域中,物镜受限的相干传递函数(一个圆形的光瞳孔径函数)被当成最优解的频谱支持域约束,并对应不同的照明角度,这个圆形孔径在频谱中扫描层叠合成一个更大的频率通带,从而恢复出物体的高频信息。

图 8-59 总结了传统傅里叶叠层成像的重构过程,主要可分为以下 6 步。

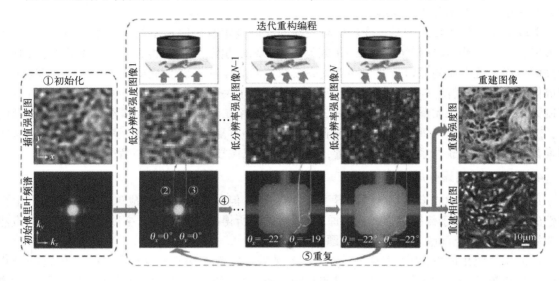

图 8-59　傅里叶叠层成像的迭代重构流程图

(1)在频域里生成一个高分辨率的初始解,为之后的迭代过程做好准备,一般选择垂直入射的平面波所对应的低分辨率图像进行插值作为物体的高分辨率光强图像,而物体的高分辨率相位图一般初始化为零。对物体的高分辨率频谱进行初始化的公式为

$$O_0 = \mathscr{F}\{B(\boldsymbol{I}_{0,0})\}P_{u_{0,0},v_{0,0}} \tag{8-68}$$

式中 O_0 为物体初始化的高分辨率频谱,$\mathscr{F}\{\cdot\}$ 表示傅里叶变换求频谱,$B(\cdot)$ 表示对一幅图像进行双线性插值,$\boldsymbol{I}_{0,0}$ 为第 0 行第 0 列的 LED 单元垂直照明时拍摄到的低分辨率图像,$P_{u_{0,0},v_{0,0}}$ 为第 0 行第 0 列的 LED 单元对应的频谱里的孔径函数,$(u_{0,0},v_{0,0})$ 表示第 0 行第 0 列的 LED 单元对应的频谱里的孔径中心的频域坐标。

(2)对应某一个入射角度,先利用物镜的圆形光瞳函数截取物体的初始高分辨率频谱中某一子孔径里的频谱信息,生成一个低分辨率复振幅分布,称之为目标复振幅分布。目标复振幅生成公式为

$$\boldsymbol{O}_{j,m,n}^e(u,v) = \boldsymbol{O}_j^e(u-u_{m,n},v-v_{m,n})P_j(u,v) \tag{8-69}$$

$$\boldsymbol{O}_{j,m,n}^e(x,y) = \mathscr{F}^{-1}\{\boldsymbol{O}_{j,m,n}^e(u,v)\} \tag{8-70}$$

式中 $\boldsymbol{O}_{j,m,n}^e(u,v)$ 表示第 m 行第 n 列 LED 对应的频谱,(u,v) 表示频域坐标,$(u_{m,n},v_{m,n})$ 为第 m 行第 n 列的 LED 单元对应的频谱里的孔径中心的频域坐标,$\boldsymbol{O}_{j,m,n}^e(x,y)$ 表示第 m 行第 n 列 LED 对应的目标复振幅分布,$\mathscr{F}^{-1}\{\cdots\}$ 表示逆傅里叶变换。下标 j 表示第 j 轮迭代,上标 e 表示待更新的目标频谱和目标复振幅。

(3)保持目标复振幅图像的相位不变,用相应照明角度下拍摄到的低分辨率图像去更新目标复振幅图像的振幅部分。复振幅更新公式为

$$O_{j,m,n}^u(x,y) = \sqrt{I_{m,n}^c(x,y)} \frac{O_{j,m,n}^e(x,y)}{|O_{j,m,n}^e(x,y)|} \tag{8-71}$$

式中，$O_{j,m,n}^u(x,y)$ 表示第 m 行第 n 列 LED 对应的更新后的目标复振幅分布，$I_{m,n}^c(x,y)$ 为第 m 行第 n 列的 LED 单元对应的拍摄到的低分辨率图像。上标 u 表示更新后的目标频谱和目标复振幅，上标 c 表示拍摄到的图像。

（4）利用傅里叶变换求出更新后的目标复振幅图像的频谱，并用这个低分辨率频谱去更新物体高分辨率频谱中相应子孔径内的频谱成分。更新公式为

$$O_{j,m,n}^u(u,v) = \mathscr{F}\{O_{j,m,n}^u(x,y)\} P_j(u,v) \tag{8-72}$$

$$O_j(u-u_{m,n}, v-v_{m,n}) = O_j(u-u_{m,n}, v-v_{m,n}) + O_{j,m,n}^u(u,v) - O_{j,m,n}^e(u,v) \tag{8-73}$$

式中，$O_{j,m,n}^u(u,v)$ 表示第 m 行第 n 列 LED 对应的更新后的目标复振幅分布的频谱。

（5）如果还有未更新的子孔径信息，则重复迭代（2）~（4）来更新其他照明角度所对应的频谱成分。

（6）当所有照明角度都更新过一遍之后，再重复迭代（2）~（5），直到物体的高分辨率复振幅收敛，从而最终获得高分辨率复振幅最优解。

图 8-60 所示为当使用相同显微物镜时相干显微成像、部分相干显微成像和傅里叶叠层成像的光学传递函数（OTF）和成像结果，图 8-60（a）是三种成像方式的光学传递函数曲线，图 8-60（b）为分辨率板在相干照明下拍摄到的全视场图像，图 8-60（c）~（e）分别是使用这三种成像方式对同一个分辨率板进行显微成像的实验结果局部放大图（对应图 8-60（b）的红框区域）。

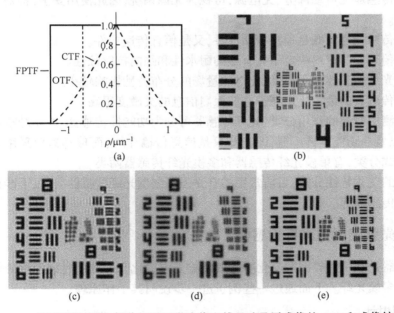

图 8-60　相干显微成像、部分相干显微成像和傅里叶叠层成像的 OTF 和成像结果

近年来，傅里叶叠层成像技术已在光学显微、生物医学、生命科学等领域取得了丰硕的成果，但其重构结果依然受限于所采集原始图像的图像质量。该技术利用一组低分辨率图像来恢复出一幅高分辨率复振幅图像，如果拍摄到的原始图像存在误差，则傅里叶叠层成像的重构结果必将受到影响。当照明光倾斜角度较大时，拍摄到的是暗场图像。暗场成像时显微物镜能接收到的能量很小，和明场图像相比，暗场图像的动态范围只集中在灰度很小的一段区域，而由于相机的暗电流噪声等多种噪声的综合影响，暗场图像的成像质量一般较差，严重影响傅里叶叠层成像的重构结果。

8.5 光纤传感器及其应用

光纤传感器是近十几年来发展起来的一种新型探测器件。它利用光纤在待测媒质中感受外界物理量的变化,使光纤材料本身特性发生变化,从而引起所传输光的特性(如光强,相位、偏振态、模式或波长等)发生变化。依据传光特性变化的效应,可以利用光纤作为探测外界物理量变化的传感器。

8.5.1 光纤传感器的优点及类型

光纤传感器种类繁多,可以称为万能传感器。目前已证明可作为加速度、角加速度、速度、角速度、位移、角位移、压力、弯曲、应变、转矩、温度、电压、电流、液面、流量、流速、浓度、pH 值、磁、声、光、射线等 70 多个物理量的传感器。但是目前实际应用的还很少,因此是一个发展潜力极大的领域。

光纤传感器的应用与光电技术密切相关,因而光纤传感器也成为光电检测技术的重要组成部分。

与其他传感器相比较,光纤传感器有许多优点:

(1)光纤传感器的电绝缘性能好,表面耐压可达 4kV/cm,且不受周围电磁场的干扰。

(2)光纤传感器的几何形状适应性强。由于光纤所具有的柔性,使用及放置均较为方便。

(3)光纤传感器的传输频带宽,带宽与距离之积可达 30MHz·km~10GHz·km。

(4)光纤传感器无可动部分、无电源,可视为无源系统,因此使用安全,特别是在易燃易爆的场合更为适用。

(5)光纤传感器通常既是信息探测器件,又是信息传递器件。

(6)光纤传感器的材料决定了它有强的耐水性和强的抗腐蚀性。

(7)由于光纤传感器体积小,因此对测量场的分布特性影响较小。

(8)光纤传感器的最大优点在于它们探测信息的灵敏度很高。

按照在检测中所起的作用分类,光纤传感器可分为功能性传感器,即光纤本身既是传输介质又是传感器;以及非功能性传感器,即光纤只是信息传输介质,而传感器要采用其他元件。按采用光纤传播模式分类,有单模光纤传感器和多模光纤传感器两类。

按传感器的变化特性分类,目前常用的有光强调制型光纤传感器、相位干涉型光纤传感器和偏振态型光纤传感器等。

8.5.2 光强调制型光纤传感器

这类传感器是利用外界因素变化引起的传输光强变化来探测外界物理量变化的器件。这类传感器常采用多模光纤。下面通过一些例子进一步说明其工作原理。

1. 光纤辐射计

这里辐射是指射线辐射。由于射线辐射可以在特种光纤中产生荧光效应或着色中心,根据荧光大小或着色中心引起光纤变黑而使吸收增大的程度来检测射线辐射的强度。

光纤辐射计利用 X 射线或 γ 射线照射下产生着色中心,改变光纤对光的吸收特性而制成的仪器,其工作原理如图 8-61 所示。发光二极管发出稳定的光通量,经耦合器输入光纤探测环,探测环在射线辐射照射下透光

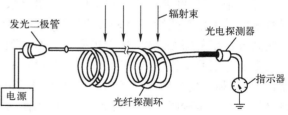

图 8-61 光纤辐射计原理

性发生变化,输出带有射线强度变化信息的光信号,经耦合器由光电探测器接收并转换为电信号,再经放大后由指示器显示。

改变光纤材料的组分,可对不同射线辐射敏感。增加光纤探测环的总长度可提高接收射线的量,从而提高其传感灵敏度。这种方法的灵敏度可比一般测定射线辐射的方法高 10^4 倍,其线性范围为 $10^{-2} \sim 10^{-6}$。

2. 改变光纤折射率的光纤温度传感器

光强型光纤温度传感器是利用温度变化引起光纤芯料和皮料的折射率发生变化,由于它们的变化规律不同,造成两者的折射率差发生变化,从而使芯、皮界面处全反射临界角 i_0 发生变化。当 i_0 增大时,可使光纤传输漫射光的透射比增大;反之,因温度变化使 i_0 减小时,光纤对传输的漫射光由皮料输出较多,而减小了光纤的透射比。当输入光稳定时,按输出光通量的大小就可测定折射率差的变化,相应测出温度的变化,达到测量温度的目的。

例如,光纤温度传感器可用于大型机电设备内部过热点的探测,由于它本身的电绝缘性好,又不怕强电磁干扰,因而适用于大型发电机、电动机或变压器的大范围温度监测。

3. 光纤位移传感器

利用改变光纤的微弯状态,可实现对光强的调制。图 8-62 是利用光纤微弯效应测定光纤位移传感器的原理图。多模光纤在受到微弯时,一部分芯模能量会转换为皮模能量,通过测量皮模能量来实现对位移量的检测。氦氖激光器发光经扩束镜和会聚镜,将激光尽可能多地耦合到光纤中去,再经光纤传输由探测器检测皮模能量,获得输出信号。光纤经变形器产生微弯,引出位移量的信息。变形器右边与待测位移物连接,其位移量大产生大的微弯,位移量小产生较小的微弯。变形器的左边是由振荡器控制的压电变换器,用来对微弯进行调制,这样光纤皮料中光通量的变化经光电转换后成为交变信号,可由数字毫伏表指示,也可经锁相放大器放大后由 x-y 记录仪记录。这样处理对消除杂光干扰,减小噪声,提高信噪比十分有利。

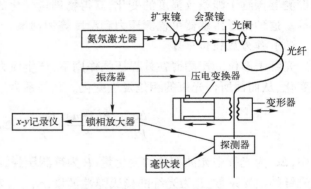

图 8-62　光纤位移传感器

该光纤位移传感器的测量灵敏度可达 6mV/mm,最小可测位移约 $0.8 \times 10^{-4}\,\mu$m,动态范围超过 110dB。这种传感器很容易推广到压力、水声等物理量的检测中去。

此外,多模光纤发生微弯时,还会使各传导模之间的相位差发生变化,而使输出光的斑图得到调制。利用这一原理,也可制成多种光纤传感器。

8.5.3　相位干涉型光纤传感器

这类光纤传感器利用外界因素变化引起光纤中传导光的相位变化,通过测定相位差,获得待测物理量的信息。探测器包括人眼在内都不能直接感知光波相位上的变化,这里必须利用干涉技术,将光波相位上的变化转换为干涉条纹强度上的变化,从而实现光电检测。这种传感器的主要特点如下。

(1) 灵敏度高。利用光束间相位差形成干涉的技术是目前已知检测技术中最灵敏的方法之一。因此相位干涉型光纤传感器也具有极高的灵敏度。

（2）应用灵活。各种物理量只要使光纤中传输光的光程发生变化，就可以实现传感信息的检测。

（3）对光的质量要求高。由于要使光束间产生干涉，经光纤传输输出的光束之间一定要满足相干条件。

1. 马赫–曾德尔光纤干涉仪

这种干涉仪利用马赫–曾德尔型干涉原理制成，即利用分振幅法，产生独立的双光束，并实现干涉的仪器。马赫–曾德尔光纤干涉仪的基本工作原理如图 8-63 所示。

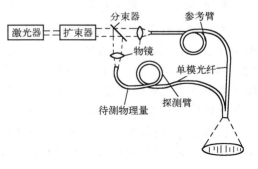

氦氖激光器发出的激光经扩束器、分束器后分为两束光，分别经物镜会聚后射入两根单模光纤。这两根光纤组成干涉仪的两个臂，即参考臂和探测臂。参考臂保持外界条件恒定，必要时采用专门的保证措施，以确保光程不变。探测臂置于待测场中，以感应外界物理量的变化，使光程发生变化。

图 8-63 马赫–曾德尔光纤干涉仪

两光纤臂输出端输出具有待测信息的两束具有一定光程差的光束，两光束相遇则产生干涉。光电探测器探测干涉条纹强度的变化，获得物理量变化的电信号，经放大后显示或进一步处理、监控等。这种光纤传感器可检测压力和温度等物理量。

（1）作为压强传感器

光纤干涉仪的探测臂在外界压强作用下，产生应力使光纤的折射率和长度发生改变，造成光程变化，从而使所传光束的相位发生变化。其关系为

$$\frac{\Delta\varphi}{PL} = -\frac{\beta(1-u)}{E} + \frac{\beta n^2}{2E}(1-2u)(2\rho_{12}+\rho_{11}) \tag{8-74}$$

式中，$\Delta\varphi$ 为光纤中光波相位的变化量；P 为待测压强；L 为光纤的长度；β 为光纤单模传播常数；u 为光纤的泊松系数；E 为光纤的杨氏弹性模量；ρ_{11}，ρ_{12} 为弹光系数。

利用相位干涉型压力光纤传感器测定压强的灵敏度是很高的。当利用裸纤均匀感压时，最小可测量的压强变化量为 0.15Pa。

（2）作为温度传感器

当光纤干涉仪探测臂的温度不同于参考臂时，探测光纤的折射率 n、长度 L 和直径 d 都会发生变化，其中直径变化较小可以忽略。这些变化造成的两光束相位差为

$$\Delta\varphi = \frac{2\pi}{\lambda}(\Delta nL + n\Delta L) \tag{8-75}$$

单位长度、单位温度变化所产生的相位差为

$$\frac{\Delta\varphi}{\Delta TL} = \frac{2\pi}{\lambda}\left(\frac{\Delta n}{\Delta T} + \frac{n\Delta L}{\Delta TL}\right) \tag{8-76}$$

式中，ΔT 为温度的变化量。

选用氦氖激光器作为光源，其激光波长 $\lambda = 0.6328\mu m$。一般石英玻璃的有关参量为：$n = 1.456$，$\frac{\mathrm{d}n}{\mathrm{d}T} = 1\times10^{-5}/℃$，$\frac{1}{L}\frac{\mathrm{d}L}{\mathrm{d}T} = 5\times10^{-7}/℃$。这样可以估算出 $\Delta\varphi/(\Delta TL) = 107\mathrm{rad}/(℃\cdot m)$。对应干涉级移动级数 $N = \Delta\varphi/(2\pi\Delta TL) \approx 17$ 级/（℃·m）。这就是说采用 1m 长的光纤，当温度变化 1℃ 时，干

涉级变化 17 级。如果进一步采用频率细分的技术,该方法比一般测试方法的灵敏度要高得多。

2. 法布里-珀罗光纤干涉仪

这种光纤干涉仪是利用法布里-珀罗光纤干涉仪的原理,即多束光干涉原理和光纤导光功能所构成。采用单根光纤,将两端面抛光并镀以反射膜,这样就形成了由两端面组成的双镜面腔,由出射端发出的多束光中每相邻两束间的光程差为 $\Delta = 2Ln$,式中,n 为纤芯折射率,L 为光在光纤中单向一次传播的几何距离。对应的相位差为 $\varphi = 2\pi\Delta/\lambda = 4\pi Ln/\lambda$。当有外界物理量的变化作用于光纤时,将引起光纤中光程的变化,使之附加了对应的相位差,使多束光干涉条纹产生变化,接收并记录这些信息就反映了外界物理量的变化。

法布里-珀罗光纤干涉仪的原理如图 8-64 所示。由激光器产生的激光经起偏振器后,由显微物镜将其会聚并输入光纤。光纤的一部分绕在加有 50Hz 正弦电压的压电换能器(PZT)上,当待测量为温度时,该干涉仪作为温度传感器。采用 100m 长的光纤工作时,可测最小温度约为 $10^{-3}℃$ 的数量级。这种传感器除传感温度外,也可广泛用于振动、声波、电压和磁场等物理量的传感检测。

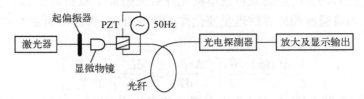

图 8-64　法布里-珀罗光纤干涉仪原理

3. 塞内光纤干涉仪

这种光纤干涉仪利用沿着同一光纤反向传输的两束光,在外界因素的作用下,产生不同的相位移,通过干涉技术把由于外界因素的变化而引起的这种相位变化检测出来。

它的典型应用是角速度传感器——光纤陀螺。用单模光纤绕成圆环形光纤线圈。当光纤线圈以角速度 ω 旋转时,按照塞内效应相反方向传输的两束光间产生的相位差为

$$\Delta\varphi = (8\pi NA/\lambda c)\omega \tag{8-77}$$

式中,N 为光纤线圈的圈数;A 为每圈光纤所围的面积;c 为光速;λ 为光纤所传输光在真空中的波长。

图 8-65 所示为带相移的光纤陀螺原理图。图中 LD 是半导体激光器;$BS_1 \sim BS_4$ 是半透析光镜;$D_1 \sim D_4$ 是探测器。定频激光发出的光束经隔离器射出,再经 BS_1 反射并透过 BS_2 作为第一束光进入光纤;第二束光经 BS_1 透过并经 BS_3 反射进入光纤另一端。两束光经转动的光纤线圈产生相位差后输出,经不同途径由 D_1 和 D_3 接收供电路处理。D_2 和 D_4 所接收的是未经光纤的光束作为平衡调整的参考。这类光纤陀螺最佳的情况是采用损耗为 2dB/km 的光纤,灵敏度可

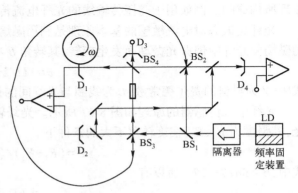

图 8-65　带相移的光纤陀螺

达 10^{-3}rad/s($1.59×10^{-4}$ 圈/秒)。光纤陀螺的最大优点是无机械活动部件;无预热时间;对加速度不敏感,动态范围宽;数字输出且体积小。这类陀螺取代传统陀螺的趋势已十分明显。

4. 单光纤偏振干涉仪

光纤双臂干涉仪结构的一大缺点是难以克服外界因素对参考臂的干扰。为克服这一缺点发展了单光纤偏振干涉仪,采用单根具有高双折射的单模光纤,利用传递中两正交偏振光在外界因素影响下相位变化不同的特点,通过这两束光的干涉完成对待测量的传感。

利用该原理制成的温度传感装置如图 8-66 所示。

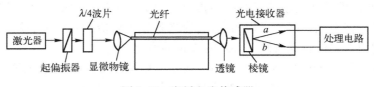

图 8-66　光纤电流传感器

由激光器产生的激光经起偏振器和 $\lambda/4$ 波片后形成相位相差 $\dfrac{\pi}{2}$、振动方向相互垂直的两偏振光,再由显微物镜输入光纤,经高双折射单模光纤后又附加了双折射引起的相位差,两偏振光的总相位差一定。当有温度等外界物理量变化作用于光纤时,引起双折射率差变化造成新的附加相位差为 $\Delta\varphi$。

$$\frac{1}{L}\frac{\mathrm{d}(\Delta\varphi)}{\mathrm{d}T}=\frac{K_0}{L}\left[L\frac{\Delta n\mathrm{d}n}{n\mathrm{d}T}+\Delta n\frac{\mathrm{d}L}{\mathrm{d}T}+L\frac{\Delta n(T)}{T-T_\mathrm{s}}\right] \tag{8-78}$$

式中,K_0 为与系统有关的常数;$\Delta n(T)$ 为由温度 T 的变化所产生的折射率 n 的变化;T_s 为光纤初始温度;T 为待测温度场的温度。

实际测量中将光纤输出的两偏振光经透镜后再由渥拉斯顿棱镜分解出两振动方向垂直的偏振光 a 和 b,经光电接收器接收,其强度为 E_1 和 E_2。可以导出待测温度 T 与 E_1 和 E_2 的关系

$$(E_1-E_2)/(E_1+E_2)=\cos\varphi(T) \tag{8-79}$$

式中

$$\varphi(T)=\left[\mathrm{d}(\Delta\varphi)/\mathrm{d}T\right](T-T_\mathrm{s})$$

利用处理电路可完成上述的运算。

8.5.4　偏振态型光纤传感器

这种光纤传感器是利用某些外界物理量的变化,引起光纤中传输的偏振光的偏振态变化的原理所构成的。例如用于高压传输线的光纤电流传感器等。

光纤偏振态对电流敏感的基本原理是利用融熔石英光纤材料的法拉第旋光效应。电流产生的磁场使光纤中偏振光振动面发生旋转,其转角 θ 与电流 I 之间的关系为

$$\theta=VLI/2\pi R \tag{8-80}$$

式中,V 为材料的费尔德常数;L 为线圈与光纤间的作用长度;R 为线圈的半径。

光纤电流传感器的原理如图 8-67 所示。光纤输出的偏振光经渥拉斯顿棱镜分成两束偏振光,其强度为 E_1、E_2,在旋转角不大的条件下

$$\mathrm{B}=(E_1-E_2)/(E_1+E_2) \tag{8-81}$$

式中,$B=\sin2\theta\approx2\theta$。所以有

$$I=\frac{\pi R}{VL}\frac{(E_1-E_2)}{(E_1+E_2)} \tag{8-82}$$

实际对高压线中电流进行测量用的光纤传感器是将石英材料的单模光纤绕在高压线外。如用直径为 $7\mu m$ 的单模光纤,在高压线外绕成直径为 $75mm$ 的线圈 20 匝,就能测量 $50\sim1200A$ 的电流。在温度为 $-20\sim80℃$ 范围内的测量误差为 0.7%。

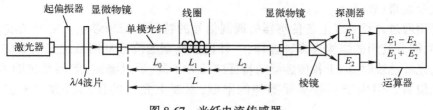

图 8-67 光纤电流传感器

8.5.5 分布式光纤传感器

前面所述各种调制类型测量对象都是单个被测点。但有一些被测对象往往不是一点,而是呈一定空间分布的场,如温度场、应力场等,为了获得这一类被测对象的比较完整的信息,需要采用分布调制的光纤传感系统。所谓分布调制,就是外界信号场(被测场)以一定的空间分布方式对光纤中的光波进行调制,在一定的测量域中形成调制信号谱带,通过检测(解调)调制信号谱带即可测量出外界信号场的大小及空间分布。分布调制分为本征型和非本征型两类。

非本征型分布又称准分布式,实际上是多个分布式光纤传感器的复用技术。

1. 准分布式光纤传感器的原理

准分布式光纤传感器的基本原理是,将呈一定空间分布的相同调制类型的光纤传感器耦合到一根或多根光纤总线上,通过寻址、解调,检测出被测量的大小即空间分布,光纤总线仅起传光的作用。准分布式光纤传感系统实质上是多个分立式光纤传感器的复用系统。根据寻址方式的不同,可以分为时分复用(TDM)、波分复用(WDM)、频分复用(FDM)、偏分复用(PDM)、空分复用(SDM)等几类,其中时分复用、波分复用和空分复用技术较成熟,复用的点数较多。多种不同类型的复用系统还可组成混合复用网络系统。

(1) 时分复用(TDM)

时分复用靠耦合于同一根光纤上的传感器之间的光程差,即光纤对光波的延迟效应来寻址。当一脉宽小于光纤总线上相邻传感器间的传输时间的光脉冲自光纤总线的输入端注入时,由于光纤总线上各传感器距光脉冲发射端的距离不同,在光纤总线的终端将会接收到许多个光脉冲,其中每一个光脉冲对应光纤总线上的一个传感器,光脉冲的延时即反映传感器在光纤总线上的地址,光脉冲的幅度或波长的变化即反映该点被测量的大小。时分复用系统如图 8-68 所示。注入的光脉冲越窄,传感器在光纤总线上的允许间距越小,可耦合的传感器数目越多,对解调系统的要求也越苛刻。

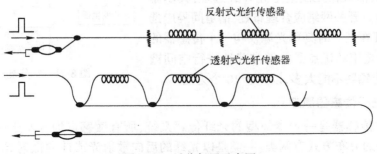

图 8-68 时分复用示意图

（2）波分复用（WDM）

波分复用通过光纤总线上各传感器的调制信号的特征波长来寻址。由于光波长编码/解编码方式很多,波分复用的结构也多种多样,一种比较典型的波分复用系统如图 8-69 所示。当宽带光束注入光纤总线时,由于各传感器的特征波长 λ 不同,通过滤波–解码系统即可求出被测信号的大小和位置。但由于一些实际部件的限制,总线上允许的传感器数目不多,一般为 8～12 个。

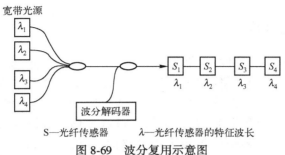

图 8-69　波分复用示意图

（3）频分复用（FDM）

频分复用是将多个光源调制在不同的频率上,经过各分立的传感器汇集在一根或多根光纤总线上,每个传感器的信息即包含在总线信号中的对应频率分量上。图 8-70 为频分复用的一种典型结构。

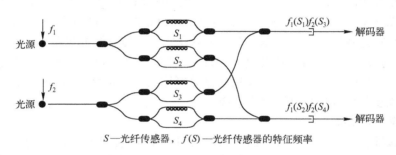

S—光纤传感器，$f(S)$—光纤传感器的特征频率

图 8-70　频分复用示意图

采用光源强度调制的频分复用技术可用于光强调制型传感器,采用光源光频调制的频分复用技术可用于光相位调制型传感器。

（4）空分复用（SDM）

空分复用是将各传感器的接收光纤的终端按空间位置编码,通过扫描机构控制选通光开关选址,其示意图如图 8-71 所示。开关网络应合理布置,信道间隔应选择得合适,以保证在某一时刻单光源仅与一个传感器的通道相连。空分复用的优点是能够准确地进行空间选址,实际复用的传感器不能太多,以少于 10 个为佳。

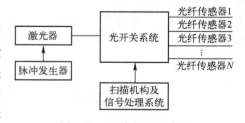

图 8-71　空分复用示意图

2. 分布式光纤传感器原理

分布式光纤传感器是一种本征型的光纤传感系统,所有敏感点均分布于一根传感光纤上。目前发展比较快的分布方式有两类:一类是以光纤的后向散射光或前向散射光损耗时域检测技术为基础的时域分布式;另一类是以光波长检测为基础的波域分布式。时域分布式的典型代表是分布式光纤温度传感器,技术上已趋于成熟。随着光纤光栅技术的日臻成熟,分布式光纤光栅传感技术发展很快,已开始在智能材料结构诊断及告警系统中得到应用。利用光纤光栅不仅可

制成波域分布式光纤传感系统,而且可制成时域/波域混合分布式光纤传感系统,还可以采用空分复用技术,组成更加复杂的光纤传感网络系统。

（1）时域分布式光纤传感系统

时域分布式光纤传感系统的技术基础是光学时域反射技术（OTDR,Optical Time-domainReflectometry）。OTDR 是一种光纤参数的测量技术,也是光时域反射计（Optical Time-domain-Reflectometer）的简称,其基本原理是利用分析光纤中后向散射光或前向散射光的方法测量因散射、吸收等原因产生的光纤传输损耗和各种结构缺陷引起的结构性损耗,通过显示损耗与光纤长度的关系来检测外界信号场分布于传感光纤上的扰动信息。一种基于检测后向散射光的 OTDR 如图 8-72 所示。

脉冲激光器（LD）向被测光纤发射光脉冲,该光脉冲通过光纤时产生的散射光（注入光功率较小时,产生瑞利散射和自发拉曼散射光;注入光功率超过一定值时则产生受激拉曼散射光和布里渊散射光）的一部分向后传播至光纤的始端,经定向耦合器送至光电检测

图 8-72　OTDR 示意图

系统。若设光脉冲注入光纤的瞬间为计时零点（$Z=0$ 处 $t=0$）,则在 t 时刻于光纤始端收到的后向散射光即对应于光纤上的空间位置 $Z=v_g t/2$ 处的损耗（v_g 为光波群速度）,因此在光纤始端即可得到损耗与距离（光纤长度）的关系曲线,由此判断光纤上不同距离的损耗分布情况。

分布式光纤传感系统正是根据上述原理,通过外界被测温度场影响传感光纤的散射（损耗）系数 α,来实现分布式调制的。分布式光纤传感系统能在一条长数千米甚至几十千米的传感光纤环路上获得几十、几百甚至几千个点的温度信息。可以利用的调制（敏化）方法很多,如微弯法、瑞利散射法、拉曼散射法、布里渊散射法、掺杂吸收法、荧光法等。但目前国内外研究较多、技术上较成熟的是拉曼散射法。

当波长为 λ_0 的低功率激光脉冲注入传感光纤时,将自发生后向拉曼散射,长波一侧（$\lambda+\Delta\lambda$）处的散射光谱为斯托克斯线,短波一侧（$\lambda-\Delta\lambda$）处的散射光为反斯托克斯线。自发后向拉曼散射的优点是对半导体激光器的功率要求较低,但散射光十分微弱,比注入光小 $6\sim7$ 个量级,探测十分困难。当注入的激光功率增加到一定阈值时,则产生受激拉曼散射,受激后向拉曼散射光具有极好的方向性,其发散角大小与注入激光束相当。光功率很强,几乎与注入光相当,但需要超大功率半导体激光器,获得这样的光源有一定的困难。由于 OTDR 技术水平的提高,微弱光探测上的困难在很大程度上得到解决,因此在分布式光纤温度传感系统中使用自发拉曼散射原理的较多。根据拉曼散射理论,自发拉曼散射中反斯托克斯与斯托克斯光强之比仅仅是光介质所处温度的函数,随着环境温度的升高比值呈指数规律增加,而与注入光功率及其他非温度因素无关。分布式光纤温度传感系统正是基于这一原理来对传感光纤中的后向散射光进行强度调制的。

（2）波域分布式光纤传感原理

由于光纤光栅技术的发展,波域分布式光纤传感系统得到了长足的发展,尤其在应力测试方面得到越来越多的应用。

波域分布式光纤光栅传感系统如图 8-73 所示。在一根传感光纤上制作许多个布拉格光栅,每个光栅的工作波长互相分开,经 3dB 耦合器输出反射光后,用波长探测解调系统测出每个光栅的波长或波长偏移,从而检测出相应被测量的大小和空间分布。可以采用光纤延迟技术,将许多个相同的小波域分布组合在一起,组成波域/时域分布式光纤传感系统;还可以采用空分、波分等其他复用技术,组成混合式光纤分布式传感系统。

3. 分布式光纤传感器

分布式光纤传感器是将传感光纤沿场排布,并采用独特的检测技术,对沿光纤传输路径上场

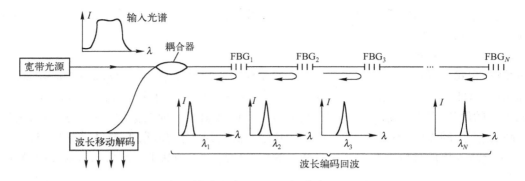

图 8-73 波域分布式光纤光栅传感系统示意图

的空间分布和随时间变化的信息进行测量或监控,其原理如图 8-74 所示。这类传感器只需一个光源和一条检测线路,集传感与传输于一体,可实现对庞大和重要结构的远距离测量或监控。由于同时获取的信息量大,单位信息所需的费用大大降低,从而可获得高的性能价格比。因此,它是一类有着广泛应用前景的传感器,近几年越来越受到人们的重视和关注。

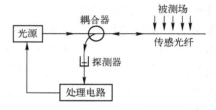

图 8-74 分布式光纤传感器原理框图

8.5.6 用于构成分布式光纤传感器的主要技术

在分布式光纤传感器中,典型的方法是利用对特定被测场增强的传感光纤,测量沿光纤长度上的基本损耗或散射。目前常用的方法主要有以下一些。

1. 反射法

反射法是利用光纤在外部扰动作用下产生的瑞利(Reyleigh)散射、拉曼(Raman)散射、布里渊(Brillouin)散射等效应进行测量的方法。

(1)光时域反射(OTDR)法

OTDR 技术在分布式光纤传感技术中得到了广泛应用,其原理如图 8-75 所示。把一个能量为 E_0、宽度为 ΔT、光频率为 f 的矩形光脉冲耦合进光纤。考察光纤上长度在 l 和 $l+\Delta l$ 之间的光纤元 dl,发现由 dl 反射到光纤入射端的光功率的变化直接受 l 处单位长度散射系数的变化的影响,所以根据后向反射到光纤入射端的光功率可以分辨 l 处脉冲后向反射信号的变化,且不受其他点散射信号的影响,并反映了被测量的信息。

OTDR 法利用的是后向反射回来的光强信号,能量较小,信噪比不高。另外,由于光纤制造中的不均匀性,造成光纤各部分对外界扰动的灵敏度不一致,因而目前分辨力不够高,动态范围不够宽。同时,光探测器的响应时间也会限制该方法的空间分辨力。

(2)偏振光时域反射(POTDR)法

POTDR 技术中使用了后向散射光的强度信息,而 POTDR 法是利用后向散射光的偏振态信息进行分布式测量的技术。

光纤在外部扰动的影响下,光纤中光的偏振状态发生变化,检测偏振状态的变化,就能得到外部扰动的大小和位置。图 8-76 是 POTDR 系统原理图。在该方法中,只要测量出进入解偏器前后光功率的大小,就可通过有关公式得到被测参量的信息。

POTDR 法的空间分辨力同样受到光检测器响应时间的限制,而且被测量的测量精度最终受功率测量精度的影响。此外,进入解偏器前后光功率的大小随光源输出功率的变化而变化,所

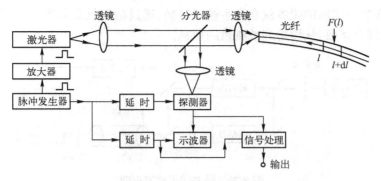

图 8-75 OTDR 系统原理图

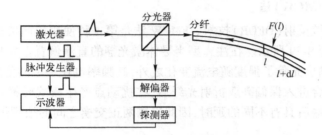

图 8-76 POTDR 系统原理图

以光源的稳定性是一个重要问题。

2. 波长扫描(WLS)法

波长扫描法是 Chojilzki 等人于 1991 年提出的一种新方案。该方法用白光照射保偏光纤,运用快速傅里叶(Fourier)算法来确定模式耦合系数的分布,图 8-77 为其原理图。当高双折射保偏光纤受到外部扰动作用时,就会引起相位匹配的模式耦合,即光的上部分从一种模式转换为另一种模式。由于本征模以不同的速度在光纤中传播,从耦合点到光纤输出端之间的相位变化与光程成正比,所以从两个本征模的相对幅度的大小就可以得到被测参数的信息。

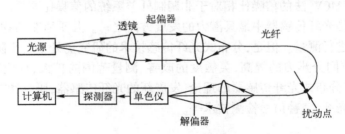

图 8-77 WLS 系统原理图

WLS 法测量的范围与光纤模式双折射差的倒数成正比。所以使用低双折射光纤可以得到大的测量范围,其空间分辨力正比于入射光的相干长度,从而使传感器的测量范围正比于单色仪出射光的相干度。该系统分辨力高,可达到 0.3cm,光源成本较低。但整个系统测量范围小,系统成本昂贵,不利于实用化。

3. 干涉法

干涉法是利用各种形式的干涉仪或干涉装置把被测量对干涉光路中光波的相位调制进行解调,从而得到被测量信息的方法。干涉型光纤传感器的最大特点是检测灵敏度非常高,使用普通的技术即可得到高性能,因而近年来对干涉型传感器的多路复用的研究非常活跃。

这里以外差式干涉法为例,其原理图如图 8-78 所示。当分布式参量如应力、弯曲等施加到单模光纤上时,在参量施加的位置就会发生模式转换,通过检测扰动前后光纤的输出光强,可得到扰动处的模式耦合系数,从而得到被测量的信息。

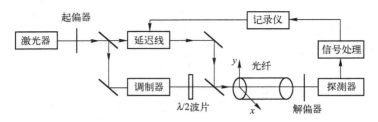

图 8-78　外差式干涉原理图

4. 连续波调频(FMCW)法

该方法属于光频域反射(OFDR)技术。FMCW 法是第一种使用前向传输光进行分布式测量的方法,其原理图如图 8-79 所示。在注入型半导体激光器的直流偏置上叠加低频线性变化的调制电流,使激光器的输出光除了强度随电流变化之外,其频率也在一定的范围内线性地变化。受到调制的线偏振光耦合进入保偏高双折射光纤后,在扰动点产生模式转换。由于传输模和耦合模经高双折射光纤传输后具有不同的延时,因此检测两正交模之间的拍频信号,就可得到外部扰动的信息。

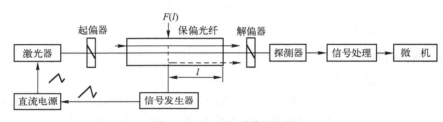

图 8-79　FMCW 系统原理图

FMCW 法与其他方法不同,不仅系统结构简单,而且它的空间分辨力只取决于调频连续波。即光源的相干性。FMCW 法的信噪比相对于非调制外差系统的信噪比要低。

分布式传感器是光纤传感器中最具潜力的发展方向之一。几乎所有的物理量都可以应用分布式光纤传感技术进行测量。但是,分布式光纤传感技术的研究仍处于起步阶段,因此还有许多问题需要解决,如空间分辨力的提高、灵敏度的改善、测量范围的扩大、响应时间的缩短等。同时,还需要深入研究分布式光纤传感器的理论,发展新的光纤传感器,研究性能优良的光源,以及适应能力强的特殊光纤,完善信号检测技术等。

8.5.7　其他光纤传感器及应用

前面介绍的主要是功能性光纤传感器的分类和一些实用例子。此外,还有单纯用做光信号传输,而不起敏感作用的传光型非功能性传感器,待测量的传感要依靠其他元件来完成。

图 8-80 所示为将半导体晶体用做温度变换传感器的测温头。半导体晶体材料有砷化镓、碲化镉等,这些材料对一定波长光的吸收比随温度变化而变化。激光由入射光纤引至半导体晶体中,经晶体不同的吸收后由出射光纤引出,再由光电探测器转换为电信号输出,该信号就反映了温度变化的信息。一般温度测量过程都存在惯性,利用上述方法可在 2s 时间内测 $-10\sim300\,^\circ\!C$ 的变化,其精度为 $\pm1\,^\circ\!C$。

利用上述原理,国内研制的微波加热治癌控温仪,其精确控温在 $42\sim42.5\,^\circ\!C$ 之间。该仪器采用砷化镓晶体作为温度传感器,并采用两波长光进行检测,以 $0.85\,\mu m$ 光为主,以 $1.3\,\mu m$ 光作为参考信号以消除光源发光波动的影响。因为砷化镓对 $1.3\mu m$ 光的吸收比不随温度变化。这种控温器的控温范围是 $-10\sim200℃$，精度为 $\pm1℃$。而控温在 $42.5℃$ 附近时精度达 $\pm0.1℃$。

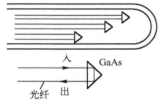

图 8-80　半导体晶体测温头

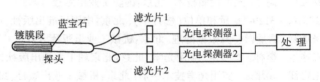

图 8-81　双色高温计

新型光纤高温计在国内也进行了不少研究工作。如图 8-81 所示为双色高温计的原理图。探头由蓝宝石棒作基底，探测端镀有特殊膜层。膜层材料常用某种贵重金属，如铱、铂等，它们在高温中发光，其强度及光谱成分随温度而变化。蓝宝石棒的输出端接有两根多模光纤引出探测端所发的光。在进行光电转换前对光纤输出的两束光先行滤光。当测温在 $800\sim1600℃$ 时最佳波长选在 $0.8\mu m$ 和 $0.9\mu m$ 两处。光电探测器接收这两束单色光，并转换为电信号，然后处理信号以获得对高温的检测结果。类似的方法是，采用白宝石晶体作探头基底，可测约 $2000℃$ 的高温，且精度可达万分之五。

光纤传感器与其他物理效应相结合又可在很大程度上扩展其使用范围。例如，利用多普勒效应与光纤传感器相结合制成的光纤速度传感器，可用来测定气体或液体的流速，如人体血管内血液的流速、飞机翼面或船舶侧面流体的流速，以及许多难以用一般方法测速的场合。其工作原理如图 8-82 所示。

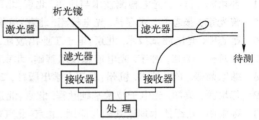

图 8-82　光纤速度传感器

激光发出一定频率的光束，经析光镜分为两路，一路直接经滤光器后由光电探测器接收；另一路射入光纤经传输至输出端照明待测运动物体，从运动物体返回的散射光，其频率按多普勒效应的原理将不同于入射光的频率，把散射光用另一根光纤收集并送至光电探测器接收。经这两个光电探测器转换出不同频率的电信号，把它们放大后送给鉴频器，其频率的变化就反映了物体速度的大小。

习题与思考题

8-1　评价单色仪的主要性能指标是什么？

8-2　画图说明傅里叶变换光谱仪的工作原理及其优点。

8-3　简述照度计、亮度计的工作原理。如何对照度计接收器进行光谱修正？

8-4　亮度计中设计孔径光阑的作用是什么？如何确定其大小及安放的位置？

8-5　简述亮温、色温、辐射温度的定义，它们与实际温度的关系。

8-6　简述辐射测温的类型及原理，通常辐射测温应进行哪些修正，如何进行？

8-7　简述双面立体视觉三维测量原理及特点。

8-8　简述基于结构光的三维测量原理及特点。

8-9　简述基于飞行时间法的三维测量原理及特点。

8-10　简述偏振三维测量技术的优缺点和适用范围。

8-11　在图像预处理中，灰度直方图均衡化处理和灰度直方图规定化处理有什么不同？二者有什么用途？

8-12　图像平滑化处理的主要目的是什么？常用的方法有哪些？

8-13　什么是分布式光纤传感器？构成分布式光纤传感器的技术有哪些？

参 考 文 献

1　高稚允，高岳. 光电检测技术. 北京：国防工业出版社，1995

2　GB3100~3120-86 量和单位（修订本）. 北京：中国标准出版社，1987

3　张世箕. 测量误差及数据处理. 北京：机械工业出版社，1979

4　安连生，李林，李全臣. 应用光学. 北京：北京理工大学出版社，2000

5　王之江，顾培森. 实用光学技术手册. 北京：机械工业出版社，2007

6　刘书声，光学手册. 北京：北京出版社

7　陈衡. 红外物理.北京：国防工业出版社，1985

8　江月松. 光电技术与实验. 北京：北京理工大学出版社，2000

9　Ion Optics.Infrared Light Sources Data Sheet，2008

10　王庆有. 光电技术. 北京：电子工业出版社，2005

11　金伟其，胡威捷. 辐射度、光度与色度及其测量. 北京：北京理工大学出版社，2006

12　钱浚霞，郑坚立. 光电检测技术.北京：机械工业出版社，1993

13　浦昭邦. 光电测试技术. 北京：机械工业出版社，2005

14　郭培源，付扬. 光电检测技术与应用. 北京：北京航空航天大学出版社，2006

15　曾光宇，张志伟，张存林. 光电检测. 北京：清华大学出版社，2005

16　范志刚. 光电测试技术. 北京：电子工业出版社，2004

17　江月松，李亮，钟宇. 光电信息技术基础. 北京：北京航空航天大学出版社，2005

18　缪家鼎等. 光电技术. 杭州：浙江大学出版社，2005

19　郭培源，梁丽. 光电子技术基础教程. 北京：北京航空航天大学出版社，2005

20　孙雨南. 光纤技术理论基础与应用. 北京：北京理工大学出版社，2006

21　刘德明. 光纤技术及其应用. 成都：电子科技大学出版社，1994

22　Hecht，Eugene. Optics. Addison-Wesley，2001

23　Handbook of Optics，Vol.Ⅲ，Mcgraw-Hill Professional，2006

24　Alan D Kersey，MichaelA Davis. Fiber grating sensors. J.Lightwave Thechol，1997

25　Salej. B.E.A and M.C.Teich. Foundamentals of Photonics. Wiley，New York，1991

26　Sandbank，C.P.，Optical Fibre Communication System. Wiley，New York，1980

27　Dodd，J.N. Atoms and Light：Interaction. Plenum Press，New York，1991

28　Zimmermanns S，Wixforth A，Kotthaus J P. A Semiconductor based photonic memory cell. Science，1999

29　Svantesson K，Sohistrom H，Holm U. Magneto-optical garnet material in fibre optica sensors for magnetic field sensing. Proc SPIE，1990，1274

30　Rave E，Katzir A. Orderd bundles of infrared transmitting silver halid fibers：attenuation，resolution and crosstalk in long and flexible bundles. Opt Eng 2002

31　李全臣，蒋月娟. 光谱仪器原理. 北京：北京理工大学出版社，1999

32　张东胜. 红外辐射等温区与光弹性等差线对应关系的研究. 中国矿业大学博士学位论文，2000

33　江文杰主编. 光电技术. 北京：科学出版社，2009

34　刘铁根主编. 光电检测技术与系统. 北京：机械工业出版社，2009

35　U. R. Dhond and J. K. Aggarwal. Structure from stereo-a review. in IEEE Transactions on Systems，Man，and Cybernetics，vol. 19，no. 6，pp. 1489-1510，Nov. -Dec. 1989，doi：10. 1109/21. 44067

36　高宏伟. 计算机双目立体视觉. 北京：电子工业出版社，2012

37　侯飞，韩丰泽，李国栋，等. 基于飞行时间的三维成像研究进展和发展趋势[J]. 导航与控制，2018，17（5）：1-7，48. DOI：10. 3969/j. issn. 1674-5558. 2018.05. 001

38　David Fofi，Tadeusz Sliwa，Yvon Voisin. A comparative survey on invisible structured light，Proc. SPIE 5303，Machine Vision Applications in Industrial Inspection XII，（3 May 2004）

39 Jarabo A, Masia B, Marco J, et al. Recent Advances in Transient Imaging: A Computer Graphics and Vision Perspective[J]. Visual Informatics, 2016, 1(1)

40 Atkinson G A, Hancock E R. Recovery of surface orientation from diffuse polarization[J]. IEEE Trans Image Process, 2006, 15(6): 1653-1664

41 邵晓鹏, 刘飞, 李伟, 杨力铭, 杨思原, 刘佳维. 计算成像技术及应用最新进展[J]. 激光与光电子学进展, 2020, 57(02): 11-55

42 朱磊, 邵晓鹏. 散射成像技术的研究进展[J]. 光学学报, 2020, 40(01): 83-97

43 Shi Z, Wang X, Li Y, et al. Edge Re-projection Method for High Quality EdgeReconstruction in Non-Line-of-Sight Imaging[J]. Applied Optics, 2020, 59(6)

44 吴自文, 邱晓东, 陈理想. 关联成像技术研究现状及展望[J]. 激光与光电子学进展, 2020, 57(6)

45 孙佳嵩, 张玉珍, 陈钱, 左超. 傅里叶叠层显微成像技术: 理论、发展和应用[J]. 光学学报, 2016, 36(10): 87-105